江苏省特种作业人员安全技术培训考核配套教材

高压电工作业

主　　编　刘为民　孙向红

副主编　王晓曦

主　　审　徐茂松

东南大学出版社
SOUTHEAST UNIVERSITY PRESS
·南京·

图书在版编目(CIP)数据

高压电工作业 / 刘为民,孙向红主编. — 南京 : 东南大学出版社, 2020.12(2024.1 重印)
ISBN 978-7-5641-9280-8

Ⅰ. ①高… Ⅱ. ①刘… ②孙… Ⅲ. ①高电压-电工-安全培训-教材 Ⅳ. ①TM8

中国版本图书馆 CIP 数据核字(2020)第 239334 号

高压电工作业

主　　编	刘为民　孙向红
出 版 人	江建中
责任编辑	陈潇潇
出版发行	东南大学出版社
社　　址	南京市四牌楼 2 号
邮　　编	210096
网　　址	http://www.seupress.com
经　　销	新华书店
印　　刷	常州市武进第三印刷有限公司
开　　本	787 mm×1092 mm　1/16
印　　张	17.5
字　　数	480 千字
版　　次	2020 年 12 月第 1 版
印　　次	2024 年 1 月第 4 次印刷
书　　号	ISBN 978-7-5641-9280-8
定　　价	56.00 元

* 本社图书若有印装质量问题,请直接与营销部联系,电话:025-83791830

前　言

特种作业人员培训是企业安全生产管理的重要工作，也是政府各级行政部门安全生产监督管理的重要内容。做好特种作业人员培训，对于保障特种作业人员及其他人员的生命安全，防止事故的发生和人员伤亡，提高企业安全生产水平和经济效益都具有十分重要的作用。

为了防止人员伤亡事故，促进安全生产，必须提高电工作业人员的安全技术，规范电工作业人员的培训、考核、发证和监督管理工作。根据《中华人民共和国安全生产法》《中华人民共和国行政许可法》和其他相关法律、法规的规定，国家应急管理部（原国家安全生产监督管理总局）颁布了《特种作业人员安全技术培训考核管理规定》和《特种作业人员安全技术培训大纲及考核标准》，对电工的培训、考核、发证工作的积极开展起到了规范和指导作用。

为贯彻《国务院关于取消一批行政许可事项的决定》（国发〔2017〕46 号）关于“取消电工进网作业许可证，由国家应急管理部（原国家安全生产监督管理总局）考核发放“特种作业操作证（电工）”的决定，国家应急管理部 2018 年 7 月颁布了最新的《特种作业人员安全技术培训大纲和考核标准》。为进一步做好高压电工作业人员安全培训及考核工作，我们编写了本教材。

本教材针对新规范、新技术、新设备、新要求，以知识够用、技能实用，贴近安全生产实际为原则。教材结合大纲和考核标准、理论考试和实际操作考核范围和要求，并附（收集整理）理论部分模拟考题，是高压电工作业培训和考试的必备的参考教材，并可以作为高压电工作业人员自学的参考书。

本教材由刘为民、孙向红主编，徐茂松主审。由于水平有限，书中难免有疏漏、错误之处，敬请读者提出宝贵意见。

编　者

2020 年 7 月

目　录

第一章 绪 论

第一节 相关的安全生产法律、法规

一、《安全生产法》

《中华人民共和国安全生产法》(以下简称《安全生产法》)自2002年11月1日施行以来,对加强和改进安全生产工作起到了重要作用,对于建设有中国特色的安全生产法律体系,使安全生产工作走上法制化轨道,具有十分重大的意义。

《全国人民代表大会常务委员会关于修改〈中华人民共和国安全生产法〉的决定》已由中华人民共和国第十三届全国人民代表大会常务委员会第二十九次会议于2021年6月10日通过对修改〈中华人民共和国安全生产法〉的决定》,对现予公布,自2021年9月1日起施行。

修订后的《安全生产法》共有七章,并由原来的114条增加到119条(增加了5条)。修订后的《安全生产法》同时规定了安全生产的公益诉讼制度;增加了违法行为的处罚范围;加大对违法行为的处罚力度;新《安全生产法》明确高危行业强制保险制度;增加了事故整改的评估制度。

1. 新《安全生产法》第三条 安全生产工作坚持中国共产党的领导。安全生产工作应当以人为本,坚持人民至上、生命至上,把保护人民生命安全摆在首位,树牢安全发展理念,坚持安全第一、预防为主、综合治理的方针,从源头上防范化解重大安全风险。

安全生产工作实行管行业必须管安全、管业务必须管安全、管生产经营必须管安全,强化和落实生产经营单位主体责任与政府监管责任,即除了主要负责人是第一责任人外,其他的副职都要根据分管业务对安全生产工作负责。建立生产经营单位负责、职工参与、政府监管、行业自律和社会监督的机制。

2. 进一步压实了生产经营单位的安全生产主体责任 一是建立全员安全生产责任制;二是建立安全风险分级管控机制、重大事故隐患排查及报告制度。新《安全生产法》明确,生产经营单位应建立安全风险分级管控机制,定期组织开展风险辨识评估,严格落实分级管控措施,防止风险演变为安全事故。隐患排查治理是《安全生产法》已经确立的重要制度,这次修改又补充增加了重大事故隐患排查治理情况要及时向有关部门报告的规定,目的是使生产经营单位在监管部门和本单位职工的双重监督之下,确保隐患排查治理到位。

3. 增加了生产经营单位对从业人员的人文关怀 新《安全生产法》设置倡导性条款,没有对应法律责任,但也着实具有重大意义和现实需要,一个有社会责任感的企业,都会从人文关怀的角度,给每一位员工最大爱护。也只有员工身心健康,才会以饱满的精力投入工作,为单位乃至社会创造更大价值。

4. 新《安全生产法》第九条　国务院和县级以上地方各级人民政府应当加强对安全生产工作的领导，建立健全安全生产工作协调机制，支持、督促各有关部门依法履行安全生产监督管理职责，及时协调、解决安全生产监督管理中存在的重大问题。

5. 新《安全生产法》第十二条(新增)　国务院有关部门按照职责分工负责安全生产强制性国家标准的项目提出、组织起草、征求意见、技术审查。国务院应急管理部门统筹提出安全生产强制性国家标准的立项计划。国务院标准化行政主管部门负责安全生产强制性国家标准的立项、编号、对外通报和授权批准发布工作。国务院标准化行政主管部门、有关部门依据法定职责对安全生产强制性国家标准的实施进行监督检查。

6. 新《安全生产法》第十七条(新增)　县级以上各级人民政府应当组织负有安全生产监督管理职责的部门依法编制安全生产权力和责任清单，公开并接受社会监督。

7. 新《安全生产法》第二十八条　生产经营单位应当对从业人员进行安全生产教育和培训，保证从业人员具备必要的安全生产知识，熟悉有关的安全生产规章制度和安全操作规程，掌握本岗位的安全操作技能，了解事故应急处理措施，知悉自身在安全生产方面的权利和义务。未经安全生产教育和培训合格的从业人员，不得上岗作业。

生产经营单位使用被派遣劳动者的，应当将被派遣劳动者纳入本单位从业人员统一管理，对被派遣劳动者进行岗位安全操作规程和安全操作技能的教育和培训。劳务派遣单位应当对被派遣劳动者进行必要的安全生产教育和培训。

生产经营单位接收中等职业学校、高等学校学生实习的，应当对实习学生进行相应的安全生产教育和培训，提供必要的劳动防护用品。学校应当协助生产经营单位对实习学生进行安全生产教育和培训。

生产经营单位应当建立安全生产教育和培训档案，如实记录安全生产教育和培训的时间、内容、参加人员以及考核结果等情况。

8. 第二十九条　生产经营单位采用新工艺、新技术、新材料或者使用新设备，必须了解、掌握其安全技术特性，采取有效的安全防护措施，并对从业人员进行专门的安全生产教育和培训。

9. 新《安全生产法》第三十条　生产经营单位的特种作业人员必须按照国家有关规定经专门的安全作业培训，取得相应资格，方可上岗作业。

特种作业人员的范围由国务院应急管理部门会同国务院有关部门确定。

10. 新《安全生产法》第三十一条　生产经营单位新建、改建、扩建工程项目(以下统称建设项目)的安全设施，必须与主体工程同时设计、同时施工、同时投入生产和使用。安全设施投资应当纳入建设项目概算。

11. 新《安全生产法》第三十六条(新增)　生产经营单位不得关闭破坏直接关系生产安全的监控、报警、防护、救生设备、设施，或者篡改、隐瞒、销毁其相关数据、信息。(新增)餐饮等行业的生产经营单位使用燃气的应安装可燃气体报警装置，并保障其正常使用。

12. 新《安全生产法》第四十四条(新增)　生产经营单位应当关注从业人员的身体、心理状况和行为习惯，加强对从业人员的心理疏导、精神慰藉，严格落实岗位安全生产责任，防范从业人员行为异常导致事故发生。

13. 新《安全生产法》第四十九条(新增)　矿山、金属冶炼建设项目和用于生产、储存、装卸危险物品的建设项目的施工单位应当加强对施工项目的安全管理，不得倒卖、出租、出借、挂靠或者以其他形式非法转让施工资质，不得将其承包的全部建设工程转包给第三人或者将其承包的全部建设工程支解以后以分包的名义分别转包给第三人，不得将工程分包给不具备相应资质条件的单位。

14. 新《安全生产法》第七十二条　承担安全评价、认证、检测、检验职责的机构应当具备国家规定的资质条件，并对其作出的安全评价、认证、检测、检验结果的合法性、真实性负责。资质条件由国务院应急管理部门会同国务院有关部门制定。

承担安全评价、认证、检测、检验职责的机构应当建立并实施服务公开和报告公开制度，不得租借资质、挂靠、出具虚假报告。

15. 新《安全生产法》第八十条　县级以上地方各级人民政府应当组织有关部门制定本行政区域内生产安全事故应急救援预案，建立应急救援体系。

乡镇人民政府和街道办事处，以及开发区、工业园区、港区、风景区等应当制定相应的生产安全事故应急救援预案，协助人民政府有关部门或者按照授权依法履行生产安全事故应急救援工作职责。

16. 新《安全生产法》第八十六条　事故发生单位应当及时全面落实整改措施，负有安全生产监督管理职责的部门应当加强监督检查。

(新增)负责事故调查处理的国务院有关部门和地方人民政府应当在批复事故调查报告后一年内，组织有关部门对事故整改和防范措施落实情况进行评估，并及时向社会公开评估结果；对不履行职责导致事故整改和防范措施没有落实的有关单位和人员，应当按照有关规定追究责任。

17. 新《安全生产法》九十二条承担安全评价、认证、检测、检验职责的机构出具失实报告的，责令停业整顿，并处三万元以上十万元以下的罚款；给他人造成损害的，依法承担赔偿责任。

承担安全评价、认证、检测、检验职责的机构租借资质、挂靠、出具虚假报告的，没收违法所得；违法所得在十万元以上的，并处违法所得二倍以上五倍以下的罚款，没有违法所得或者违法所得不足十万元的，单处或者并处十万元以上二十万元以下的罚款；对其直接负责的主管人员和其他直接责任人员处五万元以上十万元以下的罚款；给他人造成损害的，与生产经营单位承担连带赔偿责任；构成犯罪的，依照刑法有关规定追究刑事责任。

对有前款违法行为的机构及其直接责任人员，吊销其相应资质和资格，五年内不得从事安全评价、认证、检测、检验等工作；情节严重的，实行终身行业和职业禁入。

18. 新《安全生产法》第九十七条　生产经营单位有下列行为之一的，责令限期改正，处十万元以下的罚款；逾期未改正的，责令停产停业整顿，并处十万元以上二十万元以下的罚款，对其直接负责的主管人员和其他直接责任人员处二万元以上五万元以下的罚款。

19. 第九十八条生产经营单位有下列行为之一的责令停止建设或者停产停业整顿，限期改正，并处十万元以上五十万元以下的罚款，对其直接负责的主管人员和其他直接责任人员处二万元以上五万元以下的罚款；逾期未改正的，处五十万元以上一百万元以下的罚款，对其直接负责的主管人员和其他直接责任人员处五万元以上十万元以下的罚款；构成犯罪的，依照刑法有关规定追究刑事责任。

20. 新《安全生产法》第一百零三条(新增)　矿山、金属冶炼建设项目和用于生产、储存、装卸危险物品的建设项目的施工单位未按照规定对施工项目进行安全管理的，责令限期改正，处十万元以下的罚款，对其直接负责的主管人员和其他直接责任人员处二万元以下的罚款；逾期未改正的，责令停产停业整顿。以上施工单位倒卖、出租、出借、挂靠或者以其他形式非法转让施工资质的，责令停产停业整顿，吊销资质证书，没收违法所得；违法所得十万元以上的，并处违法所得二倍以上五倍以下的罚款，没有违法所得或者违法所得不足十万元的，单处或者并处十万元以上二十万元以下的罚款；对其直接负责的主管人员和其他直接责任人员处五万元以上十万元以下的罚款；构成犯罪的，依照刑法有关规定追究刑事责任

21. 新《安全生产法》第一百零九条(新增)　高危行业、领域的生产经营单位未按照国家规定投保安全生产责任保险的，责令限期改正，处五万元以上十万元以下的罚款；逾期未改正的，处十万元以上二十万元以下的罚款。

22. 新《安全生产法》第一百一十二条(新增)　生产经营单位违反本法规定，被责令改正且受到罚款处罚，拒不改正的，负有安全生产监督管理职责的部门可以自作出责令改正之日的次日起，按照原处罚数额按日连续处罚。

23. 新《安全生产法》第一百一十三条(新增)　生产经营单位存在下列情形之一的，负有安全生产监督管理职责的部门应当提请地方人民政府予以关闭，有关部门应当依法吊销其有关证照。生产经营单位主要负责人五年内不得担任任何生产经营单位的主要负责人；情节严重的，终身不得担任本行业生产经营单位的主要负责人。

二、《安全生产培训管理办法》

为进一步规范和加强安全生产培训管理，促进安全生产培训工作健康发展，国家应急管理部(原国家安全生产监督管理总局)对《安全生产培训管理办法》[原国家安全生产监督管理局(国家煤矿安全监察局)令第20号，以下称《办法》]进行了修订。新修订的《安全生产培训管理办法》(国家安全生产监督管理总局令第44号)经2011年12月31日国家安全生产监督管理总局局长办公会议审议通过，自2012年3月1日起施行。《办法》共八章五十二条。

1. 适用范围　《办法》第二条规定，安全培训机构、生产经营单位从事安全生产培训(以下简称安全培训)活动以及安全生产监督管理部门、煤矿安全监察机构、地方人民政府负责煤矿安全培训的部门对安全培训工作实施监督管理，适用本办法。

2. 生产经营单位培训对象　《办法》第三条规定，生产经营单位从业人员是接受安全培训教育的重要群体之一，主要指生产经营单位主要负责人、安全生产管理人员、特种作业人员及其他从业人员、注册安全工程师、安全生产应急救援人员等。

3. 安全培训工作的指导原则　《办法》第三条规定，本办法所称安全培训是指以提高安全监管监察人员、生产经营单位从业人员和从事安全生产工作的相关人员的安全素质为目的的教育培训活动。

《办法》所称安全监管监察人员是指县级以上各级人民政府安全生产监督管理部门、各级煤矿安全监察机构从事安全监管监察、行政执法的安全生产监管人员和煤矿安全监察人员；生产经营单位从业人员是指生产经营单位主要负责人、安全生产管理人员、特种作业人员及其他从业人员；从事安全生产工作的相关人员是指从事安全教育培训工作的教师、危险化学品登记机构的登记人员和承担安全评价、咨询、检测、检验的人员及注册安全工程师、安全生产应急救援人员等。

《办法》第四条规定，安全培训工作实行统一规划、归口管理、分级实施、分类指导、教考分离的原则。

4. 安全培训机构　《办法》第五条规定，从事安全培训活动的机构，必须取得相应的资质证书。资质证书分三个等级，即一级资质证书、二级资质证书、三级资质证书。

5. 安全培训工作的监管　《办法》第十九条规定，国家安监机构负责安全培训工作的监管。

国家应急管理部负责省级以上应急管理局的安全生产监管人员、各级煤矿安全监察机构的

煤矿安全监察人员的培训工作;组织、指导和监督中央企业总公司、总厂或者集团公司的主要负责人和安全生产管理人员的培训工作。

省级应急管理局监督管理部门负责市级、县级安全生产监督管理部门的安全生产监管人员的培训工作;组织、指导和监督省属生产经营单位、所辖区域内中央企业的分公司、子公司及其所属单位的主要负责人和安全生产管理人员的培训工作;组织、指导和监督特种作业人员的培训工作。

市级、县级安全生产监督管理部门组织、指导和监督本行政区域内除中央企业、省属生产经营单位以外的其他生产经营单位的主要负责人和安全生产管理人员的安全培训工作。

6. 生产经营单位安全培训的管理 《办法》第二十条规定,生产经营单位应当建立安全培训管理制度,保障从业人员安全培训所需经费,对从业人员进行与其所从事岗位相应的安全教育培训;从业人员调整工作岗位或者采用新工艺、新技术、新设备、新材料的,应当对其进行专门的安全教育和培训。未经安全教育和培训合格的从业人员,不得上岗作业。从业人员安全培训情况,生产经营单位应当建档备查。

7. 安全培训的分工 《办法》第二十一条规定,依照有关法律、法规,应当对取得安全资格证的生产经营单位主要负责人、安全生产管理人员、特种作业人员、井工矿山企业的生产、技术、通风、机电、运输、地测、调度等职能部门的负责人。必须由取得资质证书的培训机构进行培训,经考试合格、取得从业资质证书方可上岗。生产经营单位的其他从业人员的安全培训,由生产经营单位组织培训,或者委托安全培训机构进行培训。

生产经营单位从业人员的培训内容和培训时间,应当符合《生产经营单位安全培训规定》和有关标准的规定。

8. 重新培训制度 《办法》第二十二条规定,中央企业的分公司、子公司及其所属单位和其他生产经营单位,发生造成人员死亡的生产安全事故的,其主要负责人和安全生产管理人员应当重新参加安全培训。特种作业人员对造成人员死亡的生产安全事故负有直接责任的,应当按照《特种作业人员安全技术培训考核管理规定》重新参加安全培训。

9. 师傅带徒弟制度 《办法》第二十三条规定,国家鼓励生产经营单位实行师傅带徒弟制度。矿山新招的井下作业人员和危险物品生产经营单位新招的危险工艺操作岗位人员,除按照规定进行安全培训外,还应当在有经验的职工带领下实习满 2 个月后,方可独立上岗作业。

10. 免予培训制度 《办法》第二十四条规定,国家鼓励生产经营单位招录职业院校毕业生。职业院校毕业生从事与所学专业相关的作业,可以免予参加初次培训,实际操作培训除外。

11. 安全培训考核的原则 《办法》第二十八条规定,安全监管监察人员、从事安全生产工作的相关人员、依照有关法律法规应当取得安全资格证的生产经营单位主要负责人和安全生产管理人员、特种作业人员的安全培训的考核,应当坚持教考分离、统一标准、统一题库、分级负责的原则,分步推行有远程视频监视的计算机考试。

12. 安全培训考核的管理 《办法》第三十、三十一条规定,国家应急管理部(原国家安全生产监督管理总局)负责省级以上应急管理部(安全生产监督管理部门)的安全生产监管人员、各级煤矿安全监察机构的煤矿安全监察人员的考核;负责中央企业的总公司、总厂或者集团公司的主要负责人和安全生产管理人员的考核。省级安全生产监督管理部门负责市级、县级安全生产监督管理部门的安全生产监管人员的考核;负责省属生产经营单位和中央企业分公司、子公司及其所属单位的主要负责人和安全生产管理人员的考核;负责特种作业人员的考核。市级安全生产监督管理部门负责本行政区域内除中央企业、省属生产经营单位以外的其他生产经营单位的主要负责人和安全生产管理人员的考核。

省级煤矿安全培训监管机构负责所辖区域内煤矿企业的主要负责人、安全生产管理人员和特种作业人员的考核。除主要负责人、安全生产管理人员、特种作业人员以外的生产经营单位的其他从业人员的考核，由生产经营单位按照省级安全生产监督管理部门公布的考核标准，自行组织考核。

安全生产监督管理部门、煤矿安全培训监管机构和生产经营单位应当制定安全培训的考核制度，建立考核管理档案备查。

13. 安全培训的发证 《办法》第三十三条规定，安全生产监管人员经考核合格后，颁发安全生产监管执法证；煤矿安全监察人员经考核合格后，颁发煤矿安全监察执法证；危险物品的生产、经营、储存单位和矿山企业主要负责人、安全生产管理人员经考核合格后，颁发安全资格证；特种作业人员经考核合格后，颁发《中华人民共和国特种作业操作证》（以下简称特种作业操作证）；危险化学品登记机构的登记人员经考核合格后，颁发上岗证；其他人员经培训合格后，颁发培训合格证。

14. 安全培训证书的有效期 《办法》第三十五条规定，安全生产监管执法证、煤矿安全监察执法证、安全资格证的有效期为3年。有效期届满需要延期的，应当于有效期届满30日前向原发证部门申请办理延期手续。

特种作业人员的考核发证按照《特种作业人员安全技术培训考核管理规定》执行。

《办法》第三十六条规定，特种作业操作证和省级安全生产监督管理部门、省级煤矿安全培训监管机构颁发的主要负责人、安全生产管理人员的安全资格证，在全国范围内有效。

15. 安全培训的监督检查 《办法》第四十一条规定，安全生产监督管理部门、煤矿安全培训监管机构应当对生产经营单位的安全培训情况进行监督检查，检查内容包括：

（1）安全培训制度、年度培训计划、安全培训管理档案的制定和实施的情况；

（2）安全培训经费投入和使用的情况；

（3）主要负责人、安全生产管理人员和特种作业人员安全培训和持证上岗的情况；

（4）应用新工艺、新技术、新材料、新设备以及转岗前对从业人员安全培训的情况；

（5）其他从业人员安全培训的情况；

（6）法律法规规定的其他内容。

16. 安全培训的法律责任 《办法》第四十九条规定，生产经营单位主要负责人、安全生产管理人员、特种作业人员以欺骗、贿赂等不正当手段取得安全资格证或者特种作业操作证的，除撤销其相关资格证外，处3 000元以下的罚款，并自撤销其相关资格证之日起3年内不得再次申请该资格证。

《办法》第五十条规定，生产经营单位有下列情形之一的，责令改正，处3万元以下的罚款：

（1）相关人员未按照本办法第二十一条第一款规定由相应资质安全培训机构培训的；

（2）从业人员安全培训的时间少于《生产经营单位安全培训规定》或者有关标准规定的；

（3）矿山新招的井下作业人员和危险物品生产经营单位新招的危险工艺操作岗位人员，未经实习期满独立上岗作业的；

（4）相关人员未按照本办法第二十二条规定重新参加安全培训的。

第二节　电工作业人员的基本要求

一、电工作业人员条件

国家应急管理部(原国家安全生产监督管理总局)2010 年 5 月 24 日第 30 号令《特种作业人员安全技术培训考核管理规定》中有下面的内容。

特种作业人员应当符合下列条件：

1. 年满 18 周岁，且不超过国家法定退休年龄。

2. 无妨碍从事相应特种作业的器质性心脏病、癫痫病、梅尼埃病、眩晕症、癔症、震颤麻痹、精神病、痴呆症以及其他疾病和生理缺陷。

3. 电工作业要求具有初中及以上文化程度。

4. 从事危险化学品作业要求具有高中及以上文化程度。

5. 具备必要的安全技术知识与技能。

6. 相应特种作业规定的其他条件。

特种作业人员必须经专门的安全技术培训并考核合格，取得《中华人民共和国特种作业操作证》后，方可上岗作业。

二、电工职业道德

人在社会中生活与工作，必须遵循一定的准则，这准则是人所公认的，又是人人应自觉遵守的，这就是社会的道德标准。如果人与人之间、工种与工种之间、行业与行业之间都符合这一道德标准，那么生产与工作就能协调有序地进行。道德是人的行为准则，是不容破坏的，为防止个别人的行为破坏这一准则，所以又产生了法令、法律作为对不遵守道德标准的人的惩罚，以维护社会的道德标准。

下面是电工职业道德规范的具体内容：

1. 文明礼貌　文明礼貌要求仪表端庄、语言规范、举止得体、待人热情。

2. 爱岗敬业　爱岗敬业要求树立职业思想、强化职业责任、提高职业技能。

3. 诚实守信　诚实守信就是指真实无欺，遵守承诺和契约的品德行为。

4. 办事公道　办事公道是在爱岗敬业、诚实守信的基础上提出的更高层次的职业道德要求，要做到坚持真理、公私分明、公正公平、光明磊落。

5. 勤劳节俭　勤劳节俭是中华民族固有的美德，艰苦奋斗是中国人民的优良传统。节俭与勤劳互为表里，既勤又俭就能不断地创造和积累财富。

6. 遵纪守法　要了解与自己所从事的职业相关岗位的规范、纪律和法律、法规，要严格要求自己，养成遵纪守法的良好习惯，要敢同违法违纪的现象和不正之风做斗争。

7. 团结互助　要求平等尊重、顾全大局、互相学习、加强协作。

8. 开拓创新　开拓创新要有创新的意识，要运用现代科学的思维方式，要有坚定的信心和意志。

三、电工岗位安全职责

为保证正常的生产和工作，保证电工作业的安全，尤其是人身安全，所有在岗电工都应该做到以下几点：

1. 严格遵守有关的规章制度，遵守劳动纪律。

2. 努力学习电工的专业技术和安全操作技术，提高预防事故和职业危害的能力。

3. 正确使用及保管好安全防护用具及劳动保护用品。

4. 善于采纳有利于安全作业的意见，对违章指挥作业的行为及时予以指出，必要时应向有关领导部门报告。

5. 认真执行本单位、本部门为所在岗位制定的岗位职责。

四、关于实习人员参加电气工作的规定

1. 凡新参加电气工作的人员，在参加工作前，必须经过培训。培训内容包括：电气基本理论知识，电气工作安全知识，有关安全工作规程及相关的操作方法。

2. 凡新参加电气工作的人员，经过培训、考核合格后，在有经验的工作人员带领和指导下，进行工作实习。实习期间指导人员应固定。实习期至少三个月。

3. 实习人员在有电气工作经验人员的带领下，可以参加一些简单的技术工作和操作任务，但不能担任主要操作任务和监护人。实习人员进行的工作必须经过检查验收。

4. 在现场工作时，实习人员必须认真遵守安全操作规程，听从指导人员的指挥，否则现场负责人有权停止其工作。

5. 实习人员在实习期满，经过考试合格后，允许其正式参加电气工作，并可在停电范围内独立工作，但其工作质量应经专人检查。

第三节　电工作业人员的培训考核

为了防止人员伤亡事故，促进安全生产，必须提高电工作业人员的安全技术素质，规范电工作业人员的培训、考核、发证和监督管理工作。根据《中华人民共和国安全生产法》《中华人民共和国行政许可法》和其他相关法律、法规的规定，国家应急管理部（原国家安全生产监督管理总局）颁布了《特种作业人员安全技术培训考核管理规定》和《特种作业人员安全技术培训大纲及考核标准》，对电工的培训、考核、发证工作的积极开展起到了规范和指导作用。

一、电工作业人员安全技术培训考核管理按下列程序办理

招用电工要求

1. 生产经营单位招用或聘用电工作业人员的年龄、文化程度和身体健康状况应符合电工作业人员的基本条件，同时必须从取得电工作业操作资格证书的人员中选用。

2. 对单位已招用或聘用的电工应根据《特种作业人员安全技术培训考核管理规定》，参加户籍所在地或从业所在地安全生产监督管理部门组织、指导的电工作业安全技术培训、考核和发证。

二、培训

1. 电工作业人员的培训由省级安全生产监督管理部门或其委托直辖市安全生产监督管理部门审查认可的培训机构进行。

2. 电工作业人员的培训机构和教员实行资质认可制度，取得资质证书的培训机构应在所

在地安全生产监督管理部门的指导和监督下，根据《电工作业人员安全技术培训大纲》要求和《电工作业》培训教材组织实施培训，依据《电工作业人员安全技术培训大纲和考核标准》国家应急管理部统一命题，在计算机上进行考试，教考分离，并对考核合格人员出具培训合格证明。

3. 特种作业(高压电工)安全技术培训考核见表 1-1、表 1-2。

表 1-1 高压电工作业人员安全技术培训学时安排

项目	培训内容	学时	
安全技术知识(82 学时)	安全基本知识(12 学时)	电气安全工作管理	2
		触电事故及现场救护	2
		防触电技术	4
		电气防火、防爆与防静电	4
	安全技术基础知识(12 学时)	电工基础知识	4
		电工仪表及测量	4
		安全用具与安全标识	2
		电工工具及移动电气设备	2
	安全技术专业知识(54 学时)	电力系统基础知识	6
		电力变压器	8
		高压电器及成套配电装置	12
		电力线路	6
		过电压保护	4
		继电保护与二次系统	10
		变配电所运行管理	8
	复习		2
	考试		2
实际操作技能(72 学时)	电气安全用具的检查使用		4
	常用电工仪表的使用		8
	触电急救和灭火操作		8
	倒闸作业		16
	高压成套装置的安装、使用和维护		8
	变压器的安装、巡视检查与操作		8
	变配电所运行监视、巡视与异常判断及处理		8
	架空线路施工		8
	复习		2
	考试		2
合计			154

表 1－2　高压电工作业人员安全技术复审培训学时安排

<table>
<tr><th>项目</th><th>培训内容</th><th>学时</th></tr>
<tr><td rowspan="3">复审培训</td><td>典型事故案例分析
相关法律、法规、标准、规范
电气方面的新技术、新工艺、新材料</td><td rowspan="4">不少于 8 学时</td></tr>
<tr><td>复习</td></tr>
<tr><td>考试</td></tr>
<tr><td colspan="2">合计</td></tr>
</table>

三、考核、发证

1. 考核　培训期满后，由省、市国家应急管理部安全生产监督管理部门或其指定的单位，按《特种作业人员安全技术培训考核标准》电工作业部分要求的命题考核。考核分为安全技术理论和实际操作两部分，两部分都必须达到合格要求，方予以通过。经考核不合格的，允许补考核一次，补考仍不合格的，须重新培训。

2. 发证　考试合格后，由省级应急管理厅安全生产监督管理部门或委托省辖市应急管理局签发由国家应急管理部统一制作的特种作业操作资格证书。电工在取得资格证书后，方准许独立作业。特种作业操作资格证书是特种作业人员从事特种作业唯一有效证件。特种作业操作资格证书全国通用，特种作业人员从事特种作业时须随身携带。

四、证书复审(换证和补发)

1. 复审的目的　为了不断提高电工的素质，整顿电工队伍，有必要对电工进行安全生产法制教育和安全生产新知识、新技术学习，并对电工的特种作业操作资格证进行复核审查。

2. 复审的间隔时间和内容　电工的操作证每三年复审一次，同时对电工进行复审考核。考核合格的予以确认，考核不合格的可申请再考核一次，仍不合格须重新培训发证。对脱离电工岗位 6 个月以上者需进行复审，未经复审不准继续独立作业。复审内容包括事故、违章记录检查；安全技术理论考核。复审由省级应急管理厅或委托省辖市应急管理局及其指定的单位进行。

3. 证书换证和补发　特种作业操作资格证有效期为 6 年，由申请人提出换证申请；操作资格证书遗失、损毁的，由申请人向原发证部门申报补发新证。

4. 对违章及事故的责任者的处罚　对违章及事故的责任者，省级应急管理厅应根据国家应急管理部颁布的《特种作业人员安全技术培训考核管理规定》中处罚条款规定，吊销或注销所发的特种作业操作资格证书。

第二章　电工基础知识

第一节　直流电路

一、直流电路的组成及各部分的作用

1. 电路的组成　电流所通过的路径称为电路。电路一般都是由电源、负载、导线、控制电器(开关)组成(图 2－1)。

(1) 电源:常用的直流电源有干电池、蓄电池和直流发动机。

(2) 导线:连接电路的导线。

(3) 控制电器(开关)。

(4) 负载(用电器)。

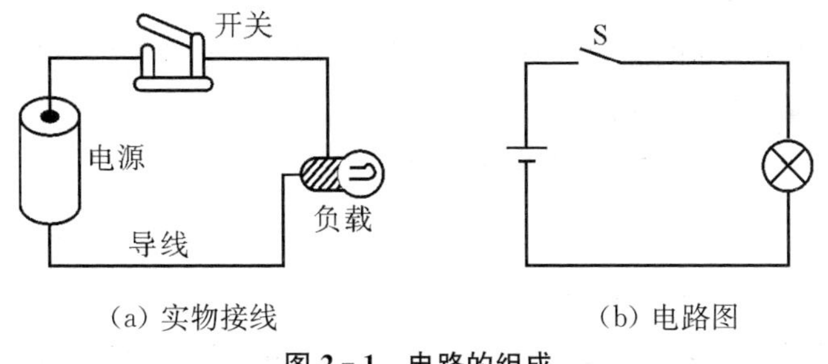

(a) 实物接线　　(b) 电路图

图 2－1　电路的组成

2. 电路的三种工作状态

(1) 通路状态:开关接通,构成闭合回路,电路中有电流通过。

(2) 断路(开路)状态:开关断开或电路中某处断开,电路中无电流。电路在断路(开路)状态下阻抗值 R 为∞或某处的连接导线断开电流不能导通的现象。

(3) 短路状态:如果电源通向负载的两根导线不经过负载而相互直接接通,电源发生短路。这时电路中的电流,可能增大到远远超过导线所允许的限度,电路中的短路电流比正常工作电流大很多倍。

二、直流电路的基本物理量

1. 电量

(1) 电荷:带电的基本粒子称为电荷。失去电子带正电的粒子叫正电荷,失去电子带负电的粒子叫负电荷。

（2）电量：是指物体所带电荷的多少。用 Q 表示，电量的单位为库仑（C）。$1C\approx6.25\times10^{18}$ 个电子荷。

2. 电场　电场强度是矢量，不仅有大小，还有方向。

3. 电流　导体中的自由电子在电场力的作用下，做定向移动形成电流。电流的方向规定为导体中正电荷运动的方向。

$$I=\frac{dq}{dt}$$

式中：电流用字母 I 表示，单位是安培（A）。

$$1\ kA=10^3\ A\quad 1\ mA=10^{-3}A\quad 1\ \mu A=10^{-6}A$$

（1）电流是指大量电荷在电场力作用下，作有规则的定向运动。

（2）电流产生的条件有：一是电路中必须存在不为零的电动势；二是电路必须成为闭合回路。两者缺一不可，缺少其中任何一条件，电路中不可能存在电流。

电流可以用交、直电流表串联在电路中进行测量，也可用电流天平、电桥、电位差计间接测量。

（3）直流电流：是指电流方向不随时间而变化的电流。方向、大小都保持不变的电流称恒定电流，简称为直流。

单位导线截面所通过的电流值称为电流密度，电流密度的单位 A/mm^2。

直流电流过导线时，导线横截面上各处的电流密度相等。

交流电流：方向、大小随时间而周期性变化的电流称为交流电流。

4. 电位、电压、电动势

（1）电位：物体处在不同的高度具有不同的位能，相对高度越大位能就越大，电场中某点的电位与参考点的选择有密切的关系。

（2）电压：在电路中 A、B 两点间的电位差称为电压。

$$U_{AB}=V_A-V_B$$

式中：电压用字母 U 表示，单位是伏特（V）。

电路中任意两点之间电位的差，称为电位差，习惯上称电压。可以用直流、交流电压表分别测量直流、交流电压。电压表必须并联在被测电路两端。

（3）电动势：在电场中将正电荷由低电位移向高电位时，外力所做的功称为电动势。（电源两极维持一定的电位差要使电流持续不断地沿电路流动，这种能使电路电流持续不断地沿电路流动的电位差，称电源的电动势。）

$$e=\frac{dW}{dq}$$

电位、电压、电动势的单位都是伏特（V）。

$$1\ kV=10^3\ V\quad 1\ mV=10^{-3}\ V\quad 1\ \mu V=10^{-6}V$$

5. 电阻和电阻率

（1）电阻：导体中自由电子在定向移动时，不断与周围电子相互碰撞，同时又要与导体中原子相互碰撞，这种碰撞对电子起到阻碍作用，即表现为对电流的阻碍作用称电阻，用字母 R 表示。单位是欧姆(Ω)。

$$1\ \Omega=1\ \mathrm{V}/1\ \mathrm{A}\quad 1\ \mathrm{k}\Omega=10^{3}\ \Omega\quad 1\ \mathrm{M}\Omega=10^{6}\ \Omega\quad 1\ \Omega=10^{-6}\ \mathrm{M}\Omega$$

(2) 电阻率:电阻率的大小等于长度为 1 m,截面积 1 mm^2 的导体在一定的温度下的电阻值,单位欧姆米(Ω・m)。

金属导体的电阻与其长度成正比,与其截面积成反比,并与材料、温度等因素有关。当横截面积相同时,同种材料导体的长度越长,导体的电阻越大。在 20 ℃时导体的电阻可用以下公式表示:

$$R=\frac{\rho L}{S}$$

式中:R——导体的电阻(Ω);

ρ——导体的电阻率(Ω・m);

L——导体的长度(m);

S——导体的横截面积(mm^2)。

导体的电阻与温度有关,电阻随温度的变化而变化,通常金属的电阻是随温度的升高而增大。

6. 欧姆定律

$$I=\frac{U}{R}$$

(1) 部分电路欧姆定律的内容是:流过导体的电流与这段导体两端的电压成正比,与这段导体的电阻成反比。

(2) 全电路欧姆定律的内容是:在全电路中电流与电源的电动势成正比,与整个电路的内外电阻之和成反比。

(3) 全电路欧姆定律表明:在闭合电路中,电流的大小与电源电动势成正比,与整个电路的电阻成反比。

7. 电阻电路

(1) 电阻的串联:在电路中几个电阻依次相连接,中间没有分岔支路,这时通过每个电阻的电流相同,这种连接方式叫电阻的串联(图 2-2)。

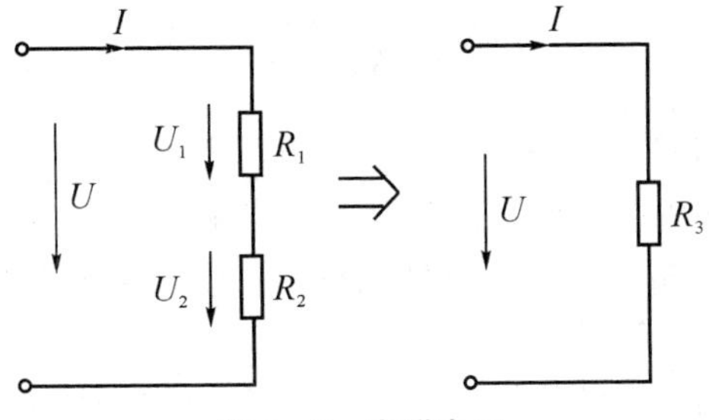

图 2-2　串联电阻

串联电阻的特点:

① 每个电阻上流过的电流相同。

即:$I_1=I_2=I_3$

② 总电压(电压降)等于各个电阻分电压之和。

即：$U=U_1+U_2=U_3=IR_1+IR_2=IR_3$

③ 串联电阻的总阻值等于各分路电阻之和。

即：$R=\dfrac{U}{I}=R_1+R_2=R_3$

④ 串联电阻中每个电阻上的电压和总电压之间的关系：

即：$U_1=\dfrac{U}{R}\cdot R_1\quad U_2=\dfrac{U}{R}\cdot R_2\quad U_3=\dfrac{U}{R}\cdot R_3$

每个电阻上分得电压的大小和电阻成正比，电阻越大分得的电压越大，电阻越小分得的电压越小。在串联电路中，电路的端电压 U 等于各串联电阻两端电压的总和。

⑤ 当电阻串联时，串联电路的总功率等于串联电路中各电阻的功率之和。

(2) 电阻的并联：在电路中几个电阻分别接在两个接点之间，使每个电阻承受同一电压，这种连接方法叫电阻的并联(图 2-3)。

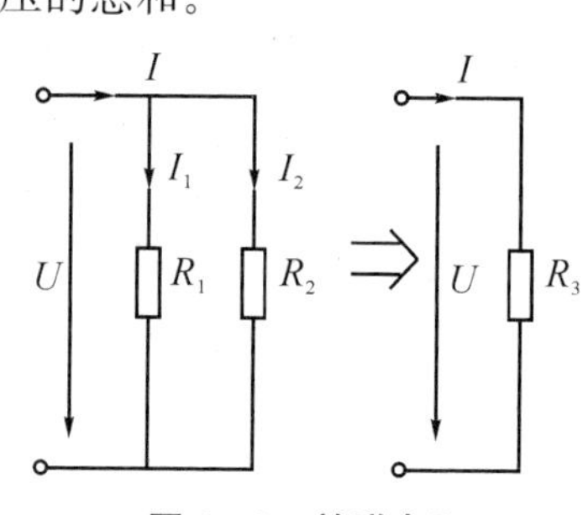

图 2-3　并联电阻

并联电阻的特点：

① 各并联支路两端电压相等：

$$U_1=U_2=U_3=U$$

② 总电流等于各并联支路电流之和：

$$I=I_1+I_2=I_3=\frac{U}{R_1}+\frac{U}{R_2}=\frac{U}{R_3}$$

③ 并联电路总电阻的倒数等于各支路电阻的倒数之和：

$$\frac{1}{R}=\frac{1}{R_1}+\frac{1}{R_2}=\frac{1}{R_3}$$

两个电阻并联时则总电阻为：

$$R=\frac{R_1R_2}{R_1+R_2}$$

④ 电阻并联电路的总功率等于各分支电路的功率之和。

(3) 电阻的混联：在电路中既有电阻的串联又有电阻并联，称混联电路，也称复联电路。

对于混联电路的计算，要根据电路的具体情况，应用有关串联和并联的特点来进行。一般步骤为：

① 求出各个元件串联和并联的等效电阻值，再计算电路的总电阻值；

② 由电路的总电阻值和电路的端电压，根据欧姆定律计算出电路的总电流；

③ 根据电阻串联的分压关系和电阻并联的分流关系，逐步推算出各部分的电压和电流。

8. 基尔霍夫(克希荷夫)定律

(1) 基尔霍夫第一定律也称节点电流定律。

第一定律理论内容是：任何时刻流入电路中某节点的电流总和必等于从该节点流出的电流总和。

$$\sum I_{入} = \sum I_{出}$$

在任一瞬时，通过任一节点电流的代数和恒等于零。

$$\sum I = 0$$

(2) 基尔霍夫第二定律也称回路电压定律。

第二定律理论内容是：在电路的任何一闭合回路中总电位升必等于总电位降。

$$\sum U_{升} = \sum U_{降}$$

在任一瞬时，沿任一回路电压的代数和恒等于零。

$$\sum U = 0$$

9. 电功率、电能及电流的热效应

(1) 电流在 1 s 内所做的功叫作电功率简称功率。

(2) 电能是表示电流做了多少功的物理量。

(3) 电流通过导体时使导体发热的现象叫电流的热效应。

10. 电容　电容元件是一种能够储存电场能量的元件。实际电容器的理想化模型见图 2-4。

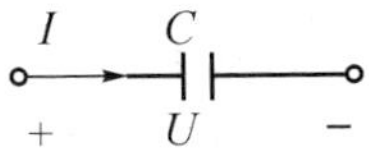

图 2-4　实际电容器的理想化模型

只有电容器上的电压变化时，电容两端才有电流。在直流电路中，电容上即使有电压，但 $I=0$，相当于开路，即电容具有隔直作用。电容有关图形见图 2-5。

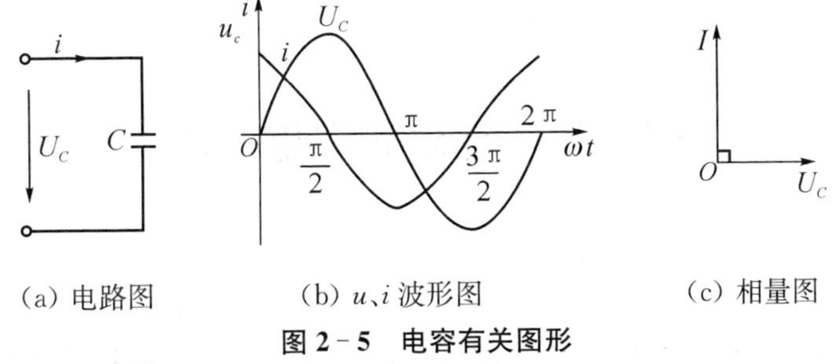

(a) 电路图　(b) u、i 波形图　(c) 相量图

图 2-5　电容有关图形

电容用字母 C 表示，单位是法拉(F)。

(1) 存储能量：

公式：

$$W_C = \frac{1}{2}CU^2$$

电容器接通电源后，在两极板上集聚的电荷量 Q 与电容器两端的电压 U 的比值称为电容用符号 C 表示。

公式：

$$C = \frac{Q}{U}$$

式中：C——电容，单位为 F；

Q——电荷量，单位为 C；

U——电压，单位为 V。

电容量的单位是：法拉(F)

$$1\ \text{F(法)} = 10^{6}\ \mu\text{F(微法)} = 10^{12}\ \text{pF(皮法)}$$

电容器的功率单位用乏(Var)或千乏(kVar)表示。

(2) 电容串联的特点：

① 每个电容器所带的电荷量相等，电容器串联后总电荷量等于各电容器上所带的电荷量。

$$Q_{总} = Q_1 = Q_2$$

② 电容器串联后两端的总电压等于各电容器上电压之和。

$$U_{总} = U_1 + U_2$$

③ 电容器串联后的总电容量的倒数等于各分电容器电容量倒数之和。电容器串联其总电容量是减小。

$$\frac{1}{C_{总}} = \frac{1}{C_1} + \frac{1}{C_2}$$

(3) 电容并联的特点：

① 电容器并联后，每个电容器两端电压相等。

$$U_{总} = U_1 = U_2$$

② 电容器并联后，总电荷量等于各并联电容器所带的电荷量之和。

$$Q_{总} = Q_1 + Q_2$$

③ 电容器并联后，总电容量等于各并联电容器电容量之和。

$$C_{总} = C_1 + C_2$$

第二节　电磁和电磁感应

一、磁现象

1. 磁的基本知识　物质能显示磁性的原因，是由于磁性分子得到有规则的排列。

磁铁具有吸铁的性质，称为磁性。具有磁性的物体称磁体，磁体两端磁性最强的区域称为磁极。任何磁铁均有两个磁极：N 极(北极)和 S 极(南极)。同性磁极相斥，异性相吸。磁铁能吸铁的空间，称为磁场。为了形象化，常用磁力线来描绘磁场的分布。

2. 磁力线特征　磁力线是闭合的曲线。规定小磁针的北极所指的方向为磁力线的方向。

(1) 磁力线在磁铁外部由 N 极到 S 极，在磁铁内部由 S 极到 N 极。

(2) 磁力线上任意一点的切线方向，就是该点的磁场方向。它既无头又无尾，只有方向而且从不间断，是一种闭合的曲线。

(3) 磁力线是互不相交的连续不断的回线，磁性强的地方磁力线较密，磁性弱的地方磁力线较疏。

3. 磁化　将不带磁性的物质使其具有磁性的过程叫磁化。铁磁(磁性)材料有三类：

(1) 硬磁材料：一经磁化则磁性不易消失的物质，叫硬磁材料(剩磁强)用来制作永久磁铁有钨钢、钴钢等。

(2) 软磁材料：一经磁化则磁性容易消失，剩磁极弱(称剩磁)的物质，叫软磁材料(剩磁弱)用来制作电机和磁铁的铁芯，有硅钢片、纯铁等。

(3) 巨磁材料：其特点是在很小的外磁作用下就能磁化，一经磁化便达到饱和，去掉外磁后，磁性仍能保持在饱和值。因其磁滞回线近似为矩形而得名，巨磁材料常用来做记忆元件，如计算机中存储器的磁芯。

二、磁场的基本物理量

1. 磁通　磁通用来定量描述磁场在一定面积上的分布情况。通过与磁场方向垂直的某一面积上的磁力线的总数，称为通过该面积的磁通量，简称磁通，用字母 Φ 表示。它的单位是韦伯，简称韦，用符号 Wb 表示。

2. 磁感应强度　磁感应强度 B 是用来描述磁场强弱和方向的物理量，垂直通过单位面积 S 磁力线的多少，称该点的磁感应强度。($\Phi = BS$)

3. 磁导率　磁导率是一个用来描述物质导磁性能的物理量，用字母 μ 表示，其单位是 H/m，真空中的磁导率为一常数。磁路与电路之间的关系见表 2-1。

表 2-1　磁路与电路之间的关系

磁路	电路
磁通势 F	电动势 E
磁通 Φ	电流 I
磁导率 μ	电阻率 ρ
磁阻 $R_m=\frac{L}{\mu S}$	电阻 $R=\rho\times\frac{L}{S}$
欧姆定律 $\Phi=\frac{F}{R_m}$	欧姆定律 $I=\frac{E}{R}$

(1) 根据相对磁导率 μ_r 的大小把物质分为三类：

① $\mu_r<1$ 的物质叫逆(反)磁物质，如铜、银等；

② $\mu_r\geqslant1$ 的物质叫顺磁物质，如空气、锡；

③ $\mu_r\gg1$ 的物质叫铁磁物质，如铁、钴、镍及合金等。

(2) 相对磁导率等于物质的磁导率与真空中磁导率的比值，相对磁导率是没有单位的。

4. 磁场强度　磁场强度的数值，只与电流的大小及导体的形状有关，而与磁场媒介质的磁导率无关。磁场强度是个矢量，在均匀媒介质中，它的方向和磁感应强度的方向一致。

三、法拉第电磁感应定律

线圈中感应电动势的大小与通过同一线圈的磁通变化率成正比，这一规律称为法拉第电磁感应定律。

法拉第电磁感应定律指出，感应电动势的大小决定于线圈的匝数和磁通量变化的快慢，而与磁通量本身的大小无关。

四、楞次定律

当通过线圈的磁通发生变化时，感应电流产生的磁场总是阻碍原磁场的变化，当线圈磁通增加时，感应电流就要产生与它相反的磁通去阻碍它的增加；当线圈中的磁通减少时，感应电流就要产生与它方向相同的磁通去阻碍它的减少。

五、电流的磁效应对电流的作用

1. 电流的磁效应　载流导体周围存在有磁场即电流产生磁场（电能生磁、磁能生电）称电流的磁效应。

电流的磁效应，使我们能够容易地控制磁场的产生和消失，这在生产实践中有着非常重要的意义。

2. 右手定则（也称“发电机定则”）　用右手定则来判断通电导线（或线圈）周围磁场（磁力线）的方向。

（1）通电直导线磁场（磁力线）的方向的判断方法：用右手握住导线，大拇指指向电流的方向，则其余四指所指的方向就是磁场（磁力线）的方向（图 2－6）。

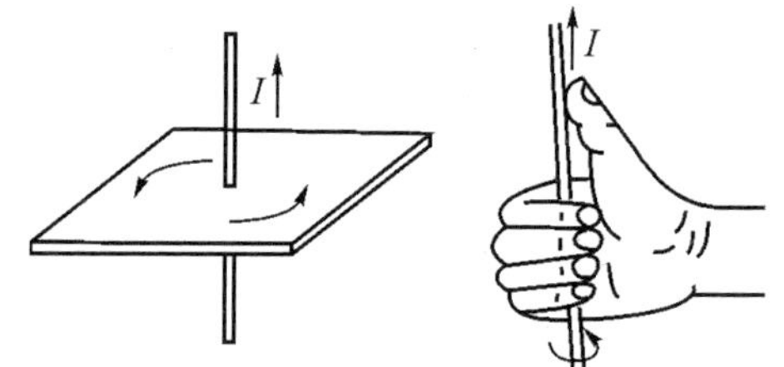

图 2－6　通电直导线磁场（磁力线）的方向的判断方法

（2）线圈磁场（磁力线）的方向的判断方法：用右手大拇指伸直，其余四指沿着电流方向围绕线圈，则大拇指所指的方向就是线圈内部的磁场（磁力线）的方向（图 2－7）。

3. 左手定则（也称“电动机定则”）　通电导线在磁场中会受力的作用，叫作电磁力或电动力。电动机和测量电流电压用的磁电式仪表，就是应用这个原理制成的。

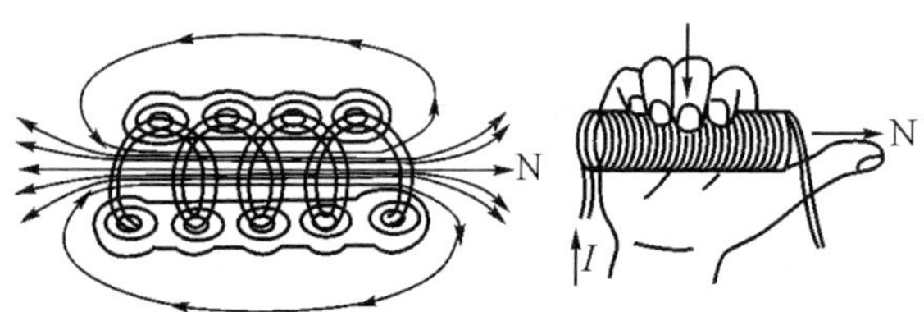

图 2－7　线圈磁场（磁力线）的方向的判断方法

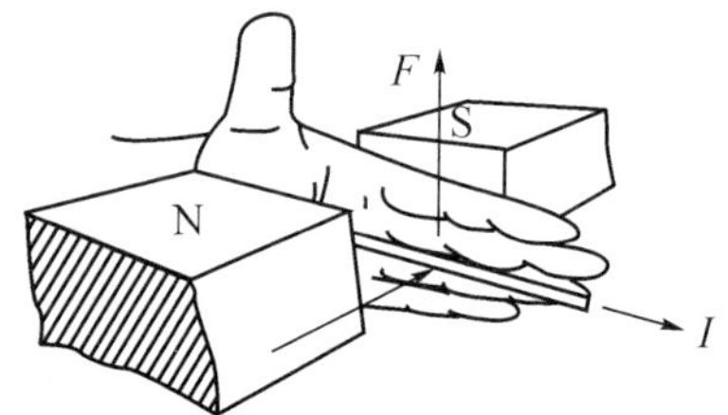

F—导体受到的电磁力，N；
B—均匀磁场的磁感应强度，T；
I—导体中的电流，A；*L*—导体在磁场中的有效长度，m

图 2－8　左手定则

可以应用电动机左手定则来确定通电导线在磁场中受力的方向。伸出左手使掌心迎着磁力线，即磁力线垂直，穿过掌心伸直的四指与导线中的电流方向一致，则与四指成直角的大拇指所指的方向就是导线受力的方向（图 2－8）。

电动力的大小与磁场的强弱、电流的大小和方向、通电导线的有效长度有关。通电的导线越长，电流越大磁场越强，则导线受到的电动力就越大。电流与磁场的方向垂直作用力最大平行时作用为零。电流和磁场密不可分，磁场总是伴随着电流而存在，而电流永远被磁场所包围。

一般情况下，磁场对电流作用的电动力可以用下列公式计算：

$$F = BIL$$

六、电磁感应

当导体相对于磁场运动，而切割磁力线或者线圈中的磁通发生变化时，在导体或线圈中产生感应电动势的现象，称为电磁感应。由电磁感应产生的电动势，称感应电动势。由感应电动势产生的电流，称感应电流。

1. 自感　由于线圈（或回路）本身电流的变化而引起线圈（或回路）内产生电磁感应的现象叫作自感现象，简称自感。由自感现象产生的电动势称为自感电动势。实际电感器的理想化模型见图2－9。

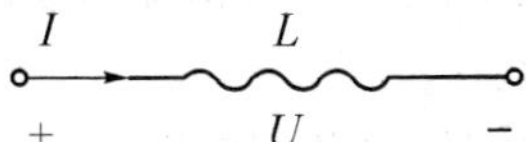

图2－9　实际电感器的理想化模型

自感电动势的大小正比于本线圈中的电流。与自感系数无关的是线圈的电阻。

只有电感上的电流变化时，电感两端才有电压。在直流电路中，电感上即使有电流通过，但$U=0$，相当于短路。

2. 互感　由于一个线圈的电流变化，而在另一个线圈中产生感应电动势的现象称为互感现象，简称互感。电感元件是一种能够储存磁场能量的元件。

3. 线圈的极性　同名端：我们把绕向一致，感应电动势的极性始终保持一致的线圈的端点，叫同名端，又可以叫同极性端。

4. 涡流　涡流是感生在导体内部的旋涡电流，它是一种电磁感应现象。由于这种感应电流在整块铁芯中流动，自成闭合回路故称涡流。

第三节　交流电路

一、交流电

1. 正弦交流电基本概念　交流电可以分为正弦交流电和非正弦交流电两类。正弦交流电是指电流的大小和方向随时间按正弦规律变化的交流电，其波形图见图2－10。

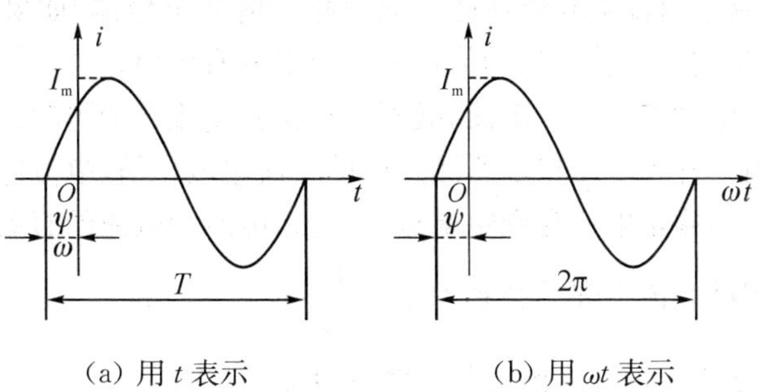

（a）用 t 表示　　（b）用 ωt 表示

图2－10　正弦交流电波形图

(1) 周期、频率

① 周期:线圈在两磁极间旋转一周,交流电即完成一次正和负的变化,我们称为一个周波。交流电变化一周所需要的时间叫周期,用字母“T”来表示,单位时间是秒。

② 频率:单位时间 1 s 内,交流电周期性变化的次数叫频率,用字母“f”来表示,单位是赫兹(Hz),简称赫。我国采用交流电频率为 50 Hz,习惯上称工频。

频率和周期的关系:$T=\frac{1}{f}=\frac{1}{50}=0.02(\text{s})$

$$f=\frac{1}{T}$$

(2) 初相位、相位和相位差:见图 2-11。

① 初相位:$t=0$ 时的相位。正弦交流电的初相位为零。

② 相位:正弦量表达式中的角度。

③ 相位差:两个同频率正弦量的相位之差,其值等于它们的初相之差。

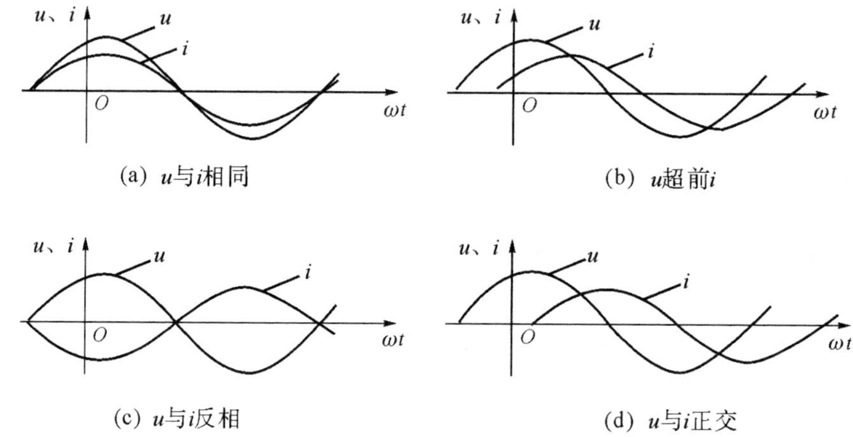

图 2-11　正弦交流电相位图

2. 正弦交流电的基本物理量

(1) 瞬时值和最大值

① 瞬时值:交流电时刻都在变化,在变化一周期内任何一瞬时的数值都不相同。

② 最大值:正弦交流电是随时间成正弦规律变化的交流电,它的大小、方向时刻都在变化,我们把正弦交流电最大的瞬时值,叫交流电的最大值,又叫峰值或幅值。

(2) 有效值:把交流电和直流电分别通入电阻相同的两个导体,如果在相同的时间内电阻产生的热量相等,我们把这个直流电流的值称为交流电的有效值。

我们常说交流电的电动势、电压、电流,既不是指正弦交流电的瞬时值,也不是最大值,而是指正弦交流电的有效值。各种电工仪表所测量到的交流电电压值、电流值也就是有效值。交流电气设备铭牌上所注明的额定电压和额定电流,都是指电压和电流的有效值。

交流电的有效值和最大值之间的关系为 $I=\frac{I_{\mathrm{m}}}{\sqrt{2}}$

(3) 平均值:正弦交流电有效值和最大值之间的关系:

$$U=\frac{U_m}{\sqrt{2}}\approx 0.707U_m \qquad I=\frac{I_m}{\sqrt{2}}\approx 0.707I_m$$

$$或：U_m=\sqrt{2}U\approx 1.414U \qquad I_m=\sqrt{2}I\approx 1.414I$$

二、单相交流电路

1. 纯电阻电路　纯电阻电路电压 U_R、电流 I 同频率、同相位的正弦量(图 2－12)。

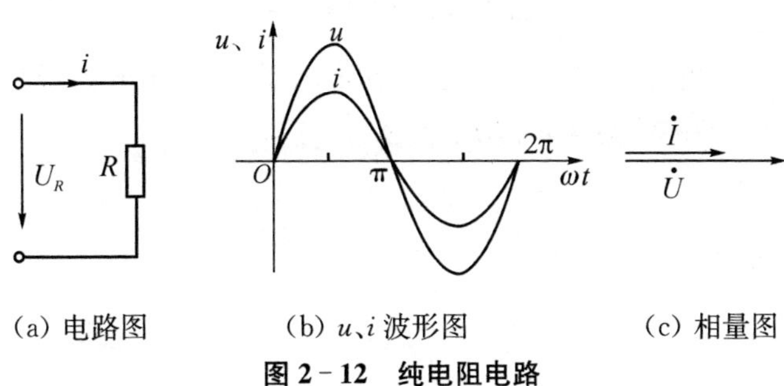

(a) 电路图　(b) u、i 波形图　(c) 相量图

图 2－12　纯电阻电路

电阻消耗的平均功率，等于电阻两端电压有效值和流过电阻中电流有效值的乘积。

平均功率用 P 表示：

$$P=UI$$

2. 纯电感电路　纯电感电路，相位上外加电压超前电流 90°。纯电感电路是不消耗能量的，它仅仅与电源之间进行能量的互换(图 2－13)。

$$Q=U_LI \qquad Q=I^2X_L$$

式中：Q——无功功率，单位为乏(Var)或千乏(kVar)；

U_L——电压，单位为伏(V)或千伏(kV)；

I——电流，单位为安(A)或千安(kA)；

X_L——感抗，单位为欧(Ω)或千欧(kΩ)。

交流电的频率越高、电感越大，电感线圈的感抗就越大。

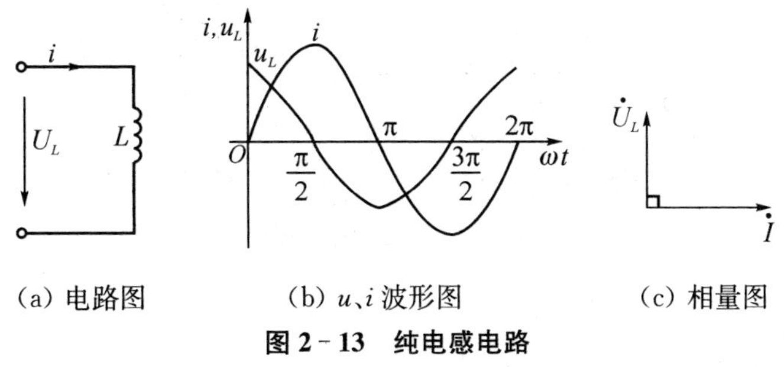

(a) 电路图　(b) u、i 波形图　(c) 相量图

图 2－13　纯电感电路

3. 纯电容电路　纯电容电路，相位上外加电压滞后电流 90°(图 2－14)。

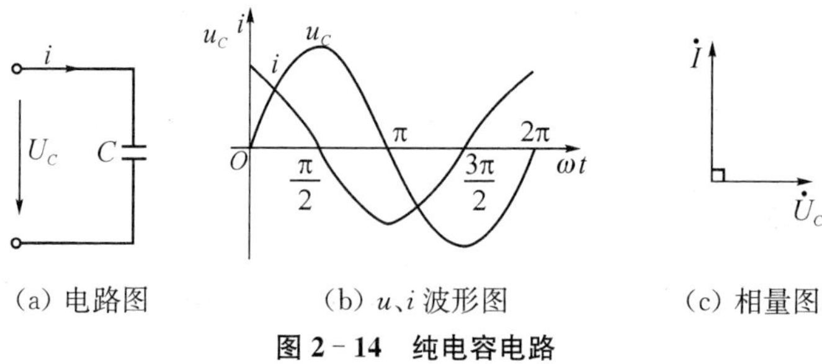

(a) 电路图　(b) u、i 波形图　(c) 相量图

图 2－14　纯电容电路

在交流电路中电容器也是电路的基本元件，在电力系统中，用电容器调整电压，改善功率因数；在电子电路中用电容器隔断直流，并用于滤波等。

$$Q = U_C I$$

电容的容抗与频率成反比。

$$X_C = \frac{1}{\omega C} = \frac{1}{2\pi f C}$$

纯电容电路是不消耗能量的，它仅仅与电源之间进行能量的互换。在电子电路中，电容在电路中起隔直通交的作用，并用于滤波等。

三、三相交流电路

1. 相序　三相交流量在某一确定的时间 T 内到达最大值（或零值）的先后顺序称相序。

2. 三相交流电电动势的产生及其特点见图 2－15。

对称三相电动势是指三个频率相同、最大值相等、相位彼此相差 120°的正弦电动势。

$$u_A = \sqrt{2} U_p \sin\omega t \qquad \dot{U}_A = U_p \angle 0^\circ$$

$$u_B = \sqrt{2} U_p \sin(\omega t - 120^\circ) \qquad \dot{U}_B = U_p \angle -120^\circ$$

$$u_C = \sqrt{2} U_p \sin(\omega t + 120^\circ) \qquad \dot{U}_C = U_p \angle 120^\circ$$

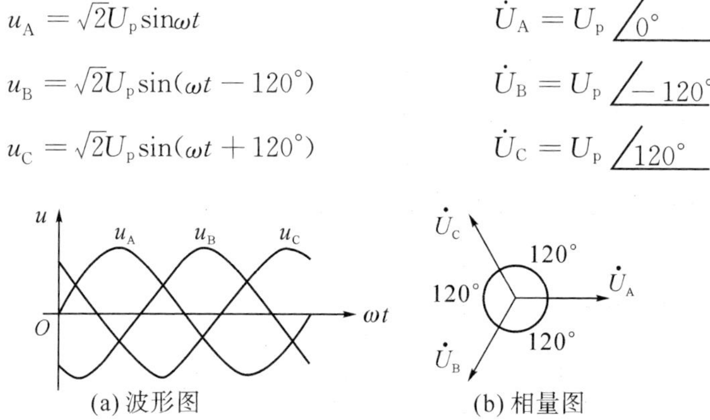

(a) 波形图　(b) 相量图

图 2－15　三相交流电

3. 对称的三相电动势具有以下特点

(1) 各电动势的波形都按正弦规律变化。

(2) 它们的周期和最大值都相等。

(3) 三个电动势的频率相同、幅值相等，相位彼此相差 120°。

4. 三相交流电的连接　三相交流电星形接法见图 2－16，三相交流电三角形接法见图 2－17。

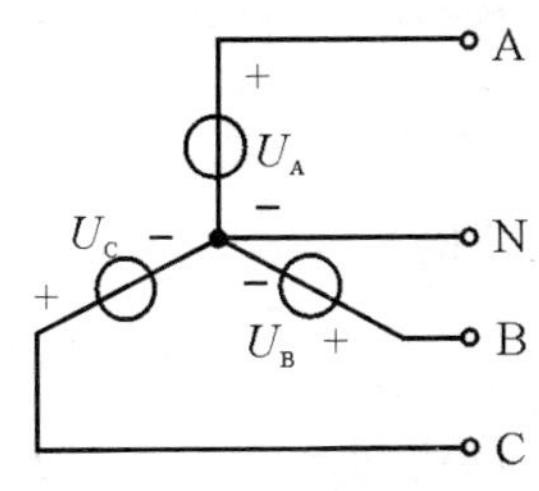

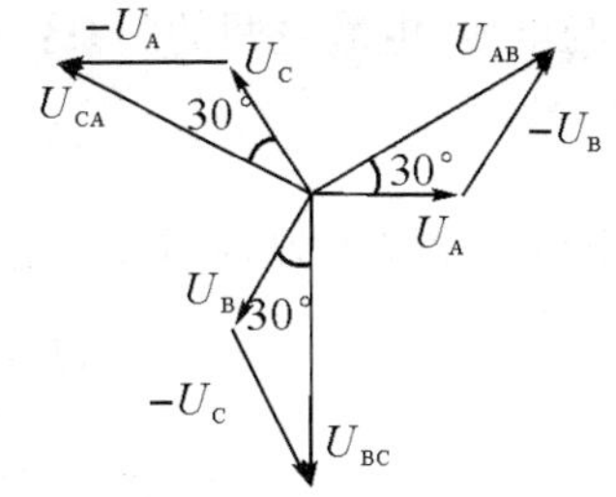

图 2－16　三相交流电星形接法

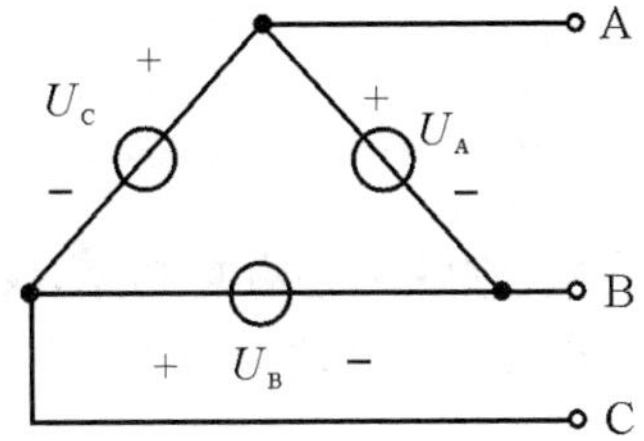

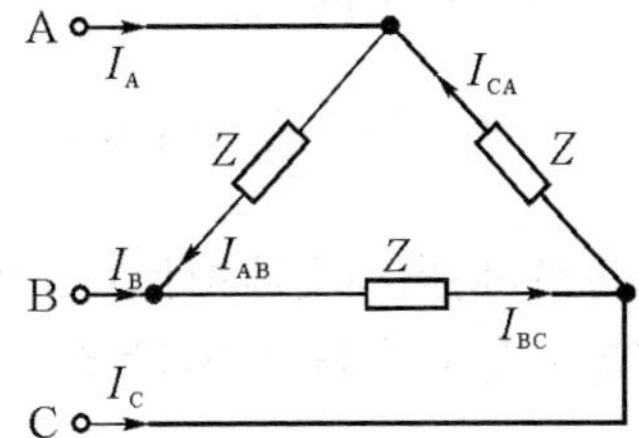

图 2－17　三相交流电三角形接法

(1) 对称的星形(Y)接法中 $U_{线}=\sqrt{3}U_{相}$，$I_{线}=I_{相}$。

(2) 对称的三角形(△)接法中 $U_{线}=U_{相}$，$I_{线}=\sqrt{3}I_{相}$。

① 相电压：三相电源每个线圈两端(头尾之间)的电压称为相电压。

② 线电压：三相电源中任意两根端线间(相与相之间)的电压称为线电压。

5. 三相交流电比单相交流电具有更多的优点

(1) 节约输电线路。

(2) 同时有两种电压可供使用。

(3) 可产生旋转磁场。

6. 三相交流电路的功率　三相交流电路中的功率和单相交流电路中的功率一样，都有有功功率、无功功率和视在功率之分。

(1) 有功功率：指在交流电路中，电阻所消耗的功率，以 P 表示，功率的单位用瓦(W)和千瓦(kW)表示。

有功功率与电压、电流之间的关系：

$$P=UI\cos\varphi$$

式中：U 为电压的有效值，单位为 V；I 为电流的有效值，单位为 A；$\cos\varphi$ 为功率因数。

三相负载对称时三相有功功率等于一相有功功率的三倍：

$$P=3U_{相}\ I_{相}\ \cos\varphi$$

$$P=\sqrt{3}U_{线}\ I_{线}\ \cos\varphi$$

(2) 无功功率：指在交流电路中，电容(包括电感)是不消耗能量的，它只是与电源之间进行能量的互换，而并没有消耗真正的能量，我们把与电源交换能量的功率称无功功率。

无功功率用符号 Q 表示，单位是乏(Var)或千乏(kVar)。

$$1\ \text{kVar}=10^3\ \text{Var}$$

无功功率 Q 与电压、电流之间的关系：

$$Q = UI \sin\varphi$$

三相负载对称时三相无功功率等于一相无功功率的三倍：

$$Q = 3UI\sin\varphi$$

$$Q = \sqrt{3}U_{线} I_{线} \sin\varphi$$

(3) 功率因数：是指在交流电路中电压与电流之间的相位差的余弦，用 $\cos\varphi$ 表示，在数值上是有功功率和视在功率的比值：

$$\cos\varphi = \frac{P}{S} \text{ 或 } \cos\varphi = \frac{P}{UI}$$

(4) 视在功率：是指在交流电路中，电压和电流的乘积，它既不是有功功率，又不是无功功率，通常视在功率表示变压器等设备的容量，以符号 S 表示，单位是伏安（VA）或千伏安（kVA）。

它与电压、电流之间的关系：$S = UI$。

视在功率与有功功率和无功功率之间的关系，见图 2－18。

三相视在功率：$S = \sqrt{3}UI \quad S^2 = P^2 + Q^2 \quad S = \sqrt{P^2 + Q^2}$

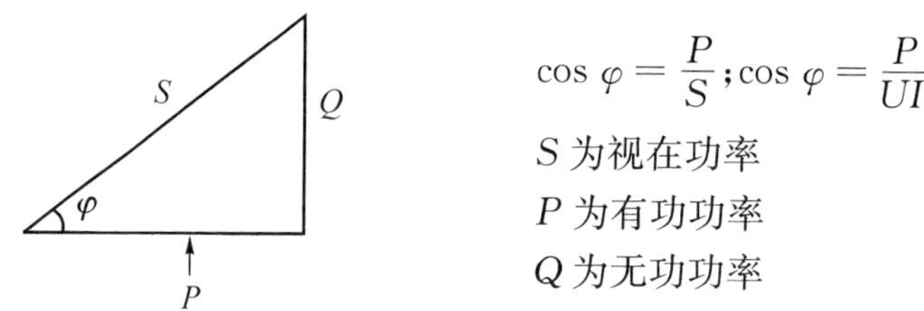

图 2－18　视在功率与有功功率和无功功率之间的关系

7. 对称的星形(Y)连接的中性点、中性线；零点、零线

(1) 中性点：发电机、变压器、电动机三相绕组连接的公共点称为中性点。从中性点引出的导线称中性线。

(2) 零点：如果三相绕组平衡，由中性点到各相外部接线端子间的电压绝对值必然相等，如中性点接地的，则该点又称作零点。从零点引出的导线称零线。

(3) 保护中性线(PEN 线)具有 PE(保护)线和 N(中性)线两种功能的导体。

(4) 三相负载星形连接时，不一定都要将中性线引出。

第四节　识读电气图

电气图一般由电路图、技术说明、电器设备(元件)明细表和标题栏四部分组成。

一、电气简图合理布局的原则

便于绘制，易于识读，突出重点，均匀对称，清晰美观。

二、电气图中的元件都是按正常状态绘制的

所谓“正常状态”或“正常位置”，即电气元件、器件和设备的可动部分表示为非激励（未通电，无外力作用）或不工作状态或位置。例如：

1. 继电器和接触器的线圈未通电，因而其触头在还未动作的位置。
2. 断路器、负荷开关、隔离开关、刀开关等在断开位置。
3. 带零位的手动控制开关的操作手柄在“0”位。
4. 行程开关在非工作状态或位置。
5. 事故、备用、报警等开关在设备、电路使用或正常工作位置。
6. 对于发、输、变、配、供电系统的电气图，应按照实际设计，把备用的电源、线路、变压器以及与之配套的开关设备等都一一表达出来。

三、电气图简图合理布局的要点

从总体到局部，从一次到二次，从主到次，从左到右，从上到下，从图形到文字。

1. 触头的电气图形符号通常规定为“左开右闭，下开上闭”。
2. 用表格法表示：“0”表示触头断开，“1”表示触头闭合。
3. 在电气图上，一般电路或元器件是按功能布置，并按工作顺序从左到右，从上到下排列的。
4. 用符号标明直流电路导线的极性时，正极用“＋”标记，负极用“－”标记，直流系统的中间线用字母“M”标明。
5. 凡是绘成矩形的符号（熔断器、避雷器、电阻器等），长宽比以 2∶1 为宜。
6. 同一电器元件的各部件分散地画在原理图中，必须按顺序标注文字符号。

四、识图的基本要求

电工识图要做到“五个结合”即：

1. 结合电工基础知识识图。
2. 结合电器元件的结构和工作原理识图。
3. 结合典型电路识图。
4. 结合电气图的绘制特点识图。
5. 结合其他专业技术图识图。

五、读图的基本步骤

首先看图样说明，然后看电路图再看安装接线图。

读图前首先要弄懂该图纸所绘继电保护的功能及动作原理、图纸上所标符号的含义，然后按照先交流、后直流，先上后下，先左后右的顺序读图。对交流部分，要先看电源，再看所接元件。对直流元件，要先看线圈，再查接点，每一个接点的作用都要查清。如有多张图纸时，有些元件的线圈与接点可能分布在不同的图纸上，不能疏漏。

1. 看电路图时首先要分清主电路和副电路（习惯称为二次回路），交流电路、直流电路。其次按照先看主电路再看副电路（二次回路）的顺序读。
2. 看主电路时通常先交流后直流，再信号从下往上看，即从电气设备开始，经控制元件顺

次往电源看。

3. 看副电路(二次回路)时,则自上而下、从左向右看,即先看电源、再顺次看各条回路,分析各条回路元件的工作情况及其对主电路的控制关系。

4. 电气图的种类繁多,常见的有电气原理图、安装接线图、展开接线图(简称展开图)、平面布置图、剖面图。维修电工以电气原理图、安装接线图、平面布置图最为重要。

5. 安装接线图是以屏面布置图为基础,以原理图为依据而绘制成的接线图,是一种指导屏柜上配线工作的图纸。

安装接线图:由于二次设备布置分散,需要用控制电缆把它们互相连接起来。因此单凭原理接线图和展开图来安装是有困难的。为此在二次线安装时,还应绘制安装接线图,包括屏面布置图、屏背面接线图和端子排三个部分。另外电缆联系图和电缆清册也视为安装接线图的一部分。

安装接线图不但为安装工作提供了技术支持,而且为检修维护工作提供了方便。

6. 展开接线图(简称展开图):以电气回路为基础,将继电器和各元件的线圈、触点按保护动作顺序,自左而右、自上而下绘制的接线图,称为展开图。

(1) 展开图中体现交流电压回路。在展开图中各继电器的线圈和触点分开,分别画在它们所属的回路中,并且属于同一继电器或元件的所有部件都注明同样的符号。继电保护回路编号用3位及以下的数字组成。

(2) 读展开图的顺序是:先读交流回路,后读直流回路;元件的动作顺序是:从上到下,从左到右;直流电流的流通方向是从左到右,即从电源正极经触点到线圈再回到电源负极。

(3) 展开图:相对于原理接线图而言,是一种接线的两种形式,展开图是按照供电给二次回路的每一个独立电源划分单元面进行绘制的。同一仪表或继电器的线圈和触点应分别画在不同的电路中,而同一元件的线圈和触点使用相同的字母符号表示。

7. 归总式原理图的特点是能使读图者对整个二次回路的构成以及动作过程,有一个整体概念。

8. 设备编号中,罗马数字表示安装单位编号,阿拉伯数字表示设备顺序号。相对编号的常用格式是设备名称—接线端子号。把设备编号和接线端子编号加在一起,每一个接线端子就有了唯一的相对编号。

六、常用电气图形符号及文字符号

具体见附录。

第三章　电力系统基础知识

第一节　电力系统与电力网

一、电力系统与电力网的概念

1. 电力系统　电力系统系指由发电厂、电力网和电力用户组成的一个发电、输电、变配电及用电气的整体。由发电、输电(供电)、变配电及用电四个环节组成。

2. 电力网　在电力系统中各级电压线路及其联系的变、配电所,称为电力网(或电网)。电力网是电力系统的重要组成部分。

电力网按电压高低和供电范围的大小可分为区域电力网和地方电力网。区域电力网的范围大,电压一般在 220 kV 及以上。地方电力网范围小,其最高电压一般不超过 110 kV。

电力网按其在电力系统中的作用不同,分为输电网(供电网)和配电网。输电网又叫供电网,是由输送大型发电厂、巨大电力的输电线路和与其线路连接的变电站组成,是电力系统中的主要网络,简称主网,也是电力系统中的最高级电网,又称网架。电压在 35 kV 以上。配电网由配电线路、配电所及用户组成,它的作用是把电力分配给配电所或用户。

配电网按其额定电压又分为一次配电网和二次配电网,如图 3－1 所示。

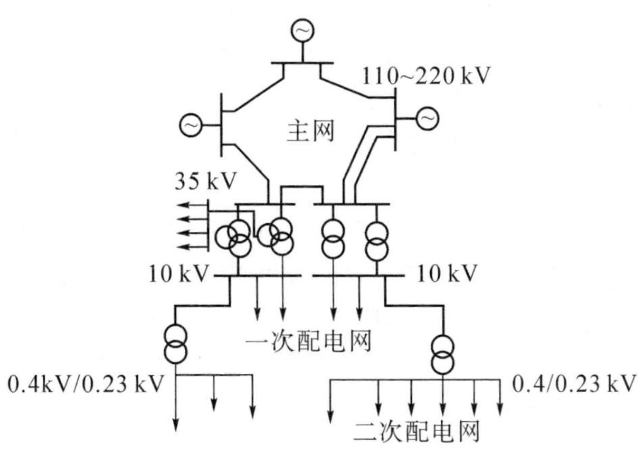

图 3－1　电力网示意图

配电网的电压根据用户负荷情况和供电要求而定,配电网中又分为高压配电网(一般指 35 kV、110 kV 及以上电压)、中压配电网(一般指 20 kV、10 kV、6 kV、3 kV 电压)及低压配电网(220 V、400 V)。

二次配网担负某地区的电力分配任务，主要向该地区的用户供电，供电半径不大，负荷也较小，例如系统中的低压三相四线式 380 V、220 V 的配电网就是二次配网。

从区域变电所到用户变电所或城乡电力变压器之间的线路，用于分配电能的，称为配电线路。

目前，我国建立的电力系统越来越大，按规划，到 2020 年要在做到水电、火电、核电和新能源合理利用和开发的基础上，形成全国联合电力网，从而实现电力资源在全国范围内的合理配置及可持续发展。

二、大型电力系统的优点

大型电力系统在技术经济上的主要优点是：

1. 形成了大电力系统，可以更经济合理地利用大型动力资源，特别是能充分利用水力资源，减少了燃料运输费用。

2. 减少了系统的备用容量，使电力系统的运行具有灵活性。各地区可以通过电力网互相支援，电力系统所必需的备用机组也可大大地减少。

3. 形成电力系统，减少了电能消耗和温室气体排放。

4. 通过合理地分配负荷降低了系统的高峰负荷，提高了运行经济性，降低了发电成本。

5. 提高了供电质量。

6. 形成大电力系统，便于利用大型动力资源，特别是能发挥水力发电厂的作用。

7. 大大提高了供电可靠性。大型电力系统的构成，既能使得电力系统的稳定性提高，又能对用户供电的可靠程度相应地提高。特别是环网，对重要用户的供电就有了保证，当系统中某局部设备故障或某部分线路检修时，可以通过变更电力网的运行方式，对用户继续连续供电，减少了由于停电造成的损失。

三、电力生产

电力生产的特点是同时性、集中性、适用性、先行性。

1. 电力的生产是将其他形式的能量转换为电能的装置，形成电源。电力系统是用来担负生产电能量、分配电能的，所以电能的生产、输送、分配以及转换成其他能量的过程是同时进行的。因此电力系统的生产必须保证连续性和平衡性。也就是在电力的供、需过程中要求保持平衡，始终保证不间断地供电。

以煤、石油、天然气等作为燃料，燃料燃烧时的化学能转换为热能，然后借助汽轮机等热力机械将热能变为机械能，并由汽轮机带动发电机将机械能变为电能，这种发电厂称为火力发电厂。若火力发电厂既发电又供热，则称为热电厂。

利用江河所蕴藏的水力资源来发电，这种电厂称为水力发电厂。

2. 电力系统中电力的生产具有先行性，电力系统的集中统一调度使得供用电之间关系密不可分。

第二节 电力负荷组成与分类

一、电力负荷组成

电力负荷又称为电力负载，它有两种含义：一种是指用电设备或用户消耗的功率或电流大小，如轻负荷、重负荷、空负荷、满负荷等，电力负荷也就是消耗电路中的电功率；另一种是消耗电能的用电设备或用户，如重要负荷、一般负荷、动力负荷、照明负荷等。

二、电力负荷的分类

1. 按照电力系统中负荷发生的不同部位分类

（1）发电负荷：是指电力系统中发电厂的发电机向电网输出的电力。对电力系统来说是发电厂向电网的总供电负荷。

（2）供电负荷：是指电力系统向电网输出的发电负荷，扣除厂用电及发电厂变压器的损耗和线路损耗以后的负荷。

（3）线损负荷：是指电力网在输送和分配电能的过程中，线路和变压器功率损耗的总和。

（4）用电负荷：用电负荷是用户在某一时刻对电力系统所需求的功率，也就是电力系统中用户实际消耗的负荷。一般供电负荷扣除线损负荷可计为用电负荷。

2. 按照电力系统中负荷发生的不同时间分类

（1）高峰负荷：又称最高负荷，是指电网中或某用户在一天时间内所发生的最高负荷值。

（2）低谷负荷：又称最低负荷，是指电网中或某用户在一天 24 h 内发生的用量最少的一段时间的小时平均电量。

（3）平均负荷：是指电网中或某用户在某一段确定时间阶段的平均小时用电量。

3. 企事业单位按其对供电可靠的要求及停电造成的损失分类

（1）一类负荷：停电会造成人身中毒、伤亡、火灾、爆炸等恶性事故的用电设备的负荷，例如医院手术室的供电；停电造成巨大的政治或经济损失的用电设备或用电单位的负荷，例如大使馆的用电，或中央重要的活动场所的供电；重要交通枢纽、通信枢纽及国际、国内带有政治性的公共活动场所的用电。

（2）二类负荷：停电将在政治、经济上造成较大损失的用电负荷，如主要设备损坏、大量产品报废、连续生产过程被打乱需要较长的时间才能恢复、重点企业减产等。

（3）三类负荷：三类负荷为一般负荷，所有不属于上述一、二类负荷的都属于三类负荷。

对于一类负荷的供电，应采用两个独立的电源供电，当一路电源发生故障时，另一路电源可实现自动切换。对于一类负荷中特别重要的负荷，除采用双回路供电外，还应安装发电机组作为紧急备用。在一类负荷的供电要求中，允许中断供电时间在 14 h 以上的供电系统，可选用快速自启动的发电机组。

对于二类负荷的供电，要求双回路供电，供电变压器也应有两台，但两台变压器不一定在同一变电所。当其中一回路或一台变压器发生常见故障时，二类负荷应不致中断供电，或中断后迅速恢复供电。

在双电源和有自备电源的用户线路的高压系统接入点，应有明显断开点，以防止停电作业时用户设备反送电。

对于三类负荷的供电，供电没有特殊要求。

第三节 电能质量

一、电能质量

衡量电能质量的指标，主要有电压、频率，其次也应考虑正弦波及三相电压的对称性。

1. 电压　电压质量主要由电力系统电压偏差、波动、波形及其三相的对称性决定的。

(1) 电压偏差和电压调整：电压偏差又叫电压偏移，是指电气设备的端电压与其额定电压之差。

① 电压偏差通常是以额定电压的百分值来表示。电压偏差主要是由于供电系统的运行方式改变以及电力负荷缓慢变化而引起的，它的变动是相当缓慢的。

我国规定，正常运行情况下，用电设备端子处电压偏差的允许值为：

供电系统中三相电压对称度不应超过额定电压的5%。

10 kV及以下三相供电允许电压偏差为额定电压的±7%。

电动机：±5%。

照明设备：一般场所±5%；在视觉要求较高的场所+5%，−2.5%。

其他用电设备：无特殊规定时±5%。

② 电压调整：电压调整就是为了减少电压偏差，保证用电设备在最佳状态下运行。

电压调整的方法有以下几点：

a. 正确选择无载调压变压器的电压分接头或采用有载调压变压器。

b. 合理减少供电系统的阻抗，以降低电压损耗，从而减少电压偏移的范围。

c. 尽量使系统的三相负荷平衡，以降低电压偏移。

d. 合理改变供电系统的运行方式，调整电压偏移。

e. 采用无功功率补偿装置，提高功率因数，从而减少电压偏移的范围。

(2) 电压波动及其抑制：在某一个时段内，电压急剧变化而偏离额定值的现象，称为电压波动。一般地，电力系统的运行电压在正常情况下不会超过最高工作电压。电压波动是指电网电压有效值连续快速移动。它主要是由于负荷急剧变动的冲击性负荷所引起的。负荷急剧变动，使电网的电压损耗相应变动，从而使用户公共供电点的电压出现波动现象，如电动机的起动、电焊机的工作，特别是大型电弧炉及大型轧钢机等冲击性负载的投入运行，均能引起电网电压波动。

电压波动可影响电动机的起动，甚至使电动机无法起动；可使电子设备和计算机无法正常工作；可使照明灯光闪变，严重影响视觉，使人无法正常工作、学习。因此必须采取有效措施抑制电压波动，常用的抑制电压波动措施如下：

① 设法增大供电容量，减少系统阻抗。

② 对负荷变动剧烈的大型电气设备，可采用专用变压器或专用线路单独供电。

③ 对于大容量电弧炉用的炉用变压器，可采用短路容量较大的电网供电，最好是选用更高电压等级的电网供电。

④ 对于大型冲击性负载，可装设能吸收随机变化的冲击性无功功率和动态谐波电流的无功功率补偿装置（SVC）。

⑤ 为了保证电压质量合乎标准，往往需要装设必要的无功装置或采取一定的调压措施。

2. 频率　供电系统应保持额定的频率下运行，当前世界上通用的频率为 50 Hz 和 60 Hz，我们国家一般交流电力设备的额定频率为 50 Hz，此频率统称为“工频”。美国、加拿大、朝鲜、日本等国采用的额定频率为 60 Hz。

在并列运行的同一电力系统中不论装机容量的大小，任何一瞬间的频率在全系统都是一致的。

供电频率的偏差会对电感性、电容性的电气设备造成特别严重的影响。

(1) 电力系统正常情况下频率的允许偏差值为：

① 电力系统容量在 300 万 kW 及以上者，频率的允许偏差不超过±0.2 Hz；

② 电力系统容量在 300 万 kW 及以下者，频率的允许偏差不超过±0.5 Hz。

(2) 电力系统非正常情况下频率的允许偏差值不应超过±1 Hz。

(3) 频率自动调节装置可以提高电力系统电能的质量。

3. 正弦波及三相电压的对称性　对供电质量的要求，目前已经将非正弦波和电压的不对称性列入指标之内。由于电力工业的发展，特别是可控硅设备的大量应用，在电力系统中产生了大量的谐波源，导致电压波形畸变。同时由于系统中接入了大功率的单相设备或系统中出现了不对称性故障，影响了系统的电压质量和三相电压的对称性。因此，供电部门应对用电负荷进行调查和加强管理，并采取有效的措施使系统中三相电压的不对称性一般不应超过额定电压的 5%。

二、供电可靠性

供电的可靠性是衡量供电质量的重要指标之一。一般以全年的平均供电时间占全年时间的百分比来衡量供电的可靠性。

供电可靠性就是指对用户不间断地供电，若重要负荷突然发生中断供电，将会造成十分严重的后果。影响供电可靠性的因素有多种，如设计的不合理性（双路或多路、是否具有自备发电机）、电力网的结构、供电设备的质量、供电运行方式的科学性与自动化程度、维护检修是否及时、运值人员的基本素质和变配电系统的管理等。

供电可靠性具体要求还与用户的负荷级别相关，因此，必须从规划设计、设备维护、正确操作、加强运行管理、减少事故停电时间等诸方面着手，来提高供电的可靠性。

一般规定：35 kV 及以上供电系统，年停电次数不超过 1 次；10 kV 供电系统，年停电次数不超过 3 次；对于重要用户，应提前 7 天通知。以停电（计划检修停电、事故停电、临时停电）时间与年运行小时数的比值作为是否超标的依据。

自动操作装置的作用是提高电力系统供电的可靠性和安全运行。

为了提高供电可靠性、经济性，合理利用动力资源，充分发挥水力发电厂作用，以及减少总装机容量和备用容量，现在都是将各种类型的发电厂、变电所通过输配电线路连接成一个系统。

第四节 电力系统短路

一、短路

如果电力系统中两根不同相或通向负载的两根导线(相与相之间、相与地之间不经过负载或电阻)没有任何电阻,导线之间被接通,发生这种情况就称为短路。

1. 产生短路的原因

(1) 当电气设备的绝缘老化变质,或受到高温、潮湿、腐蚀的作用而失去绝缘能力时,绝缘破坏而形成短路。

(2) 由于设备安装不当或工作疏忽,可能使电气设备的绝缘受到机械损伤而形成短路。

(3) 违章操作,如带负荷拉合隔离开关。未拆除接地线就合闸送电。

(4) 电力线路由于恶劣天气[如大风、大雪、履冰(倒杆事故)、雷击等]过电压的作用,电气设备的绝缘可能遭到击穿而形成短路。

2. 短路的危害

(1) 短路电流通过导体时,使导体大量发热,使得温度急剧上升,大大超过允许范围,从而破坏设备的绝缘,可能使导体变形甚至损坏,破坏设备。如果温度达到可燃物的自燃点甚至引起燃烧,从而导致火灾。

(2) 短路点的电弧可能烧毁电气设备的载流体。

(3) 短路电流通过线路,电压降低或升高影响用户的正常工作,并使系统的电压水平骤降,引起电动机转速突然下降,甚至损坏,严重影响到电气设备的正常运行。

(4) 短路可造成停电,而且越靠近电源,停电范围越大,给国民经济造成的损失也越大。

(5) 严重的短路故障若发生在靠近电源附近,且维持时间较长,可使并联运行的发电机组失去同步,严重的能破坏系统稳定性,可能造成系统解列,使事故(系统振荡,电压崩溃)进一步扩大。

(6) 不对称的接地短路,其不平衡电流将产生较强的不平衡磁场,对附近的通信线路、电子设备及其他弱电控制系统产生干扰信号,使通信失真、控制失灵、设备产生误动作。

二、短路的类型

三相系统中发生的短路有:三相短路、两相短路、单相接地短路和两相接地短路等。

(1) 最常见且最危险的是各种类型的短路,其中三相短路属于对称短路,其余三种为不对称短路。

(2) 在中性点接地的电力系统中,以单相接地的短路故障最多,约占全部故障的90%。在中性点非直接接地的电力系统中,短路故障主要是各种相间短路。

三、限制短路电流

目前在电力系统中,用得较多的限制短路电流的方法有以下几种:选择合适的接线方式、采用分裂绕组变压器和分段电抗器、采用线路电抗器、采用微机保护及综合自动化装置等。

1. 为了限制大电流接地系统的单相接地短路电流,可采用变压器中性点不接地或高阻抗接地的运行方式。

2. 选择电气设备和载流导体时，需用短路电流校验其稳定性和热稳定性，以保证在发生可能的最大短路电流时不至于损坏。

3. 选择和整定用于短路保护的继电保护装置时，需应用短路电流参数。

4. 选择用于限制短路电流的设备时，也需进行短路电流计算。

5. 采用分裂绕组变压器和分段电抗器。在大容量发电厂中为限制短路电流可采用低压侧带分裂绕组的变压器，在水电厂扩大单元机组上也可采用分裂绕组变压器，由线路电抗器来限制短路电流。

6. 采用线路电抗器，线路电抗器主要用于发电厂向电缆电网供电的 6～10 kV 配电装置，其作用是限制短路电流，使电缆网络在短路情况下避免过热，减少所需要的开断容量。

7. 采用微机保护及综合自动化装置，一般发生短路故障后几十毫秒出现最大短路冲击电流，采用微机保护一般仅需几十毫秒就能发出跳闸指令，使导体和设备避免承受最大短路电流的冲击，从而达到限制短路电流的目的。

第五节　电力系统过电压

一、电力系统过电压概述

电力系统在特定条件下，所出现的工作电压的异常升高，出现危及电气系统的绝缘电压称为过电压。过电压对电力系统的安全构成很大的威胁，因此电力系统中采取了各种防护措施。

二、电力系统过电压的危害

电气系统在正常运行时所承受的电压为额定电压。由于受各种因素的影响，实际电压会偏离额定电压值，但不能超过允许的范围。例如：我国相关技术标准规定电力系统额定电压10 kV对应的最高工作电压不超过 12 kV。

一般电力系统正常运行的情况不会超过最高工作电压。但是由于系统中的操作或事故等原因，特别遭受雷击会使某些电气设备或电气线路承受的电压大大超过正常运行的电压，破坏绝缘，危及设备和线路安全运行。电力系统中危及绝缘的电压升高称为过电压。

过电压对电气设备、电气线路和电力系统的安全运行危害极大，它不仅破坏绝缘，损坏设备，还造成人身伤亡事故，影响电力系统的安全，影响电力系统发电、输电、变配电、供电及用电。

三、电力系统过电压的分类

电力系统过电压主要分为内部过电压和外部过电压两大类。

1. 内部过电压　在电力系统内部能量的传递或转化过程中引起的过电压称为内部过电压。电力系统内部的过电压主要有：电力系统工频过电压、电力系统操作过电压、电力系统谐振过电压。内部过电压与电网结构、各项参数、运行状态、停送电操作等多种因素有关。

（1）电力系统工频过电压：电力系统在正常运行或故障时可能出现最大的工作电压，频率是工频或接近工频，这种电压升高统称为工频过电压。

① 空载长线路电容效应：在线路空载的情况下空载长线路的电容效应，使空载线路上的电压不是降低而是升高（远远高于电源的额定电压）。

② 单相接地或三相系统中发生不对称故障(不对称接地短路)。

③ 甩负荷:由于电网运行方式的突然改变,引起某些电网工频电压的升高。不对称短路引起工频电压的升高。

(2) 电力系统操作过电压:由于电网内开关操作引起的过电压叫作电力系统操作过电压。常见的操作过电压有:

① 切除空载线路引起的过电压:切断空载线路或并联电容器组时,可能引起电感-电容回路振荡过程,引起过电压,产生电弧重燃,引起电气设备的多次绝缘闪络或击穿事故。

用开关切除空载线路时,可能在线路或母线侧出现危险的过电压。在工频条件下,由于空载线路表现为一个等值的电容负荷,所以切除空载长线时产生的过电压与切除电容器组时产生的过电压性质完全相同。

限制措施:改善断路器性能;增大触头灭弧能力;采用带并联电阻(额定功率约 3 000 W)的开关;并联电抗器采用专门的磁吹避雷器。

② 切除空载变压器的过电压:切除空载变压器是电网中常见的一种操作形式。

在正常运行情况下,空载变压器表现为一个励磁电感(它的漏感较小,可以忽略),因此切除空载变压器即切除电感负载。

③ 切除电动机、电抗器时,开关中的电感电流突然被切断,电感中储存的磁能将在被切除的电器和开关上引起过电压。

限制措施:采用带并联电阻的开关。

④ 电弧接地过电压:在中性点不接地系统中发生单相接地故障时,各相的相电压升高,则流过故障点的接地电流也随着增加,许多暂时性的单相弧光接地故障往往能自行熄灭,在接地电流不大的系统中,产生不稳定的电弧,这种间歇性的电弧引起系统运行方式瞬息变化,导致多次重复性电磁振荡,在无故障相和故障相上产生严重的弧光过电压。

限制措施:采用消弧线圈接地。

⑤ 电感性负载的拉闸过电压:当切除电感性负载时,由于断路器强制熄弧,随着电感电流的遮断,电感中的磁能将转为静电能,出现过电压。

⑥ 空载线路合闸时的过电压:系统在合闸初瞬间的暂态过程中,电源电压通过系统的电感和电容,在回路中会发生谐振,从而引起过电压。合闸过电压有计划性合闸操作和故障后自动重合闸。

限制措施:采用带并联电阻的开关。

(3) 电力系统谐振过电压:由电力系统电感和电容组成的谐振回路引起的过电压。常见的操作过电压有:

① 线性谐振:线性谐振中电路的参数是常数,不随电压或电流的变化而变化,由不带铁芯的电感元件(线路的电感、变压器的漏感)或励磁特性接近线性的带铁芯的电感元件(消弧线圈)和系统中的电容元件形成的谐振回路。

② 非线性谐振(铁磁谐振):铁磁谐振过电压,可以是基波谐振,可以是高次谐波谐振,也可以是分次谐波谐振。铁磁谐振过电压可以在 3～500 kV 的任何系统中甚至在有载长线的情况下发生,过电压幅值一般不超过 2.5 倍的系统最高运行相电压,个别可达 3.5 倍。谐振过电压持续时间可达十分之几秒,不能用避雷器限制。

铁磁谐振过电压表现形式可能是单相、两相或三相对地电压升高,或以低频摆动,或产生高值零序电压分量。常见的发生铁磁谐振过电压的情况有:

① 各相不对称断开时的过电压:线路只断开一相或两相的情况叫作不对称断开。当线路末端接有中性点绝缘的空载或轻载变压器时,不对称断开可能引起铁磁谐振过电压。若变压器中性点直接接地,则不会产生此种类型的过电压。

② 配在中性点绝缘系统中,电磁式电压互感器引起的铁磁谐振过电压互感器通常接在变电所或发电机的母线上,其一次侧绕组接成星形,中性点直接接地,因此各相对地励磁电感与导线对地电容之间,各自组成独立的振荡回路,可看成是对地的三相负荷。

在正常运行条件下,三相对地负荷是平衡的,电网的中性点处在零电位。当电网发生冲击扰动时,可能使一相或两相的对地电压瞬间提高。使得相互感器的励磁电流突然增大而发生饱和,其等值励磁电感相应减小,这样,三相对地负荷变成不平衡了,中性点就发生位移电压。结果可能使一相对地电压升高,另外两相则降低;也可能使两相对地电压升高,另一相降低,一般后者常见,这就是基波谐振的表现形式。

③ 开关断口电容与母线 TA 之间的串联谐振过电压。

④ 传递过电压。

2. 外部过电压　外部过电压是外部原因造成的,外部过电压主要受恶劣天气的影响,如大风、大雪、履冰或遭雷击。

闪电和雷声的组合我们称为雷电,雷电是自然界中的一种放电现象。雷电的特点是:电压高、电流大、频率高、时间短,雷击过电压又称大气过电压或外部过电压。详见十二章第二节雷电的危害及防护。

第四章　电气安全管理

第一节　电气安全的重要性

一、安全用电的重要意义

电力已成为工农业生产、科研、城市建设、市政交通和人民生活不可缺少的二次能源。随着用电设备和耗电量的不断增加,用电安全的问题也愈来愈成为不可忽视的重要问题。电力的生产和电气设备的使用有其特殊性。在生产和使用过程中如果不注意安全,会造成人身伤亡事故或电气设备损坏事故,甚至可能将事故范围扩大。涉及电力系统,造成系统停电或大面积停电,使国家财产受到巨大的损失,影响正常的生产和生活。所以,为保证人身、电气设备、电力系统的安全,在用电的同时,必须把电气安全工作放在首位。

各用电单位及个人应贯彻"安全第一,预防为主,综合治理"的方针。加强安全用电教育和安全技术培训,掌握人身触电事故的规律性及防护技术,采取各种切实有效的措施以防止事故发生。

安全用电,就是要使一切电力设施处于良好的运行状态,避免电力系统发生事故。安全用电就是要按照规程操作;按照运行管理规程进行定期的巡视检查及维修;按照安全工作规程做好安全防护工作;消除可能导致事故的隐患。

安全用电,是要我们采取一切必要的措施避免发生人身触电事故。这就要求我们在电气设备施工中按照有关的电气工程安装标准进行,它可保证电气设备运行中避免可能出现的危及人身安全的情况,在施工阶段就做好预防工作。对于带电作业,执行有关带电作业的安全工作规程;对停电作业,要遵守有关停电检修的安全规程,采取必要的安全技术措施和组织措施。要遵守有关劳动保护方面的法规、法令,正确地使用和保管安全用具。此外,还要普及电气知识,尤其是对那些直接使用电气设备的人员更要加强用电安全知识的教育,使其在一旦出现紧急事故(如触电)时,有足够的应变能力。这也是电工作业人员必备的技能。

二、电工作业的危险性

电工作业的固有特性,造成了它的高危险性,其特征如下:

1. 直观识别难　电有看不见、听不见、闻不到、摸不得的特性。电本身不具有人们直观识别的特征,是否带电不易被人们察觉。

2. 电能传递途径多样性　常用交流电可以通过导线传送,也可以在不相接触的导体之间,通过互感传送;还可以通过导体间或导体与地之间的电容传送。如果没有一定的电工理论知识，这是难以辨别的。在已停电的设备上，虽然两端都有明显的断开点，常因周围有带电设备而感应电压，造成工作人员麻电。在停电设备上工作时，也发生过检修人员移动接地线，短时间设备未接地，造成触电事故，诸如此类事故均系通过互感或电容传递电能所致。

3. 电气设备都有电容　虽然电气设备已停电，但在电容上还会有剩余电荷，往往因未放电或未放完电就拆接头，造成触电事故。

4. 短路时，会在短路处产生电弧，而电弧会发出巨大的光热能量，在工作场所，人虽未触电，但电弧会对人的皮肤造成严重烧伤。

5. 运载电能的网络和设备是处于变化之中的。电工要警惕，要有清晰的认识并认真辨别。变化大致有如下四种：

(1) 电网运行方式常有变化：为了保证不中断供电，电网结构常常互为备用，其运行方式多变化，如停电作业范围边缘的隔离开关外侧，在有的运行方式下无电，在有的运行方式下有电，曾因此而出现过触电伤亡事故。电工在工作前和工作中应了解运行方式有可能发生哪些变化。

(2) 运行中的设备绝缘会发生老化损坏，有可能使原来不带电的金属外壳意外带电，移动式设备和手持式电动工具绝缘更易受到损坏，造成危险。

(3) 运行中的设备，其接头和导线本身存在隐患，在轻负载时不易发现，当过载或短路发生时，可能会出事故，不出事故也会加重隐患，造成危险。

(4) 运行中的电气设备(如漏电保护器等)保护配置不完善或校验失误，该动不动，不该动乱动，造成事故。

6. 有的电工作业会出现多工种(如：一次、二次、试验和电缆等工种)同时在一个单元或一台设备上作业，相互间配合不好或通信信息传递不好，会造成事故。

7. 常遇的停电、检修、送电环节多，涉及人员多，联络环节多，任何一环失误就有可能造成重大事故。

8. 有的电工作业会出现立体交叉作业，除可能出现电的伤害外，还有可能出现机械性伤害。

9. 电工作业场所有变压器油、汽油、粉尘等，使作业处于火灾爆炸危险环境之中，不可忽视。

10. 恶劣的天气会带来更大的危险。雷雨天会造成雷电反击、雷电感应等电击事故，冻雨天易造成倒杆断线，抢修时困难且危险性大。

三、电气安全管理工作的基本要求

1. 建立健全规章制度　合理和必要的规章制度是从人们的长期安全生产实践中总结出来的，是保障安全生产的有效措施。如安全生产责任制，其主要作用是明确各企业领导、各部门和各岗位的安全责任，对安全生产的有序进行起到基本保证的作用。而与安全生产有直接关系的规章制度还包括安全操作规程、安全作业规程、电气安装规程、运行管理和维护检修制度等。

根据不同电工工种，应建立各种安全操作规程和运行维护制度。如变配电所值班电工安全倒闸操作规程、运行规程、内外线维护检修电工安全操作规程、电气设备维修安全操作规程、电气试验安全操作规程、蓄电池安全操作规程(制度)、非专职电工人员手持电动工具安全操作规程、电焊安全操作规程、电炉安全操作规程、行车司机安全操作规程制度等。

在安装或变动电气一、二次设备和线路时，必须严格遵循有关安全操作规程和交接验收规程的要求，保证这些设备安全正常地投入运行。

根据设备状况的特点，应建立相应的运行管理制度和维护检修制度，及时消除设备缺陷和隐患，保证设备和人身安全。

对于某些电气设备(如 SF_6 设备)，应建立专人管理的责任制。开关设备、临时线路、临时设备等容易发生人身事故的设备，应有专人负责管理。

对于高压设备的检修工作，必须建立必要的安全工作制度，如工作票制度、工作监护制度等。

2. 建立安全监督机构和企业的三级安全网　企业应根据安全生产的有关规定建立本单位的安全生产管理部门，不设专门安全监督机构必须设专职安全员，车间、班组至少应设兼职安全员，组成企业三级安全网。

对电气设备的运行、检修应认真履行监督职责，对人身安全的危险源和危险点进行评估、监督等，安全管理部门、动力(或电气)部门等必须相互配合，认真做好电气安全管理工作。专职电气安全员应具备必需的电工知识和电气安全知识，根据本单位人身和设备安全的实际状况制订安全措施计划，并监督计划的实施，不断提高电气安全水平。

3. 组织安全检查　安全检查是发现隐患和督促解决隐患的有效手段，可分为日常性巡视检查、一般性的定期检查和互查、专项定点检查、安全大检查等几种。

日常性巡视检查是专业电工和值班电工的日常工作，几乎是每天都在进行；一般性的定期自检、互检是本单位电气部门和安技部门的正常业务，一般每月一次；专项定点检查是不定期的，有的是本单位安排的，有的是上级管理部门组织的；安全大检查是由本单位或上级管理部门组织的，由各企业有关部门管理者参加的，较全面、较深入的群众性安全检查，最好每季进行一次(结合夏季、冬季及雨季等检查)。

(1) 电气安全检查的内容包括：电气设备的绝缘有无问题；绝缘电阻是否合格、设备裸露带电部分是否有防护；保护接零或保护接地是否正确、可靠；安全保护装置和设施是否符合要求；特殊场所使用的手提灯和照明是否是安全电压；移动电气设备和手持式电动工具是否符合安全要求；电气安全用具和消防器材是否安全试验合格、是否在有效使用期内等。

(2) 安全大检查的内容包括：查员工安全意识，查“三违”(违章指挥、违章操作、违反劳动纪律)情况和查安全制度的贯彻执行，以及安全分析会等安全活动是否正常开展等。

四、加强安全教育和安全技能培训

企业的安全教育和培训，让使用电气设备的其他生产人员知道安全法规，认识安全用电的重要性，掌握安全用电的基本方法，懂得有关安全用电知识和安全作业规程。

企业的安全教育和培训，使一般员工懂得电气安全和安全用电，以及了解安全生产法的一般知识。新进厂人员要接受厂、车间、班组三级安全教育，使他们懂得安全生产的重要性和安全用电的常识。安全宣传教育的形式可采用多种方式，比如典型事故录像、广播、图片、标语、开办培训班等，使企业有良好的安全生产氛围。

对于独立电工要有经常性的安全教育和安全技能培训，使他们懂得安全法规，提高他们遵章守纪的自觉性和责任心，不断提高他们的安全知识和技能以及掌握安全用电的基本方法，使每个电工都能懂得电气设备的安装、调试、使用、维护、检修的标准和安全要求，都能熟知和掌握电工安全作业操作规程和其他安全生产制度，学会预防、分析和处理电气事故的方法，掌握触电事故抢救和扑灭电气火灾的方法。独立电工要接受省或直辖市安全生产监督管理部门组织的考核复审，企业应对电工进行继续教育和知识更新培训。

五、组织事故分析和经验交流

一旦发生事故后，要深入调查清楚事故现场状况，召开事故分析会，分析事故发生的原因，找出预防事故的对策。对待事故应严肃地按照“四不放过”（即：事故责任人没有得到处理不放过；找不出事故原因不放过；事故责任人和群众受不到教育不放过；没有制定出防范措施不放过）原则，认真调查分析事故，吸取事故教训。

六、建立安全技术资料

安全技术资料是做好安全工作的重要依据，应该经常收集和保存，尤其应注意收集与本企业有关的各种安全法规标准和规范。

要建立电气系统图，高、低压系统布线图，全厂架空线路和电缆线路布置图，直流系统安装图以及设备操作的二次回路图，设备的说明及其资料。

设备的检修和试验记录、变配电所运行日志和设备缺陷记录以及设备事故和人身事故记录、事故报告等也应存档保存。

第二节　保证安全工作的组织措施和技术措施

一、保证安全工作的组织措施

在电气设备上安全工作的管理组织措施包括：工作票制度，工作许可制度，工作监护制度，工作间断、转移和终结制度。

1. 工作票制度　工作票是准许在电气设备工作的命令，也是保证安全工作的技术措施的依据。工作票有第一种工作票和第二种工作票。事故应急抢修可不用工作票，但应使用事故应急抢修单。事故应急抢修工作是指电气设备发生故障被迫紧急停止运行，需短时间内恢复的抢修和排除故障的工作。非连续进行的事故修复工作，应使用工作票。

（1）填写第一种工作票的工作：高压设备上工作需要全部停电或部分停电工作；二次系统和照明等回路上的工作，需要将高压设备停电或做安全措施的；高压电力电缆需停电的工作；其他工作需要将高压设备停电或要做安全措施者的工作。

凡在高压电气设备上进行检修、试验、清扫检查等工作时，需要全部停电或部分停电应填写第一种工作票。

（2）填写第二种工作票的工作：控制盘和低压配电盘、配电箱、电源干线上的工作。二次系统和照明等回路上的工作，无须将高压设备停电或做安全措施的；转动中的发电机、同期调相机的励磁回路或高压电动机转子电阻回路上的工作；非运行人员用绝缘棒、核相器和电压互感器定相或用钳形电流表测量高压回路的电流；在二次接线回路上工作，无须将高压设备停电时应使用第二种工作票。

① 工作票的填写与签发

a. 工作票应使用黑色或蓝色的钢（水）笔或圆珠笔填写与签发，一式两份，内容应正确，填写应清楚，不得任意涂改。如有个别错、漏字需要修改，应使用规范的符号，字迹应清楚。

b. 用计算机生成或打印的工作票应使用统一的票面格式，由工作票签发人审核无误，手工或电子签名后方可执行。

c. 工作票一份应保存在工作地点，由工作负责人收执；另一份由工作许可人收执，按值移交。工作许可人应将工作票的编号、工作任务、许可及终结时间记入登记簿。

d. 一张工作票中，工作票签发人、工作负责人和工作许可人三者不得相互兼任。工作票由工作负责人填写，也可以由工作票签发人填写。

② 工作票的使用

a. 一个工作负责人不能同时执行多张工作票，工作票上所列的工作地点，以一个电气连接部分为限。

b. 在原工作票的停电及安全措施范围内增加工作任务时，应由工作负责人征得工作票签发人和工作许可人同意，并在工作票上增添工作项目。若需变更或增设安全措施者应填用新的工作票，并重新履行签发许可手续。

c. 第一种工作票应在工作前一日送达运行人员，可直接送达或通过传真、局域网传送，但传真传送的工作票许可应待正式工作票到达后履行。

第二种工作票和带电作业工作票可在进行工作的当天预先交给工作许可人。

③ 工作票所列人员的基本条件

a. 工作票的签发人应是熟悉技术人员水平、熟悉设备情况、熟悉本规程，并具有相关工作经验的生产领导人、技术人员或经本单位分管生产领导批准的人员。工作票签发人员名单应书面公布。

b. 工作负责人(监护人)应是具有相关工作经验，熟悉设备情况和本规程，经工区(所、公司)生产领导书面批准的人员。工作负责人还应熟悉工作班成员的工作能力。

c. 工作许可人应是经工区(所、公司)生产领导书面批准的有一定工作经验的运行人员或检修操作人员(进行该工作任务操作及做安全措施的人员)；用户变、配电站的工作许可人应是持有效证书的高压电气工作人员。

④ 工作票所列人员的安全责任。

工作票签发人：

a. 工作必要性和安全性。

b. 工作票上所填安全措施是否正确完备。

c. 所派工作负责人和工作班人员是否适当和充足。

工作负责人(监护人)：

a. 正确安全地组织工作。

b. 负责检查工作票所列安全措施是否正确完备，是否符合现场实际条件，必要时予以补充。

c. 工作前对工作班成员进行危险点告知，交代安全措施和技术措施，并确认每一个工作班成员都已知晓。

d. 严格执行工作票所列安全措施。

e. 督促、监护工作班成员遵守本规程，正确使用劳动防护用品和执行现场安全措施。

f. 工作班成员精神状态是否良好，变动是否合适。

工作许可人：

a. 负责审查工作票所列安全措施是否正确、完备，是否符合现场条件。

b. 工作现场布置的安全措施是否完善，必要时予以补充。

c. 负责检查检修设备有无突然来电的危险。

d. 对工作票所列内容只要有疑问，就应向工作票签发人询问清楚，必要时应要求作详细补充。

专责监护人：

a. 明确被监护人员和监护范围。

b. 工作前对被监护人员交代安全措施，告知危险点和安全注意事项。

c. 监督被监护人员遵守本规程和现场安全措施，及时纠正不安全行为。

工作班成员：

a. 熟悉工作内容、工作流程，掌握安全措施，明确工作中的危险点，并履行确认手续。

b. 严格遵守安全规章制度、技术规程和劳动纪律，对自己在工作中的行为负责，互相关心工作安全，并监督本规程的执行和现场安全措施的实施。

c. 正确使用安全工器具和劳动防护用品。

2. 工作许可制度　工作许可人在完成施工现场的安全措施后，还应完成以下手续，工作班成员方可开始工作：

(1) 会同工作负责人到现场再次检查所做的安全措施，对具体的设备指明实际的隔离措施，证明检修设备确无电压。

(2) 对工作负责人指明带电设备的位置和注意事项。

(3) 与工作负责人在工作票上分别确认、签名。

(4) 运行人员不得变更有关检修设备的运行接线方式。工作负责人、工作许可人任何一方不得擅自变更安全措施，工作中如有特殊情况需要变更时，应先取得对方的同意并及时恢复。变更情况及时记录在值班日志内。

(5) 电气工作开始前必须完成工作许可手续。

3. 工作监护制度

(1) 工作许可手续完成后，工作负责人、专责监护人应向工作班成员交代工作内容、人员分工、带电部位和现场安全措施，进行危险点告知，并履行确认手续，工作班成员方可开始工作。工作负责人、专责监护人应始终在工作现场，对工作班人员的安全进行认真监护，及时纠正不安全的行为。

(2) 工作负责人在全部停电时，可以参加工作班工作。在部分停电时，只有在安全措施可靠，人员集中在一个工作地点，不致误碰有电部分的情况下，方能参加工作。

(3) 专责监护人不得兼做其他工作。专责监护人临时离开时，应通知被监护人员停止工作或离开工作现场，待专责监护人回来后方可恢复工作。若专责监护人必须长时间离开工作现场时，应由工作负责人变更专责监护人，履行变更手续，并告知全体被监护人员。

(4) 工作期间，工作负责人若因故暂时离开工作现场时，应指定能胜任的人员临时代替，离开前应将工作现场交代清楚，并告知工作班成员。原工作负责人返回工作现场时，也应履行同样的交接手续。

(5) 若工作负责人必须长时间离开工作现场时，应由原工作票签发人变更工作负责人，履行变更手续，并告知全体工作人员及工作许可人。原、现工作负责人应做好必要的交接。

4. 工作间断、转移和终结制度

(1) 工作间断时，工作班人员应从工作现场撤出，所有安全措施保持不动，工作票仍由工作负责人执存，间断后继续工作，无须通过工作许可人。每日收工，应清扫工作地点，开放已封闭的通道，并将工作票交回运行人员。次日复工时，应得到工作许可人的许可，取回工作票，工作负责人应重新认真检查安全措施是否符合工作票的要求，并召开现场站、班会后，方可工作。若无工作负责人或专责监护人带领，作业人员不得进入工作地点。

(2) 在未办理工作票终结手续以前，任何人员不准将停电设备合闸送电。在工作间断期间，若有紧急需要，运行人员可在工作票未交回的情况下合闸送电，但应先通知工作负责人，在得到工作班全体人员已经离开工作地点，可以送电的答复后方可执行，并应采取下列措施：

① 拆除临时遮栏、接地线和标示牌，恢复常设遮栏，换挂“止步，高压危险!”的标示牌。

② 应在所有道路派专人守候，以便告诉工作班人员“设备已经合闸送电，不得继续工作”。守候人员在工作票未交回以前，不得离开守候地点。

(3) 检修工作结束以前，若需将设备试加工作电压，应按下列条件进行：

① 全体工作人员撤离工作地点。

② 将该系统的所有工作票收回，拆除临时遮栏、接地线和标示牌，恢复常设遮栏。

③ 应在工作负责人和运行人员进行全面检查无误后，由运行人员进行加压试验。

工作班若需继续工作时，应重新履行工作许可手续。

(4) 在同一电气连接部分用同一工作票依次在几个工作地点转移工作时，全部安全措施由运行人员在开工前一次做完，不需再办理转移手续。但工作负责人在转移工作地点时，应向工作人员交代带电范围、安全措施和注意事项。

(5) 全部工作完毕后，工作班应清扫、整理现场。工作负责人应先周密地检查，待全体工作人员撤离工作地点后，再向运行人员交代所修项目、发现的问题、试验结果和存在问题等，并与运行人员共同检查设备状况、状态，有无遗留物件，是否清洁等，然后在工作票上填明工作结束时间。经双方签名后，表示工作终结。

待工作票上的临时遮栏已拆除，标示牌已取下，已恢复常设遮栏，未拆除的接地线、未拉开的接地刀闸(装置)等设备运行方式已汇报调度，工作票方告终结。

(6) 只有在同一停电系统的所有工作票都已终结，并得到值班调度员或运行值班负责人的许可指令后，方可合闸送电。禁止约时停、送电。

停电检修作业后送电前，原在变配电室内悬挂的临时接地线，应由值班人员拆除。

一切调度命令是以值班调度员发布命令时开始，至受令人执行完，报值班调度员后才算全部完成。

所有的工作人员(包括工作负责人)不允许单独留在高压室内，以免发生意外的触电或电弧灼伤事故。

(7) 已终结的工作票、事故应急抢修单应保存一年。

二、保证安全工作的技术措施

在电气设备上工作，保证安全的技术措施包括：停电、验电、接地、悬挂标示牌和装设遮栏(围栏)。

1. 停电

(1) 断开发电厂、变电站、换流站、开闭所、配电站(所)(包括用户设备)等线路断路器(开关)和隔离开关(刀闸)。

(2) 断开线路上需要操作的各端(含分支)断路器(开关)、隔离开关(刀闸)和熔断器。高压检修工作的停电必须将工作范围的各方面进线电源断开，且各方面至少有一个明显的断开点。

(3) 断开危及线路停电作业,且不能采取相应安全措施的交叉跨越、平行和同杆架设线路(包括用户线路)的断路器(开关)、隔离开关(刀闸)和熔断器。

(4) 断开有可能返回低压电源的断路器(开关)、隔离开关(刀闸)和熔断器。

进行线路停电作业前,应做好下列安全措施:停电设备的各端,应有明显的断开点,若无法观察到停电设备的断开点,应有能够反映设备运行状态的电气和机械等指示。

可直接在地面操作的断路器(开关)、隔离开关(刀闸)应加锁,不能直接在地面操作的断路器(开关)、隔离开关(刀闸)应悬挂标示牌;跌落式熔断器的熔管应摘下或悬挂标示牌。

2. 验电

(1) 验电是保证电气作业安全的技术措施之一。在停电线路地段装接地线前,应先验电,验明线路确无电压。验电时,应使用相应电压等级、合格的验电器。

(2) 验电前应先在有电设备上进行试验,确认验电器良好;无法在有电设备上进行试验时,可用工频高压发生器等确认验电器良好。如果在木杆、木梯或木架上验电,不接地不能指示者,可在验电器绝缘杆尾部接上地线,但应经运行值班负责人或工作负责人许可。

验电时人体应与被验电设备保持规定的距离,并设专人监护。使用伸缩式验电器时应保证绝缘的有效长度。

(3) 无法进行直接验电的设备、高压直流输电设备和雨雪天气时的户外设备,可以进行间接验电。即通过设备的机械指示位置、电气指示、带电显示装置、仪表及各种遥测、遥信等信号的变化来判断。判断时,应有两个及以上的指示,且所有指示均已同时发生对应变化,才能确认该设备已无电;若进行遥控操作,则应同时检查隔离开关(刀闸)的状态指示、遥测、遥控信号及带电显示装置的指示进行间接验电。

(4) 同杆塔架设的多层电力线路进行验电时,应先验低压、后验高压,先验下层、后验上层,先验近侧、后验远侧。禁止工作人员穿越未经验电、接地的 10 kV 及以下线路对上层线路进行验电。

线路的验电应逐相(直流线路逐极)进行。检修联络用的断路器(开关)、隔离开关(刀闸)或其组合时,应在其两侧验电。

3. 装设接地线

(1) 线路经验明确无电压后,应立即装设接地线并三相短路(直流线路两极接地线分别直接接地)。装、拆接地线应在监护下进行。各工作班工作地段的各端和有可能送电到停电线路工作地段的分支线(包括用户)都要验电、装设工作接地线。直流接地极线路,作业点两端应装设工作接地线。配合停电的线路可以只在工作地点附近装设一处工作接地线。

(2) 禁止工作人员擅自变更工作票中指定的接地线位置。如需变更,应由工作负责人征得工作票签发人同意,并在工作票上注明变更情况。

(3) 同杆塔架设的多层电力线路挂接地线时,应先挂低压、后挂高压,先挂下层、后挂上层,先挂近侧、后挂远侧。拆除时次序相反。

(4) 成套接地线应由有透明护套的多股软铜线组成,其截面面积不得小于 25 mm^2,同时应满足装设地点短路电流的要求。禁止使用其他导线作接地线或短路线。接地线应使用专用的线夹固定在导体上,禁止用缠绕的方法进行接地或短路。临时接地线应装在可能来电的方向(电源侧),对于部分停电的检修设备,要装在被检修设备的两侧。

(5) 装设接地线时,应先接接地端,后接导线端,接地线应接触良好、连接可靠。拆接地线的顺序与此相反。装、拆接地线均应使用绝缘棒或专用的绝缘绳。人体不准碰触未接地的导线。

(6) 利用铁塔接地或与杆塔接地装置,电气上直接相连的横担接地时,允许每相分别接地,但杆塔接地电阻和接地通道应良好。杆塔与接地线连接部分应清除油漆,接触良好。

(7) 无接地引下线的杆塔,可采用临时接地体。接地体的截面积不准小于 190 mm^2(如ϕ16 圆钢)。接地体在地面下深度不准小于 0.6 m。土壤电阻率较高地区如岩石、瓦砾、沙土等,应采取增加接地体根数、长度、截面积或埋地深度等措施改善接地电阻。

(8) 在同塔架设多回线路杆塔的停电线路上装设的接地线,应采取措施防止接地线摆动。断开耐张杆塔引线或工作中需要拉开断路器(开关)、隔离开关(刀闸)时,应先在其两侧装设接地线。

(9) 电缆及电容器接地前应逐相充分放电,星形接线电容器的中性点应接地,串联电容器及与整组电容器脱离的电容器应逐个多次放电,装在绝缘支架上的电容器外壳也应放电。

(10) 接地线接地刀闸与检修设备之间不得连有断路器(开关)和熔断器。检修人员未看到工作地点悬挂接地线,工作许可人(值班员)也未以手触试停电设备,检修人员应进行质问并有权拒绝工作。线路检修时,接地线一经拆除即认为线路已带电,任何人不得再登杆作业。

(11) 使用个人保安线

① 工作地段如有邻近、平行、交叉跨越及同杆塔架设线路,为防止停电检修线路上感应电压伤人,在需要接触或接近导线工作时,应使用个人保安线。

② 个人保安线应在杆塔上接触或接近导线的作业开始前挂接,作业结束脱离导线后拆除。装设时,应先接接地端,后接导线端,且接触良好,连接可靠。拆个人保安线的顺序与此相反。个人保安线由作业人员负责自行装、拆。

③ 个人保安线应使用有透明护套的多股软铜线,截面积不准小于 16 mm^2,且应带有绝缘手柄或绝缘部件。禁止用个人保安线代替接地线。

④ 在杆塔或横担接地通道良好的条件下,个人保安线接地端允许接在杆塔或横担上。

4. 悬挂标示牌和装设遮栏(围栏)

(1) 在一经合闸即可送电到工作地点的断路器(开关)、隔离开关(刀闸)及跌落式熔断器的操作处,均应悬挂"禁止合闸,线路有人工作!"或"禁止合闸,有人工作!"的标示牌。

(2) "禁止合闸,有人工作!"标示牌挂在已停电的断路器和隔离开关上的操作把手上,防止运行人员误合断路器和隔离开关。

(3) 在邻近可能误登的其他铁构架上应悬挂"禁止攀登,高压危险"的标示牌。

(4) 进行地面配电设备部分停电的工作,人员工作时距未停电设备小于安全距离(表 4-1),应增设临时围栏。临时围栏与带电部分的距离,不得小于表 4-2 规定的距离。临时围栏应装设牢固,并悬挂"**止步,高压危险!**"的标示牌。

表 4-1　设备不停电时的安全距离

电压等级/kV	安全距离/m
≤10	0.70
20、35	1.00
63(66)、110	1.50

注:表中未列电压应选用高一电压等级的安全距离,表 4-2 同

表 4－2　工作人员工作中正常活动范围与带电设备的安全距离

电压等级/kV	安全距离/m
≤10	0.35
20、35	0.60
63(66)、110	1.50

35 kV 及以下设备的临时围栏，如因工作特殊需要，可用绝缘隔板与带电部分直接接触。绝缘隔板的绝缘性能应符合要求。

第三节　变、配电所

一、变、配电所

变、配电所是电力网中的线路连接点，是用以变换电压、交换功率和汇集、分配电能的设施。它主要由主变压器、配电装置及测量、控制系统等构成，是电网的重要组成部分和电能传输的重要环节，对保证电网安全、经济运行具有举足轻重的作用。

二、变、配电所分类

按变电所在电力系统中的位置、作用及其特点划分，变电所的主要类型有枢纽变电所、区域变电所、地区变电所、用户变电所、地下变电所和无人值班变电所等。

变电所按电压升高或降低可分为升压变电所和降压变电所。

通常也按其最高一级电压来分类，如 500 kV 变电所、220 kV 变电所等。

三、变、配电所一次电路

变、配电所中，用来承担输送分配电能任务的电路，称一次电路(或电气主接线)。信号设备称副电路(习惯称二次回路)，所用的电源为操作电源。

1. 高压配电所常用的电气一次电路有以下几种：

(1) 单电源的高压配电所一次电路：从图 4－1 中可看到，该配电所有 1 路电源进线 WL_1、4 路出线 WL_2～WL_5，每路线装有断路器 QF，担负电路的正常通断及在电路发生短路事故时自动切断电路的任务。

断路器的电源侧都装有隔离开关 QS(负荷侧无电源，故未装隔离开关)。隔离开关的主要作用是在断路器检修时，起隔离电源保证断路器检测安全。隔离开关无灭弧装置，因此，操作时禁止带负荷拉合。

图 4－1 中 WB 是母线，用来接受电能然后再分配，本图中母线不分段，是单母线接线，这种接线在母线故障和检测时，配电所将全所停电。

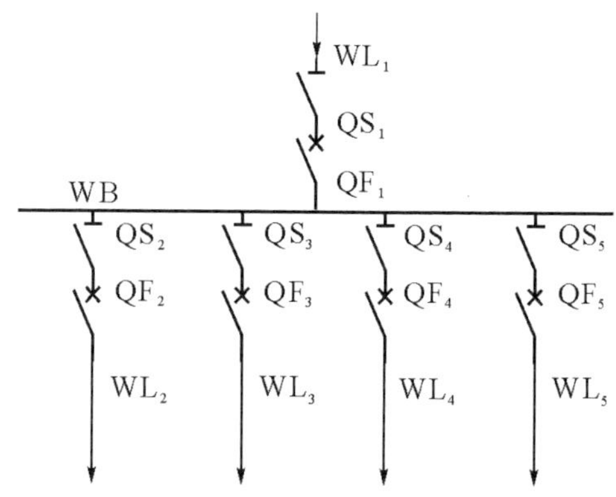

图 4－1　单电源高压配电所一次电路

（2）双电源的高压配电所一次电路：从图 4－2 中可看到，该配电所有两路电源进线 WL_1 和 WL_2。母线分为两段 WB_1 和 WB_2，断路器 QF 为分段断路器。出线有 4 条，为 WL_3～WL_6。

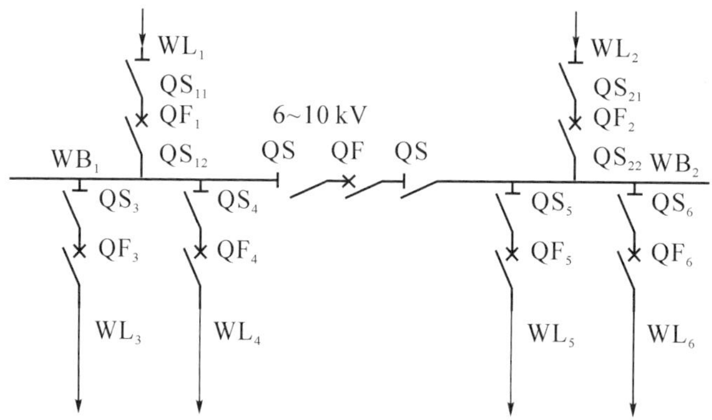

图 4－2　双电源高压配电所一次电路

这类高压配电所可以一路电源供电，另一路电源进线备用，两段母线并列运行。当工作电源断电时，可手动或自动地投入备用电源，即可恢复对整个配电所的供电。也可两条电源进线同时供电，分段断路器 QF 断开，母线分列运行，每条电源进线分别供电给两段母线负荷，当一条电源进线断电时，可手动或自动合上分段断路器 QF，改由一条电源进线供电全配电所。

电源进线断路器 QF_1 和 QF_2 及母线分段断路器 QF，因两侧都有电源，所以它们的两侧都装设隔离开关。隔离开关与断路器配合操作时，执行“先合后断”的原则，即接通电路时先合隔离开关后合断路器；断开电路时先断开断路器后断开隔离开关。因为隔离开关没有灭弧装置，所以隔离开关禁止带负荷拉合。

单母线分段接线，在一段母线故障或检测时，另一段母线仍能继续运行。用户内重要负荷可由双回线路供电，分别接在两段母线上，这样在一段母线停用时，也不会停电。

2. 总降压变电所的一次电路　电源进线电压为 10 kV 的用户，一般总降压变电所将 10 kV 电压降低到 380 V/220 V 后，经低压配电线路供电到各用电场所，供给低压用电设备用电。也有一方面在总降压变电所降压到 380 V/220 V 供附近低压用电设备用电，另一方面又以高压 10 kV 送到较远场所后再降压到380 V/220 V，供给场所附近的低压设备用电，根据用户供电范围距离和用电负荷大小来确定接线方式。

电源进线电压在 35 kV 及以上的用户，往往需两级降压，先经总降压变电所将电压降到 10 kV 的高压配电电压，然后经用电区变电所再降到低压用电设备所需的电压 380 V/220 V。

（1）单台变压器的总降压变电所一次电路示例：从图 4－3 中可看到，高压 35 kV 进线侧装有断路器 QF_1 和隔离开关 QS_1，变压器低压侧电压为 6～10 kV，在变压器低压侧装有断路器 QF_2 和隔离开关 QS_2。6～10 kV 出线上都装有断路器和隔离开关。

这种电路中，高压为线路-变压器主接线，低压为单母线接线，其特点是结构简单，用的电气设备少，供电可靠性较差。只要线路或变压器以及变压器低压侧任何一电气元器件发生故障或变电所主电路检修，整个变电所都将停电；母线故障或检修整个变电所也要停电。所以这种主接线要根据用户供电负荷的要求和情况进行选择。

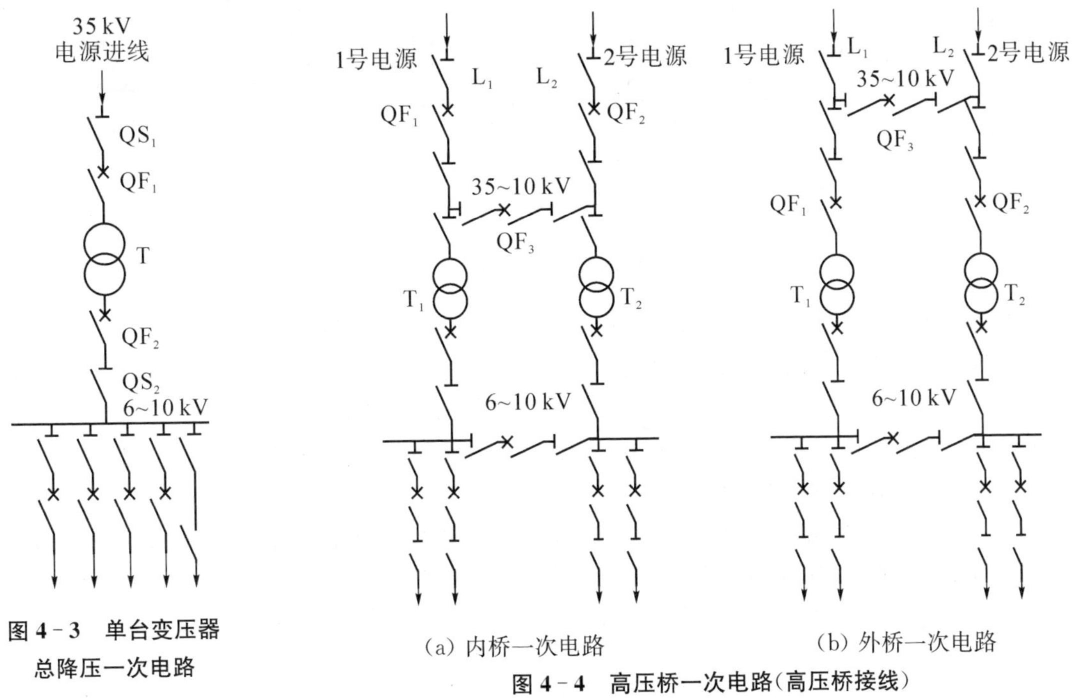

图 4－3　单台变压器总降压一次电路

（a）内桥一次电路　　（b）外桥一次电路

图 4－4　高压桥一次电路（高压桥接线）

（2）双电源两台变压器的总降压变电所主接线：负荷较大并且有较多重要负荷的用户，通常采用双电源进线两台变压器的总降压变电所。图 4－4 是其一次电路示例，这种一次电路又称为高压桥接线，低压为单母线分段接线。

图 4－4(a)内桥接线，它的断路器 QF_3 接在变压器的高压侧，变压器高压侧没有断路器，只有隔离开关，而线路有断路器 QF_1 和 QF_2。内桥接线的特点是线路故障或检修不影响变压器的运行，而变压器故障或检修影响相应的线路，线路需要短时间停电。

图 4－4(b)外桥接线，这种电路桥接线断路器 QF_3 接在线路侧，变压器高压侧有断路器 QF_1 和 QF_2，而线路上没有断路器，外桥接线的特点是变压器故障或检修不影响线路运行，而线路故障或检修影响变压器的运行，相应的变压器要短时停电。

由于线路故障或检修概率比变压器大，所以一般都用内桥接线。在变压器需要经常投切的场合及系统交换功率较大的情况下，应用外桥接线比较方便和有利。桥接线使用的电气设备较少，布置简单，造价低，供电可靠性、运行灵活性也不错，而且只要在配电装置的布置上采取适当措施，桥接线还可能发展为单母线分段接线，以便增加进出线回路。因此，桥接线在降压变电所中用的较多。

3. 用电区（或小用户）变电所一次电路

（1）有用户总变电所的用电区变电所一次电路示例，见图4－5。有用户总降压变电所的用电区变电所，一般是将总降压变电所送来的10 kV高压电降压为380 V/220 V低压电，供用电区内低压用电设备用电。其一次电路相当简单，因为用来控制变压器的一些高压电气设备及保护装置、测量仪表等，通常都装在高压配电线路的首端，即用户的总降压变电所或高压配电所内。

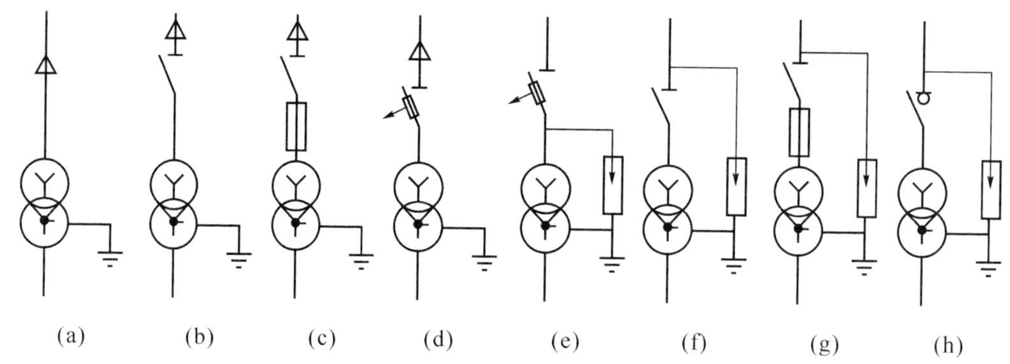

图4－5　车间变电所高压侧一次电路方案

用电区变电所的高压侧可不装开关设备，或只装简单的隔离开关、熔断器和跌落式熔断器。所以这类用电区变电所没有高压配电室。

（2）无用户总配电所的用电区和小型用户变电所电气一次电路示例：对于没有总降压变电所和高压配电所的用电区变电所或小型用户降压变电所，在变压器高压侧必须配置足够的高压开关设备以便对变压器控制和保护。

① 小容量配电所高压侧采用隔离开关、熔断器和跌落式熔断器的变电所一次电路，见图4－6(a)。这种一次电路因为隔离开关不能带负荷操作，只能切断变压器空载电流，所以变压器容量不能大，而且在变压器低压侧必须装设带负荷操作的低压断路器（自动空气开关）。

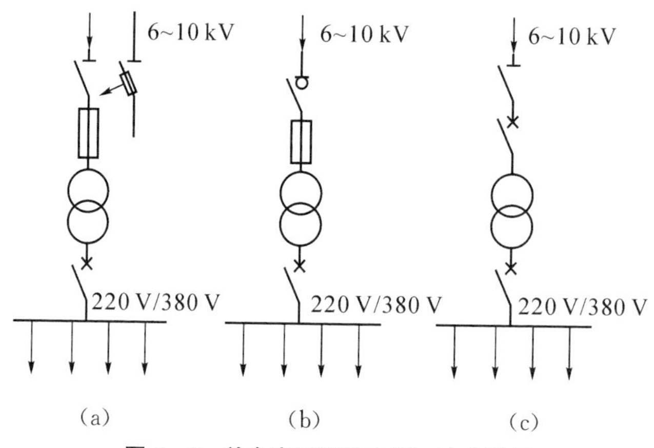

图4－6　单台变压器变电所一次电路图

② 高压侧采用负荷开关和熔断器的变电所一次电路，见图4－6(b)。负荷开关能切断和合上正常负荷电流，但不能切断短路电流，所以用负荷开关加上高压熔断器对变压器进行控制和

保护(一般高压熔断器装设在负荷开关柜内)。

③ 高压侧采用隔离开关和断路器的变电所一次电路,见图 4-6(c)。这种一次电路适用于供电可靠性要求较高、变压器容量较大的变电所。断路器有完善的灭弧装置,它既能投切正常负荷电流,又能在发生短路故障时可靠切断短路电流,保护变压器和电气设备安全。这种接线供电可靠性高,但投资成本较前两种接线高。

④ 装设双台变压器的用电区变电所或小型用户变电所一次电路,见图 4-7。一般负荷较重要或者负荷变化较大,需经常带负荷投切,所以变压器低压侧开关都采用断路器(低压侧装设低压断路器,即自动空气开关)。

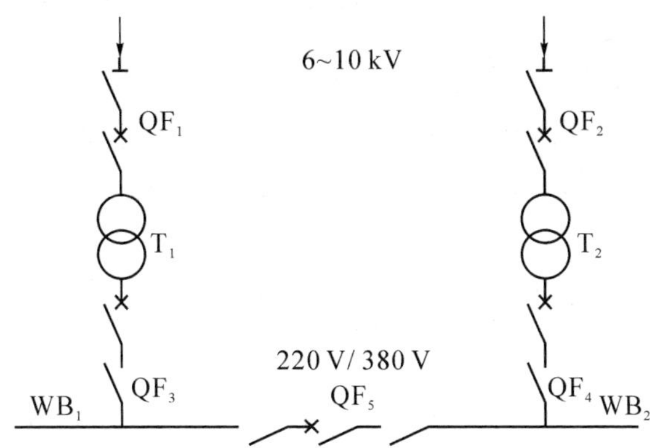

图 4-7　双台变压器变电所一次电路图

低压母线常采用单母线分段接线,高压侧采用线路-变压器组接线。当变压器故障、检修或正常停运时,只需要断开变压器高、低侧断路器,合上分断路器,即可将负荷改由另一台变压器运行供电。

四、变、配电所常用的一次电气设备

变、配电所中用来承担输送和分配电能任务的电路,称为一次电路(或电气主接线)。一次电路中所用的电气设备,称为一次设备。

变、配电所常用的一次电气设备主要有以下几种:

(1) 主变压器:在降压变电所内变压器是将高电压改变为低电压的电气设备。以 10 kV 变电所为例,主变压器将一次 10 kV 的电压降到低压用电设备所需的 380 V/220 V 电压给用户用电。

(2) 隔离开关:主要用作隔离电源的电器,它有明显可见的断开点,以保证工作人员和设备安全,但没有灭弧装置,不能带负荷拉合,更不能切断短路电流。

(3) 负荷开关:用来接通和分断小容量的配电线路和负荷,它只有简单的灭弧装置,常与高压熔断器配合使用,电路发生短路故障时由高压熔断器切断短路电流。

(4) 高压断路器:是变压器和高压线路的开关电器,它具有断合正常负荷电流和切断短路电流的功能,具有完善的灭弧装置。

(5) 熔断器:当电路发生短路或严重过负荷时,熔断器能自动切断故障电路,从而使电气设备得到保护。

(6) 电压互感器:将系统的高电压转变为低电压,供测量、保护、监控用。

(7) 电流互感器:将高压系统中的电流或低压系统中的大电流转变为标准的小电流,供测量、保护、监控用。

第四节　变、配电所倒闸操作

一、倒闸操作

倒闸操作制度的建立是保证安全、正确地进行倒闸操作、确保系统安全运行的有力保障,是防止误操作的重要技术措施。

1. 倒闸操作的基本条件

(1) 控制室有与一次设备和实际运行方式相符的一次系统模拟屏(包括各种电子接线图)。

(2) 设备应具有明显的标志(名称、编号)、分合闸指示、旋转方向切换位置的指示及设备相色等。

(3) 高压设备都应安装完善的防误闭锁装置。防误闭锁装置不得随意退出运行。停用防误闭锁装置应经本单位总工程师批准;短时间退出防误闭锁装置时,应经变电站长或值班班长批准,并应按程序尽快投入。

(4) 有值班调度员和运行值班负责人正式发布的操作指令(规范的调度术语),并使用事先审核合格的操作票。

(5) 设备送电前必须将有关继电保护装置线投入运行,没设保护的设备或不能跳闸的断路器不准投入运行。

2. 调度术语

(1) 报数:零、一、二、三、四、五、六、七、八、九;
　　　　洞、么、两、三、四、五、六、拐、八、九。

(2) 调度管辖:发电设备(计划和备用)运行状态改变各电气设备的运行方式(包括继电保护和安全自动装置的状态)、倒闸操作及事故处理的指挥权限划分。

(3) 调度许可:设备由下级调度运行机构管辖,但在进行有关操作前(检修申请另行办理)必须报告上级调度运行值班人员,并取得其许可后才能进行。

(4) 调度指令:调度运行值班人员对其所管辖的设备变更出力计划、备用容量、运行方式、接线方式、继电保护和安全自动装置状态、倒闸操作以及事故处理的指令。

(5) 调度同意:调度运行值班人员对下级调度运行值班人员提出的申请、要求(包括通信、运动、自动化设备)等予以同意。

运用中的电气设备,即全部带有电压、一部分带有电压或一经操作即带有电压的电气设备。所以变配电所(站)的电气设备分为四种状态:运行状态、热备用状态、冷备用状态、检修状态。要将电气设备从一种状态转为另一种状态需要进行一系列的倒闸操作。

二、电气设备的状态

1. 运行状态　电气设备的运行状态,是指开关、刀闸都在合闸位置,将电源至受电端的电路接通。

2. 热备用状态　电气设备的热备用状态,是指开关在断开位置,而刀闸仍在合闸位置。其特点是开关一经合闸操作即接通电源。

3. 冷备用状态　电气设备的冷备用状态，是指设备的开关与刀闸均在断开位置。其特点是该设备与其他带电部分之间有明显的断开点。

4. 检修状态　电气设备的检修状态，是指设备的开关和刀闸均已断开。检修设备（如开关、变压器）两侧装设了三相短路接地线（或合上了接地刀闸），悬挂了对应标示牌，设置了临时遮拦，该设备即为检修状态。

（1）开关检修：是指设备的开关和两侧刀闸均已拉开，已取下控制回路熔丝或拉开控制回路小空气开关，取下了保护回路压板（连接片）或停用了保护测控装置。在开关两侧装设了三相短路接地线或合上了接地刀闸，做好相关的其他安全措施。

（2）线路检测：是指线路开关及两侧刀闸均已拉开，并在线路出线端接好三相短路接地线，在开关、刀闸操作手柄上挂“**禁止合闸，线路有人工作！**”牌，做好相关的其他安全措施。

（3）变压器检修：是指变压器两侧开关为冷备用，在变压器两侧挂接好三相短路接地线，在被检修的变压器上挂“**在此工作**”牌，在开关刀闸操作手柄上挂好“**禁止合闸，有人工作！**”牌，做好相关的其他安全措施。

（4）母线检修：是指母线从冷备用转为检修，即在冷备用的母线上挂接好三相短路接地线，如母线较长，或超过 10 m，则应在母线两头挂接三相短路接地线。在母线的开关、刀闸操作手柄上挂“**禁止合闸，有人工作！**”牌，做好相关的其他安全措施，如装设遮拦，或悬挂有关标牌等。

5. 移动式手车开关的四种运行状态

（1）运行状态：手车开关在工作位置、合上开关。“工作位置”“已储能”“合闸”三盏指示灯亮，三相带电显示器亮，机械指示为红色合闸牌。

（2）热备用状态：手车开关在工作位置。“工作位置”“已储能”“分闸”三盏指示灯亮，机械指示为绿色分闸牌。

（3）冷备用状态：手车开关在试验位置。“试验位置”“已储能”“分闸”三盏指示灯亮，机械指示为绿色分闸牌。

（4）检修状态：手车开关在试验位置，拉开其二次回路控制小空气开关，打开开关室柜门，取下二次回路插头，将手车开关拉出开关室，置于运转小车上，锁好开关室柜门，并在手车开关的柜门上挂“**止步，高压危险！**”牌。

三、倒闸操作执行

1. 倒闸操作应根据值班调度员或运行值班负责人的指令，受令人复诵无误后执行。发布指令应准确、清晰，使用规范的调度术语和设备双重名称（设备名称和编号）。发令人和受令人应先互报单位和姓名，发布指令的全过程（包括对方复诵指令）和听取指令的报告时双方都要录音并做好记录。操作人员（包括监护人）应了解操作目的和操作顺序。对指令有疑问时应先向发令人询问清楚，无误后再执行。

2. 倒闸操作可以通过就地操作、遥控操作、程序操作完成。遥控操作、程序操作的设备应满足有关技术条件。

3. 倒闸操作的分类

（1）监护操作：由两人进行同一项的操作。

监护操作时，其中一人对设备较为熟悉者作监护。特别重要和复杂的倒闸操作，由熟练的运行人员操作，运行值班负责人监护。

倒闸操作每一项操作结束后，监护人应认真检查被操作的设备状态，被操作的设备状态应与操作项目的要求相符合，并处于良好状态。

（2）单人操作：由一人完成的操作。

① 单人值班的变电站或发电厂升压站操作时，运行人员根据发令人用电话传达的操作指令填用操作票，复诵无误。

② 实行单人操作的设备、项目及运行人员需经设备运行管理单位批准，人员应通过专项考核。

（3）检修人员操作：由检修人员完成的操作。

① 经设备运行单位考试合格、批准的本单位的检修人员，可进行 220 kV 及以下的电气设备由热备用至检修或由检修至热备用的监护操作，监护人应是同一单位的检修人员或设备运行人员。

② 检修人员进行操作的接、发令程序及安全要求应由设备运行单位总工程师审定，并报相关部门和调度机构备案。

4. 倒闸操作票

（1）倒闸操作由操作人员填用操作票。电力线路倒闸操作票样式见表 4－3。

表 4－3　电力线路倒闸操作票

单位＿＿＿＿＿＿＿＿＿＿＿＿　　编号＿＿＿＿＿＿＿＿＿＿

<table>
<tr><td>发令人</td><td></td><td>受令人</td><td></td><td colspan="2">发令时间：
年　月　日　时　分</td></tr>
<tr><td colspan="4">操作开始时间：
年　月　日　时　分</td><td colspan="2">操作结束时间：
年　月　日　时　分</td></tr>
<tr><td colspan="6">操作任务</td></tr>
<tr><td>顺序</td><td colspan="4">操　作　项　目</td><td>✓</td></tr>
<tr><td></td><td colspan="4"></td><td></td></tr>
<tr><td></td><td colspan="4"></td><td></td></tr>
<tr><td></td><td colspan="4"></td><td></td></tr>
<tr><td></td><td colspan="4"></td><td></td></tr>
<tr><td></td><td colspan="4"></td><td></td></tr>
<tr><td></td><td colspan="4"></td><td></td></tr>
<tr><td></td><td colspan="4"></td><td></td></tr>
<tr><td></td><td colspan="4"></td><td></td></tr>
<tr><td></td><td colspan="4"></td><td></td></tr>
<tr><td></td><td colspan="4"></td><td></td></tr>
<tr><td></td><td colspan="4"></td><td></td></tr>
<tr><td></td><td colspan="4"></td><td></td></tr>
<tr><td></td><td colspan="4"></td><td></td></tr>
<tr><td></td><td colspan="4"></td><td></td></tr>
<tr><td>备注</td><td colspan="4"></td><td></td></tr>
<tr><td colspan="4">操作人：</td><td colspan="2">监护人：</td></tr>
</table>

（2）倒闸操作票应用黑色或蓝色的钢（水）笔或圆珠笔逐项填写。用计算机开出的操作票应与手写票面统一；操作票票面应清楚整洁，不得任意涂改。操作票应填写设备的双重名称，即设备名称和编号。操作人和监护人应根据模拟图或接线图核对所填写的操作项目，并分别手工或电子签名，然后经运行值班负责人（检修人员操作时由工作负责人）审核签名。

每张操作票只能填写一项操作任务。操作票中，一项操作任务需要填写多页时，必须注明转接页号且页号相连。

（3）下列项目应填入操作票内

① 应拉合的设备[断路器（开关）、隔离开关（刀闸）、接地刀闸（装置）等]，验电，装拆接地线，合上（安装）或断开（拆除）控制回路或电压互感器回路的空气开关、熔断器，切换保护回路和自动化装置及检验是否确无电压等。

② 拉合设备[断路器（开关）、隔离开关（刀闸）、接地刀闸（装置）等]后检查设备的位置。

③ 进行停、送电操作时，在拉合隔离开关（刀闸）、手车式开关拉出、推入前，检查断路器（开关）确在分闸位置。

④ 在进行倒负荷或解、并列操作前后，检查相关电源运行及负荷分配情况。

⑤ 设备检修后合闸送电前，检查送电范围内接地刀闸（装置）已拉开，接地线已拆除。

⑥ 高压直流输电系统启停、功率变化及状态转换、控制方式改变、主控站转换，控制、保护系统投退，换流变压器冷却器切换及分接头手动调节。

⑦ 阀冷却、阀厅消防和空调系统的投退、方式变化等操作。

⑧ 直流输电控制系统对断路器进行的锁定操作。

（4）下列三种情况应加挂机械锁

① 未装防误操作闭锁装置或闭锁装置失灵的刀闸手柄、阀厅大门和网门。

② 当电气设备处于冷备用时，网门闭锁失去作用时的有电间隔网门。

③ 设备检修时，回路中的各来电侧刀闸操作手柄和电动操作刀闸机构箱的箱门。

④ 机械锁要 1 把钥匙开 1 把锁，钥匙要编号并妥善保管。

5. 倒闸操作的基本要求

（1）停电拉闸操作应按照断路器（开关）—负荷侧隔离开关（刀闸）—电源侧隔离开关（刀闸）的顺序依次进行，送电合闸操作应按与上述相反的顺序进行。禁止带负荷拉合隔离开关（刀闸）。

（2）开始操作前，应先在模拟图（或微机防误装置、微机监控装置）上进行核对性模拟预演，无误后，再进行操作。操作前应先核对系统方式、设备名称、编号和位置，操作中应认真执行监护复诵制度（单人操作时也应高声唱票），宜全过程录音。操作过程中应按操作票填写的顺序逐项操作。每操作完一步，应检查无误后做一个“√”记号，全部操作完毕后进行复查。

（3）监护操作时，操作人在操作过程中不准有任何未经监护人同意的操作行为。

（4）操作中出现疑问时，应立即停止操作并向发令人报告。待发令人再行许可后，方可进行操作。不准擅自更改操作票，不准随意解除闭锁装置。解锁工具（钥匙）应封存保管，所有操作人员和检修人员禁止擅自使用解锁工具（钥匙）。若遇特殊情况需解锁操作，应经运行管理部门防误操作装置专责人到现场核实无误并签字后，由运行人员报告当值调度员，方能使用解锁工具（钥匙）。单人操作、检修人员在倒闸操作过程中禁止解锁。如需解锁，应待增派运行人员到现场，履行上述手续后处理。解锁工具（钥匙）使用后应及时封存。

（5）电气设备操作后的位置检查应以设备实际位置为准，无法看到实际位置时，可通过设备机械位置指示、电气指示、带电显示装置、仪表及各种遥测、遥信等信号的变化来判断。判断时，应有两个及以上的指示，且所有指示均已同时发生对应变化，才能确认该设备已操作到位。以上检查项目应填写在操作票中作为检查项。

(6) 换流站直流系统应采用程序操作，程序操作不成功，在查明原因并经调度值班员许可后可进行遥控步进操作。

(7) 用绝缘棒拉合隔离开关(刀闸)、高压熔断器或经传动机构拉合断路器(开关)和隔离开关(刀闸)，均应戴绝缘手套。雨天操作室外高压设备时，绝缘棒应有防雨罩，操作人员还应穿绝缘靴。接地网电阻不符合要求的，晴天也应穿绝缘靴。雷电时，一般不进行倒闸操作，禁止在就地进行倒闸操作。

(8) 装卸高压熔断器，应戴护目眼镜和绝缘手套，必要时使用绝缘夹钳，并站在绝缘垫或绝缘台上。

(9) 断路器(开关)遮断容量应满足电网要求。如遮断容量不够，应将操动机构(操作机构)用墙或金属板与该断路器(开关)隔开，应进行远方操作，重合闸装置应停用。

(10) 电气设备停电后(包括事故停电)，在未拉开有关隔离开关(刀闸)和做好安全措施前，不得触及设备或进入遮栏，以防突然来电。

(11) 单人操作时不得进行登高或登杆操作。

(12) 在发生人身触电事故时，可以不经许可，即行断开有关设备的电源，但事后应立即报告调度(或设备运行管理单位)和上级部门。

(13) 同一直流系统两端换流站间发生系统通信故障时，两站间的操作应根据值班调度员的指令配合执行。

(14) 双极直流输电系统单极停运检修时，禁止操作双极公共区域设备，禁止合上停运极中性线大地/金属回线隔离开关(刀闸)。

(15) 直流系统升降功率前应确认功率设定值不小于当前系统允许的最小功率，且不能超过当前系统允许的最大功率限制。

(16) 手动切除交流滤波器(并联电容器)前，应检查系统有足够的备用数量，保证满足当前输送功率无功需求。

(17) 交流滤波器(并联电容器)退出运行后再次投入运行前，应满足电容器放电时间要求。

6. 下列各项工作可以不用操作票

(1) 事故应急处理。

(2) 拉合断路器(开关)的单一操作。

上述操作在完成后应做好记录，事故应急处理应保存原始记录。

7. 同一变电站的操作票应事先连续编号，计算机生成的操作票应在正式出票前连续编号，操作票按编号顺序使用。作废的操作票，应注明“作废”字样，未执行的应注明“未执行”字样，已操作的应注明“已执行”字样。

8. 在发生严重威胁设备及人身安全的紧急情况下可不填写工作票、操作票，值班人员立即断开有关电源。

9. 雨天室外倒闸操作应按规定使用带有防雨罩的绝缘棒。

10. 操作票应进行编号，已操作过的应注明“已执行”保存时间一年。

第五节　变、配电所运行管理

一、变、配电所的运行制度

1. 交接班制度　交接班工作必须严肃、认真地进行。交班人员要发扬风格，为接班人员创造有利的工作条件，树立"一班安全不是安全，班班安全才是真安全"的价值观。要求每位值班员在交接班时切实做好如下工作：

（1）值班人员在接班前和值班时间内严禁饮酒，并提前到岗做好接班的准备工作。若接班人员因故未到，交班人员应坚守岗位，并报告上级领导，做出安排。个别因特殊情况而迟到的接班人员，同样应履行接班手续。值班员必须按规定的轮班表进行值班，不得擅自调班和离岗。

（2）交接班时，应尽量避免倒闸操作及工作票的许可或终结工作。在交接班过程中发生事故或异常情况时，原则上应有交班人员负责处理。接班人员应主动协助处理。当事故处理告一段落时，方可再继续进行交接班。

（3）交班前，交班人员应提前做好交班工作，并将交班事项填写在交接班记录簿上。

（4）交接班的内容一律以填写的交接班记录和现场交接清楚为准，凡遗留应交代的事项，由交班者负责；凡没有交接清楚、未听明白的事项，由接班者负责；双方都未履行交接手续的内容双方负责。所以交接班必须做到"五清""三交接"。

"五清"

① 看清：接班人员在接班前，应对现场的运行方式（包括备用设备）了解清楚，看清楚交接班记录内容，运行日志中有关设备的运行参数是否正常，看清楚其他的运行记录内容，掌握现场设备的运行情况。

② 讲清：交班人员在交班时，应将本班的设备运行情况，是否有调度任务预发令、上级有关通知、希望接班人员接班后要做些什么等一一交代讲清楚。

③ 问清：接班人员对交班人员所讲述、交代的事情若不清楚或有疑问一定要问清楚。

④ 查清：接班人员应认真听取交班人员的介绍，并会同交班人员到现场共同巡视检查所有运用中的电气设备及环境卫生，并做好记录。

⑤ 点清：清点接班人员对交班人所移交的安全用具、消防器材等，确认是否移交齐全，做好记录。

"三交接"

① 模拟图版交接：通过现场设备的巡视检查，接班人应核对模拟图版上反映的运行方式与现场设备的运行方式一致，如有不一致应向交班人员提出纠正，以现场设备运行方式为准。

② 现场交接：现场交接包括现场一、二次设备是否全部运行正常，备用设备是否进行过切换试验，有哪些设备缺陷需要加强巡视，当前的功率因数是否正常，进线电压偏差是否正常，主变有载调压分接开关调整的详细记录等进行核对性交接。

③ 实物交接：实物交接是针对运行值班中的记录簿、钥匙、常用的工具、后台电脑、工作电脑、普通电话机和专用录音电话机、消防和 SF_6 气体报警装置等一一交接，并提出注意事项，做好记录。

以上工作完成后，由接班人员的正、副值班员先在交接班记录簿及运行日志上分别签名，表示同意接班，然后由交班人员分别签名，表示交接班工作全部结束。各单位变、配电所接班人员提前到岗时间可根据变、配电所规模自定，但至少应提前 15 min 到岗接班，并写入交接班制度中。

2. 巡视检查制度　巡视检查是保证设备正常安全运行的有效制度，各用户单位变、配电所应根据各自的具体情况，并总结以往处理设备事故、故障和缺陷的经验教训，制订出具体的巡视检查方法，并不断加以改进、完善。

巡视检查制度应明确地规定巡查方法、项目、周期和路线，并做好必要的标志。巡查路线应经上级业务领导的批准。根据电气设备巡查项目和内容，变、配电所应配备必要检查工具、物品，如红外测温仪、示温蜡片等。要保证良好的巡查条件，如手提式照明用具，户外电气设备的照明等。

对于夜晚、恶劣天气以及特殊任务的特巡，要明确具体的巡查要求和注意事项，必要时应有主管电气安全的技术人员或领导一起陪同参加。

每次巡查后，应将查到的缺陷分类后记入设备缺陷记录簿中。巡查者应对记录负完全责任。因巡查不到位所致事故者，要追究责任；对发现重大缺陷或避免事故发生者应给予奖励记功。

(1) 巡查高压电气设备，一般应两人一起巡视。允许单独巡视高压电气设备的人员应经考试合格后，由单位领导批准。在巡视时不得进行其他工作，不准移开或越过遮栏。

(2) 雷雨天气，需要巡视室外高压设备时，应穿绝缘靴，并不准靠近避雷器和避雷针。

(3) 高压设备发生接地时，室内人员应距离故障点 4 m 以外，室外人员应距离故障点 8 m 以外。进入上述范围人员应穿绝缘靴，接触外壳和构架时，应戴绝缘手套。

(4) 巡视室内高压设备，应随手关门，以防止小动物进入。

(5) 巡视高压设备时，人身与带电导体的安全距离不得小于表 4－4 的规定。

表 4－4　人身与带电导体的安全距离

电压等级/kV	无遮栏/m	有遮栏/m
6～10	0.70	0.40
20～35	1.00	0.60
110	1.50	1.50
220	3.00	3.00

(6) 必须按设备巡视路线进行，以防设备漏巡，不得打开遮栏或进行任何工作。

(7) 巡视周期：可根据各用户单位变、配电所的现场运行规程执行，一般应做到如下几点要求：

① 有人值班变、配电所，每次交接班时，共同巡视一次。

② 每班中间至少巡查一次。

③ 值班长至少每周监督性巡视一次。

④ 每周至少夜巡一次。

⑤ 季节性的特巡及临时增加的特巡。

3. 巡视检查的方法　电气设备检修时，为了判断被检修设备是否正常，我们使用各种试验及测试设备。但电气设备在运行中，值班人员不可能携带各种仪器进行日常测试，因而通过眼、耳、鼻和手等感官仍然是主要巡视检查的方法。

(1) 目测检查法：目测检测法就是利用眼睛来检查看得见的设备部位，通过设备外观的变化来发现异常情况。通过目测检查可以发现如下异常现象：

① 破裂、断线：变形、膨胀、收缩、弯曲；松动、渗漏油、漏水、漏气；污秽、腐蚀、磨损；变色、烧焦；硅胶变色、油变黑；冒烟、产生火花、接头发热变色、示温蜡片移位及熔化。

② 有杂质、异物。

③ 不正常的动作信号以及不正常的电气量。

这些外观现象往往反映了设备的异常情况，经目测观察就可以做出初步的分析判断。

(2) 耳听判断法：虽然变、配电所的设备相对来说都是静止的，但许多设备会由于交流电的作用产生振动并发出各种声音。这些声音是电气设备运行时特有的，也是表示电气设备运行状态的特征。我们仔细听这种声音，熟练掌握声音的特点，就可以通过它的高、低节奏，音色变化，音量强弱，是否伴有杂音等，来判断电气设备是否正常运行。

变压器正常运行时，会发出交流声，是均匀的“嗡嗡”声。根据负荷的大小，声音会有高低。

(3) 鼻嗅判断法：电气设备的绝缘材料过热而产生的气味，大多数正常人都能嗅到判别。所以嗅气味也是判断电气设备的某些异常和缺陷的一种常用方法。

(4) 触试检查法：在巡视检查的整个过程中经常会用到手。用手触试检查是判断电气设备缺陷和故障的一种必需的方法。但禁止用手触试电气设备的带电部分，运行中电气设备的中性点接地装置必须视为带电部分。

不带电且外壳接地良好的设备及附件等，检查其温度或温差需用手触试时，应保持安全距离。

(5) 用仪器检测的方法：为尽早地发现电气设备过热，应利用仪器来定期或不定期地测量运行中电气设备的温度，尤其是高温天气、高峰负荷时是测温的重点。

红外线测温仪是利用热敏感应的高灵敏度辐射元件，检测由被测物体发射出来的红外线而进行测温的仪表(其精度一般可达 0.1 ℃)，测温后要及时分析测试结果。

(6) 用示温蜡片监测：在电气设备发热部位贴示温蜡片。一般示温蜡片分为红、绿、黄 3 种颜色，其熔点分别为 80 ℃、70 ℃、60 ℃，可以直接贴在带电部分或设备的外壳上，最常见的是高压电容器外壳 2/3 高度处贴的黄色示温蜡片。

4. 设备缺陷管理制度

(1) 值班员管辖的设备缺陷范围：设备缺陷是指变、配电所投入运行或备用的各个电压等级的电气设备，有威胁安全运行的异常现象需要进行处理的设备。其管辖范围如下：

① 变、配电一次回路设备。

② 变、配电二次回路设备(如仪表、继电器、微机综合化系统、保护测控装置、控制元件、控制电缆、信号系统、直流系统等)。

③ 避雷针及接地装置、通信设备、消防和 SF_6 气体报警装置及与变、配电有关的其他辅助设备。

④ 配电装置构架及房屋建筑。

（2）缺陷的分类

① 一类缺陷：性质严重，情况危急，必须立即处理。否则将发生人身伤亡，大面积停电，主设备损坏，给单位造成重大的经济损失。运行人员发现一类缺陷后，应立即通过电话向单位领导汇报。

② 二类缺陷：性质重要，情况严重。虽尚可继续运行，但已影响设备出力，不能满足系统正常运行之需要，或短期内将会发生事故，威胁安全运行。发现二类缺陷后，应向主管部门汇报。

③ 三类缺陷：性质一般，情况轻微，对安全运行影响不大，可列入计划进行处理。应按月向主管部门汇报，对无法自行处理的应提出要求，请示安排在计划检修中处理。

对所发生的一切设备缺陷，应在交接班时，将缺陷情况进行分析和汇报。

（3）缺陷的登记和统计：变、配电所均应备有缺陷记录簿，均需设有缺陷揭示图或表格，明显表示设备存在缺陷之情况。记录簿、揭示图、表格应指定专人负责，并及时补充修改，以保证其正确性。

任何缺陷都应记入缺陷记录簿中，对操作、检修、试验等工作中发现的缺陷而未处理的均应登记，对当时已处理的，或有重要参考价值的处理方法也要做好记录。

缺陷记录的主要内容应包括：设备的名称、编号，缺陷主要内容、分类，发现者姓名和日期，处理意见，处理结果，处理者姓名和日期等。

（4）缺陷的总结工作：单位电气负责人应定期（每季度或半年度）召集有关人员开会，对设备缺陷产生的原因，如何采取预防措施等进行分析，以积累运行经验。总结发现缺陷和处理缺陷的先进方法，以提高运行管理水平。

5. 变、配电所的定期试验切换制度　为了保证设备的完好性和备用设备在故障时能真正起到备用作用，必须对备用的变压器、直流电源、事故照明灯、消防设施及备用电源切换装置等，进行定期切换试验。

各单位应针对自己的设备情况，制定定期试验切换制度（包括项目、要求、周期、执行人、监护人等），经领导批准后执行。

对运行设备影响较大的切换试验，应安排在适当的时候进行，并做好事故预想，制定安全对策，试验切换结果应及时地记入专用的记录簿中。

6. 培训制度　按《特种作业人员安全技术培训考核管理规定》要开展对在职运行人员行之有效的多种安全技术培训。变、配电所值班人员应充分利用工作间隙，结合本岗位工作，做到"三熟""三能"。

（1）"三熟"

① 熟悉设备、系统和基本原理。

② 熟悉本岗位的规章制度。

③ 熟悉操作和事故处理。

（2）"三能"

① 能分析运行情况。

② 能掌握一般的维护技能。

③ 能及时发现和排除故障。

二、变、配电所电气设备运行管理

1. 隔离开关、母线的运行和巡查

(1) 隔离开关(刀闸)没有灭弧装置,所以不能用来切断负荷电流和短路电流,设备检修时起隔离电源的作用,以及开、断较小电流的设备。

(2) 母线是变配电所内集中和分配电能的装置。母线在通过短路电流后,不应发生明显的弯曲变形和损伤。母线及其连接点在通过其允许的电流时,温度不应超过 70 ℃。对户外的母线支持瓷瓶应定期进行绝缘检查和清扫。

(3) 检查刀闸每相接触点是否紧密,有无弯曲及烧损现象。

(4) 检查刀闸、母线的支持瓷瓶是否清洁、应无裂纹及放电声。

(5) 检查所有连接点的示温蜡片是否熔化或移位脱落。在高峰负荷期间或对接点有疑问时,应进行温度测量。

(6) 刀闸的操动机构是否正常,接地是否良好。

2. 断路器的运行和巡查　断路器是高压配电装置极为重要的控制设备。它的作用是能在高压带负荷的情况下闭合或切断电路。当发生故障时能够配合继电保护或综合自动化保护测控装置自动切断短路电流。

(1) 严禁将拒绝跳闸的断路器投入运行。

(2) 断路器的负荷电流一般不应超过其额定值,在事故情况下,断路器的过负荷也不得超过 10%,时间不得超过 4 h。

(3) 断路器在保护跳闸后,要做好跳闸次数记录,一般真空断路器的保护跳闸寿命为 50 次,SF_6 断路器保护跳闸寿命为 20 次。达到寿命次数前一定要经检修合格后才能重新投入运行,各单位的现场运行规程应有明确规定。

(4) SF_6 断路器要定期进行漏气率和含水量的测试检查,特别是新装投运前的测试检查及投运后第 3 个月的第一次复测试,以后要列入预防性测试计划。要长期保存每次的测试记录并存档保存。每班要记录一次 SF_6 气体的压力,发现降低要及时补充,以免影响 SF_6 断路器的正常安全运行。

3. 互感器的运行及巡查

(1) 互感器在运行中应注意的事项

① 6～10 kV 的电压互感器在母线接地 2 h 以上时,应注意电压互感器的发热情况。35 kV 的电压互感器在退出运行时,应注意其所带的保护是否会脱离电源而发生误动作。

② 电压互感器的二次线圈应接地,严禁通过它的二次侧向一次侧送电。运行中应特别注意两组电压互感器二次侧间不能有电的联系。

③ 运行中的电压互感器二次侧不允许短路,以防烧坏二次线圈;运行中的电流互感器二次侧线圈应接地,并不允许开路,以防由于铁芯磁饱和而产生高压威胁人员及电气设备的安全。

(2) 互感器的巡视检查

① 检查油浸式互感器外壳是否渗油、漏油,是否清洁,检查油位、油色、示油管是否正常。干式互感器的器身是否有裂纹。

② 检查接点示温蜡片是否移位、熔化，接点是否变色。

③ 检查套管和支持绝缘子是否清洁，有无裂纹及放电声。

④ 检查是否有无不正常响声。

⑤ 检查外壳或金属构件接地是否良好、完整。

4. 电力电容器的运行和检查

(1) 检查三相电流是否平衡，各相相差不应大于 105%(抄表时应巡视)。

(2) 检查放电线圈及三相放电指示灯是否良好(每班巡视)。

(3) 检查电容器内部是否发出“吱吱”放电声，外壳有无鼓肚及严重渗油的现象(每班及停电时巡视)。

(4) 检查外壳接地是否良好、完整(停电时巡查)。

(5) 检查外壳 60 ℃(黄色)示温蜡片是否熔化、移位、脱落(每班及停电时巡视)。

(6) 检查电容器的保护熔断器是否良好(每班巡视)。

(7) 检查通风装置是否良好，室温不大于 40 ℃(高温高峰应加强巡视)。

5. 避雷器和避雷针的运行巡查　避雷器是用来保护变、配电所电气设备的绝缘强度免受大气过电压及操作过电压冲击受损的保护设备，对运行中的避雷器应做好下列工作：

(1) 每年应对运行中的避雷器进行一次电气试验，并对接地网的接地电阻测量一次，其值应符合接地规程要求，一般不应超过 10 Ω。

(2) 应保持避雷器套管的清洁。35 kV 及以上的避雷器每班记录一次泄漏电流，三相泄漏电流应基本平衡。雷电后，应查看一下动作记录器，是否有雷击动作发生，并做好记录。

(3) 对避雷针应注意是否倾斜，锈蚀情况，以防避雷针倾倒。避雷针接地下引线应可靠，无脱落和锈蚀现象，定期测量其接地电阻。

三、变、配电所资料管理

为了便于查阅、统计、分析设备的使用和性能情况，提高安全运行和经济运行水平。变、配电所应建立完整的技术资料，做到专人负责管理。

技术资料分类：图纸、图表、文件、规程制度，设备台账和各种记录本。资料应按类别分档保管，做到清晰、正确、完备，并备有技术资料、档案查阅目录表，方便随时查阅。

新设备投运时及设备经过检修、试验、校验、化验等技术处理后，应有相应的试验报告和技术说明书、图纸资料、运行情况分析记录等。

1. 图纸、模拟图板(变、配电所应具备的图纸、图板)

(1) 一次主接线图和变、配电所位置、平面图。

(2) 一次系统模拟图板。

(3) 防雷保护及接地网图。

(4) 继电保护、二次回路原理图、展开图、安装图；或微机综合自动化系统结构图、保护动作逻辑图，电气设备保护定值图表。

(5) 中央信号回路接线图、控制回路接线图。

(6) 所用电系统图、直流系统原理接线图、通信系统图。

(7) 消防报警系统图、SF_6 气体报警系统图。

(8) 电能计量装置接线图。

(9) 巡视检查路线图。

2. 记录簿

(1) 变、配电所交接班记录簿、运行日志。

(2) 变、配电所设备缺陷记录簿、设备检修记录簿。

(3) 断路器动作记录簿、避雷器动作记录簿。

(4) 继电保护记录簿。

(5) 主变有载调压开关调压记录簿。

(6) 消防器材检查记录簿、安全用具试验记录簿。

(7) 运行分析记录簿、培训记录簿(包括技术回答、反事故演练)。

(8) 外来人员出入变、配电所登记簿(除值班人员、分管领导,其他均为外来人员)。

3. 规程制度

(1)《国家电网公司电力安全工作规程(变电部分)》。

(2) 变、配电所《现场运行规程》(包括事故处理)。

(3)《调度规程》和调度协议书(包括调度发令人、受令人名单)。

(4)《继电保护和安全自动装置技术规程》。

(5)《电气设备预防性试验规程》。

(6)《变压器运行规程》。

4. 变、配电所应建立必要的工作制度

(1) 工作票制度(包括工作票授权签发人名单,并持有工作票签发证)。

(2) 操作票制度。

(3) 交接班制度。

(4) 巡视检查制度。

(5) 设备缺陷管理制度。

(6) 设备定期试验切换制度。

(7) 变、配电所人员培训制度。

(8) 资料管理制度。

(9) 设备质量验收制度。

(10) 岗位责任制度。

第五章　电工仪表及测量

电气线路和用电设备的安装、使用、维修过程中，电工仪表对整个电气系统的检测、控制、监视都起到极为重要的作用。在电气安装、维修过程中，万用表起到特殊重要的作用。

本章主要介绍电流表、电压表、万用表、钳形电流表、兆欧表、接地电阻测定仪、电能表、直流电桥等仪表的测量原理、使用方法以及注意事项。

第一节　电工仪表基本知识

电工仪表的基本知识是正确使用和维护电工仪表的基础。

一、常用电工仪表的分类

电工仪表是实现电磁测量过程所需技术工具的总称。它的分类方法很多，本书介绍按测量方法、结构、用途等方面的特性分为以下几类：

1. 指示仪表

(1) 按仪表的工作原理分：磁电系仪表、电磁系仪表、电动系仪表、铁磁电动系仪表、感应系仪表、整流系仪表、静电系仪表等。电动式仪表可直接用于交、直流测量，且精确度高。电磁式仪表可直接用于交、直流测量，但精度低。

(2) 按测量对象的名称分：电流表、电压表、功率表、电能表、功率因数表、频率表，以及多种测量用途的万用表等。

(3) 按被测电流的种类分：直流仪表、交流仪表，以及交、直流两用仪表。

(4) 按使用方法分：安装式仪表、可携带式仪表。

(5) 按使用条件分：根据温度、湿度、尘沙、霉菌等使用环境条件的不同。国家专业标准把仪表分为P、S、A、B四组。

(6) 按误差等级的不同分为：0.1级、0.2级、0.5级、1.0级、1.5级、2.5级、4.0级等七个等级。在七个等级中，数字越小精确度越高，基本误差越小。

2. 比较仪器　这类仪器用于比较法测量中，包括直流比较仪器、交流比较仪器两种。

(1) 属于直流比较仪器有直流电桥、电位差计、标准电阻、标准电池等。

(2) 属于交流比较仪器有交流电桥、标准电感、标准电容等。不同种类的仪表具有不同的技术特性。为了便于选择和使用仪表，通常把这些技术特性不同的符号标注在仪表的刻度盘或面板上，叫仪表的标志(表5-1)。

表 5-1　电工仪表的常用符号

符号	符号内容	符号	符号内容
	磁电式仪表	1.5	精度等级 1.5 级
	电磁式仪表	Ⅲ	外磁场防护等级Ⅲ级
	电动式仪表	2	耐压试验 2 kV
	整流磁电式仪表		水平放置使用
	磁电比率式仪表		垂直安装使用
	感应式仪表	60°	倾斜 60°安装使用

3. 常用电工仪表的型号　电工仪表的产品型号是按规定的标准编制的。对于安装式、可携带式指示仪表的型号各有不同的编制规则。

(1) 安装式指示仪表型号的编制规则：

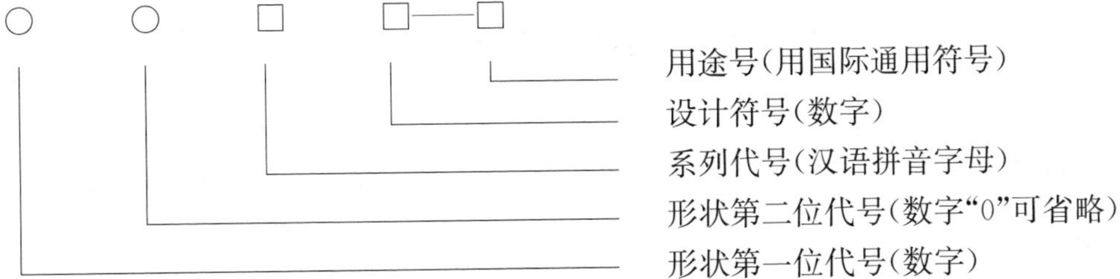

形状第一位代号按仪表面板形状的最大尺寸编制；

形状第二位代号按仪表的外壳尺寸编制；

系列代号按仪表工作原理的系列编制，如磁电系的代号为 C，电磁系的代号为 T，电动系的代号为 D，感应系的代号为 G，整流系的代号为 L，电子系的代号为 Z 等。

(2) 可携带式指示仪表型号的编制规则：由于可携带式不是固定安装在开关板上的，故不需要形状代号，其他编制规则与安装式指示仪表相同。

4. 电工仪表的精确度　电工仪表的精确度的等级，是指在规定的条件下使用时，可能产生的基本误差占满刻度的百分比。

二、常用电工仪表的基本结构

常用电工仪表主要由外壳、标度尺、符号面板、测量线路(简易的仪表没有)、表头、电磁系统、指针、阻尼器、转轴、轴承、游丝、零位调节器等组成(图 5－1)。

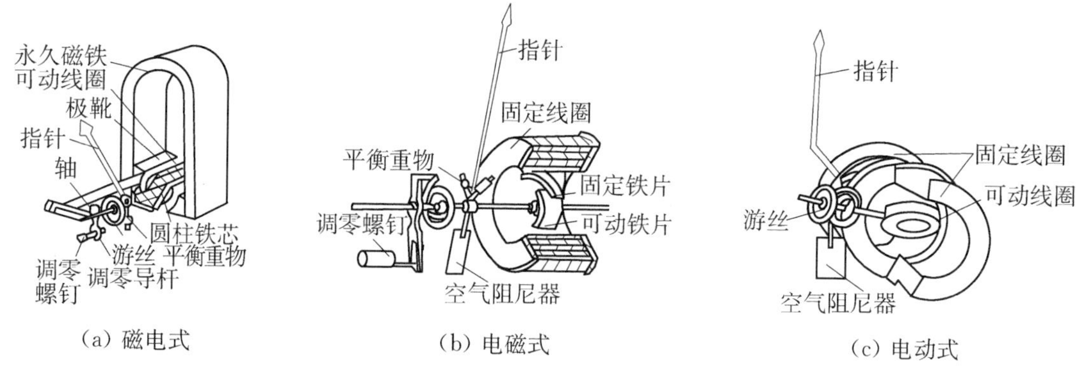

(a) 磁电式 (b) 电磁式 (c) 电动式

图 5－1 常用电工仪表的基本结构

电磁式仪表由固定的线圈,可转动的铁芯及转轴、游丝、指针、机械调零机构等组成。

电动式仪表由固定的线圈,可转动的线圈及转轴、游丝、指针、机械调零机构等组成。

三、常用电工仪表的维护与保养

1. 严格按说明书的要求在温度、湿度、粉尘、振动、电磁场等环境允许的范围保管和使用。
2. 对于长时间存放的仪表,要求定期通电检查和驱除潮气。
3. 对于长时期使用的仪表,应按电气计量的要求,进行必要的检验和校正。
4. 不得随意拆卸、调试仪表。表内装有电池的仪表,应注意检查电池放电的情况,对不能使用的应及时更换。对长期不用的仪表,应取出表内的电池。

第二节 电压表与电流表

测量直流电流和直流电压多采用磁电式仪表。测量交流电流和交流电压多采用电磁系仪表。

一、电压表

电压表用来测量电路中的电压,见图 5－2(a)。单位是伏特,用字母 V 表示,又可称为伏特表。

(a) 电压表

(b) 电流表

图 5－2 电压表电流表

电压表使用方法及注意事项如下:

(1) 测量线路电压时,必须将电压表与被测量电路并联。电压表要求内阻越大越好。如果将电压表串联在电路中测量，串入电路将呈开路状态。

(2) 用直流电压表测量直流电压时，其接线必须使电压表的正极端钮接被测量电路的高电位端；负极端钮接被测量电路的低电位端。

(3) 用交流电压表测量交流电压时，其接线不分极性，只要在测量量程范围内将其并入被测量电路即可。

(4) 用电压表测量电压时，应根据被测量电压的高低、是交流还是直流以及要求准确度来选择电压表的型号、规格和量程。

(5) 如需要电压表扩大量程，直流电压表可串联分压电阻，交流电压表可加装电压互感器。

二、电流表

电流表用来测量电路中的电流，见图 5-2(b)。基本单位安培，用字母 A 表示，又可称为安培表。测量线路电流时，电流表必须串入被测量电路。

电流表使用方法及注意事项如下：

(1) 用直流电流表测量直流电流时，其接线必须使电流表的正极端钮接被测量电路的高电位端；负极端钮接被测量电路的低电位端。

(2) 用交流电流表测量交流电流时，其接线不分极性，只要在测量量程范围内将其串入被测量电路即可。

(3) 使用电流表测量电流时，必须正确选择仪表的量程和精度等级。应在仪表量程允许的范围内测量。

(4) 如需要扩大电流表量程，直流电流表可加大固定线圈线径或采用固定线圈与活动线圈串、并联的方法。交流电流表可加装电流互感器。

三、钳形电流表

1. 钳形电流表是用来测量交流电流的，通常普通电流表在测量电流时需将被测量电路断开，而使用钳形电流表测量电流时，可以在不断开电路的情况下进行。钳形电流表是一种可携带式电工仪表，使用时非常方便(图 5-3)。目前有些钳形电流表还有其他功能，如可以测量电压等。

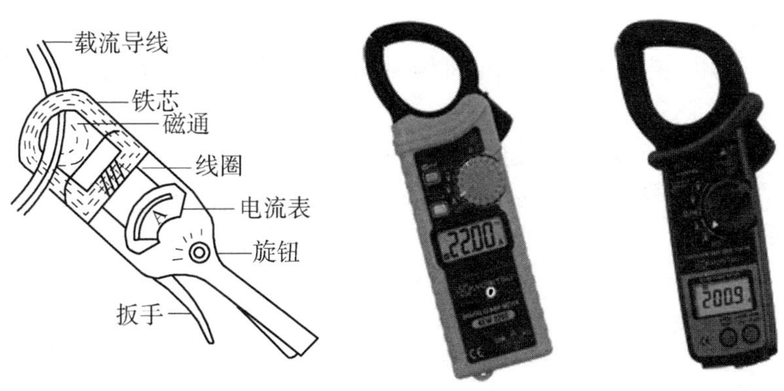

图 5-3　钳形电流表的外形结构

2. 钳形电流表其工作部分主要由电磁式电流表和穿心式电流互感器组成。还有一种交直流两用的钳形电流表。

3. 钳形电流表使用方法及注意事项：

(1) 钳形电流表应保存在干燥的室内，使用前要擦拭干净。使用前弄清楚是交流、直流，还是交直流两用钳形电流表。使用钳形电流表时，应注意钳形电流表的电压等级。测量时戴绝缘手套，站在绝缘垫上，不得触及其他设备，以防短路或接地。

(2) 钳形电流表测量前，应检查钳形电流表指针是否在零位。如果不在零位，应进行机械调零。

(3) 每次只能测量一相导线的电流，被测量导线应置于钳形电流表钳口内中心位置，不可以将多相导线都夹入钳口内测量(假如三相导线同时夹入钳口内测量，矢量和为零)。

(4) 钳形电流表都有量程转换开关，测量前应估计被测量电流的大小，再决定用哪个量程。不可以在测量过程中改变量程。当不知道被测电流的大致数值时，应该先使用较大量程的电流表试测。

(5) 被测量电路电压不能超过钳形电表上所标明的数值，否则容易造成接地事故，或者引起触电危险。

(6) 钳形电流表钳口在测量时闭合要紧密。注意保养，钳口上不能有杂物、油污、锈蚀，不用时应妥善保管。钳形电流表在测量前钳口要分、合几次消除铁芯内的剩磁否则会影响测量结果。

(7) 钳形电流表测量误差较大、精度较低。维修钳形电流表时不要带电操作。

(8) 具有测量电流、测量电压多功能的钳形电流表，电压、电流不可同时测量。

第三节　万　用　表

一、万用表的概述

万用表又称万能表、三用表(图 5－4、图 5－5)，它是一种多功能的，可携带式电工仪表，用以测量交、直流电压、电流，电阻以及其他各种物理量，例如测量三极管的直流放大倍数等，是电工必备的仪表之一。

1. 工作原理　采用磁电系仪表为测量机构，测量电阻时，使用内部电池做电源，应用电压、电流法。

2. 万用表主要由测量机构、测量线路、转换开关三部分组成。

3. 万用表红色表棒应接在标有“＋”号的接线柱上(内部电池为负极)，万用表黑色表棒应接在标有“－”号的接线柱上(内部电池为正极)。数字式仪表的准确度和灵敏度，比一般指示仪表高。数字式万用表功能开关 DCV 表示直流电压，ACV 表示交流电压。

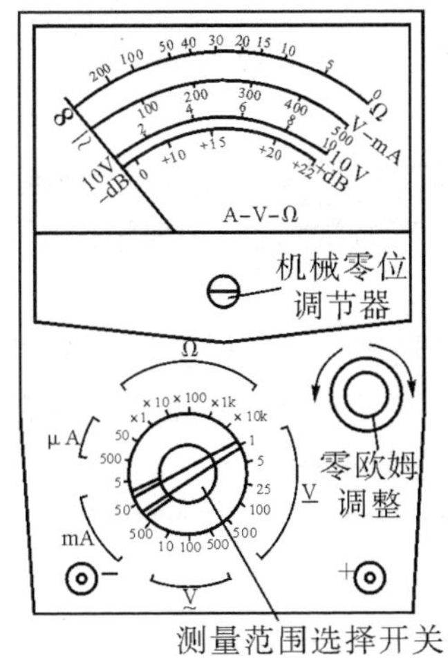

图 5－4　MF30 型万用表的外形结构

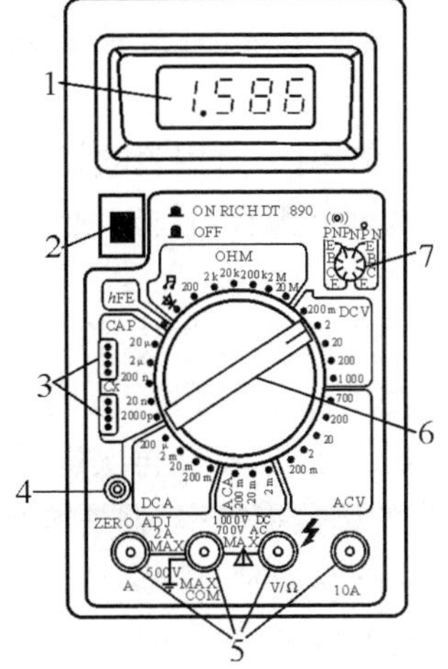

1—显示器；2—开关；3—电容插口；4—电容调零器；5—插孔；6—选择开关；7—hFE 插口

图 5－5　DT890 型数字万用表的面板图

二、万用表使用

1. 熟悉表盘上各符号的意义及各个旋钮和选择开关的主要作用。

2. 选择表棒插孔的位置。测量前要进行机械调零。

3. 根据被测量的种类及大小，选择转换开关的挡位及量程，找出对应的刻度线。

4. 测量电压　万用表测量电压时是通过改变串联附加电阻的阻值来改变测量不同电压的量程。

(1) 测量电压(或电流)时要选择好量程，若用小量程去测量大电压，则会有烧毁仪表的危险；如果用大量程去测量小电压，那么指针偏转太小，无法读数。量程的选择应尽量使指针偏转到满刻度的$\frac{2}{3}$左右。如果事先不清楚被测电压的大小时，应先选择最高量程挡，然后逐渐减小到合适的量程。

(2) 交流电压的测量：将万用表的一个转换开关置于交、直流电压挡，另一个转换开关置于交流电压的合适量程上，万用表两表笔和被测电路或负载并联即可。

(3) 直流电压的测量：将万用表的一个转换开关置于交、直流电压挡，另一个转换开关置于直流电压的合适量程上，且“＋”表笔(红表笔)接到高电位处，“－”表笔(黑表笔)接到低电位处，即让电流从“＋”表笔流入，从“－”表笔流出。若表笔接反，表头指针会反方向偏转，容易撞弯指针。

用数字万用表的直流电压挡，测量直流电压时极性接反，则测出的电压值需取反才是真正电压值。

5. 测量电流　测量直流电流时，将万用表的一个转换开关置于直流电流挡，另一个转换开关置于 50 μA 到 500 mA 的合适量程上，电流的量程选择和读数方法与电压一样。测量时必须先断开电路，然后按照电流从“＋”到“－”的方向，将万用表串联到被测电路中，即电流从红表笔流入，从黑表笔流出。若误将万用表与负载并联，则因表头的内阻很小，会造成短路烧毁仪表。其读数方法为：实际值＝(指示值×量程)/满偏。

6. 测量电阻

(1) 机械调零：在使用之前，应该先调节指针定位螺丝使电流示数为零，避免不必要的误差。

(2) 选择合适的倍率挡：万用表欧姆挡的刻度线是不均匀的，所以倍率挡的选择应使指针停留在刻度线较稀的部分为宜，且指针越接近刻度尺的中间，读数越准确。一般情况下，应使指针指在刻度尺的 1/3～2/3 之间。

(3) 欧姆调零：测量电阻之前，应将 2 个表笔短接，同时调节“欧姆(电气)调零旋钮”，使指针刚好指在欧姆刻度线右边的零位。如果指针不能调到零位，说明电池电压不足或仪表内部有问题。并且每换一次倍率挡，都要再次进行欧姆调零，以保证测量准确。

(4) 读数：表头的读数乘倍率，就是所测电阻的电阻值。

(5) 使用万用表欧姆挡时要特别细心，注意刻度不均匀。

(6) 万用表测量电阻时，如果被测电阻未接入，那么指针指示∞位。

三、万用表使用注意事项

1. 在测电流、电压时，不能带电换量程。

2. 选择量程时，要先选大的，后选小的，尽量使被测值接近于量程。

3. 测电阻时，不能带电测量。因为测量电阻时，万用表由内部电池供电，若带电测量则相当于接入一个额外的电源，可能损坏表头。

4. 用毕，应使转换开关在交流电压最大挡位或空挡上。

5. 注意在电阻挡改换量程时，需要进行欧姆调零，无须机械调零。

6. 使用万用表不准用手触及表棒的金属部分测量电阻。

7. 不得随意拆卸、调试仪表。应注意检查电池放电的情况，对不能使用的应及时更换。

8. 对长期不用表内装有电池的仪表，应取出表内的电池。

9. 万用表测量电流时用并联电阻分流的方法，以扩大量程限度。

10. 万用表测量电压时用串联电阻分压的方法，以扩大量程限度。

11. 使用万用表每换一次倍率挡，必须进行一次调零。

12. 使用万用表测量电压电流，属于带电测量，要十分注意测量种类挡和量程限度挡的选择。

13. 使用万用表测量高电压或大电流时，要注意被测量的极性，测量要有人监护。

14. 用万用表测量二极管

(1) 将万用表置于 $R\times100$ 或 $R\times1$ k 挡用两表笔接触二极管的两端，正反向各测量一次，在电阻较小的一次中黑色表棒(负笔)所接的为阳极，红色表棒(正笔)所接的为阴极。常温下正向电阻为 100 欧到数千欧(应越小越好)，反向电阻约为数百千欧(应越大越好)。要求正反向电阻为几十倍，用此倍数来估判管子的单向导电的性能。

(2) 假如正反向电阻都很小，说明晶体二极管反向短路；假如正反向电阻都是无穷大时，则说明晶体二极管已开路。

(3) 测量晶体二极管时，不得使用万用表的 $R\times1$ 或 $R\times10$ k 挡，否则因电流太大、电压太高导致晶体二极管损坏。

第四节　兆　欧　表

一、兆欧表的概述

兆欧表又称绝缘电阻表，俗称摇表(图 5 - 6～图 5 - 8)。兆欧表主要由手摇直流发电机和磁电式流比计及接线柱“L”“E”和“G”组成。兆欧表摇动后产生的电压，L 端为负极，E 端为正极。

兆欧表应按被测电气设备或线路的电压选用等级。测量额定电压 500 V 以下，应选用 500 V或 1 000 V 的兆欧表；额定电压 500 V 以上应选用 1 000～2 500 V 的兆欧表。

图 5 - 6　CA6503 手摇兆欧表

图 5 - 7　BY2671 系列数字兆欧表

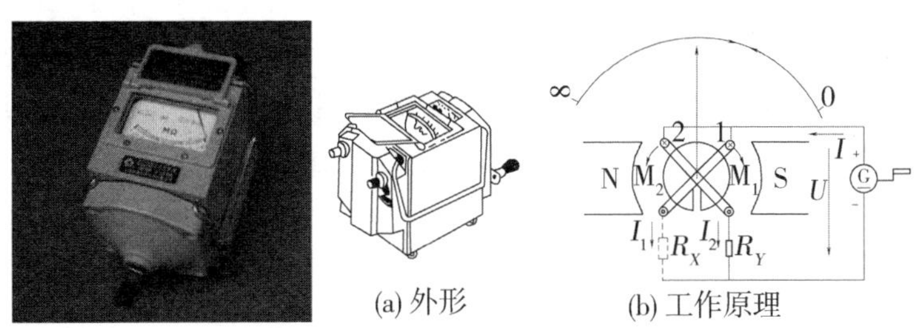

图 5 - 8　兆欧表外形及工作原理

二、兆欧表使用前首先要做好以下准备工作

1. 使用兆欧表时应远离磁场，按放水平位置。

2. 测量前必须将被测设备电源切断，在测量绝缘前后，应将被测设备对地放电。决不允许设备带电进行测量，以保证人身和设备的安全。

3. 对可能感应出高压电的设备，必须消除这种可能性后，才能进行测量。

4. 被测物表面要清洁，减少接触电阻，确保测量结果的正确性。

5. 测量前要检查兆欧表是否处于正常工作状态，主要检查其“0”和“∞”两点。即摇动手柄，使发电机达到额定转速，兆欧表在短路时应指在“0”位置，开路时应指在“∞”位置。

6. 兆欧表使用时应放在平稳、牢固的地方，且远离大的外电流导体和外磁场。测量做好上述准备工作后就可以进行测量了。

7. 在测量时，还要注意兆欧表的正确接线，否则将引起不必要的误差甚至错误。兆欧表的接线柱共有三个：一个为“L”即线端，一个“E”即为地端，再一个“G”即屏蔽端(也叫保护环)。一般被测绝缘电阻都接在“L”“E”端之间，但当被测绝缘体表面漏电严重时，必须将被测物的屏蔽环或不需测量的部分与“G”端相连接。这样漏电流就经由屏蔽端“G”直接流回发电机的负端形成回路，而不在流过兆欧表的测量机构(动圈)。这样就从根本上消除了表面漏电流的影响，特别应该注意的是测量电缆线芯和外表之间的绝缘电阻时，一定要接好屏蔽端钮“G”，因为当空气湿度大或电缆绝缘表面又不干净时，其表面的漏电流将很大，为防止被测物因漏电而对其内部绝缘测量所造成的影响，一般在电缆外表加一个金属屏蔽环，与兆欧表的“G”端相连。

8. 当用兆欧表测电器设备的绝缘电阻时，一定要注意“L”和“E”端不能接反，正确的接法是：“L”线端钮接被测设备导体，“E”地端钮接地的设备外壳，“G”屏蔽端接被测设备的绝缘部分。见图 5 - 9。

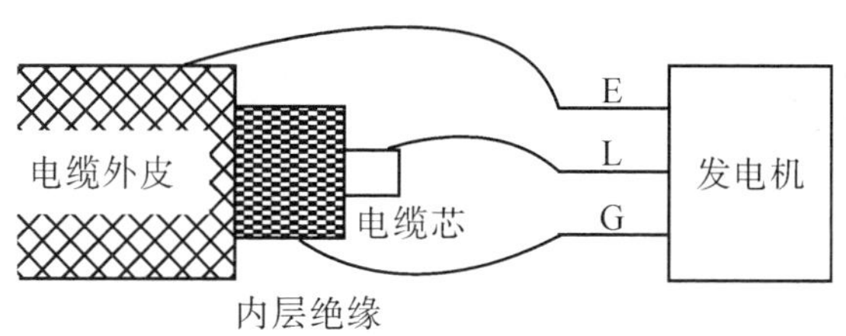

图 5 - 9　兆欧表测量电缆接线方法

如果将“L”和“E”接反了，流过绝缘体内及表面的漏电流经外壳汇集到地，由地经“L”流进测量线圈，使“G”失去屏蔽作用而给测量带来很大误差。另外，因为“E”端内部引线同外壳的绝缘程度比“L”端与外壳的绝缘程度要低。当兆欧表放在地上使用时，采用正确接线方式时，“E”端对仪表外壳和外壳对地的绝缘电阻，相当于短路，不会造成误差，而当“L”与“E”接反时，“E”对地的绝缘电阻同被测绝缘电阻并联，而使测量结果偏小，给测量带来较大误差。

要想准确地测量出电气设备等的绝缘电阻，必须对兆欧表进行正确的使用，否则，将失去了测量的准确性和可靠性。

三、兆欧表的使用方法及要求

1. 测量前，应将兆欧表保持水平位置，左手按住表身，右手摇动兆欧表摇柄，按顺时针方向转动摇手柄，转速约 120 r/min，指针应指向∞，否则说明兆欧表有故障。

2. 测量前，应切断被测电器及回路的电源，并对相关元件进行临时接地放电，以保证人身的安全和测量结果准确。

3. 测量时必须正确接线，兆欧表共有 3 个接线端(L、E、G)。

4. 兆欧表接线柱引出的测量软线绝缘应良好，两根导线之间和导线与地之间应保持适当距离，以免影响测量精度。

5. 在测定特高电阻时，保护环应接于被测两端之间最内层的绝缘层上，以消除因漏电而引起的读数误差。

6. 摇动兆欧表时，不能用手接触兆欧表的接线柱和被测回路，以防触电。

7. 摇动兆欧表后，各接线柱之间不能短接，以免损坏。

8. 24 V低压电路，正极对地之间的绝缘阻值为 20 MΩ，负极对地之间的绝缘电阻为 50 MΩ 是正常的。

9. 兆欧表在工作时，自身产生高电压，而测量对象又是电气设备，所以必须正确使用，否则就会造成人身或设备事故。

10. 摇表测量绝缘电阻时，摇动手柄的转速应保持在 120 r/min，直至表针稳定时读出数据，读数即为绝缘电阻值。

11. 测量电容器绝缘电阻读数完毕后，正确做法是取下测试线，然后停止摇动摇把。

12. 雷电时，禁止测量线路绝缘。

13. 吸收比测量：摇表测量大容量的吸收比，直流电压作用在电介质上，60 s 电压与电流的比值称 R_{60s}；直流电压作用在电解质上 15 s 电压与电流的比值称 R_{15s}；吸收比等于$\frac{R_{60s}}{R_{15s}}$，通常良好的绝缘吸收比应大于等于 1.3，用吸收比反映绝缘受潮的程度。

第五节　接地电阻测量仪

接地电阻测量仪又名接地摇表，主要由手摇发电机、电流互感器、电位器以及检流计组成。它用于测量电气系统接地装置的接地电阻和土壤阻率。接地电阻测量仪用 120 r/min 的速度摇动摇把时，表内能发出 110～115 Hz、100 V 左右的交流电压。

一、接地电阻测量仪类型

TE1501 数字式接地电阻测量仪、ETCR2000 钳形接地电阻测量仪，分别见图 5－10、图 5－11。

1. TE1501 数字式接地电阻测量仪特点

(1) LED 大字屏数字显示，读数方便。

(2) 具有抗地电压干扰能力。

(3) 辅助接地电阻小于 10 kΩ 对测试没有影响。

(4) 接地测试回路开路时，能给出提示信号。

(5) 电池供电，欠压指示。

图 5－10　TE1501 数字式接地电阻测量仪

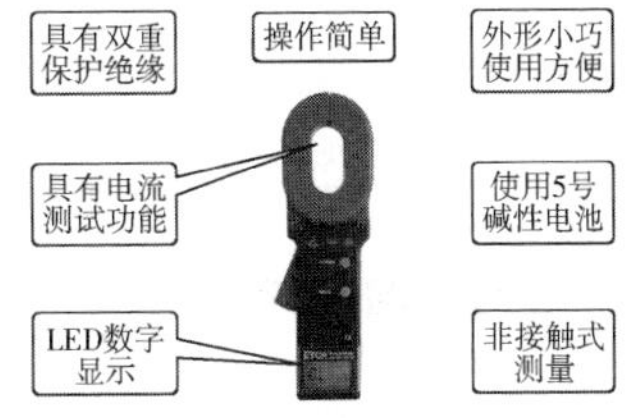

图 5－11　ETCR2000 钳形接地电阻测量仪

2. ETCR2000 钳形接地电阻测量仪特点

(1) 适用于各种形式的接地引线(圆钢、扁钢、角钢)。

(2) 非接触式测量接地电阻，安全快速。

(3) 不必使用辅助接地棒，不需要中断带测设备的接地。

(4) 具有双重保护绝缘。

(5) 抗干扰、抗污染性能强,测量准确度高。

(6) 使用5号碱性电池,方便用户。

(7) 备有5.1 Ω测试环,可随时检测钳表的准确度。

3. 最常用的接地电阻测量仪　最常用的接地电阻测量仪接线及实物见图5-12。

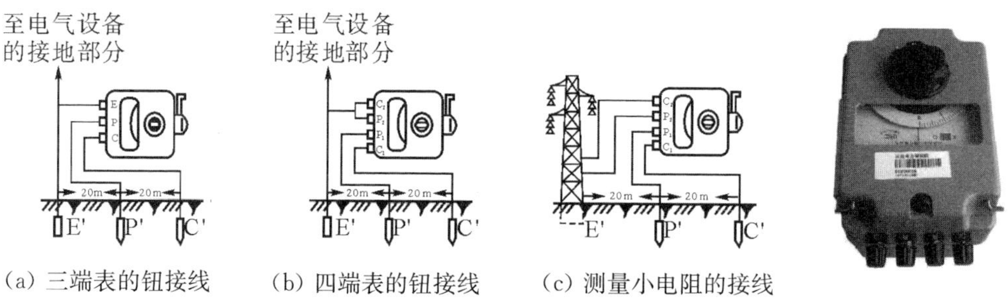

(a) 三端表的钮接线　(b) 四端表的钮接线　(c) 测量小电阻的接线

图5-12　最常用的接地电阻测量仪接线及实物

二、接地电阻测量仪的使用方法

1. 将一根最短的连接线连接测量仪的接线端子E和接地装置的接地体(图5-12)。

2. 将一根最长的连接线连接测量仪的接线端子O和一根电流探针插在离接地体40 m远的接地棒,接地棒插入地下400 mm。

3. 将一根较短的连接线连接测量仪的两个已并联接线端子P-P和一根电位探针插在离接地体20 m的地下。

4. 用接地电阻测量仪,以120 r/min的速度均匀摇动摇柄,当表针偏斜时,随即调节细调拨盘,直至表针稳定下来为止。以细调拨盘调定后的读数乘粗调定位的倍数,即是被测量接地体的接地电阻。

5. 使用接地电阻测量仪时,为了保证测得的接地电阻值准确可靠,应在测试后移动两根接地棒,换一个方向进行复测。

6. 接地电阻测量仪属于比较式仪表。如果被测的接地电阻小于1 Ω,应使用四端钮的接地电阻测量仪。

第六节　电　能　表

一、电能表的概述

电能表过去又称电度表,是用来计量电能(用电量)的电工仪表。电能表属于感应式仪表。

二、电能表的分类

1. 按结构和工作原理的不同分为:感应式(机械式)、静止式(电子式)和机电一体式(混合式)。

2. 按其接入电源的性质可分为:交流电能表和直流电能表。

3. 按表计的安装接线方式可分为：直接接入式和间接接入式(经互感器接入式)；其中，又有单相、三相三线、三相四线电能表之分。

4. 根据计量对象的不同又分为：有功电能表、无功电能表、最大需量表、分时记度电能表、多功能电能表。

(1) 有功电能，其测量结果一般表示为：

$$W_P = UI\cos\varphi t$$

式中：W_P——有功电能量；

U、I——交流电路的电压和电流的有效值；

φ——电压和电流之间的相位角；

$\cos\varphi$——负载功率因数；

t——所测电能的累计时间。

(2) 测量无功电能的仪表，多用于计量发电厂生产及用电户与电力系统交换的无功电能，测量结果为：

$$W_Q = UI\sin\varphi t$$

式中：W_Q——无功电能量；

$\sin\varphi$——无功功率因数。

(3) 最大需量表：一般由有功电能表和最大需量指示器两部分组成，除测量有功电量外，在指定的时间区间内还能指示需量周期内测得的平均有功功率最大值，主要用于执行两部制电价的用电计量。

三、单相电能表

单相电能表主要有一个可转动的铝盘和分别绕在不同铁芯上的一个电压线圈和一个电流线圈组成(图 5-13)。

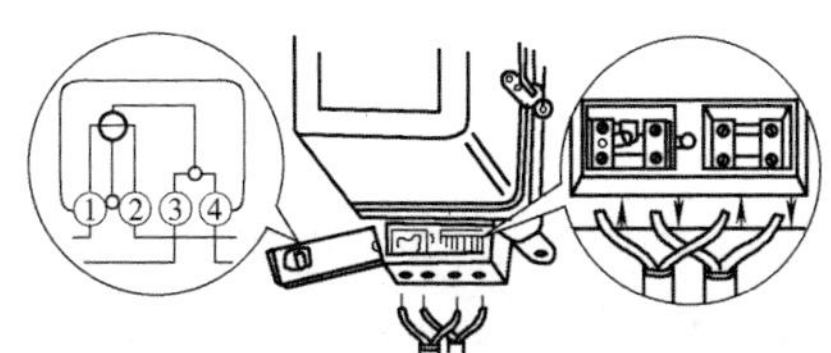

图 5-13　单相电能表的安装接线

四、三相有功电能表

1. 常用直接式三相三线制电能表规格　常用直接式三相三线制电能表的接线图，见图 5-14。其规格如下：① 10 A、20 A；② 30 A、50 A；③ 75 A；④ 100 A。

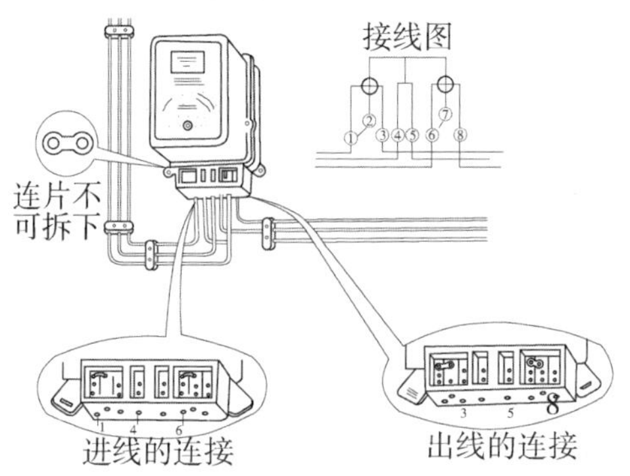

图 5-14　直接式三相三线制电能表的接线图

2. 三相三线制和三相四线制电能表带互感器接入　三相三线制及三相四线制电能表间接接线图分别见图 5-15、图 5-16。

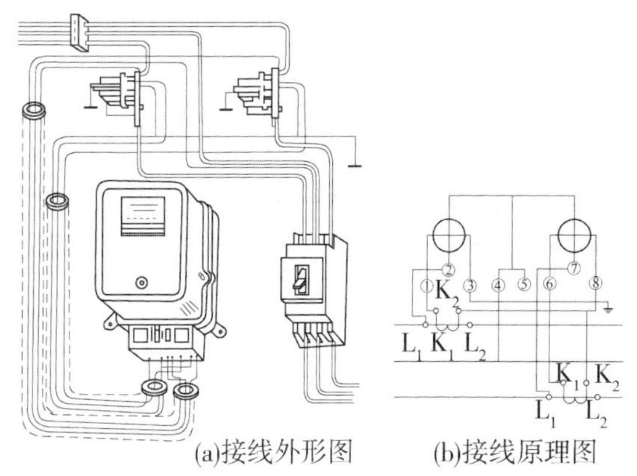

图 5-15　三相三线制电能表间接接线图

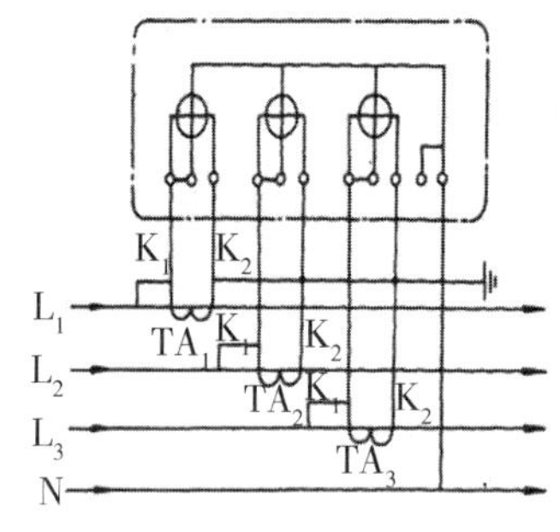

图 5-16　三相四线制电能表间接接线图

五、电能表使用

1. 选择电能表应注意电能表的额定电压、额定电流。

2. 电能表应垂直安装，表箱底部与地面垂直距离一般为 1.8 m。

3. 接入、接出电能表都必须用铜芯绝缘线，不准用铝线，导线不准有接头。

4. 三相电能表应按正相序接线，经电流互感器接线接入，极性必须正确。电压应采用截面积为 1.5 mm^2 铜芯绝缘线，电流应采用截面积为 2.5 mm^2 铜芯绝缘线。

第七节　电　　桥

一、电桥（比较仪器）

电桥用于比较法测量中，包括直流比较仪器、交流比较仪器两种。

二、电桥种类

1. 直流比较仪器有直流电桥、电位差计、标准电阻、标准电池等。

2. 交流比较仪器有交流电桥、标准电感、标准电容等。

(1) 适用于测量电阻 $1\sim10^8\ \Omega$ 的精密仪器是直流单臂电桥(又称惠斯登电桥)。

(2) 适用于测量电阻 $10^{-5}\sim1\ \Omega$ 的精密仪器是直流双臂电桥(又称凯尔文电桥)。实物见图 5－17。

三、简介直流单臂电桥(又称惠斯登电桥)

直流单臂电桥电路示意图,见图 5－18 所示。其中:

1. 图中 R_x 为被测电阻。

2. R_2、R_3、R_4、R_x 连接成四边形桥式电路。

3. 四个支路 ac、bc、bd、ad 称为桥臂。

4. 从 a、b 端经按钮开关 S_E 接入直流电源。

5. 从 c、d 端经按钮开关 S_G 接入检流计 G 作为指零仪。

6. 按钮开关 S_E 接通后,调节三个标准电阻 R_2、R_3、R_4 的阻值,使检流计 G 指零,电桥达到平衡。此时 $I_G=0$,c 端、d 端电位相等。

这样 $U_{ac}=U_{ad}$　　　$U_{bc}=U_{bd}$

$I_xR_x=I_4R_4$　　　$I_2R_2=I_3R_3$

将两式相除得:$I_xR_x\div I_2R_2=I_4R_4\div I_3R_3$

由于 $I_G=0$,所以 $I_x=R_2$　$R_4=R_G$　代入上式 $R_x=(R_4\div R_3)\times R_2$

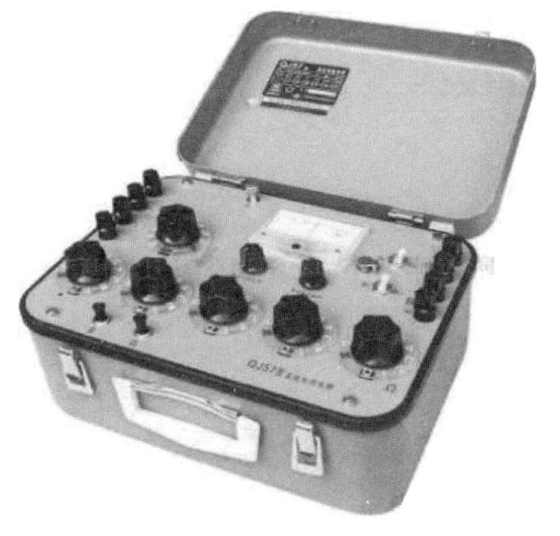

图 5－17　直流双臂电桥

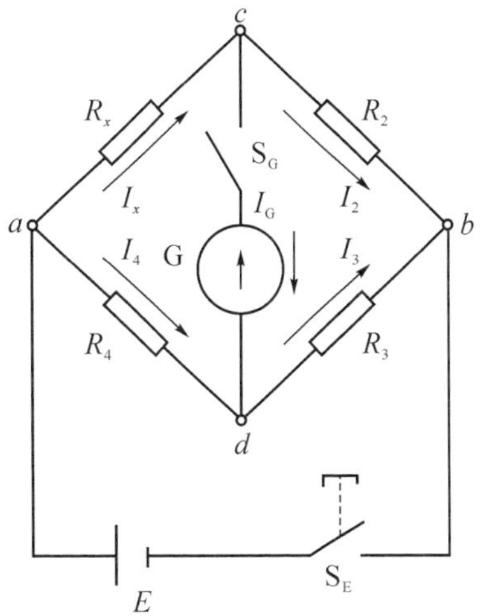

图 5－18　直流单臂电桥电路示意图

四、使用直流单臂电桥的步骤

1. 首先将检流计锁打开,调节机械调零旋钮,使指针位于零位。

2. 将被测电阻 R_x 接在接线端钮上，根据 R_x 的阻值范围选择合适的比较臂倍率，使比较臂四组电阻都用上。

3. 调节平衡时，先按电源按钮 S_E，再按检流计按钮 S_G，以防被测对象产生感应电动势而损坏检流计。

4. 按下按钮后若指针向正侧偏转，应增大比较臂电阻；若指针向负侧偏转，应减小。调平衡过程不可将比较臂电阻旋钮按死，待调到电桥（接）近平衡时才可以按死（定）检流计按钮进行细调，否则检流计指针可能因为猛烈碰撞（撞击）而损坏。

5. 假如使用外接电源，其电压按规定选择。电压过高会损坏桥臂电阻，电压过低会降低灵敏度。假如使用外接检流计，应将内附的检流计用短路片短接，将外接检流计接在外接端钮上。

五、使用直流单臂电桥的注意事项

1. 接线要注意极性，线头必须拧紧。

2. 测量电容设备时，在测量前必须进行放电 3 min。

3. 温度对电阻的测量影响很大，应记录被测设备的温度。

4. 精密测量除选择较高一级的电桥外，测量应改变电源的极性，作正、反两次测量求平均值。

5. 测量结束，应锁上检流计锁扣，以免受震动而损坏。

第六章 安全标志及电气安全用具

安全标志是由安全色、几何图形、图形符号组成。安全标志是提示人们识别、警惕危险因素，对防止人们偶然触及或过分接近带电体而触电具有重要作用。安全标志的要求标准统一，符合习惯便于管理。

电气安全用具是保证操作者安全地进行电气工作时必不可少的工具。电气安全用具包括绝缘安全用具和一般防护用具。

第一节 安全标志

一、安全色

1. 安全色是表达安全信息含义的颜色，表示禁止、警告、指令、提示等。国家规定的安全色有红、蓝、黄、绿四种颜色。红色表示禁止、停止；蓝色表示指令、必须遵守的规定；黄色表示警告、注意；绿色表示指示、安全状态、通行。为使安全色更加醒目的反衬色叫对比色。国家规定的对比色是黑、白两种颜色。安全色与其对应的对比色是：红—白、黄—黑、蓝—白、绿—白。黑色用于安全标志的文字、图形符号和警告标志的几何图形。白色作为安全标志红、蓝、绿色的背景色，也可用于安全标志的文字和图形符号。见表 6－1。

表 6－1 安全色标的意义

色标	含义	举例
红	禁止、停止、消防	停止按钮、禁止合闸
黄	警告、注意	当心触电
绿	安全、通过、允许、工作	在此工作、已接地
蓝	指令、必须遵守、强制执行	必须戴安全帽
黑	警告、注意	文字、图形、符号
白	背景色	红、蓝、绿背景色

2. 在电气上用黄、绿、红三色分别代表 L_1、L_2、L_3 三个相序；配电室内，母线涂有色油漆，可以区分相序、防腐；以柜正面方向为基准，其母线涂色符合下列标准的规定如下：见表 6－2、表 6－3。

表 6-2　交流三相系统及直流系统中裸导线涂色

系统	交流三相系统					直流系统	
母线	L_1	L_2	L_3	N 线及 PEN 线	PE 线	正极	负极
字母	A	B	C	N　PEN	PE	L^+	L^-
涂色	黄	绿	红	淡蓝	黄绿/双色线	褚	蓝

表 6-3　按母线排列方式要求标志颜色

相别	颜色	垂直排列	水平排列	引下排列
L_1(A)	黄	上	后	左
L_2(B)	绿	中	中	中
L_3(C)	红	下	前	右
N	淡蓝	淡蓝	淡蓝	淡蓝

(1) 涂成红色的电器外壳是表示其外壳有电。

(2) 电气设备的金属外壳涂有灰色表示正常情况下不带电，故障情况下可能带电，必须接地或接零保护。保护线(保护接零或保护接地)颜色应按标准采用黄/绿双色线。

(3) 接地线应涂漆以示明显标示。其颜色一般规定是：黑色为保护接地；紫色底黑色条为接地中性线(每隔 15 cm 涂一黑色条，条宽 1～1.5 cm)。

(4) 系统中，中性线不接地涂紫色；系统中，中性线接地涂黑色。

(5) 明设的接地母线、零线母线均为黑色；明敷接地扁铁或圆钢涂黑色。

(6) 直流电用棕色代表正极，蓝色代表负极。信号和警告回路用白色。

(7) 变配电所设置模拟图版的绘制，依照系统电压等级的不同，对不同电压等级的设备颜色(按国家标准)应有区别如表 6-4 所示。

表 6-4　常用模拟图版母线标志颜色(电压 kV)

交流 0.23 kV	交流 0.40 kV	交流 3 kV	交流 6 kV	交流 10 kV	交流 35 kV	交流 110 kV	直流
深灰	黄褐	深绿	深蓝	绛红	浅黄	朱红	褐

二、安全标志

标示牌的作用是警告工作人员不得接近设备的带电部分，提醒工作人员在工作地点采取安全措施，以及禁止向某设备合闸送电等。

1. 安全标志是提醒人员注意或按标志上注明的要求去执行，保障人身和设施安全的重要措施。安全标志的标准要求统一或符合习惯便于管理。电工专用的安全牌通常称为标示牌。

2. 安全标示牌一般设置在光线充足、醒目、稍高于视线的地方。见图 6-1。

图 6-1　部分标示牌样式

3. 对于隐蔽工程(如埋地电缆),在地面上要有标志桩或依靠永久性建筑挂标示牌,注明工程位置。

4. 对于容易被人忽视的电气部位,如封闭的架线槽、设备上的电气盒,要画上电气箭头。

5. 另外在电气工作中还常用标示牌,以提醒工作人员不得接近带电部分、不得随意改变刀闸的位置等。

6. 移动使用的标示牌要用硬质绝缘材料制成。上面有明显标志,并应根据规定使用(表 6-5)。

表 6-5　标示牌式样

名称	悬挂处	式样		
		尺寸/mm	颜色	字样
禁止合闸,有人工作!	一经合闸即可送电到施工设备的断路器(开关)和隔离开关(刀闸)操作把手上	200×160和80×65	白底,红色圆形斜杠,黑色禁止标志符号	黑字
禁止合闸,线路有人工作!	线路断路器(开关)和隔离开关(刀闸)把手上	200×160和80×65	白底,红色圆形斜杠,黑色禁止标志符号	黑字
禁止分闸!	接地刀闸与检修设备之间的断路器(开关)操作把手上	200×160和80×65	白底,红色圆形斜杠,黑色禁止标志符号	黑字
在此工作!	工作地点或检修设备上	250×250和80×80	衬底为绿色,中有直径200 mm和65 mm白圆圈	黑字,写于白圆圈中
止步,高压危险!	施工地点临近带电设备的遮栏上;室外工作地点的围栏上;禁止通行的过道上;高压试验地点;室外构架上;工作地点临近带电设备的横梁上	300×240和200×160	白底,黑色正三角形及标志符号,衬底为黄色	黑字
从此上下!	工作人员可以上下的铁架、爬梯上	250×250	衬底为绿色,中有直径200 mm白圆圈	黑字,写于白圆圈中
从此进出!	室外工作地点围栏的出入口处	250×250	衬底为绿色,中有直径200 mm白圆圈	黑体黑字,写于白圆圈中
禁止攀登,高压危险!	高压配电装置构架的爬梯上,变压器、电抗器等设备的爬梯上	500×400和200×160	白底,红色圆形斜杠,黑色禁止标志符号	黑字

注:1. 在计算机显示屏上一经合闸即可送电到工作地点的断路器(开关)和隔离开关(刀闸)的操作把手处所设置的“**禁止合闸,有人工作!**”“**禁止合闸,线路有人工作!**”和“**禁止分闸**”的标记,可参照上表中有关标示牌的式样。

2. 标示牌式样标准从 2009 年 8 月 1 日起执行。

第二节　电气安全用具

一、电气安全用具

1. 绝缘安全用具的分类　绝缘安全用具分为两种：基本绝缘安全用具、辅助绝缘安全用具。

(1) 基本绝缘安全用具：绝缘强度足以抵抗电气设备运行电压的安全用具称为基本绝缘安全用具。

高压设备的基本绝缘安全用具有绝缘棒、绝缘夹钳和高压验电笔等。低压设备的基本绝缘安全用具有绝缘手套、装有绝缘柄的工具和低压验电笔(验电器)等。

(2) 辅助绝缘安全用具：本身的绝缘强度不足以抵抗电气设备运行电压的，称为辅助绝缘安全用具。低压电工作业的绝缘鞋、绝缘靴、绝缘台等为辅助绝缘安全用具。

2. 检修安全工具　检修安全工具是在停电检修作业中用以保证人身安全的用具。它包括临时接地线、标示牌、临时遮栏登高安全工具、电工安全带等。

3. 一般防护用具　一般防护用具包括护目镜、帆布手套、安全帽等。

二、验电器

1. 高压验电器　高压验电器的实物图见图 6 - 2。

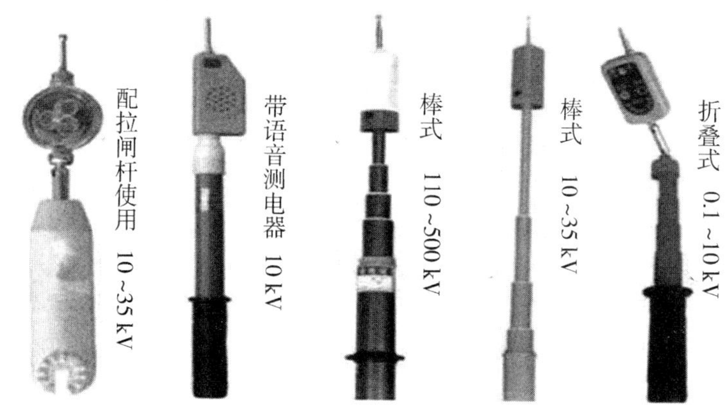

图 6 - 2　高压验电器

(1) 在停电线路工作地段装接地线前，应先验电，验明线路确无电压。验电时，应使用相应电压等级、合格的接触式验电器。

(2) 验电前及验电后应在有电设备上进行试验，确认验电器良好；如无法在有电设备上进行试验时，可用工频高压发生器等确证验电器良好。如果在木杆、木梯或木架上验电，不接地不能指示时，可在验电器绝缘杆尾部接上接地线，但应经运行值班负责人或工作负责人许可。验电时人体应与被验电设备保持规定的距离，验电时必须戴绝缘手套，要穿绝缘鞋(靴)，验电时必须有人监护。使用伸缩式验电器时应保证绝缘的有效长度，手不得超过隔离环。

(3) 对无法进行直接验电的设备、高压直流输电设备和雨雪天气时的户外设备，可以进行间接验电。即通过设备的机械指示位置、电气指示、带电显示装置、仪表及各种遥测、遥信等信号的变化来判断。判断时，应有两个及以上的指示，且所有指示均已同时发生对应变化，才能确认该设备已无电；若进行遥控操作，则应同时检查隔离开关(刀闸)的状态指示、遥测、遥控信号及带电显示装置的指示进行间接验电。

(4) 对同杆塔架设的多层电力线路进行验电时，应先验低压、后验高压，先验下层、后验上层，先验近侧、后验远侧。禁止工作人员穿越未经验电、接地的 10 kV 及以下线路对上层线路进行验电。

验电时，不能将一相无电作为三相无电的依据，线路的验电应逐相(直流线路逐极)进行。检修联络用的断路器(开关)、隔离开关(刀闸)或其组合时，应在其两侧验电。

当验明线路或设备确已无电压后，应立即将检修线路或设备三相短路并接地。

高压验电器一般每一年进行一次绝缘试验。

2. 低压验电器　低压验电器就是常用的低压验电笔，见图 6-38。

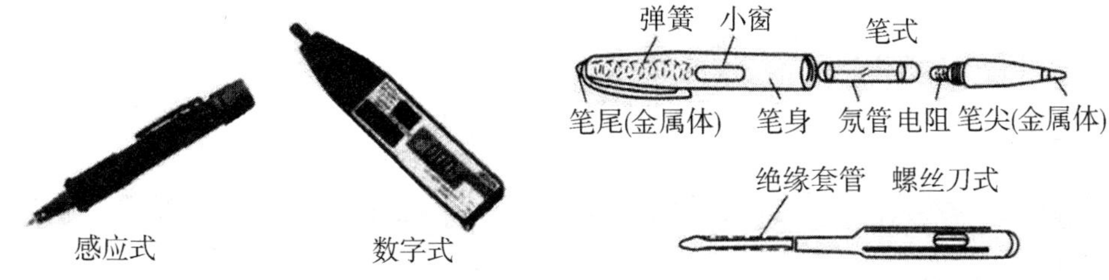

图 6-3　低压验电笔

低压验电笔是低压电工作业人员判断被检修的设备或线路是否带电的重要的测试用具。低压验电器有感应式、数字式验电笔。

低压验电器有下列几个方面的用途：

(1) 可以用来检查、判断低压电气设备或线路是否带电。

(2) 可以区分火线(相线)和零线(中性线、地线)。

(3) 可以区分交流和直流。

(4) 能判断电压的高低。

(5) 低压验电器测量范围为 60～500 V。

低压验电器使用时，必须在有电的设备上测试其好坏。

三、绝缘操作杆

1. 绝缘操作杆又称令克棒、绝缘操作棒、绝缘棒等，由工作部分、绝缘部分、手握部分组成(图 6-4)。

绝缘棒在拉开或闭合高压隔离开关和跌落式熔断器，装拆携带式接地线，以及辅助测量和试验时使用等。

图 6-4 绝缘操作杆(令克棒)

2. 绝缘棒使用安全注意事项

(1) 绝缘棒应按规定进行定期绝缘试验,必须在有效期之内使用。

(2) 绝缘棒的型号、规格(电压等级)必须符合规定,长度不宜过长。决不可以任意取用。

(3) 操作前绝缘棒表面应用干布擦净,使其棒表面干燥、清洁,要注意防止碰撞以免损坏表面的绝缘层。

(4) 操作时应戴绝缘手套、穿绝缘鞋或绝缘靴。

(5) 绝缘棒工作部分一般用金属制成,其长度较短,一般长度为 5~8 cm,过长的话容易引起操作时相间或接地短路。

(6) 操作时手握部分不得超过隔离环。

(7) 下雨、下雪或潮湿的天气室外使用绝缘棒时棒上应有防雨的伞形罩,伞形罩下部分保持干燥。

(8) 绝缘棒应存放在特制的架子上或垂直悬挂在专用挂架上,以防止弯曲。

四、携带式临时接地线

在停电的线路和设备上作业,悬挂临时接地线是为防止突然来电所采取的三相短路并接地的安全措施。在低压三相四线,零线上也必须装设临时接地线(图 6-5)。

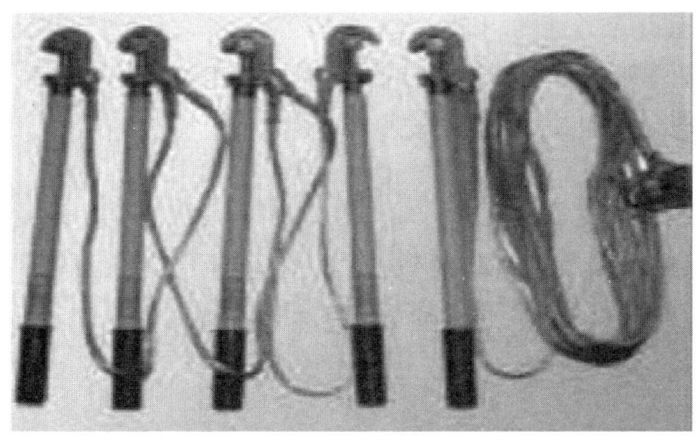

图 6-5 携带式临时接地线

1. 装设接地线应由两人进行。

2. 成套接地线应用有透明护套的多股软铜线,其截面积不得小于 25 mm^2,同时应满足装设地点短路电流的要求。

3. 装设接地线应先接接地端,后接导体端,接地线应接触良好,连接应可靠。拆接地线的顺序与此相反。装、拆接地线均应使用绝缘棒和戴绝缘手套。人体不得碰触接地线或未接地的导线，以防止触电，禁止用缠绕的方法挂接地线（详见第四章）。

实验证明，接地线对保证人身安全十分重要，现场工作人员常称携带式接地线为“保命线”。

五、绝缘手套

1. 绝缘手套　绝缘手套见图 6－6。

戴绝缘手套可以避免接触电压或感应电压的伤害，它是一种低压的基本绝缘安全用具。使用绝缘手套可以在低压设备上进行带电作业。

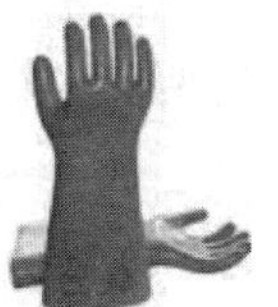

图 6－6　绝缘手套

2. 绝缘手套的使用

（1）首先要根据作业场所电压的高低，正确选用符合电压等级的绝缘手套。

（2）绝缘手套每次使用前必须进行认真的检查，是否在试验有效期之内，是否清洁、干燥、有无磨损、划痕、老化、有无孔洞、是否漏气。

（3）使用前必须进行试验，发现漏气不能使用。使用时应将袖口套入手套筒口内防止发生意外。

（4）绝缘手套每半年试验一次。使用后要妥善保管，不能与金属的器件放在一起，不得与油脂接触，绝缘手套应存放在通风、阴凉的专用柜子里，适当撒些滑石粉。

六、绝缘鞋（绝缘靴）

1. 绝缘鞋（绝缘靴）　绝缘鞋（绝缘靴）示意图，见图 6－7。

绝缘鞋（绝缘靴）是电工必备的个人安全防护用品，可防止跨步电压的伤害，与绝缘手套配合使用，可防止接触电压的伤害。

图 6－7　绝缘鞋、靴

2. 绝缘鞋（绝缘靴）使用

（1）首先要根据作业场所电压的高低，正确选用符合电压等级的绝缘鞋。

（2）无论是穿低压或高压绝缘鞋（绝缘靴），都不准用手接触带电导体。

（3）绝缘鞋（绝缘靴）不可有破损。

(4) 穿绝缘靴应将裤脚套入靴筒内,绝缘靴雨天不可作为套鞋使用。

(5) 绝缘鞋(绝缘靴)每半年试验一次,使用后要妥善保管。

(6) 绝缘鞋(绝缘靴)要放在柜子内,并应与其他工具分开放置。

七、绝缘垫及绝缘台

绝缘垫及绝缘台由橡胶和木板(木条)制成。一般铺在配电所的地面上,以便倒闸操作时增强操作人员对地绝缘,防止跨步电压对操作人员的伤害。

(1) 对使用中的绝缘垫应保持经常性的清洁、干燥、没有油污、灰尘,还要防止破损。

(2) 对使用中的绝缘垫应每两年进行一次交流耐压和泄漏试验。

八、绝缘夹钳

1. 绝缘夹钳是在带电的情况下,用来安装和拆卸熔断器或执行其他类似工作的工具,在35 kV及以下的电力系统中,绝缘夹钳为基本的安全用具之一。

2. 绝缘夹钳由工作部分、绝缘部分和手握部分组成(图6-8)。

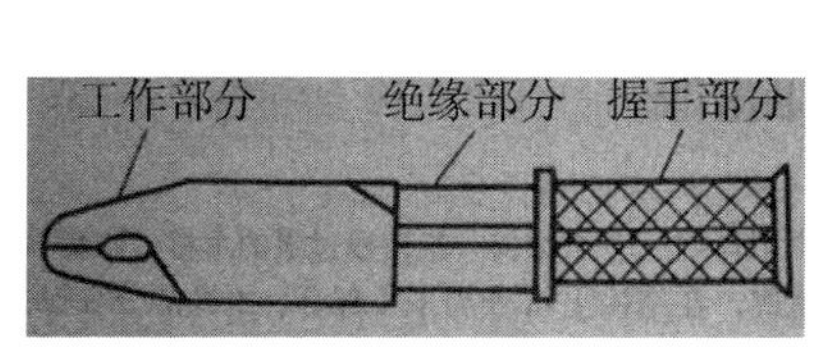

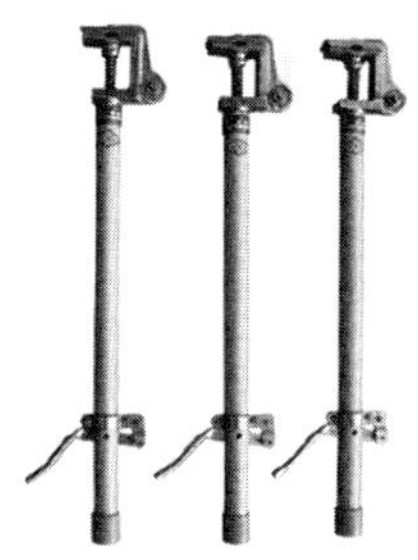

图6-8 绝缘夹钳

3. 使用时必须注意

(1) 绝缘夹钳必须具备足够的机械强度和合格的绝缘性能。

(2) 绝缘夹钳应保持清洁、干燥。按规定进行定期试验,试验周期为一年。

(3) 操作前必须切断电源。操作时应戴护目镜、绝缘手套,穿绝缘鞋(绝缘靴)或站在绝缘垫上。

九、防护眼镜

电工防护眼镜是电工必备的防护用品,用来防止电弧、防光辐射、防紫外线和红外线对电工眼睛的伤害。

十、绝缘安全工器具试验项目、周期和要求

绝缘安全工器具试验项目、周期和要求,见表6-6。

表 6-6 绝缘安全工器具试验项目、周期和要求

<table>
<tr><th>序号</th><th>器具</th><th>项目</th><th>周期</th><th colspan="4">要求</th><th>说明</th></tr>
<tr><td rowspan="10">1</td><td rowspan="10">携带式短路接地线</td><td>A. 成组直流电阻试验</td><td>不超过5年</td><td colspan="4">在各接线鼻之间测量直流电阻，对于 25 mm^2、35 mm^2、50 mm^2、70 mm^2、95 mm^2、120 mm^2 的各种截面，平均每米的电阻值应分别小于0.79 mΩ、0.56 mΩ、0.40 mΩ、0.28 mΩ、0.21 mΩ、0.16 mΩ</td><td>同一批次抽测，不少于 2 条，接线鼻与软导线压接的应做该试验</td></tr>
<tr><td rowspan="9">B. 操作棒的工频耐压试验</td><td rowspan="9">5 年</td><td rowspan="2">额定电压/kV</td><td rowspan="2">试验长度/m</td><td colspan="2">工频耐压/kV</td><td rowspan="9">试验电压加在护环与紧固头之间</td></tr>
<tr><td>1 min</td><td>5 min</td></tr>
<tr><td>10</td><td>—</td><td>45</td><td>—</td></tr>
<tr><td>35</td><td>—</td><td>95</td><td>—</td></tr>
<tr><td>63</td><td>—</td><td>175</td><td>—</td></tr>
<tr><td>110</td><td>—</td><td>220</td><td>—</td></tr>
<tr><td>220</td><td>—</td><td>440</td><td>—</td></tr>
<tr><td>330</td><td>—</td><td>—</td><td>380</td></tr>
<tr><td>500</td><td>—</td><td>—</td><td>580</td></tr>
<tr><td>2</td><td>个人保安线</td><td>成组直流电阻试验</td><td>不超过5年</td><td colspan="4">在各接线鼻之间测量直流电阻，对于 10 mm^2、16 mm^2、25 mm^2 各种截面，平均每米的电阻值应小于 1.98 mΩ、1.24 mΩ、0.79 mΩ</td><td>同一批次抽测，不少于 2 条</td></tr>
<tr><td rowspan="9">3</td><td rowspan="9">绝缘杆</td><td rowspan="9">工频耐压试验</td><td rowspan="9">1 年</td><td rowspan="2">额定电压/kV</td><td rowspan="2">试验长度/m</td><td colspan="2">工频耐压/kV</td><td rowspan="9"></td></tr>
<tr><td>1 min</td><td>5 min</td></tr>
<tr><td>10</td><td>0.7</td><td>45</td><td>—</td></tr>
<tr><td>35</td><td>0.9</td><td>95</td><td>—</td></tr>
<tr><td>63</td><td>1.0</td><td>175</td><td>—</td></tr>
<tr><td>110</td><td>1.3</td><td>220</td><td>—</td></tr>
<tr><td>220</td><td>2.1</td><td>440</td><td>—</td></tr>
<tr><td>330</td><td>3.2</td><td>—</td><td>380</td></tr>
<tr><td>500</td><td>4.1</td><td>—</td><td>580</td></tr>
<tr><td rowspan="3">4</td><td rowspan="3">绝缘罩</td><td rowspan="3">工频耐压试验</td><td rowspan="3">1 年</td><td>额定电压/kV</td><td colspan="2">工频耐压/kV</td><td>时间/min</td><td rowspan="3"></td></tr>
<tr><td>6～10</td><td colspan="2">30</td><td>1</td></tr>
<tr><td>35</td><td colspan="2">80</td><td>1</td></tr>
</table>

（续表）

<table>
<tr><th>序号</th><th>器具</th><th>项目</th><th>周期</th><th colspan="12">要求</th><th>说明</th></tr>
<tr><td rowspan="6">5</td><td rowspan="6">绝缘隔板</td><td rowspan="2">A. 表面工频耐压试验</td><td rowspan="2">1年</td><td colspan="4">额定电压/kV</td><td colspan="4">工频耐压/kV</td><td colspan="4">持续时间/min</td><td rowspan="6">电极间距离300 mm</td></tr>
<tr><td colspan="4">6～35</td><td colspan="4">60</td><td colspan="4">1</td></tr>
<tr><td rowspan="4">B. 工频耐压试验</td><td rowspan="4">1年</td><td colspan="4">额定电压/kV</td><td colspan="4">工频耐压/kV</td><td colspan="4">持续时间/min</td></tr>
<tr><td colspan="4">6～10</td><td colspan="4">30</td><td colspan="4">1</td></tr>
<tr><td colspan="4">35</td><td colspan="4">80</td><td colspan="4">1</td></tr>
<tr></tr>
<tr><td rowspan="3">6</td><td rowspan="3">绝缘胶垫</td><td rowspan="3">工频耐压试验</td><td rowspan="3">1年</td><td colspan="4">电压等级</td><td colspan="4">工频耐压/kV</td><td colspan="4">持续时间/min</td><td rowspan="3">使用于带电设备区域</td></tr>
<tr><td colspan="4">高压</td><td colspan="4">15</td><td colspan="4">1</td></tr>
<tr><td colspan="4">低压</td><td colspan="4">3.5</td><td colspan="4">1</td></tr>
<tr><td rowspan="2">7</td><td rowspan="2">绝缘靴</td><td rowspan="2">工频耐压试验</td><td rowspan="2">半年</td><td colspan="4">工频耐压/kV</td><td colspan="4">持续时间/min</td><td colspan="4">泄漏电流/mA</td><td rowspan="2"></td></tr>
<tr><td colspan="4">15</td><td colspan="4">1</td><td colspan="4">≤7.5</td></tr>
<tr><td rowspan="3">8</td><td rowspan="3">绝缘手套</td><td rowspan="3">工频耐压试验</td><td rowspan="3">半年</td><td colspan="3">电压等级</td><td colspan="3">工频耐压/kV</td><td colspan="3">持续时间/min</td><td colspan="3">泄漏电流/mA</td><td rowspan="3"></td></tr>
<tr><td colspan="3">高压</td><td colspan="3">8</td><td colspan="3">1</td><td colspan="3">≤9</td></tr>
<tr><td colspan="3">低压</td><td colspan="3">2.5</td><td colspan="3">1</td><td colspan="3">≤2.5</td></tr>
<tr><td>9</td><td>导电鞋</td><td>直流电阻试验</td><td>穿用不超过200 h</td><td colspan="12">电阻值小于100 kΩ</td><td>符合《防静电鞋、导电鞋技术要求》</td></tr>
<tr><td rowspan="3">10</td><td rowspan="3">绝缘夹钳</td><td rowspan="3">工频耐压试验</td><td rowspan="3">1年</td><td colspan="3">额定电压/kV</td><td colspan="3">试验长度/m</td><td colspan="3">工频耐压/kV</td><td colspan="3">持续时间/min</td><td rowspan="3"></td></tr>
<tr><td colspan="3">10</td><td colspan="3">0.7</td><td colspan="3">45</td><td colspan="3">1</td></tr>
<tr><td colspan="3">35</td><td colspan="3">0.9</td><td colspan="3">95</td><td colspan="3">1</td></tr>
</table>

注：绝缘安全工器具的试验方法参照《电力安全工器具预防性试验规程（试行）》的相关内容。

十一、电工常用工具

电烙铁、钢丝钳、电工刀、螺丝刀、剥皮钳、尖嘴钳等是电工常用的基本工具。

1. 电烙铁（图 6－9） 用电烙铁是电工常用的锡焊接工具，电子元件制作中，元器件的连接处需要锡焊接，一般选用 30～40 W 电烙铁。新烙铁使用前，应用细砂纸将烙铁头打光亮，通电烧热，蘸上松香后用烙铁头刃面接触焊锡丝，使烙铁头上均匀地镀上一层锡再进行焊接。

图 6－9 电烙铁

2. 钢丝钳(图 6 - 10)　大多电工钢丝钳的钳柄有绝缘管以保证安全。绝缘护套耐压 500 V,它是一种夹、捏和剪切工具。使用钢丝钳时,钳头的刀口应朝向自己。

图 6 - 10　钢丝钳

3. 电工刀(图 6 - 11)　电工刀的刀柄无绝缘保护,不能在带电导线或器材上剖削,以免触电。应采用平削,不宜采用立削(以免割伤导线);一般由里向外削线,刀口一般朝外。使用后,电工刀要擦拭干净,并将刀身折进保管。

图 6 - 11　电工刀

4. 旋具(螺丝刀)(图 6 - 12)　螺丝刀是旋紧或旋松螺钉的工具。常用的螺丝刀有木柄或塑料柄的,电工不可使用穿心旋具,由于它的铁杆直通柄顶,容易发生触电事故。

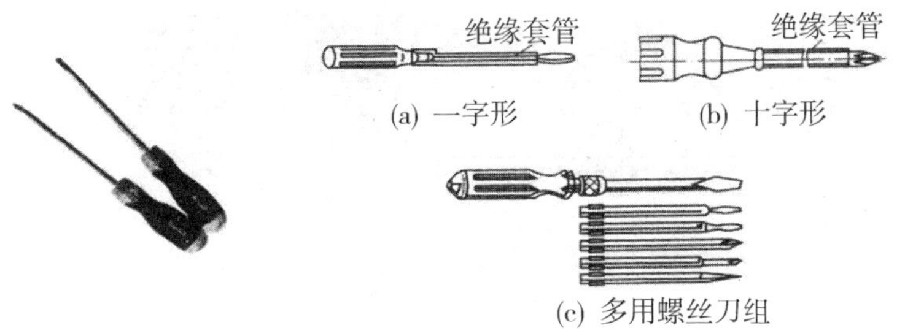

图 6 - 12　螺丝刀

5. 剥皮钳、尖嘴钳　剥皮钳、尖嘴钳等一般以尺寸全长(钳头加钳柄),单位为毫米为计大小(图 6 - 13、图 6 - 14)。剥皮钳是用来剥削小导线线头表面绝缘层的专用工具。

图 6 - 13　剥皮钳　　　　**图 6 - 14　尖嘴钳**

6. 登高工具

(1) 登高工具是指电工在登高作业所需要的工具。常用的有高凳、直梯、人字梯和靠梯(图 6 - 15)。梯子只能用木制和竹制的。梯阶的距离不应大于 40 cm,并在距梯顶 1 m 处应设限高标志。梯子使用前要检查有无损伤断裂，脚部要有防滑材料。梯子与地面的夹角以60°为宜，梯子不可绑接使用。当梯子高于6 m时，上、中、下三端要进行绑扎。人在梯子上不可移动梯子。

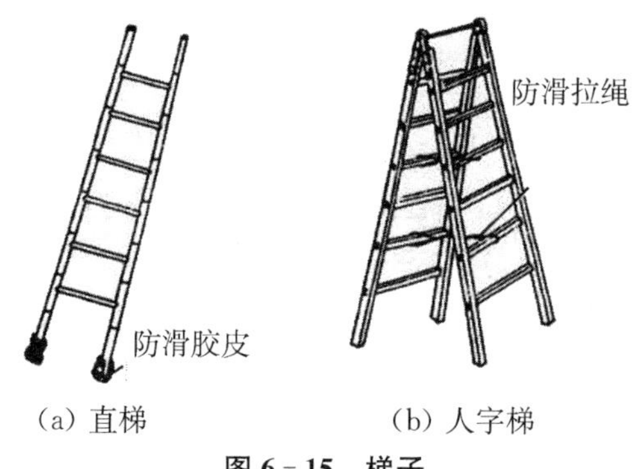

图6-15　梯子

(2) 脚扣是攀登电杆的工具之一，脚扣分为登木杆用脚扣和登水泥杆用脚扣(图6-16)。登木杆用脚扣的扣环上有突出的铁齿。登水泥杆用脚扣环上装有橡胶套或橡胶垫防滑。脚扣有大小号之分，可供粗细不同的电杆使用。

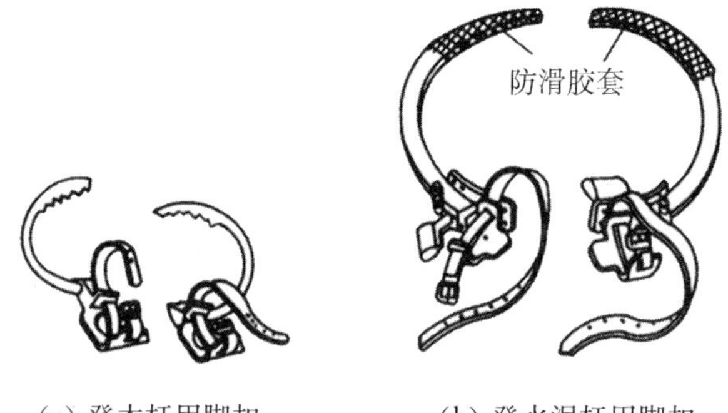

图6-16　脚扣

① 脚扣使用之前必须仔细检查脚扣各部分，皮带是否霉变是否牢固可靠，金属部分有无变形等。雨天和冰雪天禁止攀登水泥杆。

② 使用脚扣进行登杆作业时，应对脚扣进行人体载荷冲击试验，上下杆的每一步必须使脚完全套入脚扣环，并可靠地扣住电杆才能移动身体，否则就会造成事故。

③ 脚扣使用时，将脚掌穿入脚扣皮带和脚扣的踏板之间，再在皮带扣的扣压两侧接上一段适当长度的橡胶带，将橡胶带扣在脚后跟的位置上。

(3) 登高板又称踩板，用来攀登电杆。登高板由脚板、白棕绳(尼龙)、铁钩组成(图6-17)。

① 踩板使用前，应检查踩板有无裂纹或腐朽、白棕绳有无断股损伤。

② 踩板挂钩时必须正钩，钩口向外、向上，不能反勾以免造成脱钩坠落伤害事故。

③ 金属部分变形和绳(带)损伤的禁止使用脚扣和登高板。特殊天气使用脚扣和登高板应采取防滑措施。

④ 踩板使用完毕不准在地上拖、拉，整理好应挎在肩部。

图 6－17　登高板

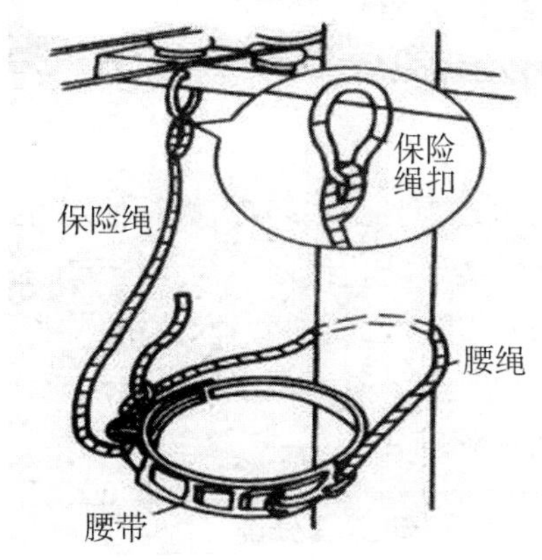

图 6－18　安全腰带

(4) 安全腰带和保险绳：安全腰带(图 6－18)是登杆作业必备的安全用具，无论采用登高板还是脚扣都要与安全腰带配合使用。

安全腰带由腰带、腰绳和保险绳组成。腰带用来系挂腰绳、保险绳，使用时应系结在臀部的上部而不是系结腰间，作为与电杆的一个支撑点，使全身的质量不全落在脚上，否则在操作时容易扭伤腰部。

保险绳用来防止意外时，造成坠落伤害事故，保险绳要高挂低用。

十二、安全帽

安全帽是对人体头部受外力伤害起防护作用的安全用具(图 6－19)。

在变配电构架、架空线路等电气设备安装检修现场，以及在可能有上空落物的工作场所都必须戴上安全帽。

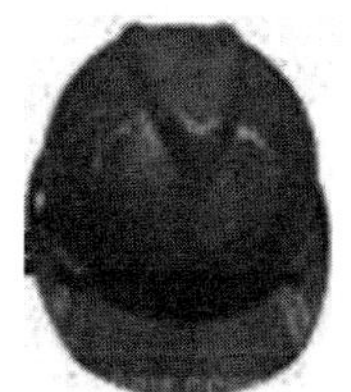

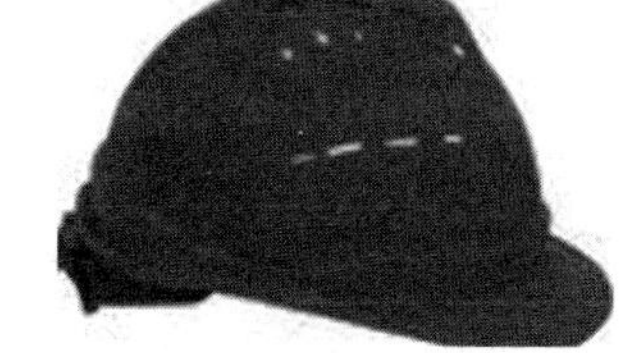

图 6－19　安全帽

安全帽使用前应检查是否在使用周期内，检查有无裂纹、还应检查帽壳、帽衬、帽箍、顶衬、下颌带等附件是否完好无损。安全帽必须戴正，使用安全帽应将下颌带系好，防止前倾、后仰或其他原因造成滑落。

第三节　手持式电动工具

手持式电动工具结构轻巧，携带使用方便，因此各行各业使用手持式电动工具的种类和数量越来越多。为了防止使用手持式电动工具时引起人身伤亡事故，我们必须严格贯彻执行国家颁布的《手持式电动工具的管理、使用、检查和维修安全技术规程》。

手持式电动工具是运用小容量电动机或电磁铁，通过传动机构驱动工作头的一种手持或半固定式的机械化工具。

一、手持式电动工具分类

1. 按用途，手持式电动工具分为：金属切削类、砂磨类、装配类、建筑及道路施工类、矿山类、铁道类、农牧类、木柴加工类等。

常用的手持电动工具有：

(1) 手电钻、冲击电钻。

(2) 电动砂轮机、切割机。

(3) 电动圆锯等。

2. 手持式电动工具按电气安全防护方法(触电保护方式)分类：

(1) Ⅰ类：普通电动工具。Ⅰ类设备不仅有工作绝缘(基本绝缘)的设备，而且可以带有Ⅱ类设备或Ⅲ类设备的部件(Ⅱ类、Ⅲ类设备见下文)。Ⅰ类设备外壳上没有接地端子，但内部有接地端子，自设备内引出带有保护插头的电源线。

(2) Ⅱ类：双重绝缘工具。绝缘结构由基本绝缘加双重绝缘或加强绝缘构成的工具。当基本绝缘损坏时，还有一层独立的附加绝缘，操作者仍能与带电体隔离，避免发生触电事故。

(3) Ⅲ类：由安全电压供电的工具，并确保工具内不产生高于安全电压的电压。Ⅲ类工具(42 V 以下安全电压工具)，用安全隔离变压器作为独立电源。安全电压的额定值的等级为 42 V、36 V、24 V、12 V、6 V，当采用 24 V 以上的安全电压时，必须采取防止直接接触带电体的防护措施。

二、手持式电动工具的一般要求

手持式电动工具、移动式电气设备使用前应检查以下项目：

(1) 铭牌上各项参数是否符合要求。

(2) 外壳完整，无裂纹、破损等缺陷，铭牌上各参数清晰可见，绝缘电阻是否符合要求(绝缘电阻值不小于 2 MΩ)。工具的防护罩、防护盖、手柄防护装置等是否无损伤、变形或松动。

(3) 保护接地或保护接零是否正确，连接是否牢固。

(4) 工具电源线完整、无裂纹、破损，加长、绝缘良好。

(5) 开关动作灵活，不卡涩、无裂纹、松动、无缺陷，工具工作状态灵活、无障碍(包括旋转、往复、冲击)。

(6) 电源线应采用橡皮绝缘多股铜芯软电缆，单相用三芯电缆、三相用四芯电缆、电缆不得有破损或龟裂，中间不得有接头。用黄-绿双色绝缘导线作接地保护线，接地保护线应采用截面积不小于 0.75～1.5 mm^2 的多股软铜线。

（7）机械防护装置（防护罩、防护盖、手柄防护装置）完整，无脱落破损、裂纹、松动变形。

（8）电气安全保护装置是否良好。

三、手持式电动工具的安全使用和管理

1. 手持式电动工具的安全使用

（1）工具在使用前，操作者应认真阅读产品使用说明书或安全操作规程，详细了解工具的性能和掌握正确使用的方法。

（2）手持电动工具（除Ⅲ类外）必须采用漏电保护器。

（3）在潮湿作业场所或金属构架上等导电性能良好的作业场所，应使用Ⅱ类或Ⅲ类工具，不允许使用Ⅰ类工具。

在锅炉、金属容器、管道内等工作地点狭窄场所，应使用Ⅲ类工具或装额定漏电动作电流不大于 15 mA、额定漏电动作时间不大于 0.1 s 漏电保护器的Ⅱ类工具。控制箱和电源连接器等必须放在作业场所的外面，在狭窄作业场所应有专人在外监护。

（4）手持电动工具、单相电动工具的控制开关为双极开关，电源线应是护套线，绝缘应保持良好。工具的电源线不得任意接长或拆换。当电源离工具操作点距离较远而电源线长度不够时，应采用耦合器进行连接。

（5）手持电动工具的电源应装设漏电保护装置，使用环境差的场所要根据需要配备隔离变压器。

（6）手持电动工具使用时，提供安全电压的应为专用双线圈的一、二次绕组隔离式安全变压器，变压器绝缘形式为双重绝缘，一次、二次侧都应安装熔断器保护，铁芯应接地（接零）保护。

（7）手持电动工具的金属外壳必须做好接地或接零保护。工具电源线中的黄-绿双色线在任何情况下只能用作保护线，严禁通过工作电流。

（8）插头、插座中的保护极在任何情况下只能单独连接保护线，接线时决不允许在插头、插座内用导线将保护极与中性线连接起来。

（9）电源开关动作灵活、接线无松动。使用前必须做空载试验。

2. 手持式电动工具的管理

（1）手持式电动工具的管理必须按国家标准和其他有关安全要求监督、检查工具的使用和维修；对工具的使用、保管、维修人员必须进行安全技术教育和培训；对工具引起的触电事故进行调查和分析，提出预防措施，并上报有关部门。按照国家标准和工具产品使用说明书的要求及实际使用条件，制定相应的安全操作规程。

（2）安全操作规程的内容包括：电动工具的允许使用范围；工具的正确使用方法和操作程序；工具使用前应重点检查的项目和部位，以及使用中可能出现的危险和相应的防护措施；工具的存放和保养方法；操作者注意事项等。

（3）对工具的选购要加强管理，必须选购国家有关部门批准，并具有合格资质的厂家生产的合格产品。严禁选购“三无”产品、残次产品和淘汰产品。

手持电动工具的故障检修应由专门的电气人员进行，检修后应做记录。

四、手持电动工具的选用

1. 选用合理的电动工具

（1）在一般场所，为保证使用的安全，应选用Ⅱ类工具，装设漏电保护器、安全隔离变压器

等。否则，使用者必须戴绝缘手套，穿绝缘鞋或站在绝缘垫上。

(2) 在潮湿的场所或金属构架上等导电性能良好的作业场所应使用Ⅲ类工具。在锅炉、金属容器、管道等空间狭窄且导电良好的场所必须使用Ⅱ或Ⅲ类工具。

(3) 在特殊环境如湿热、雨雪以及存在爆炸性或腐蚀性气体的场所，使用的工具必须符合相应防护等级的安全技术要求。

2. 电缆和插座开关选用要求

由于手持式电动工具在使用时是移动的，其电源线易受到拖拉、磨损而碰壳或脱落，导致设备金属外壳带电，从而引起触电事故。

(1) Ⅰ类电动工具的电源线必须采用三芯(单相工具)或四芯(三相工具)，多股铜芯橡皮护套软电缆或护套软线。其中，黄-绿双色线在任何情况下只能作保护接地或接零线。(注：原有以黑色线作为保护接地或接零线的软电缆或软线应按规范进行更换。)

(2) 防水线、软电缆或软导线及配套的插头不得任意接长或拆换。用完后，不得手提电源线移动电动工具。

(3) 电动工具所用的插头、插座必须符合相应的国家标准。带有接地插脚的插头、插座，在插合时应符合规定的接触顺序，防止误插入。

第七章　电击防护及触电救护

第一节　直接接触电击防护

人体触电可分为直接接触触电和间接接触触电。

人体直接接触触电，也就是直接触及带电体造成触电。为了做好安全用电，必须采用先进的技术措施和管理措施，防止直接接触带电体。绝缘、遮栏、电气间隙、安全距离、漏电保护器、安全电压都是防止直接接触电击的防护措施。

一、绝缘

绝缘是采用绝缘物将带电体封闭起来。各种设备和线路都包含有导电部分和绝缘部分，良好的绝缘是保证设备和线路正常运行的必要条件；也是防止触电事故的重要措施。所以设备和线路的绝缘必须与采用的电压相符，并与周围环境和运行条件相适应。否则绝缘材料可能遭到破坏而失去绝缘隔离作用。

1. 绝缘材料　电工绝缘材料的电阻率一般在 $10^7\ \Omega \cdot m$($10^9\ \Omega \cdot cm$)以上。瓷、玻璃、云母、橡胶、木材、胶木、塑料、布、纸、矿物油等都是常用的绝缘材料。绝缘材料按其正常运行条件下容许的最高工作温度分为若干级，称为耐热等级。绝缘材料通常分为气体绝缘、液体绝缘和固体绝缘三大类。

绝缘材料的绝缘性能是以绝缘电阻、击穿强度、泄漏电流、介质损耗指标来衡量的，是通过绝缘试验来判定的。绝缘试验是防止人身触电和保证电气设备正常运行的重要措施之一。

2. 绝缘破坏　击穿现象是指绝缘物在强电场的作用下被破坏，丧失了绝缘性能，这种击穿叫作电击穿(绝缘击穿)，击穿时的电压叫作击穿电压，击穿时的电场强度叫作材料的击穿电场强度或击穿强度。

气体绝缘击穿后都能自行恢复绝缘性能；液体绝缘击穿后局部能恢复绝缘性能；固体绝缘击穿后不能恢复绝缘性能。

固体绝缘还有热击穿和电化学击穿。热击穿是指绝缘物在外加电压作用下，由于流过泄漏电流引起温度过分升高所导致的击穿。电化学击穿是指由于游离、化学反应等因素的综合作用所导致的击穿。热击穿和电化学击穿电压都比较低，但电压作用时间都比较长。

绝缘物除因击穿被破坏外，腐蚀性气体、蒸汽、潮气、粉尘、机械损伤也都会降低其绝缘性能或导致破坏。

在正常工作的情况下，绝缘物也会逐渐“老化”而失去绝缘性能。

3. 绝缘电阻　电介质在直流电压作用下，内部通过稳定的泄漏电流，此时的电压值与电流的比值称绝缘电阻。

绝缘电阻是最基本的绝缘性能指标。足够的绝缘电阻能把电气设备的泄漏电流限制在很小的范围内,防止由漏电引起的触电事故。

不同的线路或设备对绝缘电阻有不同的要求。一般来说,高压比低压要求高,新设备比老设备要求高,移动的比固定的要求高等。下面列出几种主要线路和设备应当达到的绝缘电阻值。

新装和大修后的低压线路和设备,要求绝缘电阻不低于 0.5 MΩ,实际上设备的绝缘电阻值应随温升的变化而变化,运行中的线路和设备,要求可降低为每伏工作电压 1 000 Ω。在潮湿的环境中,要求可降低为每伏工作电压 500 Ω。

携带式电气设备的绝缘电阻不低于 2 MΩ。

配电盘二次线路的绝缘电阻不应低于 1 MΩ,在潮湿环境中可降低为 0.5 MΩ。

高压线路和设备的绝缘电阻一般不应低于 1 000 MΩ。

架空线路每个悬式绝缘子的绝缘电阻不应低于 300 MΩ。

运行中电缆线路的绝缘电阻可参考表 7－1 的要求。表中,干燥季节应取较大的数值,潮湿季节可取较小的数值。

表 7－1　电缆线路的绝缘电阻

额定电压/kV	3	6～10	25～35
绝缘电阻/MΩ	300～750	400～1 000	600～1 500

电力变压器投入运行前,绝缘电阻不应低于出厂时的 70%,运行中可适当降低。

对于电力变压器、电力电容器、交流电动机等高压设备,除要求测量其绝缘电阻外,为了判断绝缘的受潮情况,还要求测量吸收比 R_{60s}/R_{15s}。吸收比是从开始测量起 60 s 的绝缘电阻 R_{60s} 对 15 s 的绝缘电阻 R_{15s} 的比值。绝缘受潮以后,绝缘电阻降低,而且极化过程加快,由极化过程决定的吸收电流衰减变快,亦即测量得到的绝缘电阻上升变快;因此,绝缘受潮以后,R_{15s} 比较接近 R_{60s}。而对于干燥的材料,R_{60s} 比 R_{15s} 大得多。一般没有受潮的绝缘,吸收比应大于 1.3。受潮或有局部缺陷的绝缘,吸收比接近于 1。

二、屏护(遮栏)

在供电、用电、维修工作中,由于配电线路和电气设备的带电部分不便包以绝缘或全部绝缘有困难,不足以保证安全,则采用遮栏、护罩、箱闸等屏护措施,以防止人体触及或接近带电体而发生事故。这种把带电体同外界隔绝开来的措施称为屏护。

1. 屏护装置在实际工作中应用很广泛,对高压设备,人体接近至一定距离时,可能会发生严重的触电事故。因此,不论高压设备是否绝缘,均应采取屏护措施。

2. 屏护装置有永久性屏护装置,如配电装置的遮栏、开关的罩盖等;有临时性屏护装置,如检修工作中使用的临时遮栏和临时设备的屏护装置;有固定屏护装置,如电线的护网;也有移动屏护装置,如跟随天车移动的天车滑触线的屏护装置,屏护装置不能与带电体接触。

遮栏主要用来防护工作人员意外碰触或过分接近带电部分而造成人身事故的一种一般防护安全用具装置。对用电设备的电气部分,按电器设备的具体情况,常备有配电箱、控制柜或装于设备的壁龛内作为屏护装置。遮栏装置应采用绝缘材料制成。屏护装置的尺寸及与带电体的最小间距要求详见表 7－2 所示。

表 7－2　屏护装置尺寸及与带电体最小间距

项目		遮栏	栅栏
尺寸	高度/m	1.70	1.50
	下缘距地距离/m	0.10	0.10
与高压带电体间距/m	10 kV	0.35	0.35
	20～35 kV	0.60	0.60
与低压带电体间距/m		0.15	0.15

注:1. 栅栏条间距不应超过 0.20 m。
2. 室内栅栏高度不可小于 1.20 m。

3. 屏护装置所用材料应当有足够的强度和良好的耐热性能。凡用金属材料制成的屏护装置,为了避免发生带电造成的触电事故,必须将屏护装置接地。为了更好地发挥屏护装置的安全作用,屏护装置应与以下安全措施配合使用:

(1) 屏护的带电部分应涂上规定的颜色,并有明显标志,标明规定的符号。

(2) 遮栏、栅栏等屏护装置上,应根据被屏护的对象挂上“高压,生命危险”“止步,高压危险”“切勿攀登,高压危险”等警告标示牌。

(3) 配合采用信号装置和联锁装置。前者一般是用灯光或仪表指示有电;后者采用专门装置,当人体越过屏护装置可能接近带电体时,被屏护的装置自动断电。

① 在实际工作中,可根据具体情况,采用板状屏护装置或网眼屏护装置,网眼屏护装置的网眼面积不应大于(20 mm×20 mm)～(40 mm×40 mm)。

② 配电室通道上方裸带电体距地面的高度不应低于 2.5 m;当低于 2.5 m 时,应设置不低于现行国家标准遮栏或外护物,底部距地面的高度不应低于 2.2 m。

③ 变、配电设备应有完善的屏护装置。安装在室外地上的变压器及车间或公共场所的变、配电装置,均需装设遮栏或栅栏作为屏护。遮栏高度不应低于 1.7 m,下部边缘离地不应超过 0.1 m。对于低压设备,网眼遮栏与裸导体距离不宜小于 0.15 m。10 kV 设备不宜小于 0.35 m,20～35 kV 设备不宜小于 0.6 m。

④ 户内栅栏高度不应低于 1.2 m,户外不低于 1.5 m。对于低压设备,栅栏与裸导体距离不宜小于 0.8 m,栏条间距离不应超过 0.2 m。

⑤ 户外变电装置围墙高度一般不应低于 2.5 m。

三、间距

为了防止人体、车辆、工具、器具触及或接近带电体造成事故,防止过电压放电和防止各种短路事故,以及为了操作方便,在带电体与地面之间、带电体与其他设备之间、带电体与带电体之间均应保持一定的安全距离。这种安全距离简称间距。间距的大小决定于电压的高低、设备的类型、安装的方式等因素。

架空线路导线与地面的最小垂直距离,见表 7－3。

表 7-3　架空线路导线与地面的最小垂直距离

线路电压	线路经过地区		
	居民区	非居民区	交通困难地区
6～10 kV	6.5 m	5.5 m	4.5 m
<1 kV	6 m	5 m	4 m

架空线路导线与地面或水面的距离不应低于表 7-4 所列的数值。

表 7-4　架空线路导线与地面或水面的最小距离

线路电压	线路经过地区				
	居民区	非居民区	交通困难地区	不能通航或浮运的河、湖冬季水面(或冰面)	不能通航或浮运的河、湖最高水面(50 年一遇的洪水水面)
<1 kV	6 m	5 m	4 m	5 m	3 m
10 kV	6.5 m	5.5 m	4.5 m	5 m	3 m
35 kV	7 m	6 m	5 m	5.5 m	3 m

架空线路应避免跨越建筑物。架空线路不应跨越屋顶为燃烧材料的建筑物。如果架空线路必须跨越建筑物时,应与有关部门协商并取得有关部门的同意。架空线路与建筑物的距离不应低于表 7-5 所列的数值。

表 7-5　架空线路导线与建筑物的最小距离

线路电压	垂直距离	水平距离
<1 kV	2.5 m	1.0 m
10 kV	3.0 m	1.5 m
35 kV	4.0 m	3.0 m

架空线路导线与街道或厂区树木的距离不应低于表 7-6 所列的数值。

表 7-6　架空线路导线与街道或厂区树木的最小距离

线路电压	垂直距离	水平距离
<1 kV	1.0 m	1.0 m
10 kV	1.5 m	2.0 m
35 kV	3.0 m	—

架空线路应与有爆炸危险的厂房和有火灾危险的厂房保持必要的防火间距。

架空线路与铁道、道路、管道、索道及其他架空线路之间的距离应符合有关规程的规定。

以上各项距离均需考虑到当地温度、覆冰、风力等气象条件的影响。

几种线路同杆架设时应取得有关部门同意,而且必须保证:

(1) 电力线路在通信线路上方,高压线路在低压线路上方。

(2) 通信线路与低压线路之间的距离不得小于 1.5 m;低压线路之间不得小于 0.6 m。

低压线路与 10 kV 高压线路之间不得小于 1.2 m;10 kV 高压线路与 10 kV 高压线路之间不得小于 0.8 m。

10 kV 接户线对地距离不应小于 4.0 m;低压接户线对地距离不应小于 2.5 m;低压接户线跨越通车街道时,对地距离不应小于 6 m;跨越通车困难的街道或人行道时,对地距离不应小于 3.5 m。

户内电气线路的各项间距应符合有关规程的要求和安装标准。

直接埋地电缆埋设深度不应小于 0.7 m。

落地式配电箱的底部应抬高,室内高出地面的高度不应低于 50 mm,室外不应低于 200 mm;其底座周围应采取封闭措施,并应能防止鼠、蛇等小动物进入箱内。

高压配电装置与低压配电装置应分室装设。如在同一室单列排列时高压开关柜与低压开关柜之间的距离应不小于 2 m。成排布置的配电屏,其长度超过 6 m 时,屏后的通道应设 2 个出口,并宜布置在通道的两端,当两出口之间的距离超过 15 m 时,应增加出口。

常用开关安装高度离地面 1.3～1.5 m。明装插座离地面 1.3～1.5 m。暗装插座离地面 0.15～0.3 m。

为防止人体过分接近带电体,必须保证安全的检修间距。低压操作中人体或其所携带工具与带电体之间的距离应不少于 0.1 m。在高压操作中,无遮栏作业人体或其所携带工具与带电体之间的距离应不少于 0.7 m。

四、漏电保护器

漏电保护器是漏电电流动作保护器的简称,新标准称之为剩余电流保护器(英文简写 RCD)。它是在规定条件下,当漏电电流达到或超过给定值时能自动断开电路的开关电器或组合电器。

由于漏电保护器动作灵敏,切断电源时间短,因此只要能合理选用和正确安装、使用漏电保护器,对于保护人身安全、防止设备损坏和预防火灾产生会有明显的作用。

装设剩余电流保护器(漏电保护器)是一种很有效的触电防护措施,但不能单独作为直接接触触电的防护手段。

漏电保护器主要用于低压(1 000 V 以下的低压系统),对有致命危险的人身触电提供间接接触保护,防止由电气设备或线路因绝缘损坏发生接地故障,进而由接地电流引起的火灾事故。在其他保护措施失效时漏电动作电流不超过 30 mA 的漏电保护器,也可作为直接接触的补充保护,但不能作为唯一的直接接触保护。

现在生产的漏电保护器为电流动作型。在电气设备正常运行时,各相线路上电流相量和为零。当设备或线路发生接地故障或人触及外壳带电设备时,即由高灵敏零序电流互感器检出漏电电流,将漏电电流与基准值相比较,当超过基准值时,漏电保护器动作,切断电源,从而起到了漏电保护作用。漏电保护器的外形结构见图 7-1。

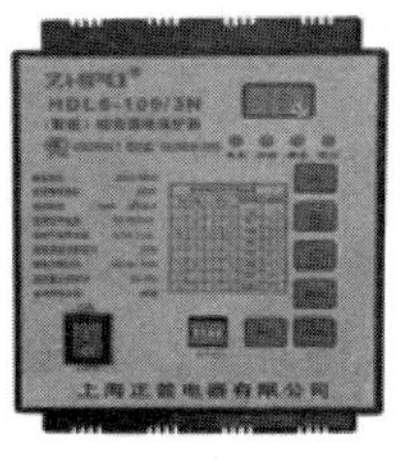

图 7－1　漏电保护器的外形结构

1. 漏电保护器的分类　漏电保护器按保护功能和结构特征，大体上可分为四类。

(1) 漏电(保护)开关：漏电(保护)开关是由零序电流互感器、漏电脱扣器、主开关构成，其组装在绝缘外壳中，具有漏电保护以及手动通断电路的功能，它一般不具有过负载和短路保护功能，此类开关主要应用于住宅。

(2) 漏电断路器：漏电断路器是在断路器的基础上加装漏电保护部件而构成，所以在保护上具有漏电、过负载及短路保护功能。某些漏电断路器就是在断路器外拼装漏电保护附件而组成。

(3) 漏电继电器：漏电继电器由零序电流互感器和继电器组成。它只具备检测和判断设备是否漏电功能。

(4) 漏电保护插座：漏电保护插座是由漏电开关或漏电断路器与插座组合而成，使插座回路连接的设备具有漏电保护功能。

2. 漏电保护方式　漏电保护器(RCD)保护方式通常有下列四种：

(1) 全网总保护是指在低压电路电源处装设保护器，总保护有下面三种方式。

① 保护器安装在电源中性点接地线上；

② 保护器安装在总电源线上；

③ 保护器安装在各条引出干线上。

通常，对供电范围较大或有重要用户的低压电网，采用保护器安装在各条引出干线上的总保护方式。

(2) 对于移动式电力设备，临时用电设备和用电的家庭，采用末级保护方式。

(3) 较大低压电网的多级保护。随着用电量的不断增长，较大低压电网单采用总保护或末级保护方式，已不能满足对低压电网供电可靠性和安全用电的需要，因此，较大电网实行多级保护是电气化事业发展的必然要求，图 7－2 所示为三级保护方式的配置图。

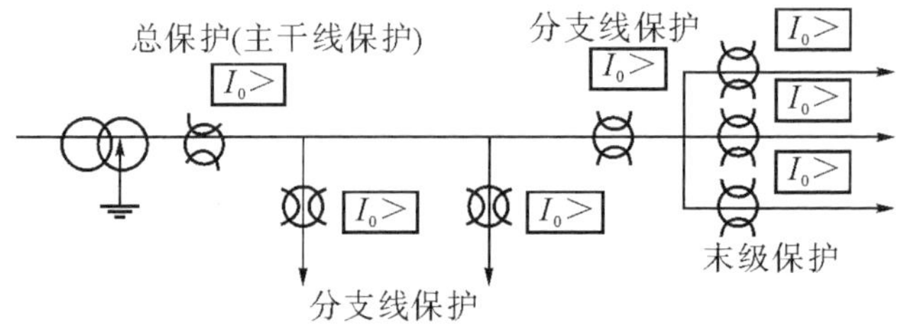

图 7－2　三级保护方式配置图

上述三种保护方式，漏电保护器动作后均自动切断供电电源。

（4）对于保护器动作切断电源会造成事故或重大经济损失的用户，其低压电网的漏电保护可由用户申请，经供电企业批准而采取漏电报警方式。此类单位应有固定值班人员，及时处理报警故障，并应加强绝缘监测，减少接地故障。

3. 漏电保护器的作用

（1）漏电保护器可以用于防止由漏电引起的单相电击事故。

（2）漏电保护器可以用于防止漏电引起的火灾和设备的烧毁事故。

（3）漏电保护器可以用于检测和切断各种一相接地故障。

（4）有的漏电保护器可以用于过载、过压、欠压、缺相保护。

（5）漏电保护继电器具有对漏电流检测和判断的功能，而不具有切断和接通主回路功能。

4. 漏电保护器的选用、安装使用及运行维护

（1）漏电保护器选用：用于直接接触触电事故防护时，应选择用一般剩余电流保护器，其额定剩余动作电流不超过 30 mA。

① 漏电保护器设置的场所有：手握式及移动式用电设备；建筑施工工地的用电设备；用于环境特别恶劣或潮湿场所（如锅炉房、食堂、地下室及浴室）的电气设备；住宅建筑每户的进线开关或插座专用回路；由 TT 系统供电的用电设备；与人体直接接触的医用电气设备（但急救和手术用电设备等除外）。

② 漏电保护器的动作电流数值选择：手握式用电设备为 15 mA；环境恶劣或潮湿场所用电设备为 6～10 mA；医疗电气设备为 6 mA；建筑施工工地的用电设备为 15～30 mA；家用电器回路为 30 mA；成套开关柜、分配电盘等为 100 mA 以上；防止电气火灾为 300 mA。

③ 根据安装地点的实际情况，可选用的类型有：a. 漏电开关（漏电断路器）将零序电流互感器、漏电脱扣器和低压断路器组装在一个绝缘外壳中，故障时可直接切断供电电源。因此末级保护方式中，多采用漏电开关。b. 漏电继电器，可与交流接触器、断路器构成漏电保护装置，主要用作总保护。c. 漏电插座，把漏电开关和插座组合在一起的漏电保护装置，特别适用于移动设备和家用电器。

④ 根据使用目的、被保护回路的泄漏电流等因素确定。一般 RCD 的功能是提供间接接触保护。若作直接接触保护，则要求 $I\Delta N \leqslant 30$ mA，且其动作时间 $t \leqslant 0.1$ s，因此根据使用目的不同，选择 RCD 动作特性不同。

此外，在选用时，还必须考虑到被保护回路正常的泄漏电流，若 RCD 的 $I\Delta N$ 小于正常的泄漏电流，或者正常泄漏电流大于 $50\% I\Delta N$，则供电回路将无法正常进行，即使能投入运行也会因误动作而破坏供电的可靠性。

（2）漏电保护器安装使用

① 安装前必须检查漏电保护器的额定电压、额定电流、短路通断能力、漏电动作电流、漏电不动作电流以及漏电动作时间等是否符合要求。

② 漏电保护器安装接线时，要根据配电系统保护接地类型，按表 7－7 漏电保护器使用接线方法示意进行接线。接线时需分清相线和零线（中性线），安装中性线时，应严格区分中性线和保护线。

③ 对带短路保护的漏电保护器，在分断短路电流时，位于电源侧的排气孔往往有电弧喷出，故应在安装时保证电弧喷出方向有足够的飞弧距离。

表 7-7　漏电保护器使用接线方法示意

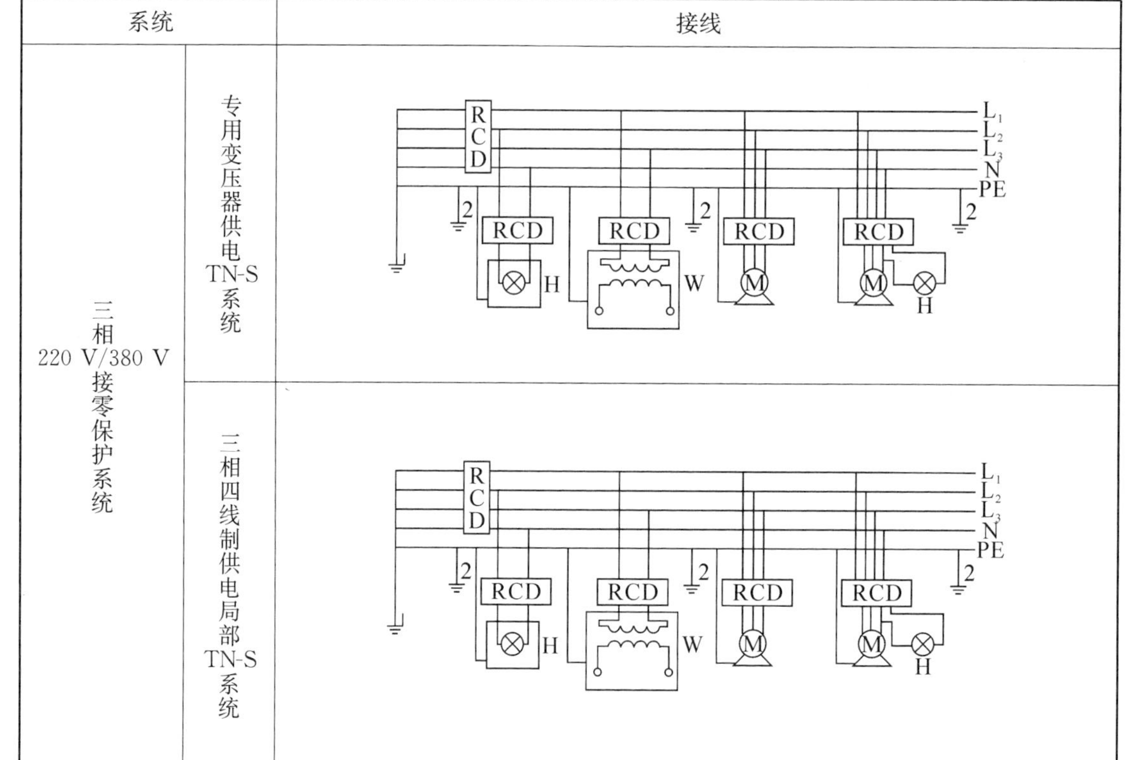

系统		接线
三相 220 V/380 V 接零保护系统	专用变压器供电 TN-S 系统	
	三相四线制供电局部 TN-S 系统	

注:1. “1”表示工作接地。2. “2”表示重复接地。3. RCD 表示漏电保护器。4. L_1、L_2、L_3 表示相线。5. N 表示工作零线。6. PE 表示保护零线、保护线。7. H 表示照明装置。8. W 表示电焊机。9. M 表示电动机。

④ 漏电保护器的安装应尽量远离其他铁磁体和电流很大的载流导体。

⑤ 对施工现场开关箱里使用的漏电保护器须采用防溅型。

⑥ 漏电保护器后面的工作零线不能重复接地。

⑦ 采用分级漏电保护系统和分支线漏电保护的线路,每一分支线路必须有自己的工作零线;上下级漏电保护器的额定漏电动作电流与漏电时间均应做到相互配合,额定漏电动作电流级差通常为 1.2~2.5 倍;时间级差 0.1~0.2 s。

⑧ 工作零线不能就近接线,单相负荷不能在漏电保护器两端跨接。

⑨ 照明以及其他单相用电负荷要均匀分布到三相电源线上,偏差大时要及时调整,力求使各相漏电电流大致相等。

⑩ 漏电保护器安装后应进行试验,用试验按钮试验 3 次,均应正确动作;带负荷分合交流接触器或开关 3 次,不应误动作;每相分别用 3 kΩ,试验电阻接地试跳,应可靠动作。

(3) 漏电保护器运行维护

由于漏电保护器是涉及人身安全的重要电气产品,因此在日常工作中要按照国家有关漏电保护器运行的规定,做好运行维护工作,发现问题要及时处理。

① 漏电保护器投入运行后,应每年对保护系统进行一次普查,普查重点项目有:测试漏电动作电流值是否符合规定;测量电网和设备的绝缘电阻;测量中性点漏电电流,消除电网中的各种漏电隐患;检查变压器和电机接地装置有无松动和接触不良。

② 电工每月至少用试跳器对漏电保护器试验一次。每当雷击或其他原因使保护器动作

后，应做一次试验。雷雨季节需增加试验次数。停用的保护器使用前应试验一次。

③ 保护器动作后，若经检查未发现事故点，允许试送电一次。如果再次动作，应查明原因，找出故障，不得连续强送电。

④ 安装漏电保护器不得拆除或放弃原有的安全防护措施，漏电保护只能作为电气安全防护系统中的附加保护措施。装了漏电开关后，设备的金属外壳按规定仍需要进行保护接地或保护接零。

⑤ 漏电保护器故障后要及时更换，并由专业人员修理。严禁私自撤除漏电保护器或强迫送电。

⑥ 漏电保护器在保护范围内发生人身触电伤亡事故，应检查漏电保护器动作情况，分析未能起到保护作用的原因，在未调查清楚前要保护好现场，不得改动漏电保护器。

五、安全电压

安全电压就是把可能加在人身上的电压限制在某一特定的范围之内，使得在这种电压下，通过人体的电流不超过允许的范围，这一电压叫作安全电压，也叫作安全特低电压。应当指出，任何情况下都不要把安全电压理解为绝对没有危险的电压。具有安全电压的设备属于Ⅲ类设备。

1. 安全电压限值　安全电压限值为任何运行情况下，任何两导体间不可能出现的最高电压值。我国标准规定工频电压有效值的限值为 50 V、直流电压的限值为 70 V。

一般情况下，人体允许电流可按摆脱电流考虑；在装有防止电击的速断保护装置的场合，人体允许电流可按 30 mA 考虑。我国规定工频电压 50 V 的限值是根据人体允许电流 30 mA 和人体电阻 1 700 Ω 的条件确定的，我国标准还规定：当接触面积大于 1 cm^2、接触时间超过1 s时，干燥环境中工频电压有效值的限值为 33 V、直流电压限值为 70 V；潮湿环境中工频电压有效值的限值为 16 V、直流电压限值为 35 V。

2. 额定值　我国规定工频有效值的额定值有 42 V、36 V、24 V、12 V 和 6 V。在特别危险环境中使用的手持电动工具应采用 42 V 安全电压；在有电击危险环境中使用的手持照明灯和局部照明灯应采用 36 V 或 24 V 安全电压；在金属容器内、特别潮湿处等特别危险环境中使用的手持照明灯应采用 12 V 安全电压；水下作业等场所应采用 6 V 安全电压。当电气设备采用 24 V 以上安全电压时，必须采取直接接触电击的防护措施。

3. 安全电压电源　通常采用安全隔离变压器作为安全电压的电源。见图 7－3，除隔离变压器外，具有同等隔离能力的发电机、蓄电池、电子装置等均可做成安全电压电源。

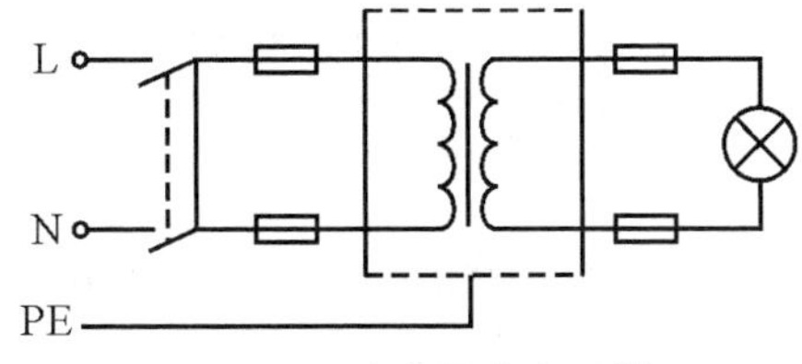

图 7－3　安全隔离变压器

(1) 电源侧应有短路保护，其熔丝的额定电流不应大于变压器的额定电流。

(2) 安全电压的电源通常采用双线圈安全隔离变压器，一次侧、二次侧都必须装熔断器进行保护，外壳、铁芯均应接地或接零，严禁使用自耦变压器。

(3) 安全电压插销座不应带有接零(地)插头或插孔，不得与其他电压的插销座插错。

(4) 电器隔离

① 安全隔离变压器必须具有加强绝缘的结构。

② 安全隔离变压器必须具有耐热、防潮、防水及抗震结构,不得用硝化纤维塑料等易燃材料作结构材料,手柄、操作杆、按钮等不应带电。

③ 除另有规定外,输出绕组不应与壳体相连;输入绕组不应与输出绕组相连;绕组结构能防止出现上述连接的可能性。

④ 电源开关应用两极开关。

⑤ 二次侧都必须保持独立。

⑥ 必须限制二次侧线路过长等。

第二节　间接接触电击防护

间接接触触电是指人体触及原来不带电的电器设备在故障情况下意外带电造成触电。电气设备裸露的导电部分接保护导体(保护接地、保护接零等)、采取漏电保护器、安全电压都是防止间接接触电击的安全措施。保护接地、保护接零是防止间接接触电击的基本措施。掌握保护接地、保护接零的原理、应用和安全条件十分重要。

一、IT 系统

IT 系统是指电源系统的带电部分不接地或通过阻抗接地,电气设备的外露导电部分接地的系统。第一个大写英文"I"表示配电网不接地或经高阻抗接地,第二个大写英文"T"表示电气设备金属外壳接地。显然,IT 系统就是保护接地系统,见图 7-4。

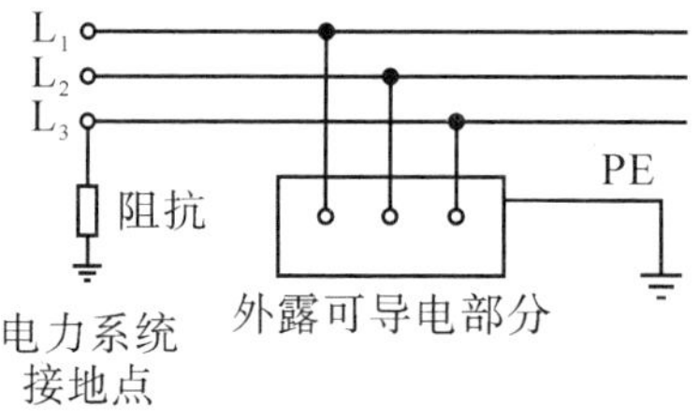

图 7-4　IT 系统

即使在低压不接地的电网中,也必须采取防止间接接触电击的措施。这种情况下最常用的措施是保护接地,即把在故障情况下可能出现危险的对地电压导电部分同大地紧密地连接起来的接地。

保护接地的作用是当设备金属外壳意外带电时将其对地电压限制在规定的范围内,消除或减小电击的危险。保护接地还能等化导体间的电位,防止导体间产生危险的电位差;保护接地还能消除感应电压的危险。

在 IT 系统中安装的绝缘监测电器,应能连续监测电气装置的绝缘。绝缘监测电器应只有使用钥匙或工具才能改变其整定值。

1. 限制电气设备的保护接地电阻不超过 4 Ω,即能将其故障时对地电压限制在安全范围以内;低压配电网容量在 100 kVA 以下,由于配电网分布范围很小,单相故障接地电流更小,限制电气设备的保护接地电阻不超过 10 Ω 亦可满足安全要求。

2. 在高阻抗地区接地，可以采用外引接地法、接地体延长法、深埋法、换土法、土壤化学处理以及网络接地法，可以降低接地电阻。

3. 不接地配电网系统应设置能发出声、光双重信号的绝缘监视装置，可以连续监测电气装置的绝缘。

4. IT 系统的外露可导电部分可采用共同的接地极，亦可个别或成组地采用单独的接地极。IT 系统不宜配出中性导体。

5. 一般 10 kV 电网采用中性点不接地的运行方式。

6. 在中性点经消弧线圈接地系统中，如果消弧线圈选择恰当，可使接地点的电流小于生弧电流而不会产生断续的电流和过电压的现象。采取在中性点经消弧线圈接地方式，其目的是减小接地电流。

7. 在中性点不接地的电力系统中，用电设备的绝缘水平应按线电压考虑。

8. 在中性点不接地的电力系统中，当发生单相接地故障时，流入大地的电流若过大，就会在接地故障点出现断续电弧而引起过电压。

9. 中性点不接地的电力系统中，发生单相接地故障时，可继续运行但不超过 2 h。

二、TT 系统

TT 系统是电源系统有一点直接接地、设备外露导电部分的接地与电源系统的接地在电气上无关的系统。

TT 系统两个字母“T”分别表示配电网中性点和电气设备金属外壳接地。典型 TT 系统见图 7－5。

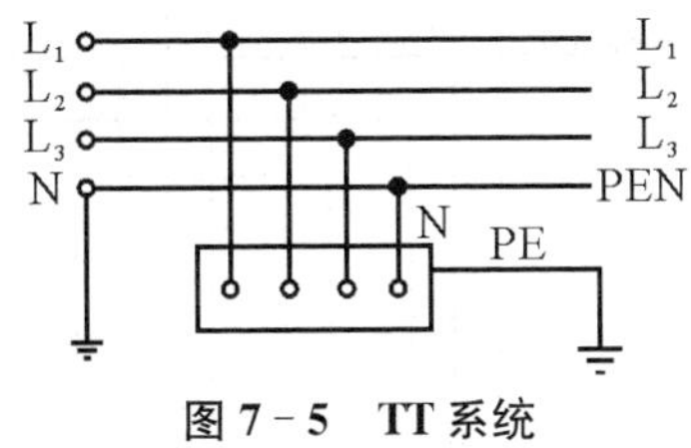

图 7－5　TT 系统

1. 在这种系统中，电力系统直接接地，用电设备的外露可导电部分采用各自的 PE 线接地的三相四线制低压供电系统。由于各自的 PE 线互不相关，因此电磁适应性较好，但是该系统的故障电流取决于电力系统的接地电阻和 PE 电阻，而故障电流往往很小，不足以使数千瓦的用电设备的保护装置断开电源。为了保护人身安全，必须采用漏电保护器作为线路和用电设备的保护装置，否则只适用于小负荷的系统。

2. TT 系统中，配电线路内有同一间接接触防护电器保护的外露可导电部分，应用保护导体连接至共用或各自的接地极上。TT 系统是配电网中性点直接接地、用电设备的金属外壳也采取接地措施的系统。

三、TN 系统的接地的形式

TN 系统是电源系统有一点(通常是中性点)接地，负载的外露可导电部分(如金属的外壳等)通过保护线连接到此接地点的低压配电系统。依据中性线 N 和 PE 线不同组合的方式可分为 TN-C 系统、TN-S 系统、TN-C-S 系统。见图 7-6。

1. 用字母表示

T—表示独立于电力系统可接地点而直接接地。

N—表示与电力系统可接地点直接进行电气连接。

C—表示中性导体和保护导体结构上是合一的。

S—表示中性导体和保护导体结构上是分开的。

① 符号 N—表示中性点、中性线、工作零线。

② 符号 PEN—表示保护中性线、具有中性线和保护线两种功能的接地线。

③ 符号 PE—表示保护线。

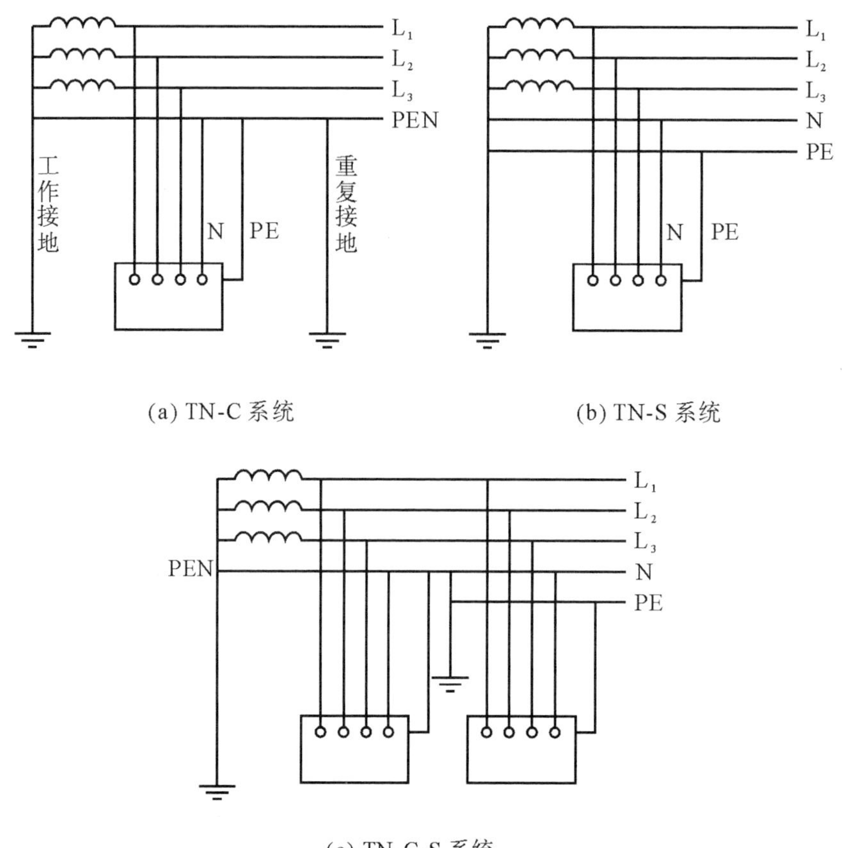

图 7-6 TN 系统接线图

2. 中性点和中性线　发电机、变压器、电动机三相绕组连接的公共点称为中性点，如果三相绕组平衡由中性点到各相外部接线端子间的电压绝对值必然相等，则该点又称作零点；从中性点引出的导线称中性线（从零点引出的导线称零线）。

3. TN-C 系统　TN-C 系统表示中性导体和保护导体结构上是合一的，也就是工作零线和保护零线完全合一的系统，又称三相四线制。用于无爆炸危险和安全条件较好的场所。

在 TN-C 系统中，中性线（N）和保护线（PE 线）上严禁装设熔断器和单相闸刀。严禁断开 PEN 线，不得装设将 PEN 线断开的任何电器，当需要在 PEN 线上装设电器时，只能相应断开相线回路。

4. TN-S系统　TN-S系统表示中性导体和保护导体结构上是分开的，也就是工作零线和保护零线完全分开的系统，又称三相五线制。用于爆炸危险较大或安全条件要求较高的场所。

TN-S系统中，N线上不宜装设将N线断开的电器，当需要断开N线时，应装设相线和N线一起切断的保护电器。

5. TN-C-S系统　TN-C-S系统表示中性导体和保护导体结构上是前部分共用，后部分分开，也就是工作零线和保护零线前部分共用、后部分分开的系统。前部分三相四线制，后部分三相五线制。用于厂区有变、配电所，低电压进线的车间以及民用楼房及写字楼。严禁分开后再合并。

在有爆炸危险的场所，应采用三相五线制和单相三线制线路，即采用保护零线与工作零线分开的TN-S系统，工作零线上不应有短路保护。

6. 工作接地　工作接地是指变压器、发电机中性点直接接地。工作接地电阻应小于等于4 Ω，高阻抗地区可放宽到10 Ω。工作接地与变压器外壳接地、避雷器接地是共用的，又称三位一体接地。

目前，我国地面上低压配电网绝大多数都采用中性点直接接地的三相四线配电网。在这种配电网中，TN系统是应用最多的配电及防护方式。在TN-C和TN-C-S系统中，为了电路或设备达到运行要求的接地，如变压器的中性点接地，该接地称工作接地或配电系统接地(详见接地与接零)。

7. 中性点直接接地　中性点直接接地电力系统中，以单相接地短路故障最多，约占全部故障的90%。

四、接地与接零

1. 工作接地　为保证系统的稳定性及电气设备能可靠地运行，将电力系统中的变压器低压侧中性点接地，称为工作接地。工作接地电阻小于等于4 Ω。高阻抗地区可放宽到10 Ω。

2. 保护接地　保护接地的作用是当设备金属外壳意外带电时将其对地电压限制在规定的范围内，消除或减小电击的危险。将所有的电气设备不带电的部分，如金属外壳、金属构架和操作机构及互感器铁芯、外壳、二次绕组的负极，妥善而紧密地进行接地称保护接地。

(1) 保护接地的具体部位有：

① 电动机、变压器、开关设备、照明器具、移动电气设备的金属外壳。

② 配电装置金属构架、操作机构、金属遮栏、金属门、配电的金属管、电气设备的金属传动装置。

③ OI、I类的电动工具或民用电器的金属外壳。

④ 电缆金属外皮、接线盒及金属支架。

⑤ 架空线路的金属杆塔。

⑥ 电压互感器和电流互感器铁芯、外壳、二次线圈(不带电的)负极。

3. 重复接地　在低压电网中，零线除在电源(发电机或变压器)的中性点进行工作接地以外，还应在零线的其他地方(一处或多处)再一次的接地，这种接地称为重复接地。

重复接地的作用：

① 减轻零线断路时的触电危险。

② 缩短保护装置的动作时间。

③ 降低漏电设备的对地电压。

④ 改善架空线路的防雷性能。

4. 保护接零

(1) 将变压器和发电机直接接地的中性线连接起来的导线称零线。

(2) 在中性点直接接地的 380 V/220 V 三相四线制电力网中,将电动机等电气设备的金属外壳与零线用导线连接起来,称为保护接零。

(3) 保护接零的作用是:当单相短路时,使电路中的保护装置(如熔断器、漏电保护器等)迅速动作,将电源切断,确保人身安全。

(4) 对零线主要有下列要求:

① 零线截面的要求:保护接零所用的导线,其截面不应小于相线截面的 1/2。

② 零线的连接要求:零线(或零线的连接线)的连接应牢固可靠,接触良好。

③ 采用裸导线作为零线时,应涂以棕色漆作为色标。

④ 各设备的保护零线不允许串联。

⑤ 在有腐蚀性物质的环境中,为防止零线腐蚀,在零线表面上应涂以防腐材料。

5. 接地装置　接地体和接地线总称为接地装置。

(1) 接地体:为了其他用途而装设的并与大地可靠接触的金属桩(柱)、钢筋混凝土基础和金属管道等,用来作为接地体,称为自然接地体;为了接地需要而专门装设的金属体,称为人工接地体。

(2) 人工接地线:为接地需要专门安装的金属导线,称为人工接地线。接地线又可分为接地干线、接地支线。接地线地上部分应用螺栓连接。

6. 接地电阻

(1) 具体地说,1 kV 以下电力系统变压器低压侧中性点工作接地电阻值应小于等于 4 Ω;保护接地电阻应在 4～10 Ω 以内;重复接地电阻不应大于 10 Ω。

(2) 避雷针(或避雷线)单独接地的接地电阻值应小于 10 Ω(特殊情况下要求小于 4 Ω)。

第三节　触电的危害与救护

电气事故对人体的伤害即触电事故是各类电气事故中最常见的事故。本节主要介绍电流对人体的伤害、触电事故的种类和方式、触电事故的规律、触电急救等基本内容。

一、电流对人体的伤害

触电的危险是电流通过人体造成对人体内部组织的伤害(如心脏不断颤动)和电流的热效应、化学效应、机械效应等对人造成的伤害。

1. 热伤害　电烧伤是电流的热效应造成的伤害,分为电流灼伤和电弧烧伤。

电流灼伤是人体与带电体接触,电流通过人体由电能转换成热能造成的伤害。电流灼伤一般发生在低压设备或低压线路上。

2. 化学伤害　电流作用于人体后,改变了人体组织内部的电解质的成分和浓度,可使人体机能失常。

3. 生理性伤害　当流过人体的电流在 10～30 mA 时,就可能有强烈的颤抖、痉挛、呼吸困难、心跳不规律等症状,如果时间加长,可能引起昏迷,血压升高甚至出现心室纤维性颤动,从而导致死亡。

二、人体电阻

我国规定工频电压 50 V 的限值是根据人体允许电流 30 mA 和人体电阻 1 700 Ω 的条件确定的。一般情况人体电阻可按 1 000～2 000 Ω 考虑。

人体阻抗及测定：人体阻抗与皮肤清洁、干燥、完整、接触面积大小、紧密程度、电压高低有关。

触电事故是由电流形式的能量造成的事故，其构成方式和伤害方式有很多不同之处。

三、影响触电危害程度的因素

1. 通过人体的电流大小与伤害程度的关系：触电时，电流通过人体是造成伤害的直接因素。

(1) 感知电流：引起有触电感觉的最小电流。它对于不同年龄、不同性别、不同健康状况的人可能有较大的差别。就以健康的成年人而言，感知电流的平均值男性为 1.1 mA，女性为 0.7 mA。

(2) 摆脱电流：这是触电后可自主地摆脱电源的最大电流，它对于不同年龄、不同性别、不同健康状况的人可能有较大的差别。就以健康的成年人而言，摆脱电流平均值男性为16 mA，女性为 10.5 mA。当流过人体电流男性为 9 mA、女性为 6 mA 时，99.5%的人都有摆脱能力。可以认为摆脱电流为 10 mA。

(3) 室颤电流：引起心脏不断颤动的最小电流 50 mA。当出现这种情况时，就可能有生命危险。但这一电流的大小与人体触电的持续时间有很大的关系。电流通过人体持续时间与伤害程度的关系，持续时间越长越严重。

(4) 触电时电流通过人体的途径与伤害程度的关系，胸到左手伤害最严重。

(5) 人体允许电流：一般情况下人体允许电流男性为 9 mA，女性为 6 mA。在系统和设备装有防触电的速断保护装置的情况下，人体允许电流可按 30 mA 考虑，当电流超过 30 mA 就有生命危险。

2. 触电的危险程度与下列情况有关：

(1) 电流大小：触电的危险程度除电流频率及通过人体的部位和健康状况外，完全取决于通过人体的电流大小，电流越大伤害越严重。

(2) 触电的持续时间：电流作用的时间越长，伤害越严重。

(3) 电流的途径：电流通过人体对人体危害程度与通过人体的途径有密切的关系，从左手到胸及左手到右脚伤害最严重。电流流过人体的路径，从左脚至右脚的电流路径危险性小，但人体可能因痉挛而摔倒，导致人体通过全身或发生二次事故而产生严重后果。

(4) 电流的种类：直流电流、高频电流、冲击电流。这三种电流对人体都有伤害，其伤害程度一般较工频电流轻，25～300 Hz 的交流电流对人体伤害最严重。

(5) 人体的健康状况：人体的健康状况如有心脏病、呼吸道和神经系统疾病以及酗酒，疲劳过度的人，遭受电击时的危险性比正常人大。

四、触电事故的种类和方式

触电事故总体上可划分为两类触电事故、三种触电方式。

1. 触电事故的种类

(1) 电击:电击是电流对人体内部组织的伤害,是最危险的一种伤害,绝大多数(大约 85%)的触电死亡事故都是由电击造成的。

电击的主要特征有:

① 伤害人体内部器官。② 低压触电在人体的外表没有显著的痕迹,但是高压触电会产生极大的热效应,导致皮肤烧伤,严重者会被烧焦。③ 致命电流较小。

(2) 电伤:电烧伤是电流的热效应造成的伤害,分为电流灼伤和电弧烧伤。

电伤是由电流的热效应、化学效应、机械效应等对人造成的伤害。电流触电伤亡事故中,纯电伤性质的及带有电伤性质的约占 75%(电烧伤约占 40%)。尽管大约 85%的触电死亡事故是电击造成的,但其中大约 70%的含有电伤成分。对专业电工自身的安全而言,预防电伤具有更加重要的意义。

电流灼伤是人体与带电体接触,电流通过人体由电能转换成热能造成的伤害。电流灼伤一般发生在低压设备或低压线路上。

电弧烧伤是由弧光放电造成的伤害,分为直接电弧烧伤和间接电弧烧伤。前者是带电体与人体之间发生电弧,有电流流过人体的烧伤;后者是电弧发生在人体附近对人体的烧伤,包含熔化了的炽热金属溅出造成的烫伤。直接电弧烧伤是与电击同时发生的。

电弧温度高达 8 000 ℃,可造成大面积、大深度的烧伤,甚至烧焦、烧掉四肢及其他部位。大电流通过人体,也可能烘干、烧焦机体组织。高压电弧的烧伤较低压电弧严重,直流电弧的烧伤较工频交流电弧严重。

发生直接电弧烧伤时,电流进、出口烧伤最为严重,人体内也会受到烧伤。与电击不同的是,电弧烧伤都会在人体表面留下明显痕迹,而且致命电流较大。电弧中的紫外线还能引起电光性眼炎。

2. 触电方式

(1) 单相触电:当人体直接碰触带电设备其中的一相时,电流通过人体流入大地,这种触电现象称为单相触电。对于高压带电体,人体虽未直接接触,但由于超过了安全距离,高电压对人体放电,造成单相接地而引起的触电,也属于单相触电。

$$I_R = \frac{U_{相}}{R_R + R_0} \quad R_0 \text{ 比较小可以不计,因此 } I_R = \frac{U_{相}}{R_R}$$

(2) 两相触电:指人体两个不同部位同时触碰到同一电源的两相带电体,电流经人体从一相流入另一相的触电方式,两相电压引起的人体触电,称为两相电压触电。两相触电比单相触电更危险。

(3) 跨步电压触电:当电气设备发生接地故障,接地电流通过接地体向大地流散,在地面上形成电位分布时,若人在接地短路点周围行走其两脚之间的电位差,就是跨步电压;由跨步电压引起的人体触电,称为跨步电压触电。

下列情况和部位可能发生跨步电压电击:

带电导体特别是高压导体故障接地处;带电装置流过故障电流时;防雷装置遭雷击时;高大建筑、设备或树木遭雷击时。

绝缘鞋可作为防护跨步电压的基本安全用具。为防止跨步电压触电,进入故障点区域人员应穿绝缘鞋。跨步电压是人体遭受电击的一种,其规律是离故障接地点越近,跨步电压就越高,危险性就越大。为防止跨步电压伤人，防直击雷接地装置距建筑物出入口和人行道边的距离不应小于 3 m，距电气设备装置要求在 5 m 以上。

安全规程规定人们在户外不要走近断线点 8 m 以内的地段，在户内不要走近断线点 4 m 以内的地段，否则会发生跨步电压触电事故。

(4) 其他触电方式还有：

① 雷击：遭受直接雷或感应雷电击。

② 接触电压触电：电气设备因绝缘老化而使外壳带电，人在接触电气设备外壳时，电流经人体流入大地的触电。

③ 感应电压触电：一些设备虽然停电，但由于临近的设备带电，可能在停电的设备上感应出电压造成触电。

④ 在高电压等级线路上方的孤立导体、在强磁场中孤立导体。

⑤ 剩余电荷触电：防止剩余电荷触电，作业时应特别注意，在对下列设备进行检修或测试前先要进行放电，确保安全。比如电力电容器、电力电缆、容量较大的电动机、发电机、变压器。特别对刚退出运行的电容器组，要在原有的自动放电装置上，经过不少于 3 min 的自动放电，然后再补充人工放电，以使残余电荷放掉。

五、触电事故的原因和规律

1. 造成触电事故的原因

(1) 违反安全操作规程或安全技术规程，在低压系统中发生的触电情况有：接线错误；设备有缺陷或故障并且维修管理不善；停电后不经过验电进行操作；不按规章要求穿戴防护用品；不按规程要求敷设线路(包括临时线)。

(2) 缺乏电气安全知识或常识而发生触电事故，低压系统中发生触电原因有：接临时接地线不按规范去做；不切断电源就移动电气设备；带电修理或检测、冒险通电试运行电气设备；不能确知通电是否使用安全可靠的电动工具；同时剪断两根及以上带电导线；地下施工；野蛮作业。

(3) 造成触电意外因素有：触及断落的带电导线；车辆超高、触及架空带电线路；人工抬扛过高、过长的金属物体碰到带电导体；触及意外带电的零线。

2. 触电事故规律

(1) 触电事故季节性明显，特别在 6～9 月，事故最为集中。

(2) 低压设备触电事故多；根据触电事故的规律，一般是低压触电事故高于高压触电事故。但专业电工中，从事高压电工作业人员，高压触电事故高于低压触电事故。一般是单相触电事故多于两相触电事故。

(3) 携带式设备和移动式设备触电事故多。

(4) 电气连接部位触电事故多。

(5) 非专业电工和外用工触电事故多。

(6) 民营的工矿企业触电事故多。

(7) 错误操作和违章作业造成的触电事故多。

(8) 不同地域、不同年龄段的人员触电事故不同。

(9) 农村触电事故多于城市。

(10) 不同行业触电事故不同。

六、触电急救

发现有人触电应立即使触电者脱离电源，迅速进行诊断，按正确的方法进行心肺复苏（口对口人工呼吸和胸外按压法）并立即拨打“120”。

1. 触电急救应分秒必争，一经明确心跳、呼吸停止的，立即、就地、迅速、正确用心肺复苏法进行抢救，并坚持不断地进行，同时及早与医疗急救中心（医疗部门）联系，争取医务人员接替救治。在医务人员未接替救治前，不应放弃现场抢救，更不能只根据没有呼吸或脉搏的表现，擅自判定伤员死亡，放弃抢救。只有医生有权做出伤员死亡的诊断。医务人员接替时，应提醒医务人员在触电者转移到医院的过程中不得间断抢救。

2. 迅速脱离电源

(1) 触电急救，首先要使触电者迅速脱离电源，越快越好。因为电流作用的时间越长，伤害越重。

(2) 脱离电源，就是要把触电者接触的那一部分带电设备的所有断路器（开关）、隔离开关（刀闸）或其他断路设备断开，或设法将触电者与带电设备脱离开。

3. 低压触电可采用下列方法使触电者脱离电源：

(1) 如果触电地点附近有电源开关或电源插座，可立即拉开开关或拔出插头，断开电源。但应注意到拉线开关或墙壁开关等只控制一根线的开关，有可能因安装问题只能切断中性线而没有断开电源的相线。

(2) 如果触电地点附近没有电源开关或电源插座（头），可用电工的绝缘工具如绝缘手套、有绝缘柄钢丝钳等断开电源。或将触电者移开。

(3) 用替代的绝缘工具如干燥木棍、木板、竹竿、塑料管、干燥木柄的斧头等切断电线或将触电者移开。

(4) 当电线搭落在触电者身上或压在身下时，可用干燥的衣服、手套、绳索、皮带等绝缘物作为工具，拉、拖、拽开触电者或挑开电线，使触电者脱离电源。如果触电者的衣服是干燥的，又没有紧缠在身上，可以用一只手抓住他的衣服，拉离电源。但因触电者的身体是带电的，其鞋的绝缘也可能遭到破坏，救护人不得接触触电者的皮肤，也不能碰他的脚、鞋。在抢救触电者脱离电源时，在没有采取任何绝缘措施情况下，救护人员不得直接接触触电者的皮肤或潮湿的衣服。

4. 低压触电者脱离电源时的注意事项：

(1) 救护人员要保护自身的安全，并做好自身防触电的措施。

(2) 救护人员要保护其他人员的安全，做好防止其他人员触电的措施。

(3) 救护人员要保护触电者的安全，要有防坠落和二次伤害的安全措施。

(4) 如事故发生在夜间，应设置临时照明灯，以便于抢救，避免意外事故，但不能因此延误切断电源和进行急救的时间。

5. 高压触电可采用下列方法使触电者脱离电源：

(1) 立即通知有关供电单位或用户停电。

(2) 戴上绝缘手套，穿上绝缘靴，用相应电压等级的绝缘工具按顺序拉开电源开关或熔断器。

七、心肺复苏术法

1.《2010AHA CPR&ECC 指南》最新标准

(1) 建立了简化的通用成人基础生命支持流程。

(2) 对根据无反应的症状立即识别并启动急救系统，以及患者在无反应且没有呼吸或不能正常呼吸(即仅仅是喘息)的情况下开始进行心肺复苏的建议做出了改进。

(3) 从流程中去除了“看、听、试(感觉)”。

(4) 继续强调高质量的心肺复苏，按压后保证胸骨完全回弹，胸外按压时最大限度地减少中断(以足够的速率和幅度进行按压，保证每次按压后胸廓回弹，尽可能减少按压中断，并避免过度通气)。

(5) 更改了单人施救者的建议程序，即先开始胸外按压，然后进行人工呼吸(C-A-B 而不是 A-B-C)。单人施救者应首先从进行 30 次按压开始心肺复苏，而不是进行 2 次通气，这是为了避免延误首次按压。

成人基本生命支持简化流程心肺复苏程序变化：

① 按照心肺复苏术中 C-A-B 的顺序，对于没有意识，没用呼吸或不能正常呼吸的成人，应首先给予胸外按压。

②《2010AHA CPR&ECC 指南》(新)：C、A、B 三大步骤

C—人工循环(找准压点、胸外按压)。

A—气道开放(通畅气道)。

B—人工呼吸。

③ 有条件可采取自动体外除颤。

2. 心肺复苏具体做法

(1) 胸外按压(图 7－8)：首先要找准压点、压点准确位置在伤员胸部右侧找到肋骨和胸骨接合处的中点(交接处中点)，两手掌跟重叠，手指翘起，不得伤及伤员胸部，以髋关节为支撑点垂直将正常人胸骨压深，成人胸骨下陷的深度至少 5 cm(图 7－7)。按压深度 5 cm 时比 4 cm 更有效，儿童、瘦弱者深度酌减。按压频率≥100 次/分且≤120 次/分(原标准为大约 100 次/分)。

图 7－7　压深至少 5 cm

(a) 急救者跪跨位置

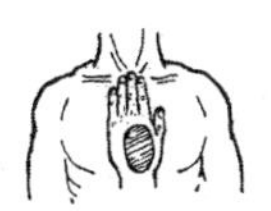

(b) 急救者压胸的手掌位置

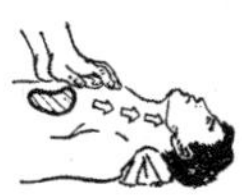

(c) 挤压方法示意

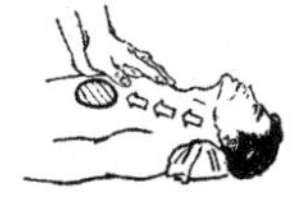

(d) 突然放松示意

图 7－8　胸外心脏按压法

2010 CPR 明确:如果旁观者没有经过心肺复苏术培训,可以提供只有胸外按压的 CPR(图 7-9)。即“用力按,快速按”,在胸部中心按压,直至受害者被专业抢救者接管(特别对不能或不愿意人工通气者至少会实施胸外按压)。

图 7-9 胸外心脏挤压法实例

(2) 口对口(鼻)呼吸具体做法:将触电者仰卧平躺在干燥、通风、透气的地方宽衣解带(冬季注意保暖),然后将触电者头偏向一侧,清除口中异物(假牙、血块、呕吐物)等,仰头抬颏、通畅气道的同时一只手捏住伤员鼻翼,另一只手微托伤员颈后保证伤员气道通畅,急救人员应深吸一口气,然后用嘴紧贴伤员的嘴(鼻)大口吹气,注意防止漏气,停时应立刻松开鼻子让其自由呼气,并将自己头偏向一侧,为下次吹气做准备(儿童、瘦弱者注意吹气量)。口对口(鼻)呼吸按吹二秒停三秒、每分钟 12～15 次。胸外按压和口对口(鼻)呼吸同时做,有效 30 次按压及 2 次人工吹气(按压和呼吸比例 30∶2)为 1 个循环周期,5 个循环周期 CPR 操作。同时观察伤员胸部腹部起伏情况。

3. 心肺复苏法《2010AHA CPR&ECC 指南》要点

(1) 训练有素的救援人员,应该至少为被救者提供胸外按压。另外,如果能够执行人工呼吸,那么按压和呼吸比例按照 30∶2 进行。在到达抢救室前,抢救者应持续实施 CPR。

(2) 心肺复苏同时进行时:单人抢救按 30∶2(胸外挤压 30 次、吹 2 次气),二人抢救按 30∶2(胸外挤压 30 次、吹 2 次气)进行。

(3) 徒手心肺复苏术口对口(鼻)呼吸具体做法按口对口(鼻)呼吸具体做法进行(图 7-10、图 7-11)。

(4)《2010AHA CPR&ECC 指南》强调胸外按压法,提高按压的次数和深度(特别对不能或不愿意人工通气者至少会实施胸外挤压法)。

因此,呼吸作为心脏骤停后简要检查的一部分,应放在胸外按压、开放气道 2 次通气之后,口对口(鼻)呼吸法,已不再强调在胸外挤压法之前。

(5) 抢救每隔数分钟后再判定:每次判定不得超过 7 s,不要随意移动伤员,的确有必要移动时,抢救中断时间不超过 30 s。心肺复苏在医务人员接替救治前不能中途停止。

(6) 心肺复苏抢救时,夏季要防止伤员中暑、冬季要注意伤员的保暖,有外伤者必须及时处理。

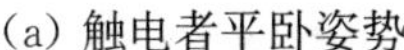

(a) 触电者平卧姿势　　(b) 单人操作法　　(C) 双人操作法

图 7－10　对心跳和呼吸均停止者的急救

(a) 急救者吹气方法　　(b) 触电者呼气姿态

图 7－11　口对口(鼻)呼吸具体做法

4. 触电急救过程中的安全注意事项

(1) 首先迅速脱离电源的过程中，要保护自身的安全不要造成再次触电。

(2) 应注意脱离电源后的保护，不要造成二次伤害。

(3) 脱离电源后要根据情况立即进行抢救，抢救过程不能有停顿。

(4) 发生在夜间触电要解决照明的问题，以利抢救。

(5) 如送医院应尽快送到，在途中不能中断抢救，并向医护人员讲明触电情况。

发生触电伤亡事故的抢救在 4～7 min 之内最有效，是关键时刻。总之要迅速、就地、正确、坚持。

第八章　电力变压器与高压互感器

第一节　电力变压器工作原理

一、电力变压器的作用

变压器是利用电磁感应原理将一种电压等级的交流电能转变成另一种电压等级的交流电能(图 8-1)。

变压器的作用是改变交流电的电压、电流、阻抗,但阻抗不能变换频率,一种传输电能的静止的电气设备。

图 8-1　油浸式变压器

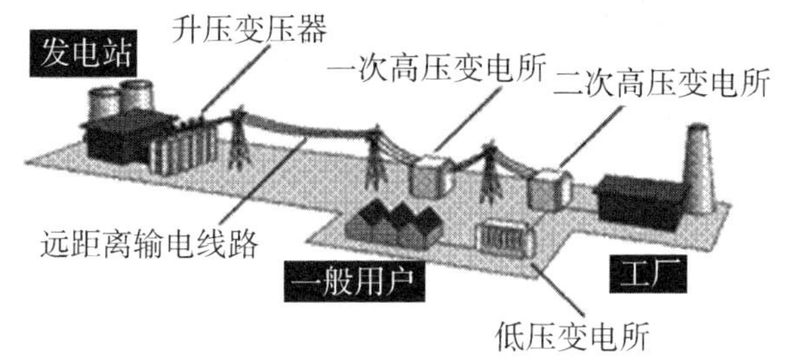

图 8-2　电力系统中变压器示意图

在电力系统中,变压器主要起着升压和降压的作用,是电力系统的重要组成部分和不可缺少的电气设备之一(图 8-2)。

二、电力变压器的工作原理

变压器的基本工作原理是电磁感应。即由电生磁、磁生电的原理制成的。

变压器是根据互感原理,将某一等级的交流电压变换成同频率另一等级的交流电压的设备。图 8-3 是单相变压器的原理图。

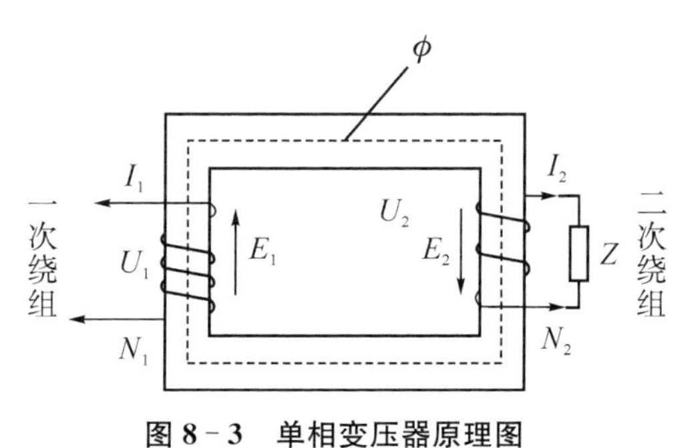

图 8-3　单相变压器原理图

1. 变压器的基本原理　当交流电源电压 U_1 加到一次绕组后,就有交流电流 I_1 通过该绕组并在铁芯中产生交变磁通 Φ。这个交变磁通不仅穿过一次绕组,同时也穿过二次绕组,两个绕组中将

分别产生感应电势 E_1 和 E_2。若二次绕组与外电路的负载接通，便会有电流 I_2 流入负载 Z，即二次绕组就有电能输出。变压器是将一次绕组输入的能量传递到了二次侧供负载使用。

2. 变压器的变比　变压器的一次、二次绕组的感应电势 E_1 和 E_2 分别为：

$$E_1 = 4.44fN_1\Phi_m$$

$$E_2 = 4.44fN_2\Phi_m$$

变压器的变比 K 为 E_1 和 E_2 之比：

$$K = \frac{E_1}{E_2} = \frac{N_1}{N_2} = \frac{U_1}{U_2}$$

如不计损失，根据能量守恒原理可得：

$$\frac{I_1}{I_2} = \frac{U_2}{U_1} = \frac{1}{K}$$

可见变压器一、二次电压之比与一、二次绕组的匝数成正比；一、二次电流之比与一、二次绕组的匝数成反比。即匝数多的一侧电压高、电流小，匝数少的一侧电压低、电流大。由于变压器一、二次侧的绕组匝数不相等，故可起到改变电压的作用。当电源接至高压侧时，称该变压器为降压变压器；当电源接至低压侧时，称该变压器为升压变压器。

第二节　变压器的分类和结构

一、变压器分类

1. 按用途分　① 电力变压器；② 试验变压器；③ 仪用变压器；④ 调压变压器；⑤ 特殊用途变压器。

2. 按相数分　① 单相变压器；② 三相变压器。

3. 按电压升降分　① 降压变压器；② 升压变压器；③ 配电变压器。

4. 按绕组分　① 双线圈变压器；② 三线圈变压器。

二、变压器铭牌表示方法

S	J	L-	1 000/10	S_7	S_9	S_{11}	M
三相	连接方式	线	kVA/kV	三相节能	三相节能(新)		密封

三、电力变压器结构

电力变压器有油浸式变压器和干式变压器。

1. 油浸式变压器　油浸式变压器结构由以下部分组成：绕组（电路）；铁芯（磁路）；油箱（大盖、箱体、油枕、散热器片）；分接开关；绝缘导管（高压绝缘导管、低压绝缘导管）；呼吸器以及安全保护装置等。

目前油浸式变压器使用最广泛，中小型油浸变压器的主体构造，见图 8－4。

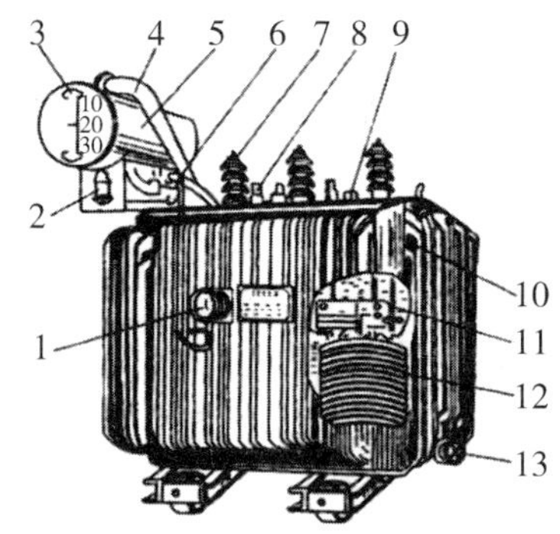

1—信号式温度计；2—吸湿器；3—油标；
4—安全气道；5—储油柜；6—气体继电器；
7—高压套管；8—低压套管；9—分接开关；
10—油箱；11—铁芯；12—线圈；13—放油阀门

图 8-4　油浸式变压器外形图

(1) 绕组(电路)：绕组也是变压器的主要部件之一，是变压器的电路部分。绕组一般是用绝缘纸包的铝线或铜线绕制而成。原、副绕组同心套在铁芯柱上。为便于绝缘，一般低压绕组在里面，高压绕组在外面。变压器内部主要绝缘材料有变压器油、绝缘纸板、电缆纸、皱纹纸等。

(2) 铁芯(磁路)：铁芯是变压器的主要部件之一，用以构成变压器的磁路。由铁芯柱和铁轭两部分组成。铁芯的结构一般分为心式和壳式两类。为降低变压器本体的电能损耗，变压器铁芯都采用磁导率高涂有绝缘漆的硅钢片叠成。硅钢片有热轧和冷轧两种，国产冷轧硅钢片的厚度为 0.35 mm、0.3 mm、0.27 mm 等几种。

(3) 油箱与冷却装置(大盖、箱体、油枕、散热器片)：油箱是油浸式变压器的外壳，由钢板焊成。变压器的器身(包括铁芯和绕组)置于油箱内，箱内灌满变压器油。为了加强冷却，一般在油箱四周装有散热器，以扩大变压器的散热面积。根据变压器的容量大小不同，采用不同的冷却装置。变压器冷却方式有油浸自冷、油浸风冷和强迫油循环水冷。

变压器油箱漏油造成油面降低，属于变压器的异常。

(4) 油枕：油枕又称储油柜，位于变压器油箱上方，通过气体继电器与油箱相通，其容积为油箱容积的 8%～10%。油枕的作用是当变压器油的体积随温度变化而膨胀或缩小时，油枕起着储油和补油的作用，保证油箱内总是充满油，并减小油面与空气的接触面，从而减缓油的老化。油枕的侧面装有油标，指示变压器在运行时油量是否充足，同时也能判别油色是否正常。

全密封的变压器，一般不再设储油柜，只在油箱盖上装油位管以监视油位。

(5) 防爆管：防爆管又称安全气道，顶部的防爆膜为一定厚度的玻璃或酚醛纸板。当变压器内部发生严重故障时，箱内油的压力骤增，可以冲破顶部的玻璃或酚醛纸板，使油和气体向外喷出，以防止油箱破裂。

(6) 温度计：温度计安装在油箱上盖的测温筒内，用来测量油箱内上层油温，监视变压器运行温度，保证变压器的安全运行，图 8-5 所示为信号温度计。

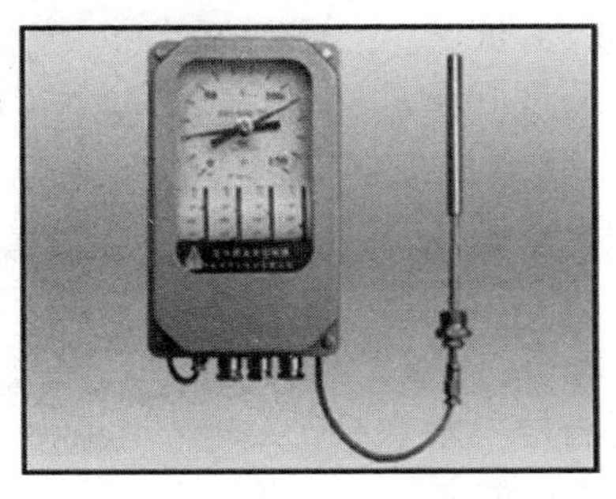

图 8-5　信号温度计

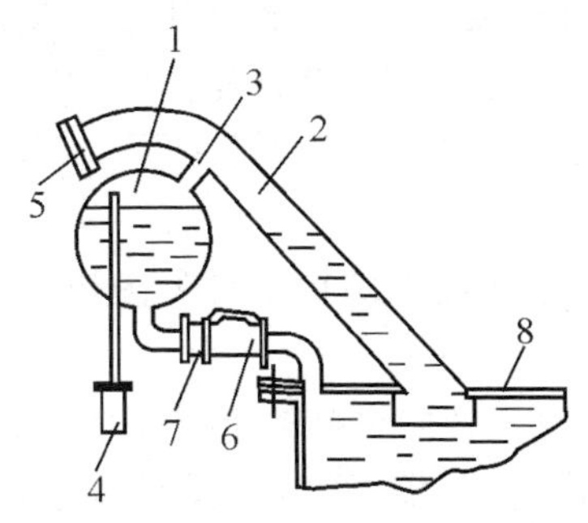

1—储油柜；2—防爆管；3—连通管；4—呼吸器；
5—防爆膜；6—气体继电器；7—碟阀；8—油箱

图 8-6　气体继电器图(瓦斯继电器)

(7) 气体继电器：气体继电器又称瓦斯继电器，位于储油柜与箱盖的连通管之间(图 8-6)。瓦斯保护是变压器内部故障的主保护，轻瓦斯保护作用于信号，重瓦斯保护作用于跳闸。另外，利用气体继电器还可以观察故障时分解出的气体颜色及数量，以分析判断变压器内部故障的情况。

(8) 调压装置(分接开关)：为了供给稳定的输出电压，均需对变压器进行电压调整。变压器调压的方法是在某一侧绕组上设置分接头，以切除或增加一部分绕组的线匝，以改变绕组的匝数，从而达到改变电压比的有级调整电压的方法。这种绕组抽出分接以供调压的电路，称为调压电路，变换分接以进行调压所采用的开关，称为分接开关。图 8-7 分接开关由Ⅰ挡调至Ⅱ挡。

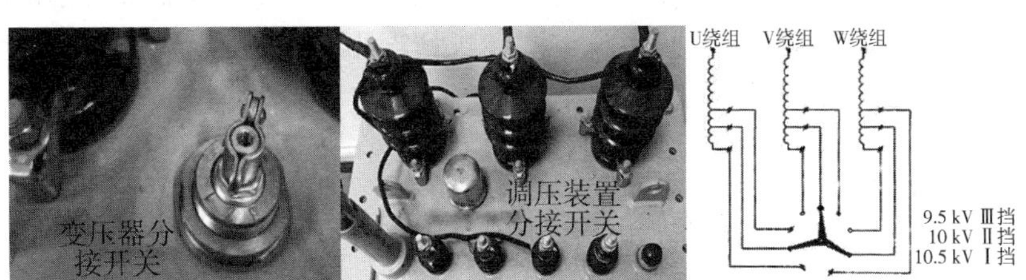

图 8-7　变压器分接开关

一般情况下是在高压绕组上抽出适当的分接头。这是因为高压绕组常套在外面，引出分接方便，同时高压侧电流小，分接引线和分接开关的载流部分截面小，开关接触触头也较容易制造。分接开关分为无励磁调压分接开关和有载调压分接开关。

(9) 绝缘套管(图 8-8)：变压器内部的高、低压引线是经绝缘套管引到油箱外部的，它起着固定引线和对地绝缘的作用。变压器套管由带电部分和绝缘部分组成。

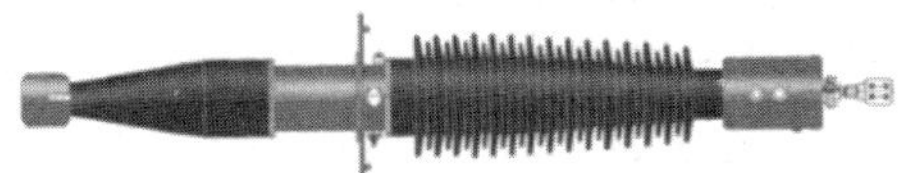

图 8-8　绝缘套管

2. 干式变压器　干式变压器主要由铁芯和绕组组成，其结构见图8-9。干式变压器具有安全，防火，无污染，机械强度高，抗短路能力强，热稳定性好，可靠性高，使用寿命长，低损耗，低噪声等特点。

图8-9　SGB10系列干式变压器

干式变压器在结构上可分为以固体绝缘包封绕组和不包封绕组。

(1) 环氧树脂绝缘的干式变压器：用环氧树脂浇注或浸渍作包封的干式变压器即称为环氧树脂干式变压器。环氧树脂是一种广泛应用的化工原料，不仅是一种阻燃的材料，而且具有优越的电气性能，在电工制造业中广泛应用。

(2) 气体绝缘干式变压器：气体绝缘干式变压器为在密封的箱壳内充以SF_6(六氟化硫)气体代替绝缘油，利用SF_6气体作为变压器的绝缘介质和冷却介质。它具有防火、防爆、绝缘性能好等特点。

气体绝缘干式变压器的结构特点：

① 气体绝缘干式变压器的工作部分(铁芯和绕组)与油浸变压器基本相同。

② 气体绝缘干式变压器的箱壳上还装有充放气阀门。

③ 为保证气体绝缘干式变压器有良好的散热性能，气体绝缘干式变压器需要适当增大箱体的散热面积，一般气体绝缘变压器采用片式散热器进行自然风冷却。

④ 气体绝缘干式变压器测量温度方式为热电耦式测量装置，同时还需要装有密度继电器和真空压力表。

(3) H级绝缘干式变压器：H级绝缘干式变压器的绝缘材料具有非常稳定的化学性能，可以连续耐220 ℃高温。H级绝缘干式变压器在起火情况下，具有自熄能力，亦不会产生烟雾和有毒气体。

第三节　变压器的技术参数

一、变压器额定容量

变压器按照国家标准铭牌上除标出变压器名称、型号、标准代号、制造厂名、出厂序号、制造年月以外还应标出变压器的技术参数数据。

所谓额定容量是指在变压器铭牌所规定的额定状态下，变压器二次侧输出能力(kVA)。三相变压器额定容量是三相容量之和。

交流电路中，通常视在功率表示变压器等设备的容量，它既不是有功功率，又不是无功功率，它是电压和电流的乘积，以符号S表示，单位是伏安(VA)或千伏安(kVA)。

视在功率与电压、电流之间的关系：

$$S = UI$$

1. 单相视在功率

$$S = UI$$

2. 三相视在功率

$$S = \sqrt{3}U_{相} I_{相}$$

3. 视在功率与有功功率和无功功率之间的关系

$$S^2 = P^2 + Q^2 \qquad S = \sqrt{P^2 + Q^2}$$

三相变压器的额定容量是三相容量之和，双绕组变压器的额定容量即为绕组的额定容量，多绕组变压器的额定容量为最大的绕组额定容量。

二、额定频率

我国电力系统的频率均为 50 Hz。交流的供用电设备全部按此标准设计。

三、额定电压

额定电压是指变压器在正常工作时一次绕组所加的电压和二次空载输出的线电压，额定电压的单位为“kV”，例如：10 kV 配电变压器为 10 kV/0.4 kV，20 kV 配电变压器为 20 kV/0.4 kV。额定电压应与所连接的输变电线路电压相符合。降压配电变压器的二次输出的额定电压要高于用电设备额定电压 5%左右。

四、额定电流

额定电流是指在额定容量和额定电压时所长期允许通过的电流。它是变压器设备运行的主要技术参数。

例如：100 kVA 变压器的额定电压为$\frac{10\ \text{kV}}{0.4\ \text{kV}}$，则高压侧电流 $I_1 = \frac{100}{1.732 \times 10} \approx 5.8(\text{A})$，低压侧电流 $I_2 = \frac{100}{1.732 \times 0.4} \approx 144.3(\text{A})$。

五、空载电流

空载电流(I_0)是指二次绕组开路状态下，一次绕组施加额定频率和额定电压时，一次绕组中所流过的电流。

变压器空载时损耗(ΔP)是指变压器空载时的有功功率损耗。它主要是铁芯中的磁滞和涡流损耗(铁损)。

六、阻抗电压

当变压器二次侧短路，一次侧施加电压使其电流达到额定值，此时所施加的电压称为阻抗电压(U_Z)。

变压器的短路损耗是指变压器二次侧短接、一次绕组通过额定电流时变压器的损耗。它主要是一、二次绕组电阻上产生的损耗(铜损)。

七、连接组别

变压器的连接组别是指三相变压器绕组的接法和电压相位关系。常用绕组接线方法是 Y(星形)接线和△D(三角形)接线(图 8-10)。

例 YD11 表示变压器的一次绕组连接成星形（Y），二次绕组连接成三角形（△D）；11 表示时钟的分针（长针）固定在 12 位置上，表示一次绕组线电压的相位，再用时针（短针）表示二次绕组线电压的位置（11），即相位差为 30°。

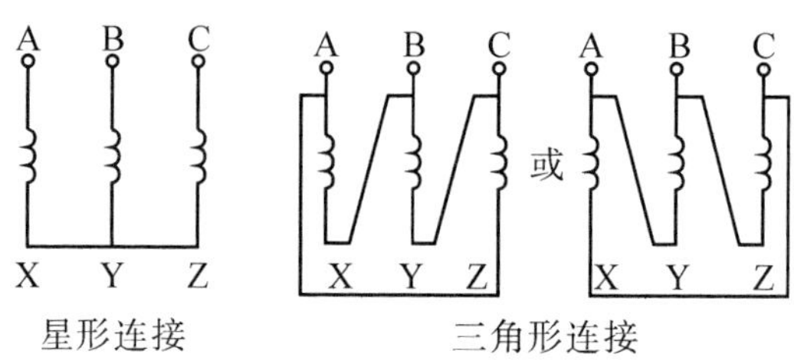

图 8－10　变压器接线方法

八、温升

空气冷却变压器是指变压器测量部位的温度与冷却空气温度（周围环境实际温度）之差。水冷却变压器是指变压器测量部位的温度与冷却器入口处水温之差。变压器温升的大小与变压器的损耗和散热能力等相关，与变压器周围环境的温度无关。为了便于监视运行中的变压器，规定上层油温为允许的温度。变压器正常运行时，上层油温不得超过 85 ℃。当变压器的温度达到稳定时的温升时称为稳定温升。

当变压器散发的热量与产生的热量相等时，变压器各部件的达到稳定，不再升高。

九、绝缘等级

变压器的允许温度主要决定于绕组的绝缘材料。油浸式变压器的绝缘等级都是 A 级，最高允许温度为 105 ℃，干式变压器的绝缘等级为 F 级，最高允许温度为 155 ℃。绝缘等级也是变压器的一个重要技术参数。

十、效率

变压器的效率（η）为输出有功功率与输入有功功率之比的百分数。

第四节　变压器的安全运行

一、变压器允许安全运行的方式

变压器正常运行时，理想的状态是希望流入差动回路的差流为零。当铜损和铁损相等时，变压器处于最经济运行状态，一般在其带额定容量的 50%～70%时。变压器送电时，尤其是大容量的变压器，应听到变压器空载运行的响声 3 min 后才能进行下一步操作。当变压器过负荷时，会发出很高且沉闷的嗡嗡声。

1. 允许温度　变压器运行时，其绕组和铁芯产生的损耗转变成热量，变压器运行时各部件的温度是不同的，绕组温度最高，铁芯次之，变压器油的温度最低。为便于监视运行中变压器各部件的温度，规定上层油温为允许温度。

变压器的允许温度主要决定于绕组的绝缘材料。我国电力变压器大部分采用 A 级绝缘材料。对于 A 级绝缘材料，其允许最高温度为 105 ℃，由于绕组的平均温度一般比油温高 10 ℃，同时为了防止油质劣化，所以规定变压器上层油温最高不超过 95 ℃。在正常状态下，为了防止变压器油不致过速氧化，上层油温一般不应超过 85 ℃。对于强迫油循环的水冷变压器，其上层油温不宜经常超过 75 ℃。当变压器绝缘材料的工作温度超过允许值时，其使用寿命将缩短。

2. 变压器过负载能力　在不损害变压器绝缘和降低变压器使用寿命的前提下，变压器在较短时间内所能输出的最大容量称为变压器的过负载能力。变压器过负载能力可分为正常情况下的过负载能力和事故情况下的过负载能力。

3. 允许电压波动范围　施加于变压器一次绕组的电压因电网电压波动而波动。变压器的电源电压一般不得超过额定值的±5%。不论变压器分接头在任何位置，只要电源电压不超过额定值的±5%，变压器都可在额定负载下运行。

二、变压器的并列运行

并列运行是将两台或多台变压器的一次侧和二次侧绕组分别接于公共的母线上，同时向负载供电。

1. 并列运行的目的

(1) 提高供电的可靠性：并列运行时，如果其中一台变压器发生故障从电网中切除时，其余变压器仍能继续运行，提高了供电的可靠性。

由两台并列运行的变压器工厂，当负荷小的时候可改为一台变压器运行。

(2) 提高运行的经济性：可根据负载的大小调整投入并列运行的台数，以提高运行效率。

(3) 可以减少总备用容量：并联可随着用电量的增加分批增加新的变压器。

2. 变压器并列运行的条件

(1) 变压器的连接组别相同。

(2) 变压器的电压比相等(允许有±5%的差值)。

(3) 变压器的阻抗电压 u_z% 相等(允许有±10%的差值)。

(4) 变压器容量之比一般不超过 3∶1。

三、干式变压器的运行

为保证干式变压器的安全运行，应经常检查以下内容：

1. 有无异常声音及振动。
2. 有无局部过热，有无绝缘表面放电痕迹和碳化现象等造成的变色。
3. 变压器的风冷装置运转是否正常。
4. 高、低压接头有无过热，电缆头有无漏电、放电现象。
5. 绕组的温升不得超过规定值。
6. 支持瓷瓶有无裂纹、放电痕迹。
7. 检查绕组压件是否松动。
8. 室内通风、铁芯风道有无灰尘及杂物堵塞，铁芯有无生锈或腐蚀现象等。

四、监视在运行中的变压器

1. 温升监视

(1) 油浸式变压器由于绕组采用 A 级耐温绝缘材料，一般其上层油温正常时不宜超过 85 ℃，最高不得超过 95 ℃，温升不得超过 55 ℃。变压器上层油温正常时对强迫油循环水冷或风冷的变压器为 75 ℃。

(2) 干式变压器的绕组采用 B、F、H 三级不同的耐温绝缘材料，干式变压器的构造也有多种。因此干式变压器的温升以生产制造单位的出厂技术说明书要求为准。对日常运行中干式变压器的温控仪及轴流风机应定期进行手动试验检查，确保其保持良好状态。

2. 负荷监视　变压器过负荷分为正常过负荷和事故过负荷两种。过负荷时，对变压器绝缘(也就是温升)的影响，与其过负荷前的负荷及负荷的倍数以及持续时间有关。变压器运行规程中对此做如下的规定，若超过规定应及时报告上级领导，并进行处理。

油浸式变压器允许的事故过负荷倍数和持续运行时间的规定见表 8－1。

表 8－1　油浸式变压器事故过负荷倍数和持续运行时间表

事故过负荷倍数/%	30	45	60	70	100
持续运行时间/min	120	120	45	20	10

3. 电压监视　变压器的调压分接头不论在任何位置，其一次电压不应超过额定值的 105%，以防铁芯磁饱和出现高次谐波而产生过电压。一般情况下，在变压器高压绕组上抽出适当的分接，进行调压。

有载调压变压器分接开关调整电压，应根据各用户单位变、配电所的现场运行规程执行。当变压器二次侧不带负载，一次侧又与电网断开的调压为无励磁调压，在二次侧带负载情况下的调压为有载调压。

对调压要求高的情况，可选用有载调压变压器，使变压器的电压分接头在带负荷情况下实时调整，以保证电压稳定。

4. 变压器油质监视　变压器油对变压器起绝缘和冷却作用，其质量好坏，对变压器的运行有着重要影响。油的颜色要透明、清澈，要定期抽油样做好耐压试验。

5. 变压器的正常巡视检查项目

(1) 检查变压器的油温、油色、油位应无异常；运行声音正常；气体继电器充满油；箱体无渗漏油现象；呼吸器硅胶不变色或变色量小于 30%；检查储油柜和充油绝缘套管内油面高度和封闭处有无渗漏油现象以及油标管的油色。

(2) 高、低压瓷套管无裂纹，破损及闪络放电痕迹，各接线桩头无接触不良的过热现象。

(3) 变压器散热片的散热温度是否均匀，无堵塞现象。铁芯及外壳应接地良好。

(4) 室内变压器的门窗、锁应完好，百叶窗纱完整，通风设施完好。室外变压器基础无下沉现象；箱式变压器防雨、雪、大风的性能可靠，内部通风照明设施应完好。

6. 变压器的特殊巡视检查项目　除正常巡视检查要求外还应做好下面几项工作：

(1) 变压器在过负荷运行时，应随时监视负荷电流，上层油温、油位的变化，冷却装置是否正常，母排示温蜡片有无移位或熔化。

(2) 大风天气巡查重点检查变压器的引线摆动情况以及周围环境，有无搭挂杂物，以免造成外力破坏事故。

(3) 雷雨天气重点检查变压器的瓷绝缘件有无闪络、放电现象。

(4) 大雾和雾霾天气重点检查污秽绝缘瓷件有无闪络、放电、打火现象。

(5) 大雪天气应检查变压器积雪融化情况及接线桩头是否发热，导电引线的结冰程度是否严重；天气突然变冷，应检查油面下降情况。

如果发现可能会影响安全运行的异常情况，要及时汇报，听候处理。

五、变压器运行中的巡视检查

1. 变压器运行巡视检查项目

(1) 检查储油柜和充油绝缘套管内油面的高度和有无渗漏油现象，以及油标管内的油色。

(2) 检查变压器上层油温，正常时一般不超过 85 ℃。

(3) 检查变压器的响声，正常时为均匀的嗡嗡声。

(4) 检查绝缘套管是否清洁、有无破损裂纹和放电烧伤痕迹。

(5) 检查母线及接线端子等连接点的接触是否良好，有无过热现象。

2. 变压器运行巡视检查周期

(1) 有人值班的变、配电所，每班都应检查变压器一次。

(2) 无人值班的变、配电所，每周应巡视检查一次。

(3) 对于强油循环水冷或风冷变压器，应每小时巡视一次。

(4) 负载急剧变化或变压器发生短路故障时候，都应进行特殊巡视。

六、变压器的异常运行

1. 变压器声音异常的原因

(1) 当启动大容量动力设备时，负载电流变大，使变压器声音加大。

(2) 当变压器过负载时，发出很高且沉重的嗡嗡声。

(3) 当系统短路或接地时，通过很大的短路电流，变压器会产生很大的噪声。

(4) 若变压器带有可控硅整流器或电弧炉等设备时，由于有高次谐波产生，变压器声音也会变大。

2. 绝缘套管闪络和爆炸原因

(1) 套管密封不严进水而使绝缘受潮损坏。

(2) 套管的电容芯子制造不良，使内部游离放电。

(3) 套管积垢严重或套管上有大的裂纹和碎片。

第五节　高压互感器

互感器又称仪用变压器，分为电压互感器和电流互感器，分别用 TV、TA 表示。互感器是一种特殊的变压器。

一、互感器的作用

1. 将电压和电流变换成统一的标准值(如 100 V，5 A)，使测量仪表和继电保护小型化和标准化。

2. 将测量仪表、继电器等二次设备与高电压系统隔开，以保证人员的安全。

3. 使测量仪表、继电器等二次设备不受一次设备故障电流的冲击，以保证二次设备的安全。

二、电压互感器

电压互感器是利用电磁感应原理工作的，电压互感器容量很小，类似一台小容量变压器，但结构上要求有较高的安全系数(图 8-11)。

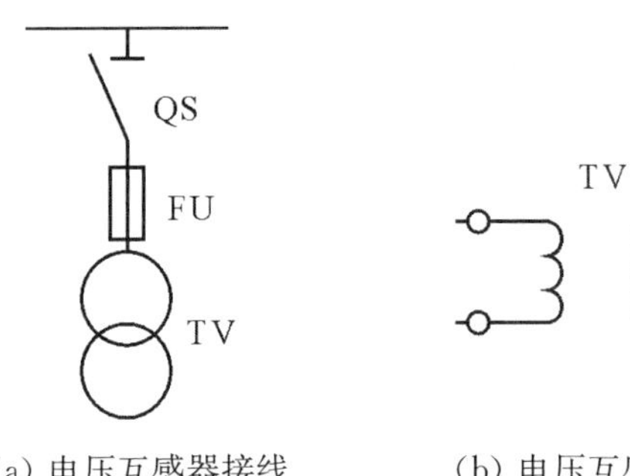

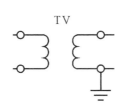

(a) 电压互感器接线　　(b) 电压互感器电路　　(c) 电压互感器实物

图 8-11　电压互感器

1. 电压互感器的分类方式

(1) 按相数分：单相、三相三柱、三相五柱。

(2) 按绝缘冷却方式分：干式、浇注式、油浸式和充气式。

(3) 按装置地点分：户内式、户外式。

(4) 按绕组数分：双绕组、三绕组。

(5) 按准确度等级分：0.1 级、0.2 级、0.5 级、1 级、3 级。

2. 电压互感器安装使用

(1) 电压互感器文字符号 TV(PT)。电压互感器的变比为：$\frac{U_1}{U_2}=\frac{N_1}{N_2}$。

(2) 电压互感器二次侧额定电压为 100 V。

(3) 当新装或大修后，应对电压互感器的外观进行检查。

(4) 电压互感器在运行中二次侧不允许短路。

(5) 电压互感器的一次侧、二次侧均应装设隔离开关和熔断器。保护电压互感器的高压熔断器额定电流一般小于等于 1 A。

(6) 电压互感器的铁芯(外壳)和二次侧不带电的一端必须接地。防止一、二次侧击穿时，高压窜入二次侧，危及人身和设备安全。

(7) 接入、接出电能表都必须用铜芯绝缘线，不准用铝线。导线不准有接头。电压应采用截面积为 1.5 mm^2 铜芯绝缘线。

(8) 当两台同型号的电压互感器接成 V 形时，必须注意极性正确，否则会导致互感器线圈烧坏。

3. 电压互感器运行中检查项目

(1) 瓷套管是否清洁、完整。绝缘介质有无损坏、裂纹和放电痕迹。

(2) 充油电压互感器的油位是否正常，油色是否透明、有无严重的渗漏油现象。

(3) 一次侧引线和二次侧连接部分是否接触良好。

(4) 电压互感器有无焦臭味。

(5) 如果运行中的电压互感器出现套管破裂、严重放电，出现漏油严重，油标管中看不到油面，都应立即退出运行。

三、电流互感器

电流互感器的工作原理、符号及实物图分别见图 8－12、图 8－13 所示。

1. 电流互感器的概述　电流互感器可以将电力系统的一次大电流按一定的变比，变换成二次标准的小电流 5 A(仪表用也有 1 A)供给测量仪表或继电器保护、自动装置用。电流互感器文字符号 TA(CT)。

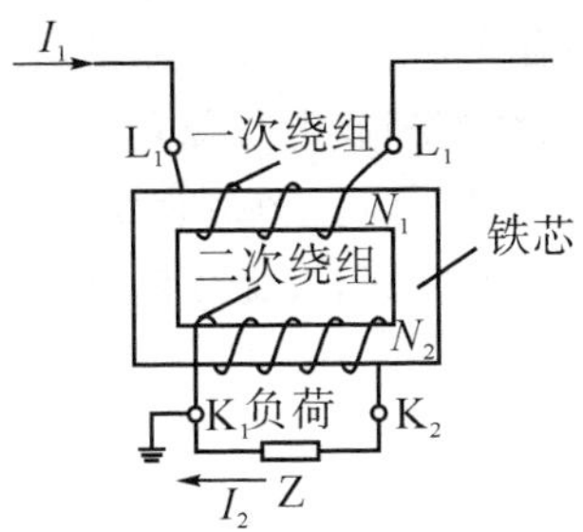

图 8－12　电流互感器工作原理

图 8－13　电流互感器符号及实物图

2. 电流互感器的公式　电流互感器一、二次电流之比称为电流互感器的变比：

$$I_1 = \frac{N_2}{N_1} I_2 = K_i I_2$$

3. 电流互感器的分类

(1) 按安装地点可分为户内式、户外式及装入式。

(2) 按安装方法可分为穿墙式和支持式。

(3) 按绝缘方式可分为干式、浇注式、油浸式等。

(4) 按一次绕组匝数可分单匝数式和多匝数式。

(5) 按准确度等级可分为 0.2 级、0.5 级、1 级、3 级、10 级。

4. 电流互感器安装使用

(1) 我国电流互感器是采用“＋”(正)、“－”(负)极性的标注法。

(2) 电流互感器在运行中，二次绕组的一端(不带电的负极)及铁芯外壳必须可靠地进行保护接地。

(3) 电流互感器安装时，其二次回路严禁设开关或熔断器，运行中二次侧严禁开路。

(4) 运行中，即使由于某种原因要拆除二次侧电流表、电能表、继电器时，也必须先将二次侧短接,然后再进行拆除。

(5) 电流互感器运行前应检查外壳及二次侧接地正确、良好,接地线连接牢固可靠。

(6) 个别电流互感器在运行中损坏需要更换,应选择电压等级与电网额定电压相同、变比相同、准确度相同、极性正确、伏安特性相同或相近的电流互感器,并试验合格。

(7) 电流互感器不得与电压互感器二次侧互相连接,以免造成电流互感器二次侧近似开路,出现高电压的危险。

(8) 通过接入、接出电能表都必须用铜芯绝缘线,不准用铝线。导线不准有接头。

(9) 经互感器接入,极性必须正确。电压应采用截面积为 1.5 mm^2 铜芯绝缘线;电流应采用截面积为 2.5 mm^2 铜芯绝缘线。

5. 电流互感器运行中检查项目

(1) 各接头有无过热现象,螺栓有无松动,有无异常气味。

(2) 瓷套管是否清洁,有无缺损、裂纹和放电现象,声音是否正常。

(3) 对于充油电流互感器应检查油位是否正常,有无渗漏现象。

(4) 二次线圈有无开路,接地线是否良好,有无松动和断裂现象,是电流互感器巡视检查项目之一。

第九章　高压电器及成套配电装置

常用的高压电器有高压隔离开关、高压断路器、高压负荷开关、高压熔断器、高压电容器、高压成套配电装置等。

第一节　高压开关电器电弧的产生和熄灭

一、开关电器电弧的产生与危害

1. 开关电器电弧的产生　开关电器切断电路时，电流和电压达到一定值，断开的触头之间将会产生电弧。电弧是一种能量集中、温度很高、亮度很大的气体放电现象。

2. 开关电器中电弧的危害

(1) 电弧不同于其他形式的放电(如电晕放电、火花放电等)，是一种自持放电现象，危害很大。电弧的高温，可以烧坏电气触头和触头周围的其他部件；对充油设备还可能引起爆炸火灾等重大事故；延长开关电器开断故障电路的时间，加重了电力系统短路故障的危害。

(2) 电弧在电动力、热力作用下能快速移动，其运动速度可达到每秒几百米，容易造成飞弧短路、伤人或引起事故扩大。

二、开关电器熄灭交流电弧的主要方法

要保证电力系统的安全运行，开关电器在正常工作时必须迅速可靠地熄灭电弧。

在交流电路中，当电流瞬时值为零时，断开的触头之间的电弧暂时熄灭。但是，在下半个周期内触头之间能否再次产生电弧，则由触头间介质击穿电压与触头间恢复电压互相比较来决定。如果再次产生电弧，称为电弧重燃。若不再产生电弧，则称为电弧熄灭。熄灭交流电弧的主要方法有以下几种：

1. 拉长电弧　采用加快触头之间的分离速度等措施，使电弧的长度迅速增长、电弧表面积迅速增大，从而提高触头间的介质击穿强度，使得电弧容易熄灭。

2. 气体吹动电弧　利用温度较低的气体(如油气、压缩空气、六氟化硫气体、产气管等)吹动电弧。吹动电弧的气流会使电弧温度降低，并带走大量带电质子，从而提高了弧隙的介质击穿电压，使电弧加速熄灭。

按照吹动电弧气体的流动方向不同，可分为纵向吹动(简称纵吹)和横向吹动(简称横吹)。纵吹时，气体吹动方向与电弧轴向相平行。横吹时，气体吹动方向与电弧轴向相互垂直。与纵吹相比，横吹还能拉长电弧、增大电弧冷却面积，并带走大量带电质子，灭弧效果更好。

3. 电弧与固体介质接触　当电弧与优质固体灭弧介质(如石棉水泥、陶土、石英砂等)接触时,固体介质能使电弧迅速冷却,熔丝汽化时产生的金属蒸气遇冷凝结,减少了弧隙中的金属蒸气,使触头间的带电质子急剧减少,迅速提高介质击穿电压,加速电弧熄灭。

第二节　高压隔离开关

一、高压隔离开关用途和类型

高压隔离开关是一种没有灭弧装置的开关设备(图 9-1)。隔离开关是主要用作隔离电源的电器,它没有灭弧装置,不能分合负荷电流和短路电流,需要与断路器配合使用,只有在断路器断开电路之后才能拉、合隔离开关。

图 9-1　高压隔离开关

1. 高压隔离开关的作用

(1) 隔离电源:在电气设备停电检修时,用隔离开关将需停电检修的电气设备与电源隔离,有明显可见的断开点,以保证工作人员和设备安全。

(2) 改变运行方式:将电气设备由一种工作状态改变为另一种工作状态的操作,称为倒闸操作。例如在双母线接线中,利用母线隔离开关在不中断供电的情况下将供电线路从一组母线切换到另一组母线上。

(3) 拉、合无电流或小电流电路

① 拉、合电压互感器与避雷器回路。

② 拉、合励磁电流小于 2 A 的空载变压器。

③ 拉、合电容电流不超过 5 A 的空载线路。

2. 隔离开关的类型　隔离开关种类较多,一般可按下列几种方法分类:

(1) 按安装地点分为户内式和户外式。

(2) 按刀闸运动方式分为水平旋转式、垂直旋转式和插入式。

(3) 按每相支柱绝缘子数目分为单柱式、双柱式和三柱式。

(4) 按操作特点分为单极式和三极式。

(5) 按有无接地刀闸分为带接地刀闸和无接地刀闸。

3. 隔离开关的型号　隔离开关型号的含义见图 9-2。

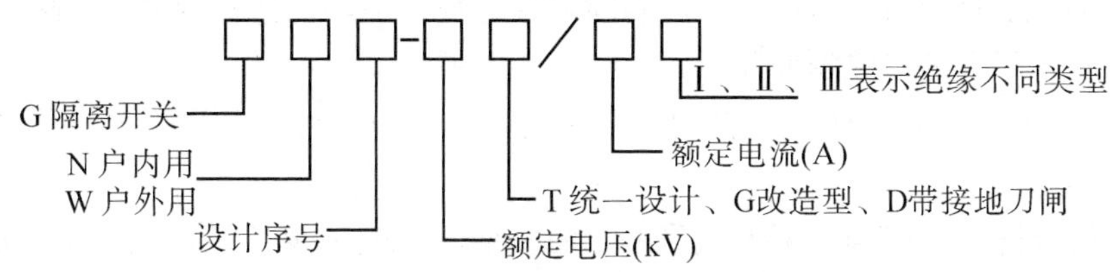

图 9-2　隔离开关型号及含义

(1) 户内式隔离开关：GN_2-10 系列隔离开关为 10 kV 户内式隔离开关，额定电流一般为 400～3 000 A，见图 9-3。动触头为铜制刀闸式，合闸将静触头夹在两片刀闸片中间，借助弹簧压力压紧在静触头两侧，以保证它们之间的良好接触，GN_2-10 系列隔离开关进行操作时，由操动机构经连杆驱动转动轴旋转，再由转动轴经拉杆绝缘子控制动触头运动，实现分、合闸。

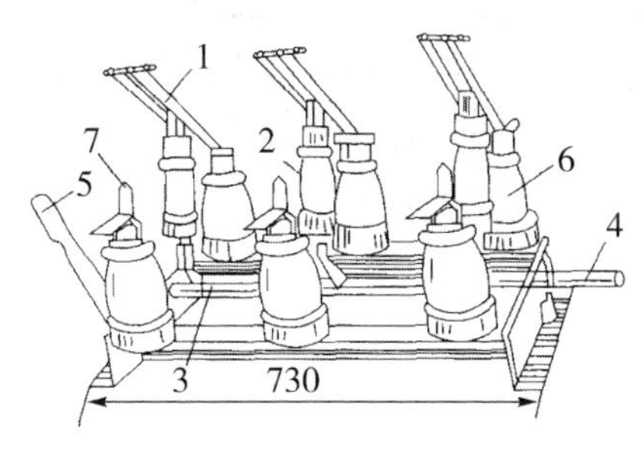

1—动触头；2—拉杆绝缘子；3—拉杆；
4—转动轴；5—转动杠杆；6—支持绝缘子；
7—静触头

图 9-3　GN_2-10 隔离开关

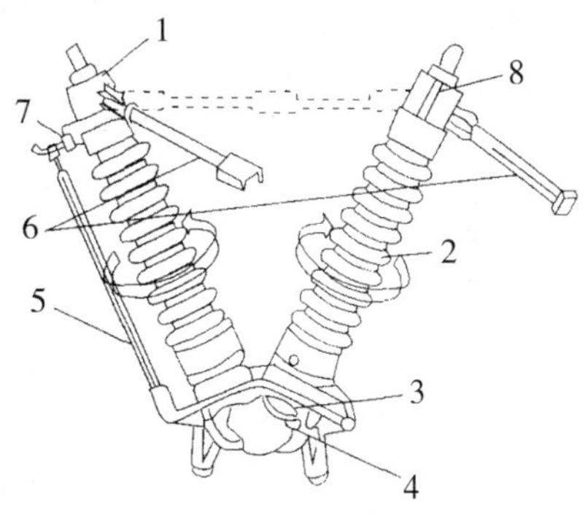

1—出线座；2—柱式绝缘子；3—轴承座；4—伞齿轮；
5—接地闸刀；6—主刀闸；7—接地静触头；8—导线带

图 9-4　GW_5-35 隔离开关

(2) 户外式隔离开关：户外式隔离开关的工作条件比较恶劣，应保证在雨、雪、冰等条件下均能可靠地工作。因此对绝缘的要求比较高，并应具有较高的机械强度和破冰能力。

户外式隔离开关的操作机构多为水平面上的旋转操作方式，操作时顺时针方向为合闸，逆时针方向为分闸，在水平面上操作时要求隔离开关合闸状态时动静触头成一条直线，分闸状态时与合闸时成 90°。如图 9-4 所示 GW_5-35 隔离开关为 35 kV 户外式隔离开关。

GW_5-35 系列隔离开关的两个棒式柱式绝缘子固定在底座上，柱式绝缘子轴线之间的夹角为 50°，是 V 形结构。V 形结构比 GW_4 形双柱式的隔离开关质量轻、占用空间小。GW_5-35 系列隔离开关制成单极形式，借助连杆组成三极联动隔离开关，隔离开关两个棒式绝缘子由下部的伞齿轮连动。合闸操作时，连杆带动伞齿轮转动，伞齿轮使两个棒式绝缘子以相同速度沿相反方向转动，带动两个主闸刀转动 90°实现合闸；分闸时，操作与上述的合闸动作相反。

二、隔离开关的操作机构

隔离开关采用操作机构进行操作，以保证操作安全、可靠，同时也便于在隔离开关与断路器之间安装防止误操作闭锁装置。隔离开关操作机构有手动操作机构和电动操作机构。

1. 手动操作机构　户内手动操作机构一般为垂直面上操作完成合闸、分闸，户外手动操作机构一般为水平面上操作完成分闸、合闸，并都在操作机构的底座设置有机械定位闭锁销钉，确保隔离开关在合闸、分闸到位后，将操作手柄固定和上锁。手动操作机构用 CS 表示，适用于额定电流在 3 000 A 以下的户内隔离开关。

隔离开关分闸时，三相动触头应在同一平面。带负荷拉、合隔离开关等，会产生强烈的电弧，将人严重烧伤。

2. 电动操作机构　电动操作机构是利用电动机驱动，实现隔离开关的合闸和分闸(图 9-5)。隔离开关电动操作机构的操作功率较大。

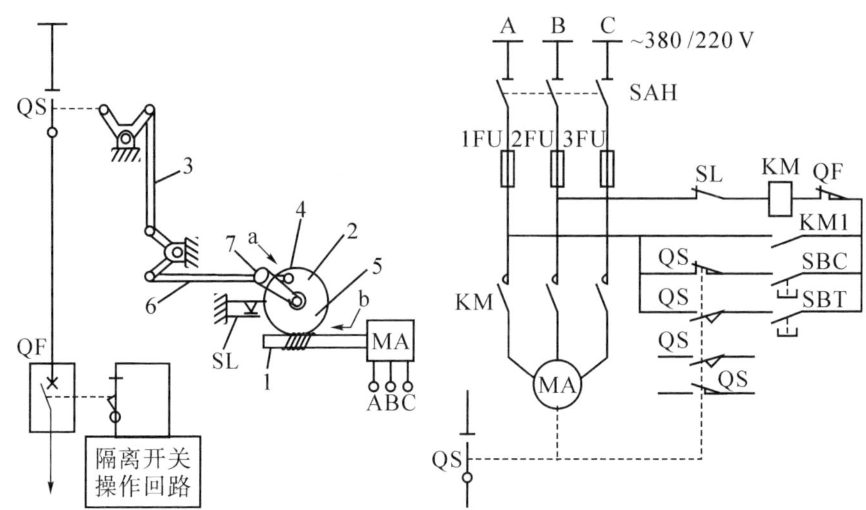

SBT—拉闸按钮；KM—线圈；QS—隔离开关；SL—限位触点；SBC—合闸按钮；
1—蜗杆；2—齿轮；3，6—拉杆；4，5—滑动杆；7—拐臂

图 9-5　电动操作机构及操作回路图

图 9-5 为电动操作机构及其操作回路图。假设隔离开关处于合闸位置。如果要拉开隔离开关，按一下拉闸按钮 SBT，KM 线圈通电并自锁，KM 主触点闭合，电动机启动旋转，带动蜗杆 1 转动，齿轮 2 顺时针转动，拐臂 7 与齿轮同轴转动并带动拉杆 6 向右移动，拉杆 3 向下移动拉开隔离开关 QS。当齿轮转动半周时，齿轮上的滑动杆 5 拨动限位触点 SL 并使 SL 断开，KM 线圈断电，电动机停转。由于机械转动的惯性，齿轮继续转动一角度，使滑动杆 5 停留在 a 处，滑动杆 4 停留在 b 处，SL 短暂时间断开后又重新闭合，隔离开关处于断开后位置。同理，如果要合上隔离开关，瞬间按一下合闸按钮 SBC，KM 线圈通电并自锁，电动机启动，齿轮 2 顺时针转动带动拉杆 3 向上移动，当滑动杆 4 顺时针转动半周停留在 a 处时，隔离开关又处于合闸后状态。

第三节　高压断路器

高压断路器在高压电路中起控制作用，是高压电路中的重要设备之一。

断路器的定义为：能够分合、承载、开断运行回路的正常电流，也能在规定时间内关合、承载及开断规定的过载电流(包括短路电流)的开关设备。一般来讲对地电压高于 1 kV 的断路器为高压断路器。断路器应有标出基本参数等内容的制造厂铭牌。

一、高压断路器的主要技术参数

1. 额定电压　额定电压是指高压断路器长期运行能承受的正常工作电压，它决定了断路器的绝缘水平。额定电压(U_N)是指其线电压。常用的断路器的额定电压等级为 3 kV、10 kV、20 kV、35 kV、60 kV、110 kV 等。

2. 最高工作电压　线路供电端母线电压经常高于额定电压，为保证在此情况下断路器能正常工作，规定了断路器的最高工作电压。最高工作电压为额定电压的 1.1～1.15 倍。

断路器的绝缘水平与断路器额定电压有关。额定电压为 10 kV 断路器可用于 6 kV 的系统中。

3. 额定电流　额定电流是在规定的环境温度下，断路器长期允许通过的最大工作电流。断路器规定的环境温度为 40 ℃。常用断路器的额定电流等级为 200 A、400 A、630 A、1 000 A、1 250 A、1 600 A、2 000 A、3 150 A……

4. 额定开断电流　额定开断电流是指在额定电压下断路器能够可靠开断的最大电流，它是表明断路器灭弧能力的技术参数。当电压低于额定电压时，开断电流比额定开断电流有所增加。

5. 额定关合电流　额定关合电流表明断路器关合电流的能力。在断路器合闸前，若线路上存在短路故障，则在断路器合闸时将有短路电流通过触头，并会产生巨大的电动力与热量，因此可能会造成触头的机械损伤或熔焊。断路器的额定关合电流是指保证断路器可靠关合，而又不会发生触头熔焊或其他损伤时，断路器允许通过最大的短路电流。

6. 合闸时间　从发出合闸命令开始至断路器合闸接通电路时为止所经过的时间称合闸时间。对快速型断路器一般合闸时间不大于 0.2 s。

7. 分闸时间　从发出分闸命令开始至断路器跳闸断开电路且熄灭电弧时为止所经过的时间称分闸时间。分闸时间包含断路器固有分闸时间和电弧熄灭时间。对快速型断路器一般分闸时间不大于 0.06 s。

8. 动稳定电流　指断路器能够承受的不使断路器产生机械变形的最大冲击短路电流。

9. 热稳定电流　指断路器在某规定时间内，允许通过的最大短路电流。

二、高压断路器的作用与型号

高压断路器又称高压开关，它具有完整的灭弧装置和较强的灭弧能力，是高压电路中的重要电器之一。

1. 高压断路器作用

(1) 高压断路器控制作用:在正常运行时接通、断开电气设备或电力线路，起到控制作用。断路器的工作状态(断开、闭合)是由操动机构控制的。

(2) 高压断路器保护作用:在电气设备或电力线路故障情况下，通过继电保护装置的作用使断路器跳闸断开电路，将故障部分切除，确保其他部分正常运行，起到保护作用。

2. 高压断路器的型号　高压断路器的型号表示方法(图 9－6)。例如 ZN_4－10/600 型断路器，表示该断路器为户内式真空断路器，设计序号为 4，额定电压为 10 kV，额定电流为 600 A。

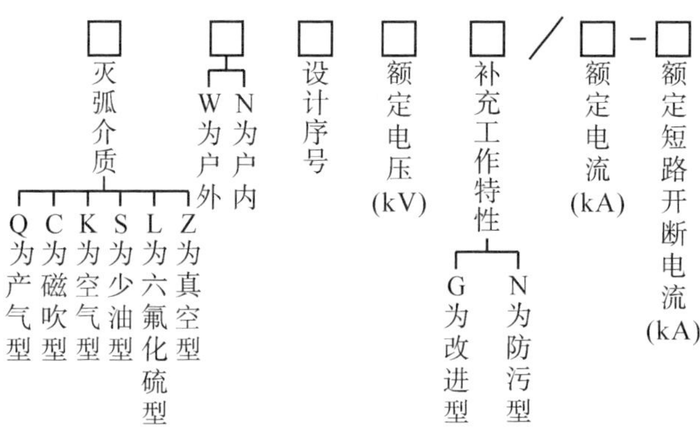

图 9－6　断路器的型号及含义

三、高压断路器的类型

高压断路器按断路器的安装地点分可分为户内式和户外式两种；按断路器的灭弧介质可分为油(多油、少油)断路器、真空断路器、六氟化硫(SF_6)断路器等。

1. 油断路器　采用绝缘油作为灭弧介质的断路器，称为油断路器，它又可分为多油断路器和少油断路器。

(1) 多油断路器中的绝缘油除作灭弧介质使用外，还作为触头断开后触头之间的主绝缘以及带电部分与外壳之间的绝缘。多油断路器具有用油量多、金属耗材量大、易发生火灾或爆炸、体积较大、加工工艺要求不高、耐用、价格较低、受环境影响小等特点，目前多油断路器已很少使用，逐渐被淘汰。

(2) 少油断路器中的绝缘油主要作为灭弧介质使用，而带电部分与地之间的绝缘主要采用瓷瓶或其他有机绝缘材料。断路器因用油量少，故称为少油断路器。少油断路器具有耗材少、价格低等优点，但需要定期检修，有引起火灾与爆炸的危险。少油断路器目前虽有使用，但已逐渐被真空断路器和 SF_6 断路器替代。

2. 真空断路器(图 9－7)　真空断路器是利用"真空"作绝缘介质和灭弧介质的断路器。这里所谓的"真空"可以理解为气体压力远远低于一个大气压的稀薄气体空间，空间内气体分子极为稀少。真空断路器是将其动、静触头安装在"真空"的密封容器内，这个"真空"的密封容器称为真空灭弧室。真空灭弧室是保证真空断路器工作性能的关键部位。

图 9－7　真空断路器

(1) 真空断路器特点：真空断路器具有体积小、质量轻、噪声小、动作快、寿命长、无可燃物、安全可靠和便于维修等突出的优点，广泛应用在 35 kV 及以下的高压配电装置中，已开始逐步取代少油断路器。

(2) 真空灭弧室(图 9－8):真空断路器的关键元件是真空灭弧室,一般真空度为 1.3×10^{-4}～1.3×10^{-2} Pa。真空灭弧室的结构。

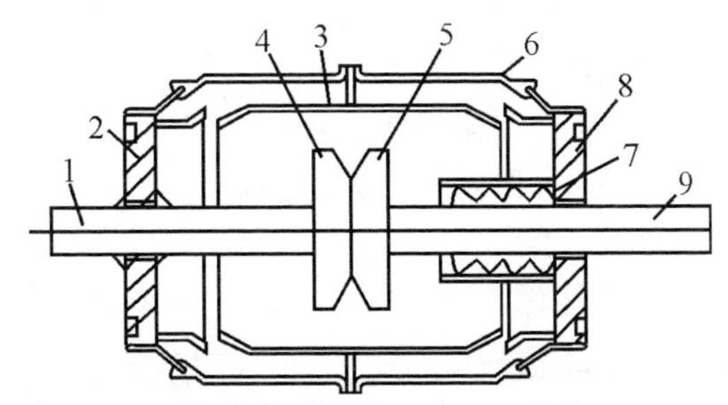

1—静导电杆;2—上端盖;3—屏蔽罩;4—静触头;5—动触头;
6—绝缘外壳;7—密封波纹管;8—下端盖;9—动触头杆

图 9－8　真空灭弧室的结构

真空灭弧室的结构像一个大的真空管,它是一个真空的密闭容器。真空灭弧室的绝缘外壳主要用玻璃或陶瓷材料制作。玻璃材料制成的真空灭弧室的外壳具有容易加工、具有一定的机械强度、易于与金属封接、透明性好等优点。玻璃真空灭弧室的主要缺点是承受冲击的机械强度差。

陶瓷真空灭弧室瓷外壳材料多用高氧化铝陶瓷,它的机械强度远大于玻璃,但与金属密封端盖的装配焊接工艺较复杂。

图 9－8 中波纹管是真空灭弧室的重要部件,它的一端与动触头杆焊接,另一端与下端盖焊接,因此要求它既要保证动触头能做直线运动,同时又不能破坏灭弧室的真空度。波纹管通常采用半径为 0.12～0.14 mm 的铬镍钛不锈钢材料经液压或者机械滚压焊接成形,以保证其密封性。真空断路器每次分闸、合闸时,波纹管都有一次伸缩变形,是易损坏的部件。波纹管的寿命通常决定了断路器的寿命。

触头材料对真空断路器的灭弧性能影响很大,通常要求它具有导电好、耐弧性好、含气量低、导热好、机械强度高和加工方便等特点。小电流真空灭弧室一般采用圆盘形触头。10 kV 真空断路器动静触头之间的断开距离一般为 10～15 mm。

图 9－8 中真空断路器常用触头材料是铜铬合金、铜合金等。静导电杆焊接在上端盖上,上端盖与绝缘外壳之间密封。动触头杆与波纹管一端焊接,波纹管另一端与下端盖焊接,下端盖与绝缘外壳封闭,以保证真空灭弧室的密封性。断路器动触头杆在波纹管允许的压缩变形范围内运动,而不破坏灭弧室真空。屏蔽罩是包围在触头周围用金属材料制成的圆筒,它的主要作用是吸附电弧燃烧时释放出的金属蒸气,提高弧隙的击穿电压,并防止弧隙的金属喷溅到绝缘外壳内壁上,降低外壳的绝缘强度。

(3) 真空断路器的灭弧原理:真空灭弧室是保证真空断路器工作性能的关键部位。真空灭弧室中的触头在断开过程中,依靠触头产生的金属蒸气使触头间产生电弧。当电流接近零值时,电弧熄灭。一般情况下,电弧熄灭后,弧隙中残存的带电质点继续向外扩散,在电流过零值后很短时间(几微秒)内弧隙便没有多少金属蒸气,立刻恢复到原有的"真空"状态,使触头之间的介质击穿电压迅速恢复,达到触头间介质击穿电压大于触头间恢复电压条件,使电弧彻底熄灭。

(4) 真空断路器的优缺点

① 真空断路器的主要优点:

a. 真空断路器体积小,质量轻。

b. 触头间距小,动作速度快,燃弧时间短,使用寿命长。

c. 灭弧性能好,可进行频繁操作。

d. 操作噪声小,运行中对工作环境无不良影响。

e. 真空灭弧室的运行维护简单,无火灾及爆炸危险。

② 真空断路器的主要缺点:

a. 分断过程中速度太快易产生操作过电压,开断电压不是很高。

b. 不便于测量其真空度,只能靠高压试验来间接检测其真空灭弧室情况。

3. 六氟化硫断路器　六氟化硫(SF_6)断路器是采用具有优质绝缘性能和灭弧性能的 SF_6 气体作为灭弧介质的断路器(图 9-9)。(一般在 20 ℃时,为 0.50 MPa 左右),具有灭弧性能强、开断电流大等独特的优点。SF_6 断路器在 35 kV 及以上高电压系统中广泛使用。

图 9-9　六氟化硫断路器

(1) SF_6 断路器气体的性质

① SF_6 气体是一种无色、无味、无毒、不可燃气体。因此,检修周期长、检修工作量小、不存在燃烧和爆炸的危险。目前使用的某些 SF_6 断路器的检修年限可达 20 年。SF_6 负荷开关装设的气体密度计可随时监测开关本体内充入的 SF_6 气体压力。

② SF_6 气体绝缘性和灭弧能力强,它的绝缘强度是空气的 2.33 倍,灭弧能力是空气的 100 倍。因此,SF_6 断路器的结构简单、外形尺寸小、占地面积少。

③ SF_6 气体在电弧高温作用下会分解为低氟化物,但在电弧过零值后又很快再结合成 SF_6 气体,所以 SF_6 气体在断路器内多次灭弧后仍能保持其稳定性能。因此 SF_6 断路器可多次动作后不用检修,目前某些 SF_6 断路器检修年限可达 20 年。

④ SF_6 气体化学性质虽然稳定,但是与水分或其他成分的杂质混合后,在电弧的作用下会

分解为低氟化合物和低氟氧化物，其中某些低氟化合物和低氟氧化物有严重的腐蚀性和毒性，不仅会腐蚀断路器内部结构部件，而且还会威胁人员的安全。因此 SF_6 断路器要有压力监视系统和净化系统。另外如果 SF_6 气体含水量过多，会造成水分凝结、浸润绝缘部件表面，从而使绝缘强度下降、引起设备故障。

⑤ SF_6 断路器应该设有气体检漏设备和气体回收装置。断路器内的 SF_6 气体，严禁向大气排放，必须使用 SF_6 气体回收装置，避免污染环境，保证环境安全。

(2) SF_6 断路器的结构：SF_6 断路器在结构上可分为支柱式和罐式两种。罐式 SF_6 断路器的特点是设备重心低、结构稳固、抗震性能好、可以加装电流互感器。罐式 SF_6 断路器特别适用于多地震、污染严重地区的变电所。图 9－10 为 LN_2－10 型六氟化硫断路器结构示意图。

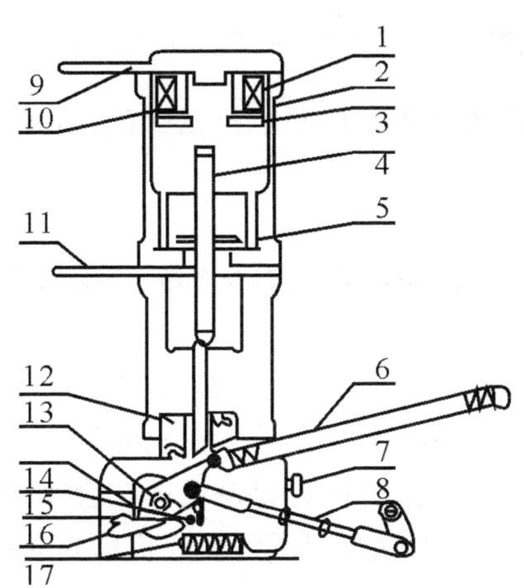

1—线圈；2—弧触指；3—环形电极；4—动触头；5—助吹装置；6—分闸弹簧；7—自封阀盖；8—推杆；9—上接线座；10—静触指；11—下接线座；12—吸附器；13—主轴；14—分闸缓冲；15—主拐臂；16—拐臂；17—合闸缓冲

图 9－10　LN_2－10 型六氟化硫断路器结构示意图

LN_2－10 型六氟化硫断路器的基本结构为：断路器三极装于一个底箱上，内部相通，箱内有一个三相连动轴，通过三个用于变向的主拐臂、三个绝缘拉杆操动导电杆，每极为上下两绝缘筒构成断口和对地的外绝缘，内绝缘则用 SF_6 气体。箱体有两个自封阀，一个供充放气用，另一个安装电接点真空压力表，用于观察灭弧室内 SF_6 气体的压力。

机械转动部分包括主轴、拐臂、推杆、主拐臂、分闸缓冲、合闸缓冲，以及分闸弹簧。分闸时，在分闸弹簧的作用下，主轴做顺时针转动，通过主拐臂使动触头向下运动。直到主拐臂上的滚子撞上分闸缓冲为止；合闸时，在弹簧机构操动下，推杆使主轴做逆时针转动，从而使动触头向上运动，直到同一滚子撞上合闸缓冲为止。导电回路由上接线座、弧触指、动触头、导向杆下接线座组成。

(3) SF_6 断路器的灭弧原理：SF_6 断路器的灭弧原理以旋转纵吹式和压气式相结合的灭弧方式为例说明，当电弧从弧触指转移到环形电极上时，电弧电流通过环形电极流过线圈产生磁场，磁场与电弧电流相互作用使电弧旋转，同时加热气体，压力升高，并在喷口形成高效气流，将电弧冷却，当介质恢复足够时，电弧在电流过零时熄灭。

(4) SF_6 断路器的特点

① 断开口耐压高，开断电流大，灭弧时间短。

② 开断次数多，检修周期长。

③ 操作时噪声小,使用寿命长。

④ 在电弧作用下,SF_6 气体分解的低氟化合物气体有毒。

⑤ SF_6 气体在高温下与铜、钨金属生成粉状氟化物,碰到人体皮肤可能引起过敏。

⑥ SF_6 气体泄漏时会沉积在低洼处,对人有窒息作用。

(5) SF_6 断路器故障气体外逸时的安全措施

① 人员立即迅速撤离现场并立即投入全部通风装置。

② 在事故发生后 15 min 以内,人员不准进入室内;在 15 min 以后、4 h 以内,任何人员进入室内都必须穿防护衣、戴手套及防毒面具;4 h 以后进入室内进行清扫时仍需采用上述安全措施。

③ 若断路器发生故障时有人被外逸气体伤害,应立即清洗后送医院诊治。

四、高压断路器的操作机构

高压断路器的操作机构,主要作用是控制断路器跳闸、合闸和维持合闸状态的设备。另外还具有联锁、防跳跃等功能。

1. 操作机构的要求

(1) 具有足够的操作功:为保证断路器具有足够的合闸速度,操作机构必须具有足够大的操作功。

(2) 具有较高的可靠性:断路器工作的可靠性,在很大程度上由断路器操作机构来决定。因此,要求操作机构具有动作快、不拒动、不误动等安全可靠的特点。

(3) 具有自由脱扣装置:自由脱扣机构装置是保证在合闸过程中,若继电保护装置动作需要跳闸时,能使断路器立即跳闸,而不受合闸机构位置状态的限制。

(4) 动作要迅速。

2. 操作机构的分类和型号　断路器操作机构,一般按合闸能源取得方式的不同进行分类,常用的断路器操作机构有电磁操作机构、弹簧储能操作机构和液压操作机构。断路器操作机构型号及含义见图 9-11。

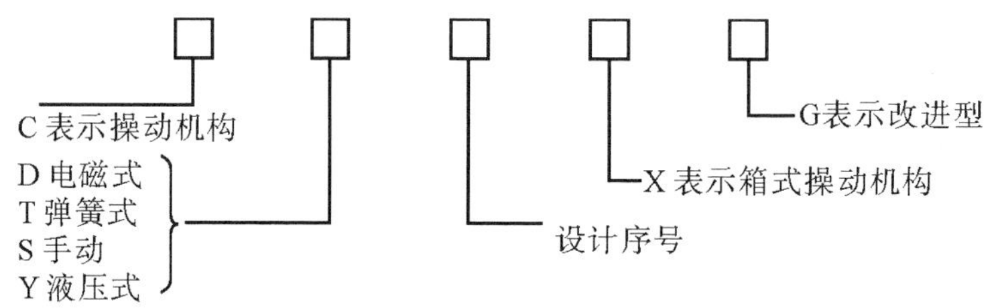

图 9-11　断路器操作机构的型号及含义

(1) 电磁操作机构:电磁操作机构是用直流螺管电磁力合闸的操作机构。其优点是结构简单、价格较低、加工工艺要求低、可靠性高。缺点是所需合闸功率大,要配备大容量的直流合闸电源,机构笨重和耗材多。电磁操动机构逐渐被弹簧储能等新型操作机构代替。当使用电磁操动机构时,日常维护工作同时应检查接触器工作熔断器熔丝和合闸线圈直流回路的熔丝。

(2) 弹簧储能操作机构:弹簧储能操作机构简称为弹簧机构,它是利用合闸弹簧张力合闸的操作机构。合闸前利用电动机或人力使合闸弹簧拉伸储能。合闸时合闸弹簧收缩释放已储存的能量将断路器合闸。优点是只需要小容量的合闸电源,且电源要求不高。缺点是操作机构的结构复杂、加工工艺高、安装调试困难。

(3) 液压操作机构:液压操作机构是利用液压油为传递介质,依靠高压油传递能量进行分合闸的操作机构。液压操作机构优点是体积小、操作功大、动作平稳、无噪声、速度快、不需要大功率的合闸电源。液压操作机构的缺点是结构复杂、加工工艺要求高、动作速度受温度影响大、价格昂贵、运行维护工作量大。

3. 弹簧储能操作机构的工作原理　操动机构为弹簧储能操作机构(图 9－12、图 9－13),断路器框架内装有合闸单元,由一个或数个脱扣线圈组成的分闸单元、辅助开关、指示装置等部件;前方设有合、分按钮,手动储能操作孔,弹簧储能状态指示牌,合分指示牌等。

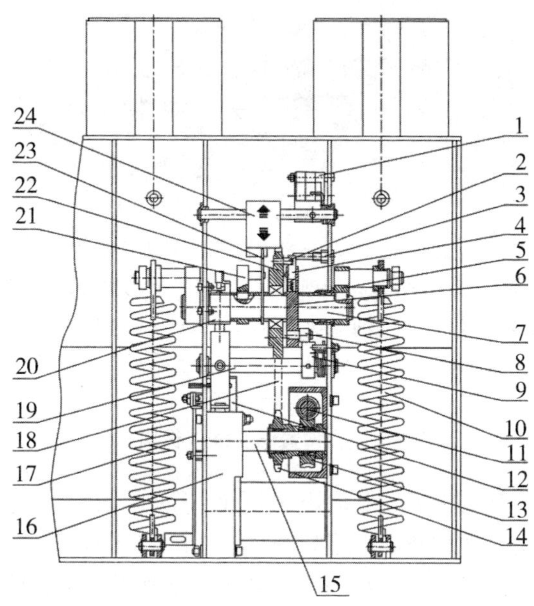

1—储能到位切换用微动开关;2—销;3—限位杆;4—滑块;5—拐臂;6—储能传动轮;
7—储能轴;8—滚轮;9—储能保持掣子;10—合闸弹簧;11—手动储能蜗杆;
12—合闸线圈;13—手动储能传动蜗轮;14—电机传动链轮;15—电机输出轴;
16—储能电机;17—联锁传动弯板;18—传动链条;19—储能保持轴;
20—闭锁电磁铁;21—凸轮;22—储能传动链轮;23—连板;
24—储能指示牌。

图 9－12　弹簧储能操作机构(1)

(1) 储能:断路器合闸所需能量由合闸弹簧储能提供。储能即可由外部电源驱动电机完成,也可以使用储能手柄手动完成。储能操作由固定在框架上的储能电机进行,或者将储能手柄插入手动储能孔中逆时针摇动进行。电动储能时由电机输出轴带动链轮传动系统——电机传动链轮、储能传动链轮、传动链条。

手动储能时通过涡轮、蜗杆带动链轮传动系统。链轮转动时,销推动储能传动轮上的滑块,使储能轴跟随转动并通过两个拐臂拉伸弹簧进行储能。到达储能位置时,框架上的限位杆压下滑块使储能轴与链轮传动系统脱开,储能保持掣子顶住滚轮保持储能位置,同时储能轴上连板带动储能指示牌翻转显示“已储能”标记,并切换辅助开关切断储能电机供电电源,此时断路器处于合闸准备状态。

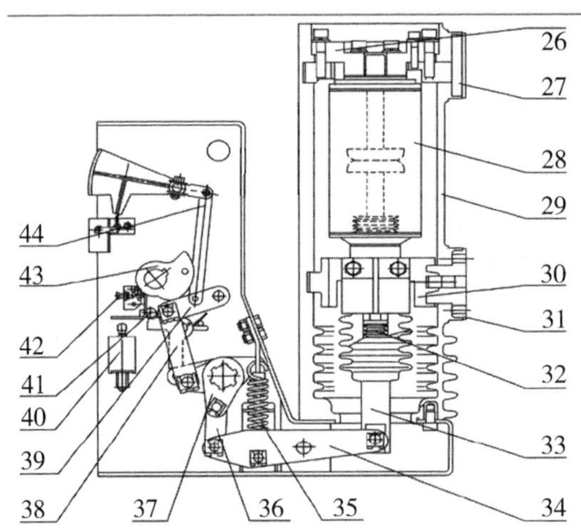

26—上支架;27—上出线座;28—真空灭弧室;29—绝缘筒;30—下支架;
31—下出线座;32—弹簧;33—绝缘拉杆;34—传动拐臂;35—分闸弹簧;
36—传动连板;37—主轴传动拐臂;38—合闸保持掣子;39—连板;
40—分闸线圈;41—半轴;42—手动分闸顶杆;43—凸轮;
44—分合指示牌连杆

图 9-13 弹簧储能操作机构(2)

(2) 合闸:在合闸操作的过程中,不论用手按下"合闸"按钮或远方操作使合闸电磁铁动作,均可使储能保持轴传动,使储能保持掣子松开滚轮,合闸弹簧收缩同时通过两个拐臂使储能轴和轴上的凸轮转动,凸轮又驱动连杆机构带动绝缘拉杆和动触头进入合闸位置,并压缩触头弹簧,保持触头所需压力。合闸动作完成后合闸保持掣子与半轴保持合闸位置,同时储能指示牌、储能辅助开关复位,电机供电回路接通。若外接电源也接通则再次进入储能状态,分合指示牌连杆拉动合/分指示牌,显示出现"合"的标志,传动连杆拉动主辅助开关切换。

(3) 分闸:可按"分闸"按钮,也可靠接通外部电源使分闸脱扣电磁铁或过流脱扣电磁铁动作使合闸保持掣子与半轴解锁而实现分闸操作。触头弹簧和分闸弹簧储存的能量使真空灭弧室动静触头分离。在分闸过程后段,由液压缓冲器吸收分闸过程剩余能量并限定分闸位置。由分合指示牌连杆拉动合/分指示牌显示"分"标记,同时拉动计数器,实现计数器计数,由传动连杆拉动主辅助开关切换。

五、断路器的运行与维护

1. 高压断路器的运行与维护

(1) 对运行中的断路器一般要求其金属外壳应有明显的接地标志。

(2) 在断路器运行维护中,新设备投入运行后应相对缩短巡视周期。

(3) 在断路器运行维护中,雷雨季节雷电活动后,应进行特殊巡视检查。

(4) 投入运行的断路器已有运行编号后,还必须标注断路器名称。

(5) 在冲击短路电流最大值到达之前,熔断、切断电路的熔断器称为限流式熔断器。

(6) 高分断能力高压断路器,具有开断短路电流的能力。

2. 真空断路器的运行维护

(1) 检查开关柜内应干燥清洁、绝缘瓷瓶无裂纹损坏、无放电痕迹。

(2) 检查断路器有无声响,外部有无明显的放电现象。

(3) 检查断路器所在回路的电流和电压是否正常。

(4) 检查断路器的合(分)闸信号灯指示、操作机构的合(分)闸机械指示器指示、弹簧操作机构的储能指示、手车位置指示是否正确,操作方式选择开关的所在位置是否正确,柜内照明是否正常。

(5) 检查连接部位应无过热现象。

(6) 真空断路器每年应进行一次维护检修和交流工频耐压试验。

3. 六氟化硫断路器的运行维护

(1) 检查 SF_6 气体压力是否正常。

(2) 检查六氟化硫断路器有无响声,绝缘子有无裂纹损坏、放电现象。

(3) 检查断路器所有回路的电流和电压是否正常。

(4) 检查连接部位应无过热现象。

(5) 新装断路器投入运行前,应检测六氟化硫气体的含水量和漏气率,运行中每年检测一次。

第四节　高压负荷开关

一、高压负荷开关的作用和分类

在开关电器中,按照气体吹动电弧的方向不同,吹动电弧的方法可分为纵向吹动(纵吹)和横向吹动(横吹)两种。

1. 高压负荷开关的作用

高压负荷开关是一种结构比较简单、具有简单灭弧装置的开关设备,用来接通和断开正常的负荷电流,且分闸时具有明显可见的断口,可起隔离开关的作用(图 9 - 14)。

图 9 - 14　高压负荷开关

高压负荷开关不能断开短路电流,通常负荷开关与熔断器配合使用,由熔断器起短路保护作用。高压负荷开关具有简单、实用、体积小、经济和便于维护检修的优点。

2. 高压负荷开关的分类　高压负荷开关按其安装地点分为户内式和户外式两种，按其灭弧方式分为压气式、产气式、真空式和六氟化硫式等几种。

3. 高压负荷开关的型号　户内式高压负荷开关用 F_N 表示，如 F_{N2}、F_{N3} 等；户外式高压负荷开关用 F_W 表示，如 F_{W5} 型产气式高压负荷开关。高压负荷开关型号及含义见图 9－15。如 F_{W5}－10 高压型负荷开关的含义是额定电压 10 kV 户外式负荷开关。

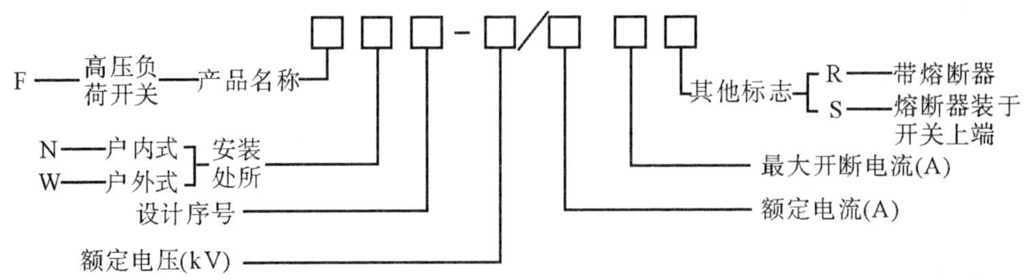

图 9－15　高压负荷开关型号及含义

二、户内式高压负荷开关

图 9－16 为 F_{N3}－10R 型负荷开关结构图，主要由隔离开关和熔断器两部分组成。隔离开关有工作触头和灭弧触头。负荷开关合闸时，灭弧触头先闭合，然后工作触头再闭合。合闸后，工作触头与灭弧触头同时接通，工作触头与灭弧触头形成并联回路，电流大部分流经工作触头。负荷开关分闸时，工作触头先断开，然后灭弧触头再断开。灭弧装置由具有气压装置的绝缘气缸及喷嘴构成，绝缘气缸为瓷质，内部有活塞，可兼作静触头的上绝缘子。分闸时，传动机构带动活塞在气缸内运动，当灭弧触头断开时，压缩空气经喷嘴喷出吹动电弧，加之断路弹簧使电弧迅速拉长的作用，使电弧迅速熄灭。

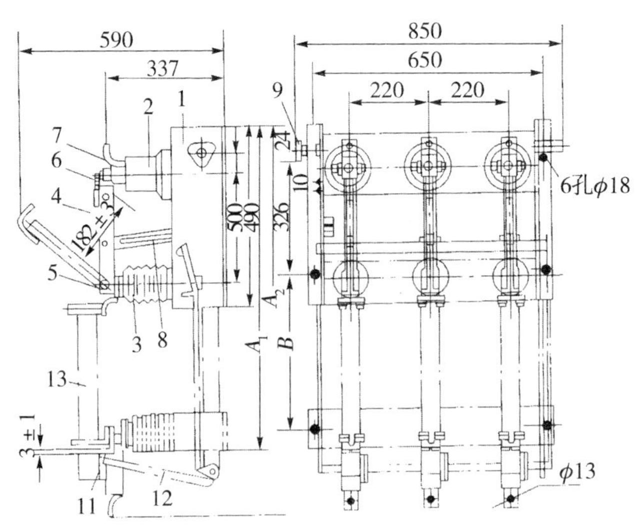

1—框架；2—上绝缘子；3—下绝缘子；4—闸刀；5—下触座；6—灭弧触头；
7—工作触头；8—绝缘拉杆；9—拐臂；10—接地螺丝；11—小拐臂；
12—绝缘拉杆；13—熔断器

图 9－16　F_{N3}－10R 型负荷开关结构图

第五节　高压熔断器

高压熔断器是一种短路保护电器。高压熔断器一般由熔断管、熔体、灭弧填充物、绝缘支撑物及指示器组成(图 9－17)。

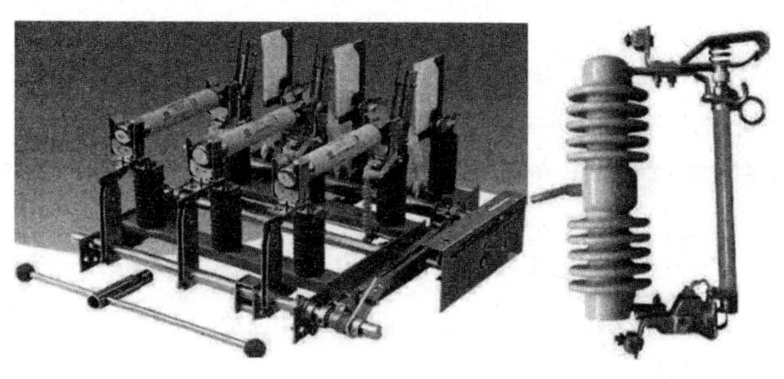

图 9－17　高压熔断器

一、高压熔断器的作用和类型

1. 高压熔断器的作用　高压熔断器是当过载电流或短路电流流过时，利用熔体本身产生的热量而熔断，从而断开电路，达到保护电气设备的目的。由于熔体熔断时要产生电弧，所以熔断器的结构要考虑电弧熄灭的问题。在 3～35 kV 小容量装置中，熔断器可用于保护线路、变压器、电动机及电压互感器等。

2. 高压熔断器的类型　高压熔断器按安装地点可分为户内式和户外式；按动作特征性可分为固定式和自动跌落式；按工作特性可分为有限流作用和无限流作用。在冲击短路电流到达之前能切断短路电流的熔断器称为限流式熔断器，否则称非限流式熔断器。

3. 高压熔断器的型号　高压熔断器型号的表示方法，见图 9－18。

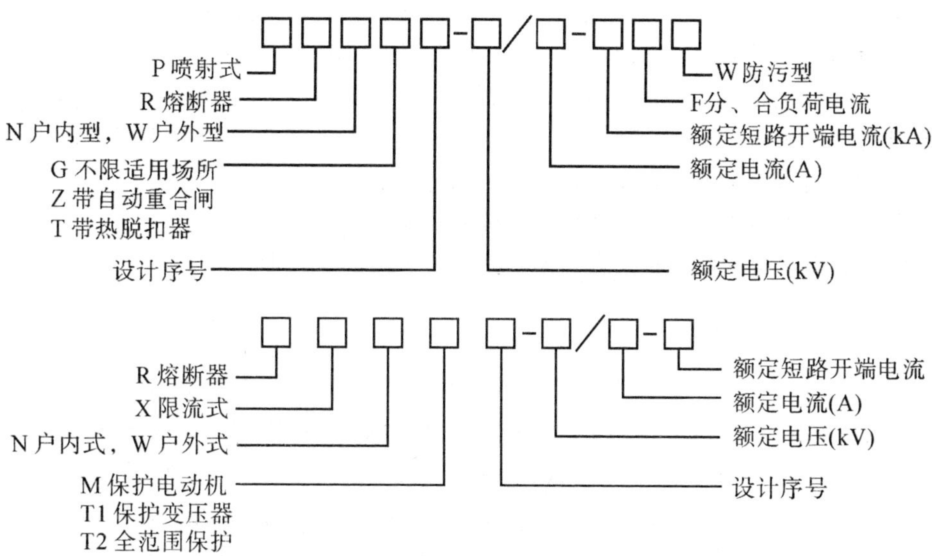

图 9－18　高压熔断器型号表示方法

二、高压熔断器的技术参数

1. 额定电压　熔断器长期能承受的正常工作电压。

2. 额定电流　熔断器载流部分能长期允许通过的最大工作电流。

3. 熔体的额定电流　熔体允许长期通过而不熔断的最大电流。

三、户内式高压熔断器

户内式高压 RN_1 型熔断器为限流式有填料高压熔断器(图 9－19、图 9－20)。瓷质熔件管的两端焊有黄铜罩,黄铜罩的端部有熔断指示器构成密封的熔断器熔管。熔管的陶瓷芯上绕有工作熔体和指示熔体,熔体两端焊接在管盖上,管内填充满石英砂之后再焊上管盖密封。

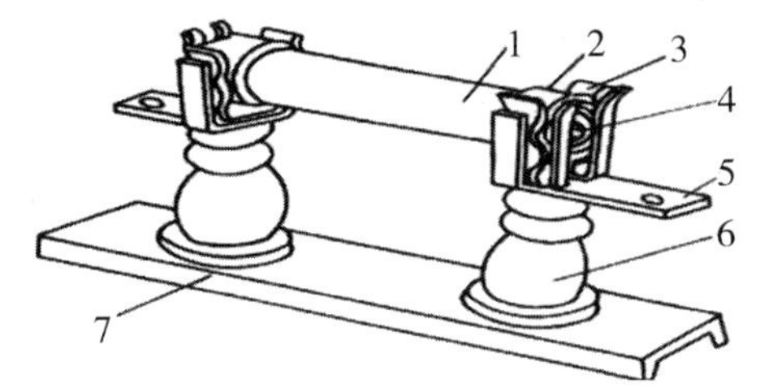

1—熔管;2—金属管帽;3—弹性触座;
4—熔断指示器;5—接线端子;
6—绝缘端子;7—底座

图 9－19　户内式高压 RN_1 型熔断器

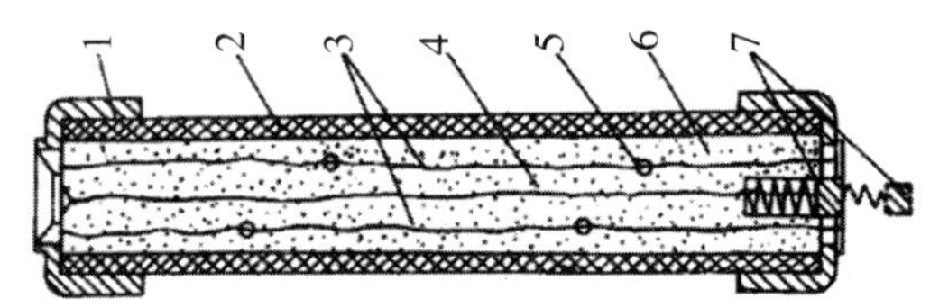

1—金属管帽;2—熔管;3—工作熔体;
4—指示熔体;5—锡球;6—石英砂;
7—熔断指示器

图 9－20　熔断器内部结构

熔断器内部结构见图 9－20,熔体用银、铜和康铜等合金材料制成细丝状,熔体中间焊有降低熔点的小锡球,利用冶金效应降低熔丝熔点。指示熔丝为一根由合金材料制成的细丝。熔体的熔断指示器在熔管的一端,正常运行时指示熔体拉紧熔断指示器。工作熔体熔断时也使指示熔体熔断,红指示器被弹簧推出,显示熔断器已熔断。当熔断器保护的电路发生短路时,熔体熔化后形成电弧,电弧与周围石英砂紧密接触,根据电弧与固体介质接触加速灭弧的原理,电弧能够在短路电流达到瞬时最大值之前熄灭,从而起到限制短路电流的作用。

户内式高压 RN_2 型熔断器是用电压互感器回路作短路保护的专用熔断器。RN_2 型与 RN_1 型熔断器结构大体相同。RN_2 型熔断器件是绕在陶管芯上的熔丝,由三级不同截面的康铜丝组成。采用不同截面组合是为了限制灭弧时产生的过电压幅值。

有填料高压熔断器利用电弧与固体介质接触加速灭弧的原理。

高分断能力高压熔断器的特点之一是分断短路电流的能力强。

四、户外式高压熔断器

1. 跌落式熔断器的结构　跌落式熔断器是常见的一种户外式高压熔断器,具有短路保护作用,同时兼作隔离开关,被广泛应用于 10 kV 配电线路和配电变压器中,见图 9－21。

2. 跌落式熔断器工作原理　R_W－10 型熔断器的熔管由环氧玻璃钢或层卷纸板组成,其内壁衬以红钢纸或桑皮做成消弧管。熔体又称熔丝,熔丝安装在消弧管内。熔丝的一端固定在熔管下端,另一端拉紧上面的压板,维持熔断器的通路状态。熔断器安装时,熔管的轴线与铅垂线成 25°±5°倾斜角度,以保证熔丝熔断时熔管能顺利跌落。

当熔丝熔断时，熔丝对压板的拉紧力消失，上触头从抵舌上滑脱，熔断器靠自身重力绕轴跌落。熔断器熔断跌落的同时，电弧使熔管内的消弧管分解生成大量气体，熔管内的压力剧增后由熔管两端冲出，冲出的气流纵向吹动电弧使其熄灭。熔管内衬消弧管可避免电弧与熔管直接接触，以免电弧高温烧毁熔管。

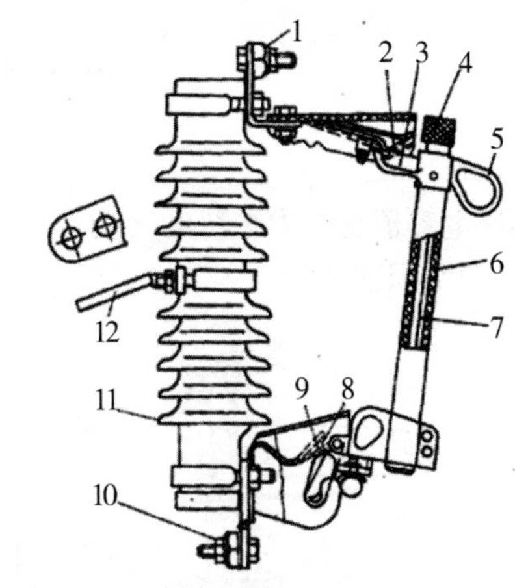

1—上接线端子；2—上静触头；3—上动端子；4—管帽；5—操作环；6—熔管；7—熔丝；8—下动触头；9—下静触头；10—下接线端子；11—绝缘瓷瓶；12—固定安装板

图 9 - 21　R_W - 10 型熔断器外形结构

3. 跌落式熔断器的安装要求

(1) 安装前检查熔丝管应无裂纹、变形，瓷绝缘应完好，连接点及触头干净清洁。

(2) 安装时应将熔体拉紧，否则容易引起触头发热。

(3) 熔断器安装应牢固可靠，不能有任何的晃动或摇晃现象。

(4) 熔丝管与地面垂线夹角为 15°～30°，以保证熔体熔断时熔管能依靠自身重力迅速跌落。

(5) 熔断器应安装在离地面垂直距离户内不小于 3 m，户外不小于 4.5 m，若安装在配电变压器上方，应与配电变压器的最外轮廓边界保持 0.5 m 以上的水平距离，以防万一熔管掉落引发其他事故。

(6) 熔管的长度应调整适中，要求合闸后鸭嘴舌头能扣住触头长度的 2/3 以上，以免在运行中发生误跌落，熔管亦不可顶死鸭嘴，以防止熔体熔断后熔管不能及时跌落。

4. 跌落式熔断器的操作

(1) 操作时由两人进行，一人监护，一人操作，使用电压等级相匹配的绝缘棒，且必须戴绝缘手套，穿绝缘靴，戴防护眼镜。

(2) 操作时应果断迅速，拉、合熔管时要用力适度。合闸后要仔细检查鸭嘴舌头能紧紧扣住舌头长度 2/3 以上。

(3) 拉闸操作时，应先拉开中间相，再拉下风的边相，最后拉开上风的边相，合闸时的操作顺序与拉闸顺序相反。

五、高压熔断器使用

装、卸高压熔断器时，应戴护目镜和绝缘手套，必要时使用绝缘夹钳，并站在绝缘垫或绝缘台上。

在冲击短路电流最大值到达之前熔断，切断电路的熔断器使用限流式熔断器。

短路产生的冲击电流会产生很大的电动力，其大小可以用来校验电器设备在发生短路时的动态稳定性。

高压熔断器熔丝熔断后，撞击器使负荷开关（高压交流接触器）跳闸，可防止由于缺相运行而造成电气设备损坏。

第六节　高压电容器

高压电容器是电力系统的无功设备，有并联电容器、串联电容器等，主要作用是补偿无功功率，提高功率因数(图 9-22)。

图 9-22　高压电容器

单相电容器应根据电容器额定电压和线路的额定电压确定接线方式，电容器额定电压与线路线电压相符时采用三角形接线，电容器额定电压与线路相电压相符时采用星形接线。为了取得良好的补偿效果，应将电容器分成若干组分别接向电容器母线。每组电容器应能分别控制，电容器应有合格的放电装置。

一、高压电容器的作用与型号

本节只介绍高压电容器中的并联电容器的作用。

1. 并联电容器的作用

(1) 提高设备的出力。

(2) 降低功率损耗和电能损失。

(3) 提高设备的利用效率，提高功率因数。

2. 电容器的型号　电容器型号及含义见图 9-23。

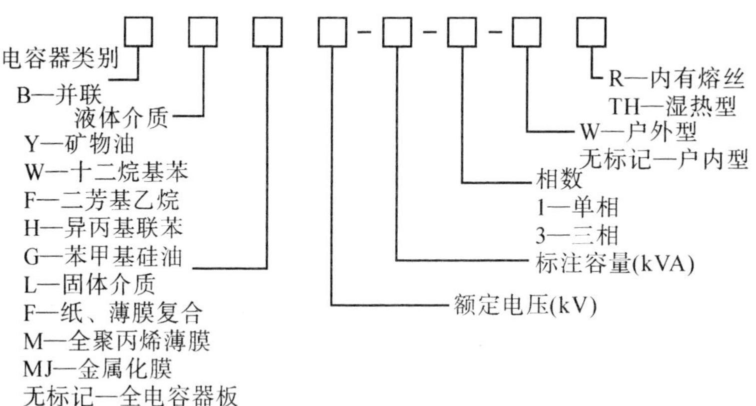

图 9-23　电容器型号及含义

二、高压电容器的结构

它主要由出线瓷套管、电容元件组和外壳等组成。电容器外壳用薄钢板密封焊接而成，出线瓷套管焊在外壳上。外壳内的电容元件组（又称芯子）由若干个电容元件连接而成。电容器的电容元件是用电容器纸、膜纸复合或纯薄膜作介质，用铝铂作极板卷制而成的。为适应各种电压等级电容器耐压的要求，电容元件可接成串联。

三、高压电容器的运行

1. 高压电容器运行的一般要求

(1) 高压电容器应有标出基本参数等内容的铭牌。

(2) 高压电容器金属外壳应有明显接地标志，其外壳应与金属架构共同接地。

(3) 高压电容器周围环境无易燃、易爆危险，无剧烈冲击和震动。

(4) 高压电容器应有温度测量设备，例如安装温度计或贴示温蜡片。

(5) 高压电容器应有合格的放电设备。

(6) 高压电容器可以在 1.1 倍额定电压下，1.3 倍额定电流下长期运行。

2. 高压电容器运行注意事项

(1) 变电所正常全部停电操作时，应先拉开高压电容器的断路器，再拉开其他线路的断路器；变电所送电时操作顺序与此相反。在事故全站无电时，必须将高压电容器的断路器断开。

(2) 高压电容器的熔断器熔断时，在未查明原因之前，不可恢复送电。

(3) 高压电容器禁止在带电荷时合闸送电。如高压电容器再次合闸，应在其断电电源 3 min后进行。

(4) 高压电容器的电压超过电容器额定电压的 1.1 倍或电容器电流超过其额定电流的 1.3 倍时，应退出运行。

(5) 新装电容器组投运前，应检查电容器的额定电压是否与电网电压相符；应对电容器连接的元器件进行试验，确保元器件合格；应检查放电电阻的阻值和容量是否符合规程要求。

(6) 电容器室温超出±40 ℃范围时，高压电容器亦应退出运行。

(7) 当高压电容器发生爆炸、喷油或起火，瓷套管发生严重放电闪络、接头严重过热或熔化，电容器内部或放电设备有严重异常响声以及电容器外壳有异形膨胀时，应退出运行。

3. 电容器的故障处理

当发现电容器有下列情况之一时，应立即切断电源进行拆除或更换：

(1) 电容器外壳膨胀或漏油。

(2) 套管破裂或闪络放电。

(3) 电容器内部有明显异声，三相电流指示不稳定并且偏差较大。

(4) 外壳温度超过 55 ℃，60 ℃黄色示温蜡片脱落。

第七节　高压成套配电装置

成套配电装置是由制造厂生产、成套供应的设备。高压开关柜主要是按一定的方案，将高压开关设备、保护电器，测量仪表、母线(铜、铝排)组成。每一个主电路方案对应几个辅助方案，主要用来受电、分配、进行控制、计量、功率因数补偿(电容补偿)经开关将电能转换。成套配电装置一般分为高压开关柜、低压配电屏和 SF_6 全封闭组合电器三种。高压开关柜按安装方式分为固定式和手车式两种；按用途分为断路器柜、隔离开关柜、高压电容器柜和电能计量柜等等。

一、高压开关柜

1. 固定式高压开关柜　XGN2－10(X—箱式，G—固定式安装，N—户内式，2—设计序号，10—额定电压)型固定式高压开关柜外形，见图 9－24。

(a) 外形

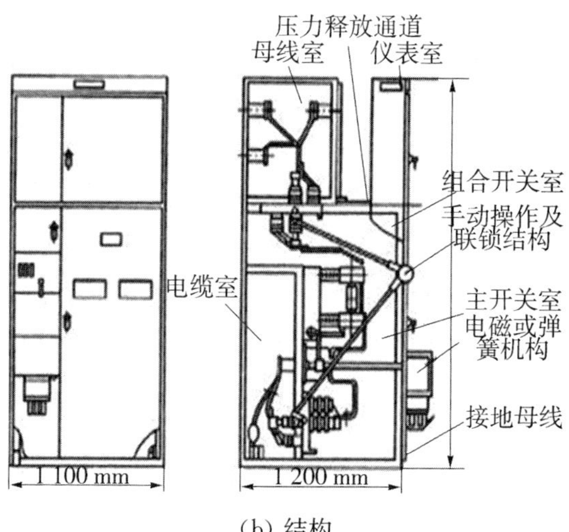

(b) 结构

图 9－24　XGN2－10 型固定式高压开关柜

XGN2－10 型固定式高压开关柜是一种防护型固定式金属封闭高压开关设备，广泛运用于

3～10 kV 系统中。开关柜为金属封闭箱型结构，柜体骨架由角钢焊接而成，柜内用钢板分隔成断路器室、母线室、电缆室、继电器室，并可通过门面上的观察窗和照明灯观察柜内各主要元件的运行情况。根据柜体布置，仪表室可安装继电器，门上可装设信号继电器，指示仪表，信号灯，转换开关等与操作小室。后部为母线室。下部为电缆室，用户可方便地进行接线。前面为断路器室，方便了开关柜的检修。采用环形网供电所使用的高压开关柜一般习惯上称为环网柜。环网柜的高压母线截面积，应根据本变电所负荷电流和穿越电流之和进行选择。

2. 手车式高压开关柜　KYN1－10（K—金属铠装开关设备，Y—移开式，N—户内式，1—设计序号，10—额定电压）型手车式高压开关柜外形见图 9－25。

(a) 外形

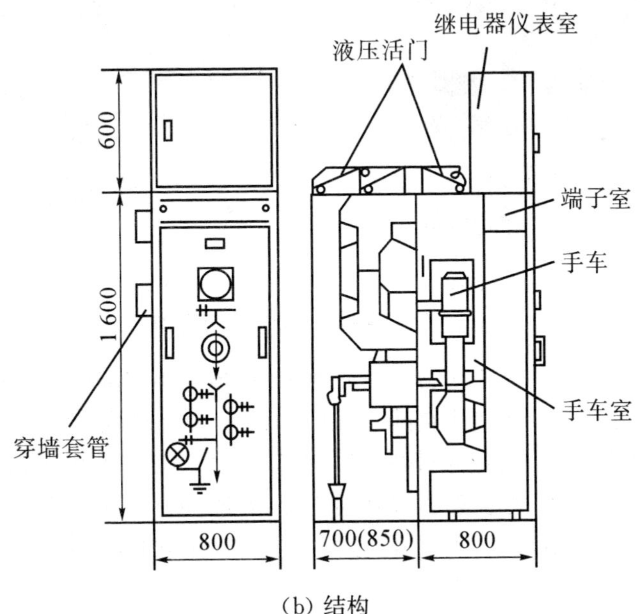

(b) 结构

图 9－25　手车式高压开关柜(单位:mm)

KYN1－10 型手车式高压开关柜基本结构用薄钢板弯制焊接而成，由前柜、后柜、继电器仪表室及手车四部分组成，各室之间以接地的金属用隔板隔开。手车采用可摇的推进机构，使手车的推进、拉出轻便、灵活，同时设有准确可靠的手车定位装置，手车面板即柜门。手车面板上设有紧急分闸按钮，作为手车，从工作位置拉出或断路器二次控制回路失电时分断断路器之用。

KYN28－10 型高压开关柜小车室内的主回路触头盒遮挡帘板具有保护小车室内工作人员安全的作用。

为满足各种用户的控制要求，手车又分为：断路器手车、隔离开关手车、电压互感器手车、所用变手车等。继电器仪表室经减震器，固定在柜体上，前门可装设仪表、信号灯、信号继电器、操作开关等，内门和继电器室活动板上可装电能表或继电器，二次电缆可沿手车室侧壁自底部引至继电器仪表室。

手车式高压开关柜的开关断路器，手车在接地开关合闸位置时不可以自由移动。手车与柜体之间、手车与一次隔离触头活门之间、断路器与接地开关之间以及柜后上、下门之间均设有机械闭锁装置，同时具有“五防”功能。

高压开关柜的传感器损坏常见故障的原因为内部高压电容击穿。高压开关柜巡视检查项目包括开关柜的闭锁装置所在位置正确。

二、SF_6 全封闭组合电器

1. SF_6 全封闭组合电器的组成　SF_6 全封闭组合电器（简称 GIS），它是将断路器、隔离开关、接地开关、电流互感器、电压互感器、避雷器、母线、进出线套管或电缆终端等元件组合封闭在接地的金属壳体内，并充一定压力的 SF_6 气体作为绝缘介质和灭弧介质（图 9－26）。

(a) 10 kV 共箱封闭组合电器

(b) 20 kV 封闭组合电器

图 9－26　全封闭组合电器外形图

SF_6 全封闭组合电器由各个独立的标准元件组成，各元件间都可以通过法兰连接起来，具有积木式的特点。对于不同的电气主接线，可以采用各种元件组成不同形式的装置。一般情况下，为便于支撑和检修以及使装置的结构紧凑，对屋内式全封闭组合电器，若选择水平布置的断路器，一般母线筒布置在下面，断路器布置在最上面；若断路器选用垂直断口时，断路器一般落地布置在侧面。屋外式全封闭组合电器，断路器一般布置在下部，母线布置在上部。

2. SF_6 全封闭组合电器的主要特点

(1) 全新设计的小型化 GIS，结构紧凑，占地面积和空间小。

(2) 运行可靠性高，检修周期长，维护工作量少。

(3) GIS 外壳采用金属材料，无线电等因素干扰低。

(4) 环境适应性强，适用于环境条件恶劣（如严重污秽、多水雾、冰雹等）地区，高海拔和多地震地区以及用地紧张的闹市区和土石方开挖困难的山区水电站。

(5) 土建和安装工作量小，GIS 可实现整间运输，建设速度快。

(6) 金属耗量大,价格较贵。

(7) 需要专门的 SF_6 检漏仪,加强运行中的监视。

三、高压真空接触器和高压电动机

1. 高压真空接触器

CKG－12 型交流高压真空接触器适用于交流频率 50 Hz、额定电压 6～12 kV、额定电流 160～630 A 的馈电网络,供远距离接通和分断电路,以及频繁起动和停止交流电动机之用,并适宜与各种保护装置配合,组装成隔爆型电磁起动器。真空接触器主要由真空灭弧室和操作机构组成。交流高压真空接触器利用真空开关管熄灭电弧(图 9－27)。

图 9－27　交流高压真空接触器

真空灭弧室具有通过正常工作电流和频繁切断工作电流时可靠灭弧两个作用。但不能切断过负荷电流和短路电流。

交流高压真空接触器广泛应用于海运等电气设备的控制。交流高压真空接触器与熔断器组合电器拓展了接触器的使用空间。

交流高压真空接触器适用于交流系统中需要频繁操作的场所。交流高压真空接触器由分闸弹簧实现分闸。交流高压真空接触器采用机械自保持方式时,不需要控制电源即可实现自保持。

2. 高压电动机　高压电动机是指额定电压在 1 000 V 以上的电动机。常使用的是 6 000 V 和 10 000 V 电压,由于国外的电网不同,也有 3 300 V 和 6 600 V 的电压等级。由于高压电动机产生电动机功率与电压和电流的乘积成正比,因此低压电动机功率增大到一定程度(如 300 kW/380 V),由于电流受到导线的允许承载能力的限制,低压电动机功率就难以做大,或成本过高。需要通过提高电压实现大功率输出。高压电动机优点是功率大,承受冲击能力强;缺点是惯性大,启动和制动困难。

(1) 高压电动机的故障和异常运行状态:高压电动机运行中可能发生的主要故障有电动机定子绕组的相间短路故障(包括供电电缆相间短路故障)、单相接地短路以及一相绕组的匝间短路。

电动机最常见异常运行状态有:起动时间过长、一相熔断器熔断或三相不平衡、堵转、过负荷引起的过电流、供电电压过低或过高。

定子绕组的相间短路是电动机最严重的故障,将引起电动机本身绕组绝缘严重损坏、铁芯烧伤,同时,将造成供电电网电压的降低,影响或破坏其他用户的正常工作。因此要求尽快切除故障电动机。

高压电动机供电网,一般是中心点非直接接地的系统。高压电动机发生单相接地故障时,不一定要立即将其切除。如果接地电流大于 10 A，将造成电动机定子铁芯烧损，另外单相接地故障还可能造成匝间短路或相间短路。因此根据接地电流的大小判断是否切除故障电动机或发出报警信号。高压电动机发生单相接地故障后，高压电动机采用纵差动保护。

(2) 高压电动机保护：对于电动机而言，频率降低将使其转速下降，导致电动机功率降低，将影响所带动的机械设备的出力，并影响电动机的寿命。运行过程中容易发生过负荷和需要防止启动或自启动时间过长的电动机应装过负荷保护。

2 000 kW 以下的高压电动机应装设电流速断保护，保护宜采用两相式并动作于跳闸。对单相接地电流大于 5 A 时的电动机，应装设反映单相接地故障的零序电流保护，单相接地电流为 10 A 及以上时保护装置动作于跳闸；10 A 以下时，保护装置可动作于跳闸也可动作于信号。运行过程中易发生过负荷和需要防止起动或自起动时间过长的电动机应装设过负荷保护。反映电压降低的低电压保护和同步电动机的失步保护等。

2 000 kW 及以上大容量的高压电动机，普遍采用纵差动保护代替电流速断保护。2 000 kW 以下的电动机，如果电流速断保护灵敏度不能满足要求时，也可采用电流纵差动保护代替电流速断保护。电动机纵差动保护工作原理与变压器纵差动保护相似。

高压电动机常用的电流保护为电流速断保护（或电流差动保护）和过负荷保护。其接线方式与变压器保护类似，也可以采用差接线，只需一只过电流继电器。

高压电动机的过负荷保护根据需要，可动作于跳闸或作用于信号。有时同时设置两套过负荷保护，一套保护动作于跳闸；另一套保护动作于信号。

四、高压成套配电装置的运行检查

1. 母线和各接触点是否有过热现象。
2. 注油设备的油位、油色是否正常，有无渗漏油等现象。
3. 开关柜中有无异常响声、气味和放电现象。
4. 各种仪表、信号指示灯、高压带电显示器、指示牌等指示是否正确，继电保护压板位置是否正确。
5. 接地或接零装置的连接线有无松脱和断线。
6. 手车、断路器、接地刀闸等联锁装置是否正常可靠。

第八节　箱式变电站

箱式变电站就是将高压开关设备、配电变压器和低压配电装置等，按接线要求安装在同一个箱体内。箱式变电站具有占地面积小、外形美观、受环境因素影响小等特点，特别适用于城市居民住宅小区、车站、港口、机场、公园等人口密集地区。箱式变电站所使用的变压器一般采用 S_{11} 型及以上的节能变压器。

成套变电站可分为欧式变电站、美式变电站（图 9－28）。欧式变电站一般采用“目”字形布置，接线较为方便；美式变电站一般采用“品”字形布置，结构较为紧凑。目前国内众多厂家吸收了欧式和美式变电站的优点，生产出了一系列适合国情的国产成套变电站。

(a) 欧式变电站

(b) 美式变电站

图 9－28　成套变电站

以下具体介绍 YB 系列预装式变电站。

1. YBM、YBP(Y—预装式，B—变电站，M—目字形，P—品字形)预装式变电站是将高压电器设备、变压器、低压电器设备等组合成紧凑型成套配电装置，用于城市高层建筑、城乡建筑、居民小区、高新技术开发区、中小型工厂、矿山油田以及临时施工用电等场所，作为配电系统中接受和分配电能之用。其外形见图 9－29。组合式(美式)箱变因变压器与箱变外壳为一个整体，所以调整变压器容量(增容或减容)比较困难。

图 9－29　预装式变电站外形图

2. 该系列预装式变电站吸收了美式箱变、欧式箱变两大派别的优点，适合于我国的国情特点，采用了新材料新工艺及先进的元器件和高低压自动化技术，其中高压(10 kV)侧能满足电力部门对于配电网自动化的要求，低压(0.4 kV)侧能满足小区物业管理智能化的要求。该系列预装式变电站由高压配电装置、变压器及低压配电装置连接而成，分成高压室、变压器室和低压室三个功能隔室。高压侧一次供电系统，可布置成环网供电、终端供电、双电源供电等多种供电方式，还可装设高压计量元件，满足高压计量的要求。

3. 高压室结构紧凑，并具有全面防误操作联锁功能。变压器室可选择 S_7、S_9 等以及其他低损耗油浸式变压器和干式变压器；变压器室在用户有要求时，可设有轨道方便地从变压器室两侧大门进出；采用自然通风和强迫通风两种方式，使通风冷却效果良好。变压器室和低压室均有通风道，排风扇有温控装置，按整定温度能自动启动和关闭，保证变压器满负荷运行。

4. 低压室根据用户要求可采用面板或柜装式结构组成用户所需要的供电方案：有动力配电、照明配电、无功功率补偿、电能计量和电能测量等多种功能，满足用户的不同要求，并方便用户的供电管理和提高供电质量。箱体结构能防止雨水和污物进入并采用特种钢板或铝合金板制作，经防腐处理，具有长期户外使用的条件，能防腐、防水、防尘，使用寿命长，外形美观。

5. 由于 YBM、YBP 系列预装式变电站，具有成套性强、体积小、结构紧凑、运行安全可靠、维护方便、可移动等特点，与常规土建式变电站相比，同容量的箱式变电站占地面积仅为常规变电站的 1/10～1/5，大大减少了设计工作量和施工量，减少了建设费用，即可用于环网配电系统，又可用于双电源或放射式终端配电系统，因此成为城乡变电站建设和改造的新型成套设备。

第十章　高压电力线路

第一节　电力线路概述

电力线路是用于电力系统两点之间输电的导线、绝缘材料和各种附件组成的设施，是电力网的一部分，其作用是输送和分配电能，安全运行尤为重要。

一、电力线路安全运行的重要性

电力线路是连接发电厂、变电站、电力用户的桥梁，直接影响着电力系统的安全运行。电力线路的各种故障都会给工农业生产和人民生活造成严重的损失。例如，钢铁厂高炉停电可能引起铁水凝固，造成重大损失；煤矿矿井停电，井下风量不足，瓦斯过高，可能引起人身事故。停电还会对社会秩序的稳定、国防安全等产生重大影响。可见，电力线路安全运行和可靠性起着至关重要的作用。

二、电力线路的分类

1. 电力线路架设方式可分为架空电力线路和电力电缆线路两种。

(1) 架空电力线路结构具有造价低、建设速度快、运行维护方便等显著优点，输电线路基本上是架空电力线路，配电线路特别是农村配电线路也基本以架空电力线路为主。

(2) 电力电缆线路主要用在城市中心地带、居民密集的地方、高层建筑、工厂厂区内、重要负荷以及受空间位置限制的一些特殊的场所。

2. 电力线路按输送和分配电能方式可分为输电线路(又称送电线路)和配电线路两种。电力线路是电力网的主要组成部分，其作用是输送和分配电能，图10－1为高压电力线路。

图10－1　高压电力线路

(1) 输电线路：架设在发电厂升压变电所与地区变电所之间的线路以及地区变电所之间的线路，是用于输送电能的，称为输电线路。输电线路输送容量大，送电距离远，线路电压等级高，是电力网的骨干网架。

① 特高压输电线路电压：1 000 kV

及以上。

② 超高压输电线路电压：330 kV、500 kV、750 kV。

③ 高压输电线路电压：220 kV。

(2) 配电线路：从地区变电所到用户变电所或城乡电力变压器之间的线路，是用于分配电能的，称为配电线路。

① 高压配电线路电压：35～110 kV。

② 中压配电线路电压：10 kV、20 kV。

③ 低压配电线路电压：380 V/220 V。

第二节　架空电力线路

一、架空电力线路结构及其作用

架空电力线路的结构主要包括杆塔及其基础、导线、绝缘子、横担、金具、拉线、防雷设施及接地装置等(图 10－2)。

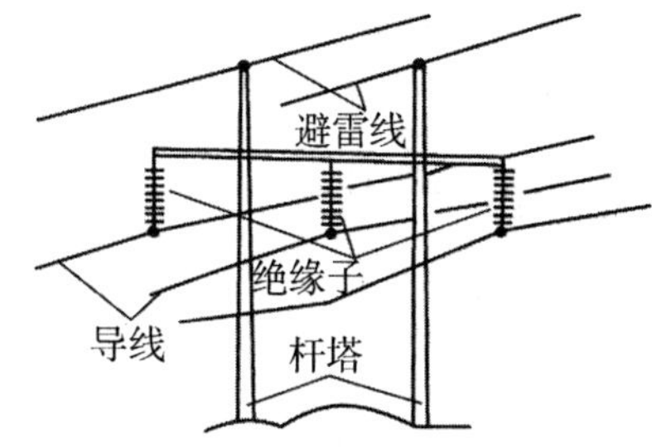

图 10－2　架空电力线路的结构

1. 杆塔

(1) 杆塔的作用：主要是支持导线、地线、绝缘子和金具，保证导线与地线之间，导线与导线之间、导线与地面或交叉跨越物之间所需的距离。

(2) 杆塔的种类：① 按材料分有木杆、钢筋混凝土杆(水泥杆)、金属杆塔等。

a. 木杆：木杆的优点是绝缘性能好、质量小、运输及施工方便；缺点是机械强度低、易腐朽、使用年限短、维护工作量大。

b. 水泥杆：又称钢筋混凝土杆，是由钢筋和混凝土在离心滚杆机内浇制而成，一般可分为锥形杆(也称拔梢水泥杆，锥度一般为 1/75)和等径杆。其优点是结实耐用、使用年限长、美观、维护工作量小。缺点是比较笨重、运输及施工不便。10 m 锥形水泥杆埋设深度一般为1.7 m，12 m 电杆埋设深度一般为 1.9 m。线路运行中，预应力钢筋混凝土杆不允许有裂纹。

c. 金属杆塔：金属杆有铁塔、钢管杆和型钢杆等。其优点是机械强度高、搬运组装方便、使用年限长。缺点是耗用钢材多、投资大、维修中除锈及刷漆工作量大。

② 按用途分有直线杆塔(中间杆塔)、耐张杆塔(承力杆塔)、转角杆塔、终端杆塔和跨越杆塔等。

a. 直线杆塔：主要用于线路直线段中。在正常运行情况下，直线杆塔一般不承受顺线路方向的张力，而是承受垂直荷载即导线、绝缘子、金具、覆冰的质量，以及水平荷载即风压力等，见图 10－3。

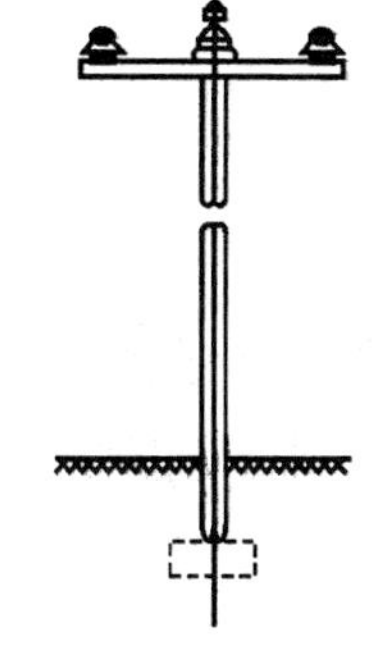

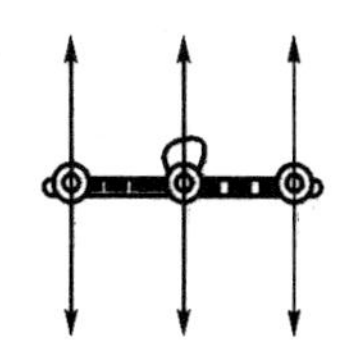
图 10－3　直线杆塔

b. 耐张杆塔：又称承力杆塔，主要用于线路分段处。在正常情况下，耐张杆塔除了承受与直线杆塔相同的荷载外，还承受导线的不平衡张力。架空线路中的耐张杆塔用于限制线路发生断线、倒杆事故时波及的范围。

在断线情况下，耐张杆塔还要承受断线张力，并能将线路断线、倒杆事故控制在一个耐张段内，见图 10－4。

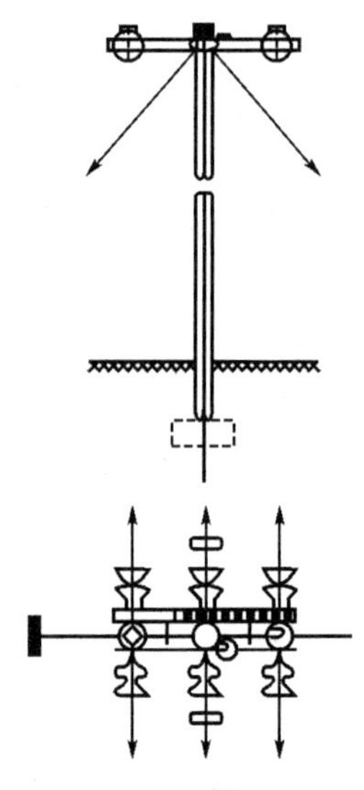
图 10－4 耐张杆塔

c. 转角杆塔：主要用于线路转角处，线路转向内角的补角称为线路转角。转角杆塔除承受导线等的垂直荷载和风压力外，还承受导线的转角合力，由于转角杆塔两侧导线拉力不在一条直线上，一般用拉线来平衡转角处的不平衡张力，见图 10－5。

d. 终端杆塔：位于线路首、末段端。发电厂或变电站出线的第一基杆塔是终端杆塔，线路最末端一基杆塔也是终端杆塔，它是一种能承受单侧导线等的垂直荷载和风压力，以及单侧导线张力的杆塔，见图 10－6。

(3) 杆塔基础：是指架空电力线路杆塔地面以下部分的设施。杆塔基础的作用是保证杆塔稳定，是将杆塔固定地下，以保证杆塔不发生倾斜或倒塌，防止杆塔因承受导线、冰、风、断线张力等的荷重和其他外力作用而产生的上拔、下压或倾覆。

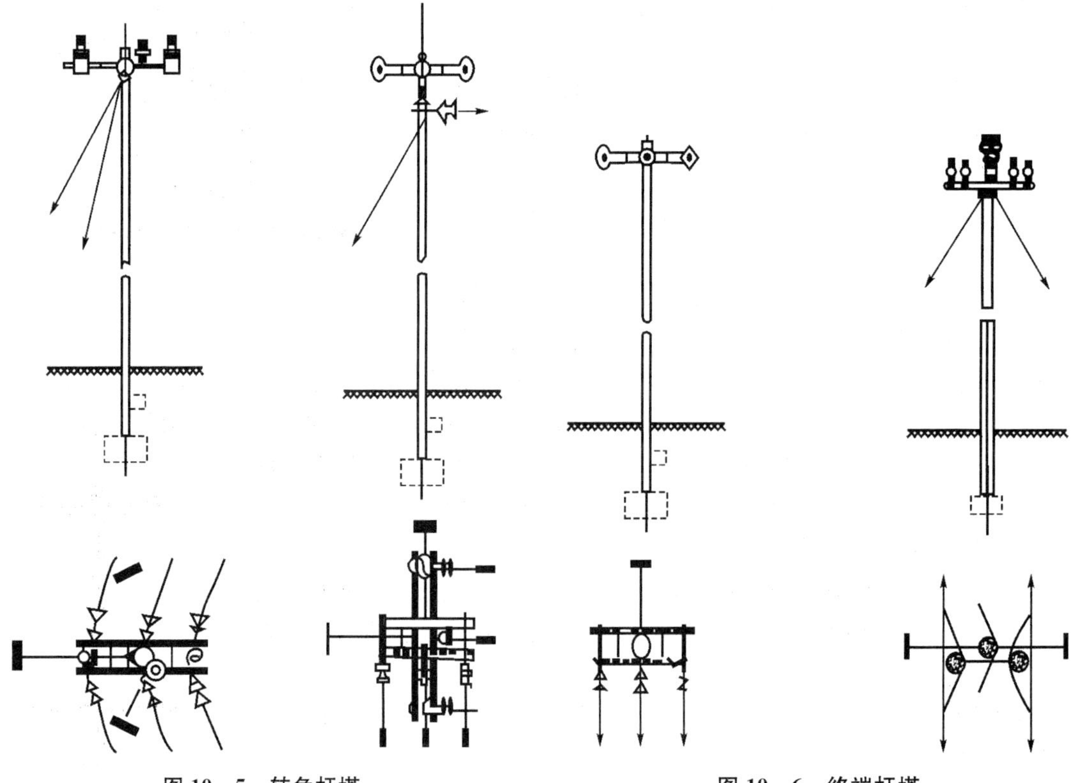
图 10－5 转角杆塔　　图 10－6 终端杆塔

杆塔基础一般分为混凝土电杆基础和铁塔基础。

混凝土电杆基础一般采用底盘、卡盘、拉盘(俗称三盘)基础，见图 10－7。电杆底盘基础的作用是防止电杆下沉，拉盘基础的作用是锚固拉线。

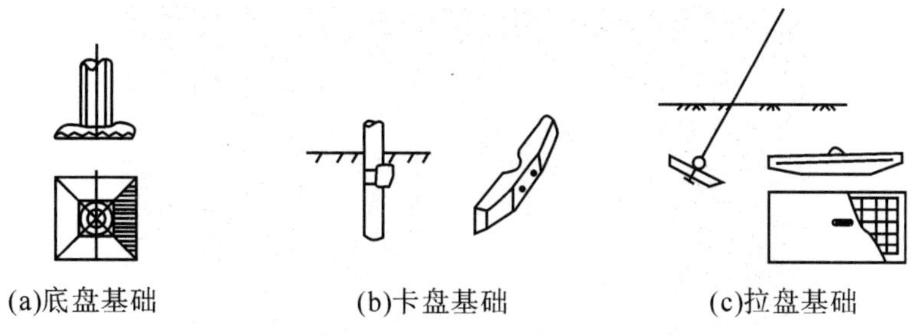

图 10－7　混凝土电杆基础

2. 架空导线　电力线路的导线是用来传导电流，输送电能。架空导线是架空电力线路的主体，其作用是传输电能。由于导线要承受自重、风、雪、冰等荷载以及受到周围气体的侵蚀。因此导线应有良好的电气性能、足够的机械强度以及抗腐蚀能力，同时尽可能质轻且价廉。

(1) 导线材料：导线的材料有铜、铝、钢、铝合金等。其中，铜的导电率高、机械强度高，抗氧化抗腐蚀能力强，是理想的导线材料，但价格昂贵。铝的导电率次于铜，也有一定的抗氧化抗腐蚀能力，且价格较低，广泛应用于架空线路中。

(2) 导线结构：导线的结构可以分为三类，即单股导线、多股绞线和复合材料多股绞线，见图 10－8。

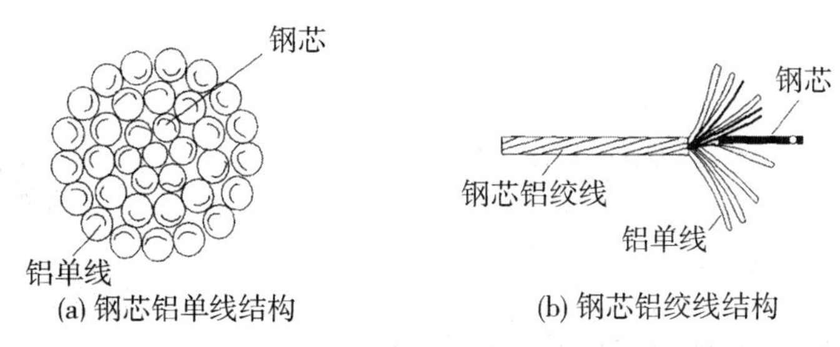

图 10－8　钢芯铝单线、铝绞线的结构

(3) 导线的型号和种类

① 导线的型号：由导线的材料、结构和载流截面积组成，见表 10－1。

表 10－1　导线型号

字母	T	L	J	H	G	B	F
含义	铜	铝	多股绞线或加强型	合金	钢	包	防腐

② 导线的种类：铜绞线 TJ；硬铝线(裸铝绞线) LJ；钢芯铝绞线 LGJ；防腐型钢芯铝绞线 LGJF；铝包钢绞线 LBGJ。例如 LGJ－300/50 表示钢芯铝绞线，标称截面为铝 300 mm^2、钢 50 mm^2，见图 10－9。

架空电力线路一般都采用多股裸导线，但近年来城区内的 10 kV 架空配电线路逐步改用架空绝缘导线。运行证明其优点较多，线路故障明显降低，一定程度上解决了线路与树木间的矛盾，降低了维护工作量，线路的安全可靠性明显提高。架空绝缘导线按绝缘材料可分为聚氯乙烯绝缘线、聚乙烯绝缘线和交链聚乙烯绝缘线。合金绞线(LHJ)常用于 110 kV 及以上的输电线路上。

图 10－9　钢芯铝绞线

3. 绝缘子　绝缘子(俗称瓷瓶)是用来固定导线，并使导线与杆塔之间保持绝缘状态。绝缘子是一种隔电部件，其作用是使导线与导线之间以及导线与大地之间绝缘，支持悬吊导线，并固定于杆塔的横担之上。它是由硬质陶瓷或玻璃、塑料制成的，见图 10－10。常用的绝缘子有针式绝缘子、瓷横担绝缘子、柱式绝缘子、棒式绝缘子、悬式绝缘子(复合绝缘子)。

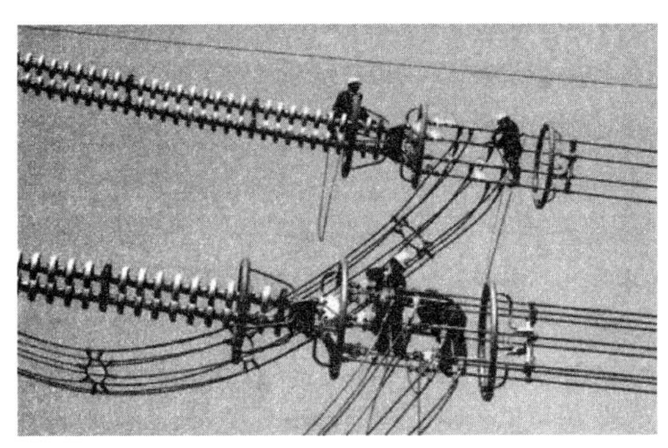

图 10－10　高压线路的绝缘子

图 10－11　针式绝缘子

(1) 针式绝缘子：主要用于直线杆塔或角度较小的转角杆塔上，也有在耐张杆塔上用以固定导线跳线。导线采用扎线绑扎，使其固定在针式绝缘子顶部的槽中。针式绝缘子为内胶装结构，制造简易、价格便宜，但承受导线张力不大，耐雷水平不高。针式绝缘子主要用于 35 kV 以下的线路，见图 10－11。

(2) 瓷横担绝缘子：为外浇装结构实心瓷体，其一端装有金属附件。一般用于 10 kV 配电线路直线杆，导线的固定是用扎线将其绑扎在瓷横担绝缘子另一端的瓷槽内。瓷横担绝缘的实心结构使其不易老化、击穿，自洁性能良好，抗污闪能力强，因此在 10 kV 配电线路上应用非常广泛，见图 10－12。

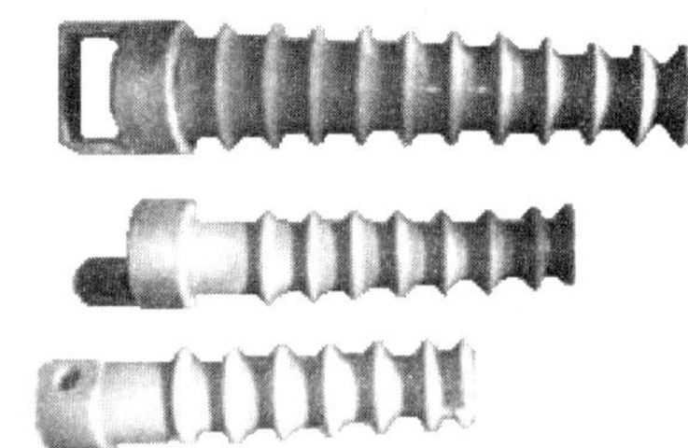

图 10－12　瓷横担绝缘子

(3) 柱式绝缘子：柱式绝缘子的用途与针式绝缘子大致相同。但由于柱式绝缘子是外胶装结构，温度聚变等原因不会使绝缘子内部击穿、爆裂，并且浅槽裙边使其自洁性能良好，抗污闪能力要比针式绝缘子强，见图 10－13(a)。

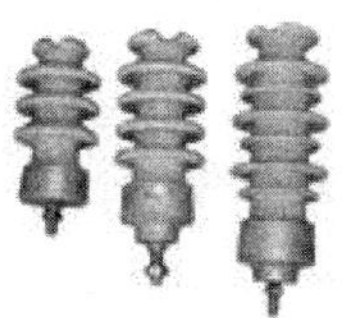
(a) 柱式绝缘子

(b) 棒式绝缘子

(c) 复合绝缘子

(d) 悬式绝缘子

图 10－13　几种绝缘子

(4) 棒式绝缘子：一般只能用在一些受力比较小的承受力杆，不宜用于跨越公路、铁路、航道或市中心区域等重要地区的线路。

棒式绝缘子从绝缘子上流下的污水不会直接从绝缘子上部流到下部，避免形成污水柱造成短路事故，起到阻断污水水流的作用，见图 10－13(b)。

(5) 悬式绝缘子：具有良好的电气性能和较高的机械强度，按防污性能分为普通型和防污型两种，按制造材料又分为瓷悬式和钢化玻璃悬式两种。悬式绝缘子用在 35 kV 及以上架空线路。通常把它们组装成绝缘子串使用，每串绝缘子的数目与额定电压有关，见图 10－13(d)。

4. 横担　横担定位在电杆上部，用来支持绝缘子和导线等，并使导线间有规定的距离。一般情况下，直线杆横担和杆顶支架装在受电侧，分支终端杆的单横担应装在拉线侧，两层横担的转角杆，电源侧作上层，受电侧作下层。横担按材质的不同可分为铁横担和瓷横担。架空线路杆塔的横担上下倾斜、左右偏歪不应大于横担长度的 2%。

5. 金具　线路金具是指连接和组合线路上各类装置，以传递机械、电气负荷以及起到某种防护作用的金属附件，见图 10－14。

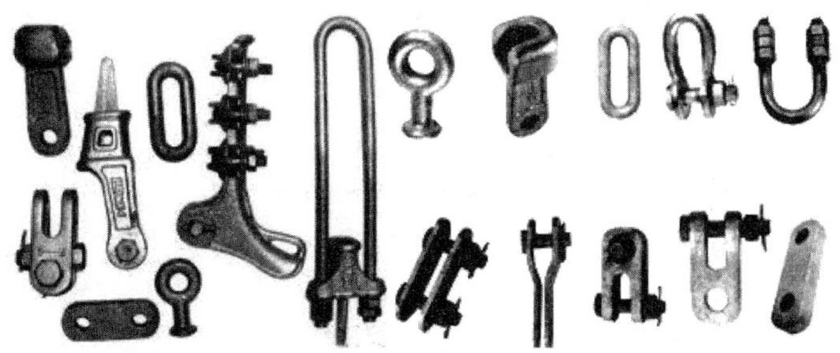

图 10－14　线路金具

金具在架空线路中主要起支撑、固定、连接、接续、调节及保护作用。金具必须有足够的机械强度，并能满足耐腐蚀的要求。

6. 拉线

(1) 拉线作用：是为了在架设导线后能平衡杆塔所承受的导线张力和水平风力，以防止杆塔倾倒，影响安全正常供电。

(2) 拉线分类：拉线按作用可分为张力拉线(如转角杆塔拉线)和风力拉线两种；按拉线的形式，可分为普通拉线、水平拉线、弓形拉线、共同拉线和 V 形拉线等。下面具体介绍其中的三种。

① 普通拉线：用于线路的转角、耐张、终端、分支杆塔等处，起平衡拉力的作用。普通拉线，见图 10－15。

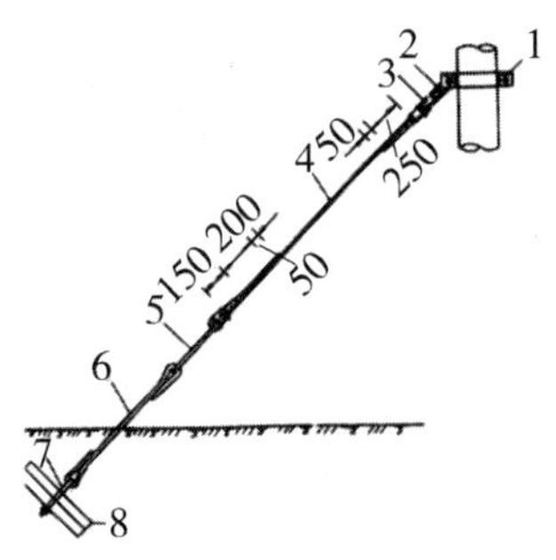

1—拉线抱箍；2—延长环；3—楔形线夹；4—钢绞线；
5—UT 形线夹；6—拉线棒；7—地锚拉环；8—拉盘

图 10－15　普通拉线

② 水平拉线（高桩拉线）：当电杆离道路太近，不能就地装设拉线时，需在路的另一侧立一基拉线杆。跨越道路的水平拉线，对路面中心的垂直距离，不应小于 6 m；拉线柱的倾斜角采用 10°～20°。水平拉线，见图 10－16。

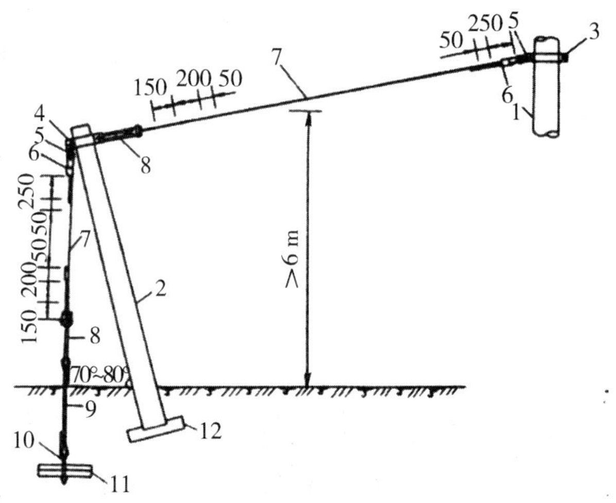

1—钢筋混凝土杆；2—钢筋混凝土拉线柱；3、4—拉线抱箍；5—延长环；6—楔形线夹；
7—钢绞线；8—UT 形线夹；9—拉线棒；10—地锚拉环；11—拉盘；12—底盘

图 10－16　水平拉线

③ 弓形拉线：因地形限制不能装设拉线时，可以采用弓形拉线，在电杆中部加装自拉横担，在其上下加装拉线，以防电杆弯曲。弓形拉线，见图 10－17。

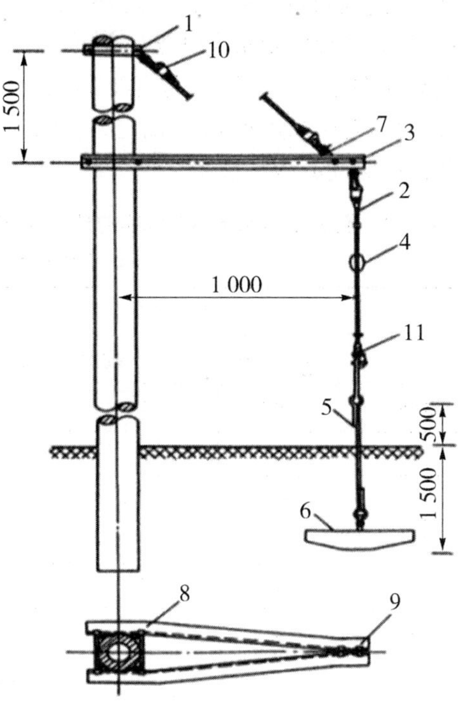

1—拉线抱箍；2—钢绞线；3—自身拉横担；4—拉线绝缘子；5—拉线棒；
6—拉线盘；7—连板；8—销螺栓；9—接螺栓；10—楔形线夹；
11—UT 形线夹

图 10－17　弓形拉线

杆塔与拉线之间的夹角不应小于 30°，杆塔拉线与地面的夹角一般为 45°，受环境限制一般不小于 30°。跨越道路的水平拉线，对道路中心的垂直距离不应小于 6 m。

二、架空电力线路技术要求

1. 导线截面的选择　架空导线的选择应使所选导线具有足够的导电能力与机械强度，能满足线路的技术、经济要求，确保安全、经济、可靠地传输电能。

(1) 按经济电流密度选择导线截面：电流密度是指单位导线截面所通过的电流值，其单位是 A/mm^2。经济电流密度是指通过技术和经济的比较而得出的最合理的电流密度，见表 10－2 所示。

表 10－2　经济电流密度

年最大负荷利用时间	导线材质	
	铜线	铝线
＜3 000 h	3.00 A/mm^2	1.65 A/mm^2
3 000～5 000 h	2.50 A/mm^2	1.15 A/mm^2
＞5 000 h	1.75 A/mm^2	0.90 A/mm^2

(2) 按发热条件选择导线截面(允许载流量)：当导线通过电流时会产生电能损耗，使导线

发热和温度上升。如果导线温升过高,将使导线连接处加速氧化,接触电阻增加。接触电阻的增大又使连接处温升更高,形成恶性循环,造成导线烧断事故。各种类型的绝缘导线,其容许工作温度为 65 ℃。铝及钢芯铝绞线在正常情况下运行的最高温度不得超过 70 ℃。事故情况下不得超过 90 ℃。刚好使导线的稳定温度达到电缆最高允许温度时的载流量,称为允许载流量。表 10－3 为裸铜线、铝及钢芯铝绞线的允许载流量。

表 10－3　裸铜线、铝及钢芯铝绞线的允许载流量

(环境温度为＋25 ℃,最高允许温度为＋70 ℃)

铜绞线(TJ 型)			铝绞线(LJ 型)			钢芯铝绞线(LGJ 型)	
导线截面积/mm^2	载流量/A		导线截面积/mm^2	载流量/A		导线截面积/mm^2	屋外载流量/A
	屋内	屋外		屋内	屋外		
4	50	25	10	75	55	35	170
6	70	35	16	105	85	50	220
10	95	60	25	135	110	70	275
16	130	100	35	170	135	90	335
25	180	140	50	215	170	120	380
35	220	175	70	265	215	150	445
50	270	220	95	325	260	185	515
70	340	280	120	375	310	240	610
95	415	340	150	440	370	300	700
120	485	405	185	500	425	400	800
150	570	480	240	610		IGJQ-300	690
185	645	550	300	680		IGJQ-400	825
240	770	650	400	830		IGJQ-500	945
300	890		500	980		IGJQ-600	1 050
400	1085		625	1140		IGJJ-300	705
						IGJJ-400	850

(3) 按允许电压损失选择导线截面:应满足的条件为线路电压损失≤允许电压损失。

(4) 按机械强度选择导线截面:导线应有一定的抗拉强度,在大风、覆冰等不利气象条件下不会造成断线事故。架空线路满足机械强度的最小允许截面积见表 10－4。

表 10－4　架空线路最小允许截面积　　**单位:mm^2**

导线种类	35 kV 线路	10 kV 线路		≤1 kV 线路
		居民区	非居民区	
铜绞线	35	35	25	25
铝绞线	35	25	25	25
钢芯铝绞线	35	16	16	16

2. 导线排列、档距与线间距离

(1) 导线排列：10～35 kV 架空线路的导线，一般采用三角排列或水平排列；多回线路同杆架设的导线，一般采用三角、水平混合排列或垂直排列。

电压不同的线路同杆架设时，电压较高的线路应架设在上面，电压较低的线路应架设在下面。

(2) 架空线路档距：同一线路上相邻两根电杆之间的水平距离称为架空线路的档距(或跨距)。架空配电线路的档距按表 10－5 所列数值来取值。

表 10－5　架空配电线路的档距

线路架设地区	线路电压	
	高压 10 kV	低压
城镇	40～50 m	40～50 m
郊区	60～100 m	40～60 m

35 kV 架空线路耐张段的长度不宜大于 5 km，10 kV 及以下架空线路的耐张段的长度不宜大于 2 km。

(3) 架空线路的线间距离

① 架空线路不同相线之间的水平距离见表 10－6。

表 10－6　架空线路不同相线之间的水平距离

架空线路电压/(V/kV)	≤40	50	60	70	80	90	100
10 kV 高压	0.60 m	0.65 m	0.70 m	0.75 m	0.85 m	0.9 m	1.00 m
低压	0.30 m	0.40 m	0.45 m				

② 同杆架设的双回线路或高、低压同杆架设的线路横担间的垂直距离见表 10－7。

表 10－7　同杆架设的线路横担间的垂直距离　　单位：m

电压等级	直线杆	分支或转角杆
10 kV 高压与 10 kV 之间	0.80	0.45/0.60
10 kV 高压与低压之间	1.20	1.00
低压与低压之间	0.60	0.30

③ 10 kV 及以下线路与 35 kV 线路同杆架设时，导线间的垂直距离不应小于 2.0 m；35 kV 双回或多回线路的不同回路不同相导线间的距离不应小于 3.0 m。

④ 高压配电线路每相的过引线、引下线与邻相的过引线、引下线或导线之间的净空距离不应小于 0.3 m；高压配电线路的导线与拉线、电杆或构架间的净空距离不应小于 0.2 m；高压引下线与低压线间的距离不宜小于 0.2 m。

3. 导线的弧垂及对地交叉跨越

(1) 弧垂：是相邻两杆塔导线悬挂点连线的中点对导线铅垂线的距离。弧垂的大小直接关系到线路的安全运行，弧垂过小，容易断线或断股；弧垂过大，则可能影响对地限距，在风力作用下容易混线短路。

(2) 架空线路对地及交叉跨越允许距离

① 导线与地面或水面的距离,在最大计算弧垂情况下,不应小于表 10－8 所列数值。

表 10－8 导线与地面或水面的最小距离

线路电压	线路经过地区				
	居民区	非居民区	不能通航及不能浮运的河、湖的冬季冰面	不能通航及不能浮运的河、湖的最高水位	交通困难地区
35 kV	7.0 m	6.0 m	6.0 m	3.0 m	5.0 m
3～10 kV	6.5 m	5.5 m	5.0 m	3.0 m	4.5 m
<3 kV	6.0 m	5.0 m	5.0 m	3.0 m	4.0 m

② 导线与山坡、峭壁、岩石之间的净空距离,在最大计算风偏情况下,不应小于表 10－9 所列数值。

表 10－9 导线与山坡、峭壁、岩石之间的最小距离

线路电压	线路经过地区	
	步行可以到达的山坡	步行不能到达的山坡、峭壁、岩石
35 kV	5.0 m	3.0 m
3～10 kV	4.5 m	1.5 m
<3 kV	3.0 m	1.0 m

③ 导线与建筑物的垂直距离。在最大计算弧垂情况下,导线与建筑物的垂直距离:35 kV 线路不应小于 4.0 m,3～10 kV 线路不应小于 3.0 m,3 kV 以下线路不应小于 2.5 m。

3～35 kV 架空电力线路不应跨越屋顶为燃烧材料做成的建筑物。更不能跨越具有燃烧和爆炸物的建筑物。

④ 架空电力线路边导线与建筑物的距离。在最大风偏情况下,架空电力线路边导线与建筑物的距离:35 kV 线路不应小于 3.0 m,3～10 kV 线路不应小于 1.5 m,3 kV 以下线路不应小于 1.0 m。

⑤ 架空电力线路导线与树木的距离。架空电力线路导线与树木之间的最小垂直距离:35 kV线路不应小于 4.0 m,10 kV 及以下线路不应小于 3.0 m。架空电力线路通过果林、经济作物以及城市灌木林,不应砍伐通道,在最大计算弧垂情况下导线至树梢的距离:35 kV 线路不应小于 3.0 m,10 kV 及以下线路不应小于 1.5 m。

⑥ 架空电力线路跨越架空弱电线路时,其交叉角对于一级弱电线路,应≥45°,对于二级弱电线路,应≥30°。

三、架空电力线路运行维护

1. 线路维护检修的标准项目和周期　线路维护、检修的标准项目和周期见表 10－10 要求,但还要按照设备的实际运行状况确定。

表 10-10　线路维护检修的标准项目和周期

序号	项目	检修周期	备注
1	绝缘子清扫:① 定期清扫 ② 污秽区清扫	每年一次 每年两次	根据线路的污秽情况,采取防污措施,可适当延长或缩短周期
2	镀锌铁塔坚固螺栓	每 5 年一次	新线路投入运行一年后需紧一次
3	混凝土电杆各部坚固螺栓	每 5 年一次	新线路投入运行一年后需紧一次
4	铁塔刷油	每 3～5 年一次	根据铁塔表层状况决定
5	金属基础防腐处理		根据检查结果决定
6	杆塔倾斜扶正		根据日常巡视测量结果决定
7	混凝土杆内排水	每年一次	结冻前进行(不结冻地区一般不进行)
8	并沟线夹紧固螺栓	每年一次	结合检修进行
9	防护区内砍伐树、竹	每年至少一次	根据巡视结果决定
10	巡线道路、桥的修补	每年一次	根据巡视结果决定

2. 线路维护工作主要内容

(1) 清扫绝缘子,提高绝缘水平。

(2) 加固杆塔和拉线基础,增加稳定性。

(3) 混凝土电杆损坏修补和加固,提高电杆强度。

(4) 杆塔倾斜和挠曲调整,以防挠曲或倾斜过大造成倒杆断杆。

(5) 混凝土电杆铁构件及铁塔刷漆、喷锌处理,以防锈蚀。

(6) 金属基础和拉线棒地下部分抽样检查,及时做好锈蚀处理。

(7) 导线、避雷线烧伤、断股检查,及时修复。

(8) 补加杆塔材料和部件,尽快恢复线路原有状态。

(9) 做好线路保护区清障工作,确保线路安全运行。

(10) 进行运行线路测试工作,掌握运行线路的情况。

(11) 向沿线群众广泛深入地宣传《电力法》及《电力设施保护条例》,使其家喻户晓,从而能自觉保护电力线路及设备。

3. 架空电力线路巡视项目　巡视架空电力线路是掌握线路运行状况,及时发现设备缺陷,防止事故发生的重要手段。线路巡视一般可分为定期巡视、夜间巡视和特殊巡视等。

(1) 杆塔巡视检查

① 杆塔是否倾斜、弯曲、下沉、上拔,杆塔基周围土壤有无挖掘或沉陷。

② 电杆有无裂缝、酥松、露筋、冻鼓,杆塔构件、横担、金具有无变形、锈蚀、丢失,螺栓、销子有无松动。

③ 杆塔上有无鸟巢或其他异物。

④ 电杆有无杆号等明显标志,各种标示牌是否齐全、完备。

(2) 绝缘子巡视检查

① 绝缘子有无破损、裂纹,有无闪络放电现象,表面是否严重脏污。

② 绝缘子有无歪斜,紧固螺丝是否松动,扎线有无松、断。

③ 瓷横担有无倾斜。

(3) 导线巡视检查

① 三相导线弧垂是否一致，过引线与杆塔、构件及其他过引线的距离是否符合要求。

② 裸导线有无断股、烧伤、锈蚀，连接处有无接触不良、过热现象。

③ 绝缘导线外皮有无磨损、变形、龟裂等，绝缘护罩扣是否紧密。沿线树枝有无剐蹭绝缘导线的现象。

(4) 避雷设备巡视检查

① 避雷器绝缘裙有无损伤、闪络痕迹，表面是否脏污。

② 避雷器是否牢固，金具有无锈蚀。

③ 引线连接是否良好，上下压线有无开焊、脱落，触点有无锈蚀。

(5) 接地装置的巡视检查

① 接地引下线有无断股、损伤，接地线夹是否丢失。

② 接头接触是否良好，接地体有无外露和严重腐蚀。

(6) 拉线巡视检查

① 拉线有无锈蚀、松弛、断股。

② 拉线棒有无偏斜、损坏。

③ 水平拉线对地距离是否符合要求。

④ 拉线基础周围土壤有无挖掘或沉陷。

四、架空电力线路常见故障及预防措施

1. 常见的故障

(1) 导线损伤、断股、断裂。

(2) 倒杆。

(3) 导线接头发热。

(4) 导线对被跨越物放电事故。

(5) 单相接地故障。

(6) 两相短路事故。

(7) 三相短路事故。

(8) 断线、缺相故障。

2. 预防措施

(1) 对绝缘子采取防污措施。

(2) 对线路及其他设备采取防雷保护措施。

(3) 对线路及其他设备采取防风、防寒、防暑、防汛、防潮、防火等措施。

(4) 对线路及其他设备定期进行绝缘预防性实验。

第三节　电力电缆线路

电力电缆是一种传输和分配电能的线路。它常用于城市、工矿企业及过江海的水下供电。

一、电力电缆线路特点

1. 电缆线路的优点

(1) 不占用地上空间：电缆在地下敷设不占用地上空间，一般不受地上建筑物等的影响。

(2) 供电可靠性高：电缆不易受雷电、风害、鸟害、挂冰等外界因素的影响，供电可靠性高。

(3) 发生触电事故的可能性小：电缆常敷设于地下，当发生故障时一般只会造成跳闸，不会伤害人畜。

(4) 分布电容较大：电缆的结构相当于一个电容器，无功输出非常大。

(5) 维护工作量少：电缆维护工作量少，节省运行费用。

2. 电缆线路的缺点

(1) 投资费用大：同样的导线截面积，电缆的输送容量比架空线路小。但其综合投资费用为相同输送容量架空线路的几倍。

(2) 引出分支线路比较困难：电缆线路如需分支供电，则需增添一定的设备才能达到分支的目的，如分支箱或 T 形接头等。

(3) 故障测寻比较困难：电缆线路在地下，故障点无法看到，必须使用专用仪器进行测量。

(4) 电缆头制作工艺要求高：为保证电缆线路的绝缘强度和密封保护的要求，电缆头制作工艺要求较高，费用比较高。

二、电力电缆基本结构和类型

电力电缆是外包绝缘层的绞合导线，有的还包有金属外皮并加以接地。绝缘层起到相间绝缘和对地绝缘的作用。为了保护绝缘和防止高电场对外产生辐射干扰通信等，又必须有金属护层。为防止外力损坏还必须有铠装和护套等。

1. 电力电缆基本结构　由线芯(导体)、绝缘层、屏蔽层和保护层四部分组成。

(1) 线芯：是电缆的导电部分，用来输送电能，是电缆的主要部分。目前电力电缆的线芯都采用铜和铝，铜比铝导电性能好、机械性能高，但铜比铝价格高。线芯按数目可分为单芯、双芯、三芯、四芯和五芯。线芯按截面形状又可分为圆形、半圆形和扇形。根据电缆不同品种与规格，线芯可以制成实体，也可以制成绞合线芯，绞合线芯由圆单线和成型单线绞合而成。图 10－18 为扇形三芯电缆。

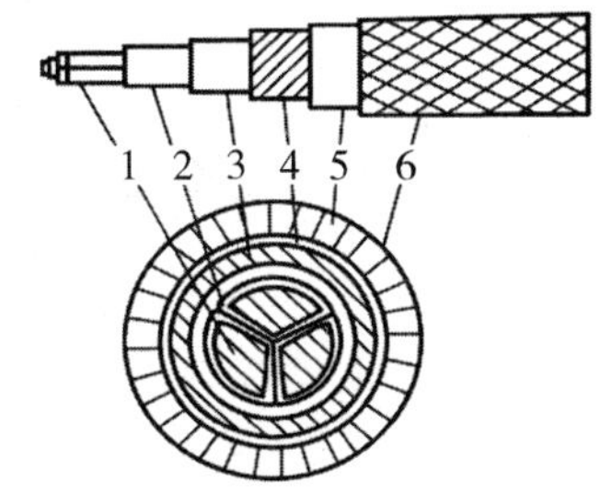

1—导体；2—纸绝缘；3—铅包皮；4—麻衬；5—钢带铠甲；6—麻被

图 10－18　扇形三芯电缆

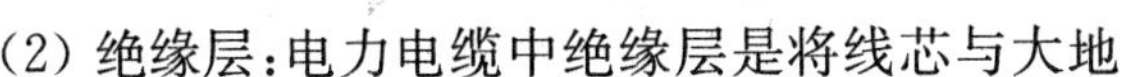

(2) 绝缘层：电力电缆中绝缘层是将线芯与大地以及不同相的线芯间在电气上彼此隔离，是电缆结构中不可缺少的组成部分。绝缘层材料要求选用耐压强度高、介质损耗低、耐电晕性能好、化学性能稳定、耐低温、耐热性能好、机械加工性能好、使用寿命长、价格便宜的材料。通常采用绝缘油、油浸纸、聚氯乙烯、交联聚乙烯等绝缘材料。

(3) 屏蔽层：6 kV 及以上的电缆一般都有导体屏蔽层和绝缘屏蔽层。导体屏蔽层的作用是消除导体表面的不光滑(多股导线绞合产生的尖端)所引起导体表面电场强度的增加，使绝缘层和电缆导体有较好的接触。同样，为了使绝缘层和金属护套有较好接触，一般在绝缘层外表面均包有外屏蔽层。油纸电缆的导体屏蔽材料一般用金属化纸带或半导电纸带。绝缘屏蔽层一般采用半导电纸带。塑料、橡皮绝缘电缆的导体或绝缘的屏蔽材料分别为半导电塑料和半导电橡皮。对于无金属护套的塑料、橡胶电缆,在绝缘屏蔽外还包有屏蔽铜带或铜丝。

(4) 保护层:电缆保护层的作用是保护电缆免受外界杂质和水分的侵入,以及防止外力直接损坏电缆。电力电缆的铠装和护套是用来保护电缆,防止外力损坏。保护层材料的密封性和防腐性必须良好,并且有一定的机械强度。

2. 常用电力电缆种类及适用范围　一般电缆按结构和绝缘材料的不同进行分类。

(1) 不滴漏油浸纸带绝缘型电缆:不滴漏油浸纸带绝缘型电缆(图 10 - 19)的三线芯的电场在同一屏蔽内,电场的叠加使电缆内部的电场分布极不均匀,电缆绝缘层的绝缘性能不能充分利用,因此这种结构的电缆只能用在 10 kV 及以下的电压等级。

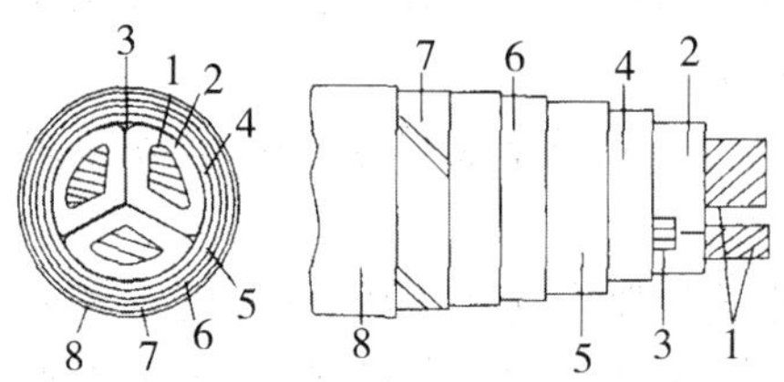

1—线芯;2—线芯绝缘;3—填料;4—带(统包)绝缘;5—内护套;
6—内衬层;7—铠装层;8—外被层(外护套)

图 10 - 19　不滴漏油浸纸带绝缘型电缆结构图

(2) 不滴漏油浸纸绝缘分相型电缆:不滴漏油浸纸绝缘分相型电缆(图 10 - 20)的结构上使内部电场分布均匀和气隙减少,绝缘性能比带绝缘型结构好,因此适用于 20～35 kV 电压等级,个别可使用在 66 kV 电压等级上。

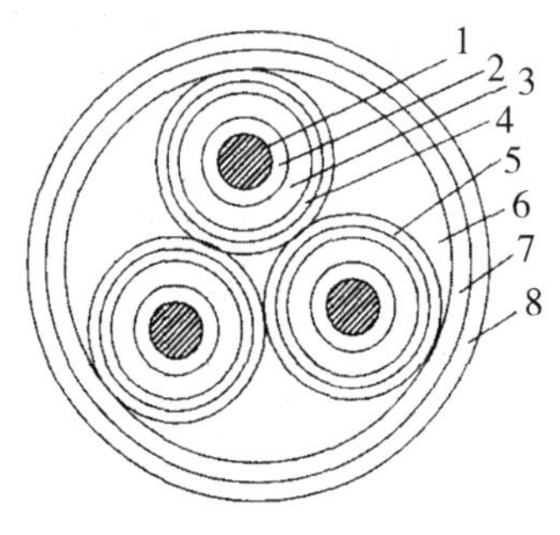

1—线芯;2—线芯屏蔽;3—线芯纸绝缘;
4—绝缘屏蔽;5—铅护套;6—内垫层及填料;
7—铠装层;8—外被层(或外护套)

图 10 - 20　不滴漏油浸纸绝缘分相铅包电缆结构图

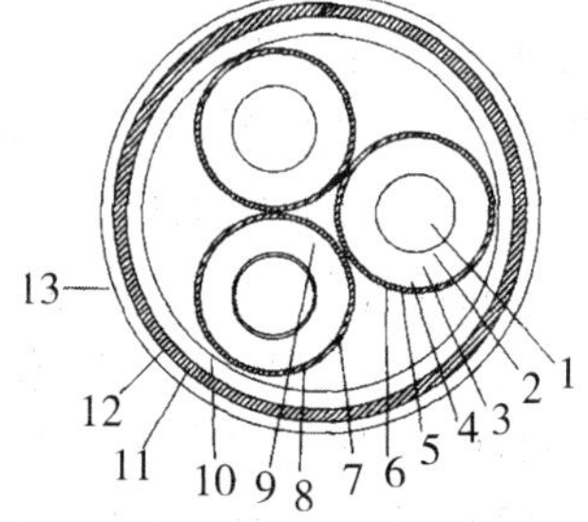

1—线芯;2—线芯屏蔽;3—交联聚乙烯绝缘;
4—绝缘屏蔽;5—保护带;6—铜丝屏蔽;
7—螺旋铜带;8—塑料带;9—中心填芯;
10—填料;11—内护主套;12—铠装层;
13—外护层

图 10 - 21　交联聚乙烯绝缘电缆结构图

(3) 橡塑电缆

① 交联聚乙烯绝缘电缆:交联聚乙烯绝缘电缆(图 10 - 21)容许温升高,允许载流量较大,耐热性能好,适宜于高落差和垂直敷设,介电性能优良,但抗电晕、游离放电性能差。接头工艺虽较严格,但对技工的工艺技术水平要求不高,因此便于推广,是一种比较理想的电缆。

② 聚氯乙烯绝缘电缆：聚氯乙烯绝缘电缆（图 10－22）化学稳定性高，安装工艺简单，材料来源充足，能适应高落差敷设，敷设维护简单方便。但因其绝缘强度低、耐热性能差、介质损耗大，并且在燃烧时会释放氯气，对人体有害和对设备有严重的腐蚀作用，所以一般只在 6 kV 及以下电压等级中应用。

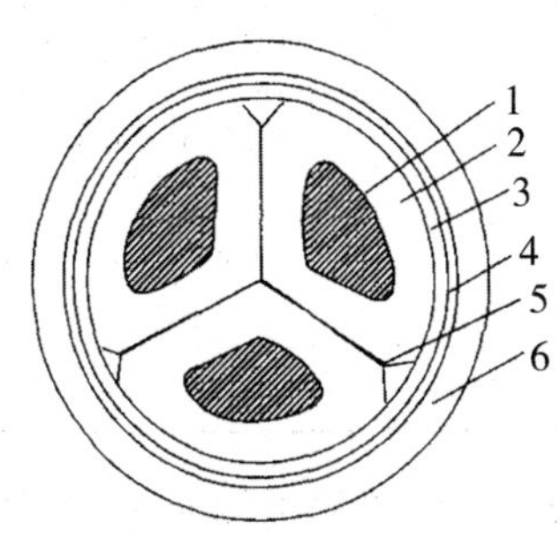

1—线芯；2—聚氯乙烯绝缘；3—聚氯乙烯内护套；4—铠装层；5—填料；6—聚氯乙烯外护套

图 10－22　聚氯乙烯绝缘电缆结构图

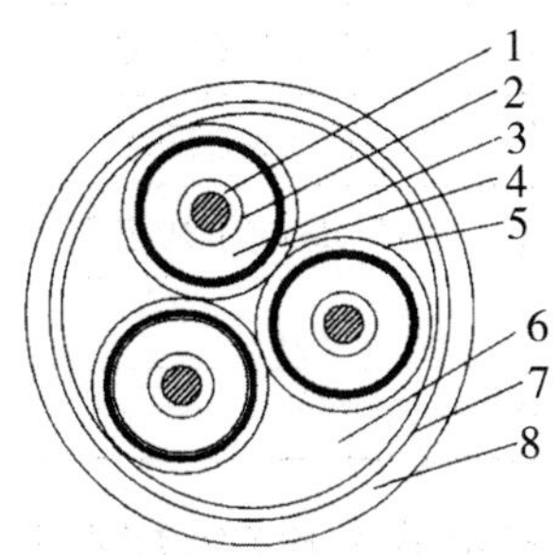

1—线芯；2—线芯屏蔽层；3—橡皮绝缘层；4—半导电屏蔽层；5—铜带屏蔽层；6—填料；7—橡皮布带；8—聚氯乙烯外护套

图 10－23　橡胶绝缘电缆结构图

③ 橡胶绝缘电缆：橡胶绝缘电缆（图 10－23）的柔软性好，易弯曲，有较好的耐寒性能、电气性能、机械性能和化学稳定性，对于气体、潮气、水的渗透性较好。但耐电晕、臭氧、热、油的性能较差。橡胶绝缘电缆一般只用在 138 kV 以下的电力电缆线路中，适宜作为海底电缆、矿井和船舶上敷设使用。

3. 电力电缆型号　我国电缆产品的型号由大写的汉语拼音字母和阿拉伯数字组成。字母表示电缆的类别、绝缘材料、导体材料、内护层材料、特征，数字表示铠装层和外被层类型。电力电缆的外护层：充油电缆的外护层由 3 位数字组成，按加强层、凯装层、外护层的顺序表示；其他电缆的外护层由两位数字组成，按铠装层、外护层的顺序表示（表 10－11、表 10－12）。

表 10－11　电缆产品型号中字母含义

类别、特征	绝缘	导体	内护层	其他特征
电力电缆（省略） K—控制 C—船用 P—信号 B—绝缘电线 ZR—阻燃	Z—纸 X—橡胶 V—PVC Y—PE YJ—XLYE	T—铜芯（省略） L—铝芯	Q 一铅包 L—铝包 Y—PE V—PVC	D—不滴漏 F—分相金属套 P—屏蔽 CY—充油

表 10-12　外护层代号数字含义

代号	加强层	铠装层	外被层或外护套
0			
1	径向铜带	联锁钢带	纤维外被
2	径向不锈钢带	双钢带	聚氯乙烯外护套
3	径、纵向铜带	细圆钢丝	聚乙烯外护套
4	径、纵向不锈钢带	粗圆钢丝	
5		皱纹钢带	
6		双铝带或铝合金带	

一般一条电缆的规格除标明型号外，还应说明电缆的芯数、截面、工作电压和长度，如ZQ_{22}-3×70-10-300，表示铜芯、纸绝缘、铅包、双钢带铠装、聚氯乙烯外护套，3 芯、截面积70 mm^2，电压为 10 kV，长度为 300 m 的电力电缆。

三、电力电缆的选择

电缆导体中流过电流时就会发热，如果在某一状态下发热量等于散热量时，电缆导体就有一个稳定温度。刚好使导线的稳定温度达到电缆最高允许温度时的载流量，称为允许载流量或安全载流量，在实际运用中的载流量有三类：一是长期工作条件下的允许载流量，二是短时间允许通过的电流，三是短路时允许通过的电流。以下介绍其中的两类。

1. 电缆长期允许载流量　当电缆导体温度等于电缆最高长期工作温度，而电缆中的发热与散热达到平衡时的负载电流，称为电缆长期允许载流量。当电缆埋设环境温度、土壤热阻系数不同时，电缆的载流量要校正，应乘校正系数。当电缆直接埋地多根并列敷设时，电缆的载流量也应校正，应乘校正系数，见表 10-13、表 10-14、表 10-15。

表 10-13　环境温度变化时载流量的校正系数

导体工作温度/℃	环境温度/℃								
	5	10	15	20	25	30	35	40	45
80	1.17	1.13	1.09	1.04	1.0	0.954	0.905	0.853	0.798
65	1.22	1.17	1.12	1.06	1.0	0.953	0.865	0.791	0.707
60	1.25	1.20	1.13	1.07	1.0	0.925	0.845	0.756	0.655
50	1.34	1.26	1.18	1.09	1.0	0.895	0.775	0.633	0.447

表 10-14　土壤热阻系数不同时载流量的校正系数

导体截面/mm^2	土壤热阻系数/℃ · cm · W^{-1}				
	60	80	120	160	200
2.5～16	1.06	1.0	0.90	0.83	0.77
25～95	1.08	1.0	0.88	0.80	0.73
120～240	1.09	1.0	0.86	0.78	0.71

表 10－15　电缆直接埋地多根并列敷设时载流量的校正系数

净距/mm	并列数											
	1	2	3	4	5	6	7	8	9	10	11	12
100	1.00	0.90	0.85	0.80	0.78	0.75	0.73	0.72	0.71	0.70	0.70	0.69
200	1.00	0.92	0.87	0.84	0.82	0.81	0.80	0.79	0.79	0.78	0.78	0.77
300	1.00	0.93	0.90	0.87	0.86	0.85	0.85	0.84	0.84	0.83	0.83	0.83

电缆导体的长期允许工作温度不应超过规定值，见表 10－16。

表 10－16　电缆导体长期允许工作温度

电压	电缆种类					
	天然橡皮绝缘	黏性纸绝缘	聚氯乙烯绝缘	聚乙烯绝缘	交联聚乙烯绝缘	充油纸绝缘
≤3 kV	65 ℃	80 ℃	65 ℃		90 ℃	
6 kV	65 ℃	65 ℃	65 ℃	70 ℃	90 ℃	
10 kV		60 ℃		70 ℃	90 ℃	
20～35 kV		50 ℃			80 ℃	75 ℃
110～330 kV						75 ℃

2. 电缆允许短路电流　电缆线路如发生短路故障，电缆导体中通过的电流可能达到其长期允许载流量的几倍或几十倍。但短路时间很短，一般只有几秒钟或更短时间。虽然短路时间短暂，但短路电流所产生热量会使导体温度升高、损坏绝缘，因此规定了电缆短路时导体的最高允许温度。

（1）电缆线路中无中间接头时，电缆短路时导体的最高允许温度见表 10－17 规定。

（2）当电缆线路中有中间接头时，锡焊接头最高允许温度 120 ℃，压接接头最高允许温度 150 ℃。电、气焊接头与无接头时相同。

表 10－17　常用电力电缆的最高允许温度

电缆类型	电压/kV	最高允许温度/℃	
		额定负荷时	短路时
黏性浸渍纸绝缘	1～3	80	250
	6	65	
	10	60	
	35	50	175
不滴流纸绝缘	1～6	80	250
	10	65	
	35	62	175

（续表）

电缆类型	电压/kV	最高允许温度/℃	
		额定负荷时	短路时
交联聚乙烯绝缘	≤10	90	250
	>10	80	
聚氯乙烯绝缘		70	160
自容式充油	63～500	75	160

四、电缆的敷设

在电缆敷设时应注意分类，分层整齐排放。电缆应由下而上依次为高压动力电缆、低压动力电缆、控制电缆、信号电缆等。在电缆绑扎时，原则上敷设一根绑扎一根。电缆敷设到位后，首先绑扎可采用铁丝等材料将电缆固定，在进行二次整理时应将首先绑扎的材料更换为过塑铁丝，并定尺进行绑扎。

电力电缆常用的敷设方法有直埋法、穿管、电缆沟敷设、电缆桥架、隧道内敷设过江或海底敷设等。

1. 直埋敷设　直埋电缆的深度不得低于 0.7 m。敷设前沿线路挖沟，沟深 0.8～1.1 m，沟底面宽度视敷设电缆的根数而定，一般不得小于 0.5 m。在沟内底部均匀垫 10 mm 厚的软土或沙，中心敷设电缆，将电缆放入沟内（电缆埋深 0.7 m），电缆两侧和上部再铺软土或黄沙，上部的软土或黄沙厚度不得小于 10 cm，并应加盖板保护。盖板可采用混凝土板或砖块。

直埋电缆在填土后直至与地面齐平。必须按规定设置标志桩。两根以上电缆敷设时，电缆间要留有足够的距离，不得小于 100 mm，且电缆间不能交叉叠放。

2. 电缆沟敷设　电缆隧道和电缆沟应采取防水措施，其底部排水沟的坡度不应小于 0.5%，并应设集水坑，积水可经集水坑用泵排出。当有条件时，积水可直接排入下水道。

电缆沟盖板宜采用钢筋混凝土盖板或钢盖板。钢筋混凝土盖板的质量不应超过 50 kg，钢盖板的质量不应超过 30 kg。电缆沟应考虑分段排水、防火等问题。

3. 穿管敷设　当电缆引入或引出建筑物，穿过楼板、墙壁，与道路、铁路等交叉时，需进行穿保护管敷设。穿保护管敷设时，管内径不小于电缆外径的 1.5 倍。

4. 排管敷设　在排管中敷设可以使电缆避免机械损伤，一般有 10 根左右电缆同时敷设时才采用排管敷设。架空敷设时，排管上部距地面不得小于 0.7 m。

5. 隧道敷设　电缆隧道具有敷设、检修、更换电缆方便、能容纳大量电缆等显著优点，但缺点是投资大、耗用材料多。

6. 架空敷设　架空敷设可沿墙、梁、柱用支架、吊架进行架空敷设。

五、电力电缆的运行维护

1. 电力电缆投入运行

（1）新装电缆线路须经过验收检查合格，并办理验收手续方可投入运行。

（2）停电超过一个星期但不满一个月的电缆，重新投入运行前，应摇测绝缘电阻值，与上次试验记录比较（换算到同一温度下）不得降低 30%，否则须做直流耐压试验。停电超过一个月但不满一年的电缆，则必须做直流耐压试验，试验电压可为预防性试验电压的一半。例如油浸纸绝缘电缆，试验电压为额定电压的 2.5 倍，时间为 1 min；停电时间超过试验周期的，必须做标准预防性试验。

(3) 重做电缆头的电缆，投入运行前必须核对相位，摇测绝缘电阻，并做耐压试验，全部合格后才允许恢复运行。

2. 电力电缆巡视检查　电力电缆投入运行后，巡视检查是及时发现和消除隐患，避免引发事故的有效措施。

(1) 日常巡视检查的周期：有人值班的变(配)电所，每班应检查一次，无人值班的变(配)电所，每周至少检查一次。遇有特殊情况，则根据需要做特殊巡视。

(2) 日常巡视检查内容

① 观察电缆线路的电流表，看实际电流是否超出了电缆允许载流量。

② 电缆终端头的连接点有无过热变色。终端头接地线有无异常。

③ 油浸纸绝缘电力电缆及终端头有无渗漏油现象。

④ 并联使用的电缆有无因负荷分配不均匀而导致某根电缆过热。

⑤ 有无打火、放电声响及异常气味。

六、电力电缆常见故障及处理

1. 电力电缆常见故障　电力电缆线路常见的故障有接地故障、两相短路和三相短路、断线、闪络故障等。

2. 电力电缆故障判断　使用绝缘摇表测量绝缘电阻来判断故障情况。

(1) 如电缆某一芯或数芯对地击穿，绝缘电阻低于 100 kΩ 时为低阻接地故障。

(2) 当摇测电缆一芯或几芯对地绝缘电阻，或芯与芯之间绝缘电阻低于正常值很多，但高于 100 kΩ 时，为高电阻接地故障。

(3) 当摇测电缆一芯或几芯对地绝缘电阻较高或正常，应进行导体连续性试验，检查是否有断线，若有即为断线故障。

(4) 当摇测电缆有一芯或几芯导体不连续，且经电阻接地时，为断线并接地故障。

第十一章　继电保护与二次回路

第一节　继电保护

继电器是一种根据外界输入信号(电信号和非电信号)来控制接通或断开的一种自动电器。

继电保护装置按被保护的对象分类,有发电机保护、电力线路保护、变压器保护、电动机保护、母线保护等。

一、继电保护装置基本要求

1. 继电保护装置的作用和基本要求　继电保护包括继电保护技术和继电保护装置。

继电保护技术是一个完整的体系,它主要包括电力系统故障分析、各种继电保护原理及实现方法、继电保护的设计、继电保护运行及维护等技术。继电保护装置是完成继电保护功能的核心。

继电保护装置就是能反映电力系统中电气元件发生故障或不正常运行状态,并动作于断路器跳闸或发出信号的一种自动装置。

在电力系统运行过程中,由于绝缘老化、外力破坏和操作维护不当等原因,可能造成各种故障或不正常运行状态。

2. 电力系统的故障和不正常运行状态　三相交流系统故障:各种短路和断线(单相、两相),其中最常见且最危险的是各种类型的短路。其后果:

(1) 电流增加,危害故障设备和非故障设备。

(2) 电压降低或升高,影响用户的正常工作。

(3) 破坏系统稳定性,使事故进一步扩大(系统振荡,电压崩溃)。

(4) 发生不对称故障时,将出现负序电压、负序电流,使旋转电机产生附加发热;发生接地故障时,出现零序电压、零序电流,对相邻通信系统造成干扰。

(5) 不正常运行状态:电力系统中电气元件的正常工作遭到破坏,但没有发生故障的运行状态。如过负荷、过电压、频率降低、系统振荡等。

二、继电保护的作用

当电力系统发生故障时,自动、迅速、有选择性地将故障元件从电力系统中切除,使故障元件免于继续遭到破坏,保证其他无故障设备迅速恢复正常运行。

反映电气元件的不正常运行状态,并根据运行维护的条件(例如有无经常值班人员)而动作于发出信号、减负荷或跳闸。

当电力系统发生事故时，继电保护装置能自动将故障切除，限制事故的范围。继电保护装置应满足四项基本要求，即选择性、速动性、灵敏度和可靠性。

1. 选择性　当电力系统发生故障时，使距离故障点最近的继电保护装置动作，切除故障设备或线路，从而保证无故障部分继续运行，继电保护装置的这种动作行为称为选择性。

选择性就是故障点在区内就动作，在区外不动作。当主保护未动作时，由近后备或远后备切除故障，使停电面最小。选择性的要求是保证对用户可靠供电的基本条件之一。为保证继电保护动作的选择性，一般上下级保护的时限差取 0.3～0.7 s。

2. 速动性　为了限制短路电流对电气设备的破坏程度，减少因短路故障时电压降低而对用户产生的不利影响，加快恢复电力系统正常运行的过程，防止系统瓦解，要求继电保护装置以尽可能快的速度动作来切除故障，这就是继电保护的速动性。

在某些情况下，速动性与选择性的要求有矛盾时，应首先满足选择性的要求。但是如果不快速切除故障就会产生很大的破坏时，则应选择速动性好而选择性较差的保护。

只是反映电力系统不正常运行状态的矛盾时，应首先满足选择性的要求。因此，一般给以一定的时限而不立即断开电路，或仅发出信号以引起运行人员注意。

3. 灵敏度　保护范围内发生故障或不正常工作状态时，继电保护装置的反应能力称为灵敏度。在保护范围内，不管故障发生在哪一处或故障性质如何，它都应该感觉灵敏，正确反应。

保护装置的灵敏与否，一般都用灵敏系数 K_{sen} 来衡量，灵敏系数越高，就越能反应轻微故障，要求灵敏系数 $K_{sen}>1$。

4. 可靠性　投入运行的保护装置，应随时处于准备动作状态。当属于该保护范围内的故障或不正常运行状态发生时，应能可靠动作，不该动作时它能可靠的不动作。保护范围外的故障或不正常工作状态发生时，不应误动作，这就是继电保护装置的可靠性。

为了保证保护装置动作的可靠性，则要求保护装置的设计原理、整定计算、安装调试均应正确无误；组成保护装置的各元件质量可靠；继电保护装置接线力求简化有效，运行维护良好，以提高装置的可靠性。

三、继电保护装置组成

继电保护装置一般由测量部分、比较部分和执行部分组成。

1. 测量部分　用来测量反应被保护设备的工作状态（如正常工作状态、不正常工作状态或故障状态），由相应物理量的变化予以反应。

2. 比较部分（又称逻辑部分）　将测量部分所测到的物理量值与保护装置事先所整定的基准值进行比较，判断是否发生故障，以便决定保护是否动作。

3. 执行部分　执行部分是根据比较部分所做出的决定，执行保护的任务（即发出信号或跳闸或不动作）。在结构简单的继电保护装置中，执行部分和比较部分实际上是结合在一起的，很难区分。能使继电器动断接点，由断开状态到闭合状态的最大电压称为动作电压。

四、常用继电器的型号和作用

1. 继电器的型号　继电器是组成继电保护装置的基本元件。继电器的主要作用是按其所测到的物理量值（如电流、电压、瓦斯气体等）达到一定数值时或当某一物理量输入时就能自动动作，通过执行元件发出信号作用于跳闸。

各种继电器的型号一般由汉语拼音字母和阿拉伯数字两部分组成，其中第一个字母表示继电器的动作原理，第二、三个字母表示继电器反应物理量的性质，即它的用途；第四个阿拉伯数字表示设计序号；第五个阿拉伯数字表示触点对数。

继电器型号中常用字母含义，参见表 11－1。

表 11－1　继电器型号中常用字母含义

第一个字母	第二、三个字母
D—电磁型 G—感应型 L—整流型	L—电流继电器；GH—重合闸继电器；Y—电压继电器；CD—差动继电器；G—功率继电器；S—时间继电器；Z—中间继电器；X—信号继电器

能使继电器动、断接点，由断开状态到闭合状态的最大电压称为动作电压。

2. 常用的几种继电器　常见的电磁式继电器有时间继电器、中间继电器、信号继电器、电流继电器、电压继电器和气体继电器等。

与电磁型仪表相比，其作用原理虽然相似，但有一个主要区别：仪表随被测量的变化而指示出不同的读数，而继电器则是按预先调好的一数值，当控制的电量大于这个数值时才动作。

(1) 时间继电器：时间继电器(图 11－1)是一种利用电磁原理或机械动作原理来延时触头闭合或分断的自动控制电器。常用的有电磁式、电动式、空气阻尼式和晶体管式等。时间继电器用文字符号 KT 表示。时间继电器的延时动合接点是指继电器通足够大的电流时所需要的时间(整定时间)闭合的接点。时间继电器所发信号不应随电气量的消失而消失，要有机械或电气自保持。

图 11－1　时间继电器

电子式时间继电器的特点是体积小、质量轻，延时范围可达 0.1～3 600 s，其应用广泛。

时间继电器线圈电压，应根据控制线路的电压选择吸引线圈的电压。

(2) 中间继电器：一般用来控制各种电磁线圈，使信号扩大或将信号同时传给几个控制元件。中间继电器的安装方法和接触器相似，但由于中间继电器触头容量较小，一般不能接到主电路中。中间继电器主要根据控制线路的电压等级、所需触点的数量和种类、容量等要求选择。中间继电器的作用之一是用于增加触点数量。

(3) 信号继电器：是自动控制体系中常用的电器，具有动作快、工作稳定、使用寿命长、体积小等优势，被广泛用于多个领域中。信号继电器能扩大控制范围；信号放大；综合信号；自动遥控、监测。信号继电器必须自保持。

(4) 电流继电器：是根据电路中电流的大小动作或释放，用于电路中过电流和欠电流保护。使用时将吸引线圈直接(或通过电流互感器)串联在被控制的电路中。过电流继电器的整定值一般为电动机额定电流的 1.7～2 倍，频繁起动场合可取 2.25～2.5 倍。

(5) 电压继电器：是根据电路中电压的大小控制电路的接通或断开，用于电路中过电压和欠电压保护。使用时将吸引线圈直接(或通过电流互感器)并联在被控制的电路中。

欠电压继电器应根据电源电压、控制线路所需触点的种类和数量选择。低电压继电器是反应电压下降到某一整定值及以下，动断接点由断开状态到闭合状态的继电器。

(6) 气体继电器：气体继电器又称为瓦斯继电器，反应变压器内部故障和油面降低的保护。

继电保护采用电流互感器，其接线方式见图 11－2。

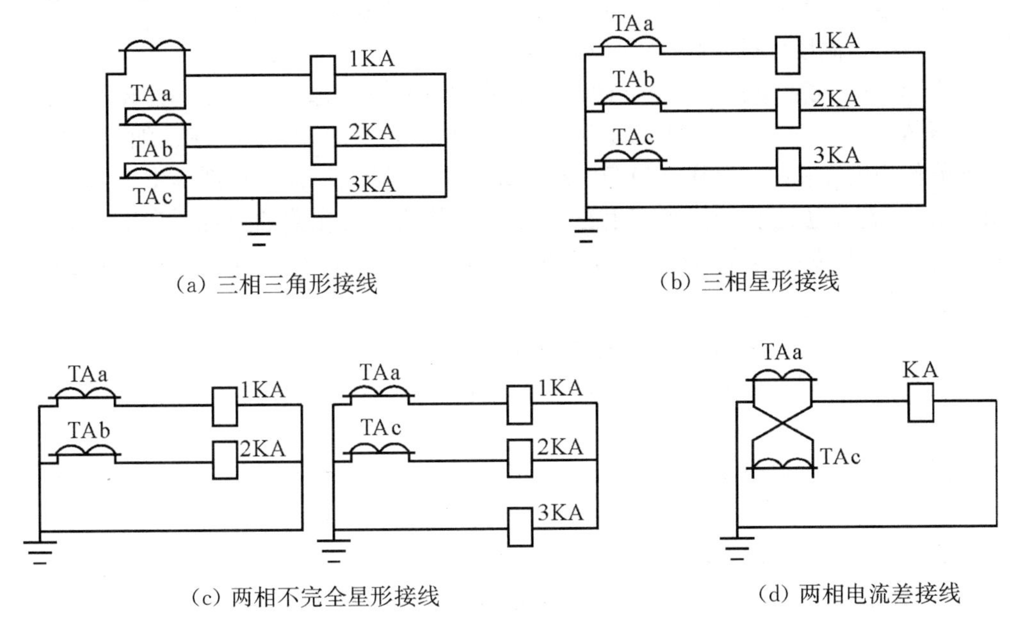

图 11－2　电流互感器接线方式

① 三相三角形接线：按这种接线方式构成的继电保护装置能反映所有的短路类型。

② 三相星形接线：三相星形接线适用于对所有短路类型都要求动作的保护装置。

③ 两相不完全星形接线：在中性点非直接接地的电力系统中，由于允许短路时间的单相接地运行并且在大多数情况下都装有单相接地信号装置，所以在这种系统中广泛采用两相不完全星形接线方式来实现相间短路保护。

④ 两相电流差接线：电流互感器装在两相上，其差电流接入电流继电器线圈，用于 6～10 kV 中性点不接地中，保护较小容量的高压电动机。

第二节　变压器保护

一、变压器故障

变压器故障可分为内部故障和外部故障两种，内部故障是指变压器油箱里面发生的故障，主要是绕组的短路、匝间或层间短路、单相接地短路以及烧坏铁芯等。发生内部故障，短路电流产生的高温电弧不仅会损坏绕组绝缘，而且会使绝缘材料和变压器油分解产生大量气体，从而可能导致油箱爆炸等严重事故的发生。

变压器常见的外部故障，是油箱外部的套管及引出线上的故障，可能导致引出线相间短路或一相碰触变压器外壳单相接地短路。

变压器不正常工作状态主要原因是：外部短路和过负荷引起的过电流、温度过高以及油面过度降低等。

二、变压器继电保护

变压器继电保护装置有瓦斯保护、过电流保护、电流速断保护、差动保护、低压侧零序电流保护、过负荷保护、温度保护、远后备保护等。

1. 瓦斯保护　瓦斯保护是变压器内部故障和油面降低的保护。对于 800 kVA 及以上的油浸式变压器以及400 kVA及以上的车间油浸式变压器均应装设瓦斯保护。油浸式变压器利用变压器油作为绝缘和冷却介质。当变压器内部发生故障时，故障点局部产生高温，使油内的气体被排出，变成气泡上升；故障点产生的电弧，使绝缘物和变压器油分解而产生大量的气体。气体排出的多少，与变压器故障的严重程度和性质有关。利用这种气体的出现来实现保护的装置，称为瓦斯保护。

瓦斯保护由气体继电器来实现，气体继电器安装在油箱和油枕之间的连接管道中，油箱内的气体出现时都要通过气体继电器流向油枕。气体继电器有挡板式、浮筒式和开口杯与挡板构成跳闸元件的复合式等。

变压器内部发生轻微故障时，产生的气体聚集在继电器上部，迫使油面下降，使干簧触点闭合，发出“轻瓦斯动作”信号。轻瓦斯动作后，只发信号，不跳开关。

变压器内部发生严重故障时，产生大量的气体以及强烈的油料冲击挡板。当变压器油流速达到整定值时，触点闭合发出“重瓦斯跳闸”脉冲，切断变压器电源。重瓦斯动作后跳开变压器两侧断路器。

变压器严重漏油使油面降低时，干簧触点闭合，同样发出“轻瓦斯”信号。

2. 过电流保护　过电流保护是变压器外部的短路故障，并作为变压器主保护的后备保护。一般降压变压器均应装设过电流保护。变压器的过电流保护一般装在变压器的电源侧，动作后跳开变压器各侧的断路器。过电流保护主要是作为变压器外部短路引起过电流的保护，同时也作为变压器及其出线的后备保护。

3. 电流速断保护　电流速断保护装设在变压器的电源侧，作为变压器一次绕组及引出线短路故障的速断保护，在中小容量电力变压器保护装置中得到了广泛的应用。电流速断保护与瓦斯保护配合，可切除变压器高压侧及其内部的各种故障。

双绕组降压变压器电流速断保护原理接线图，与其过电流保护原理接线图相似，只是电流继电器动作后不需经过时间继电器延时，在小电流接地系统中一般采用两相三继电器接线，电流速断保护由瞬间动作的 DL 型电流继电器完成，对工矿企业来说，可由反时限继电器的速断元件构成。

电流速断保护动作后，跳开变压器两侧断路器，将故障变压从系统中切除。电流速断保护接线简单，动作迅速，广泛用作中小型变压器的保护。

变压器电流速断保护的动作电流一般按躲过变压器二次侧母线三相短路时最大短路电流整定，即

$$I_{op} = K_{rel} I_{k\max}$$

式中：K_{rel}——可靠系数，对于 DL 型继电器，取 $K_{rel}=1.4\sim1.5$；

$I_{k\max}$——变压器外部（二次侧母线）三相短路时的最大短路电流。

变压器电流速断保护，其动作电流整定按躲过变压器负荷侧母线短路电流来整定，一般应大于额定电流 3～5 倍整定。

4. 差动保护　差动保护变压器绕组和引出线的相间短路、中性点直接接地侧绕组和引出线的接地短路以及绕组匝间短路。

6.3 MVA 及以上单独运行的重要变压器以及电流速断不符合灵敏度要求的容量在 2 MVA及以上变压器，均应装设纵联差动保护。6.3 MVA 以下的变压器可以装设电流速断保护。

变压器的纵联差动保护属于按保护原理分类，是将变压器的一次侧和二次侧电流的数值和相位进行比较而构成的保护装置，是变压器的主保护之一。主保护是按保护所起作用分类。

差动保护是按照循环电流原理构成的，为了使变压器在正常运行和区外故障时流入差动继电器的电流理论上为零，可在电流互感器接线和差动保护装置中采取不同措施予以解决。

差动保护灵敏度高、动作迅速、选择性好，不需与相邻元件在保护整定值上配合，在电力用户的变压器保护中得到广泛的应用。

5. 低压侧零序电流保护　0.4 MVA 及以上，绕组为星形——星形连接低压侧中性点直接接地的变压器可装设接于低压侧中性线的零序电流保护。电力用户常用的低压侧电压为 400 V 双绕组降压变压器，除利用相间短路的过电流保护(或熔断器保护)，作为变压器低压侧的单相接地保护外，还在变压器低压中性线上装置零序电流保护装置，作为变压器低压侧的单相接地保护。

6. 过负荷保护　0.4 MVA 及以上变压器，应根据可能过负荷的情况装设过负荷保护。三绕组变压器继电保护装置应能反映各侧过负荷的情况。

在可能发生过负荷运行的变压器中，都需装设过负荷保护装置。在有人值班的情况下，过负荷保护通常作用于信号；在无人值班变电所，过负荷保护可动作于跳闸或断开部分负荷。变压器的过负荷电流，在大多情况下都是三相对称的，因此过负荷保护只需接入一相电流，用一个电流继电器来实现，经过延时作用于跳闸或信号。

二次电压为 400 V 的电力变压器低压侧装设低压断路器时，可利用低压断路器的长延时脱扣器达到过负荷保护延时目的。

7. 温度保护　变压器温度升高，应按现行电力变压器标准的要求，装设温度保护。

油浸式自然循环自冷、风冷电力变压器在正常运行情况下允许温度按顶层油温检查，顶层油温最高不得超过 95 ℃(制造厂有规定时按制造厂规定执行)。为防止变压器迅速劣化，顶层油温一般不宜超过 85 ℃。根据规定凡是容量在 1 MVA 及以上的油浸式变压器均应有信号温度计，当顶层油温超过 85 ℃，信号温度计动作发出超温信号。

8. 远后备保护　远后备保护是指当主保护或断路器不动作时，由相邻电力设备或线路的保护来实现。

第三节　电力线路保护

一、电力线路故障的种类和原因

电力用户的高压线路一般为中性点不直接接地系统，当系统中发生单相接地时，只在接地点流过不大的电容电流，其值比负荷电流小得多。此时，一般仍允许电气设备继续运行 1～2 h。在这段时间内，运行人员及时查找出故障线路，并采取相应的措施予以处理。

除了发生单相接地外，还会发生两相短路和三相短路事故。发生的原因主要是内部过电压、直接雷击、绝缘材料老化、机械损伤等，电缆故障主要原因是受外力操作（如挖土、打桩、载重汽车压坏等）。

为了防止事故扩大，尽快将短路故障切除，电力用户线路常配用定时限过电流保护或反时限过电流保护，电缆线路还配用单相接地保护。

当线路发生短路时，最主要的特征之一就是线路中的电流大大增加，过电流保护装置就是根据这一特征制成的。

二、电力线路保护

电力线路保护属于按被保护的对象分类。

1. 定时限过电流保护　继电保护的动作时间（时限）与短路电流的数值无关，当短路电流大于保护装置的起动电流时，保护装置就动作，称为定时限过电流保护。定时限过电流保护的动作时限是由时间继电器确定的，整定时可根据给定的时间进行调整。

定时限过电流保护两相不完全星形的原理接线见图 11－3。当发生两相或三相短路时，电流继电器 KA_1 和 KA_2 中有一只动作或同时动作，动合触点闭合，接通时间继电器 KT 电源，时间继电器起动，经过预先整定的时间后，时间继电器动合触点闭合，起动中间继电器 KOM，KOM 动作，经信号继电器 KS 线圈接通跳闸线圈 YT 电源，断路器 QF 跳闸，将故障线路切除。信号继电器掉牌，给出过电流保护动作信号。

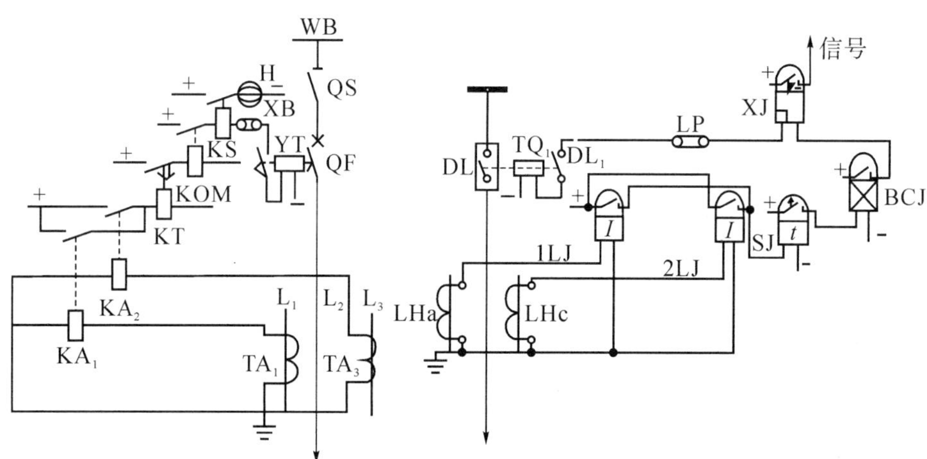

图 11－3　两相两继电器定时限过电流保护原理接线图

2. 反时限过电流保护　继电保护的动作时间与短路电流的大小成反比，即短路电流越大，保护的动作时间越短；短路电流越小，则保护的动作时间就越长。这种过电流保护具有反时限特性，称为反时限过电流保护。

3. 定时限与反时限过电流保护的配合　在 10 kV 及以下电力用户中，其主进线断路器多采用反时电流保护，而向其供电的变电所的 10 kV 出线多采用定时限过电流保护，因此存在着定时限过电流保护与反时限过电流保护的配合问题。由于反时限保护的动作时间与短路电流大小成反比，因此它们之间的配合比定时限保护上、下级之间的配合要复杂一些。

如果变电所出线断路器定时限过电流保护的整定值 I_1 能大于用户主进线断路器反时限过电流保护的整定值 I_2，且保持 0.5～0.7 s 的动作时间级差，那么，这两套保护在其他各点上均能配合。当故障电流小于定时限保护的起动值 I_1 时，定时限保护不会动作；而当故障电流大于定时限保护的起动值时，两套保护同时起动，由于定时限保护动作时间长 0.5～0.7 s，因此定时限保护也不会先动作，从而达到选择性的要求。

4. 电缆线路的单相接地保护　在小电流接地系统中，利用单相接地时故障线路的零序电流大于非故障线路的零序电流这一特点，可以实现单相接地保护。电力用户当为电缆引出线或经电缆引出的架空线路时，采用零序电流互感器构成的电缆单相接地保护(零序电流保护)，见图 11－4。

必须指出，在发生单相接地时，接地电流不仅可能沿着发生故障电缆的外皮流动，也有可能沿着非故障电缆的外皮流动。在正常运行时电缆的外皮也有可能因某种原因流过地中电流。为了避免非故障电缆线路上接地保护装置误动作，应将电缆头与固定用的支架绝缘起来，并将电缆头的接地线穿过互感器，见图 11－4(b)。采取这一措施后，流过非故障电缆外皮的电流与其接地线内的电流数值相等、方向相反，所以不会在铁芯中产生零序磁通。这一接地方式的另一优点是，当该电缆头发生单相接地故障时，零序保护装置也能可靠动作。

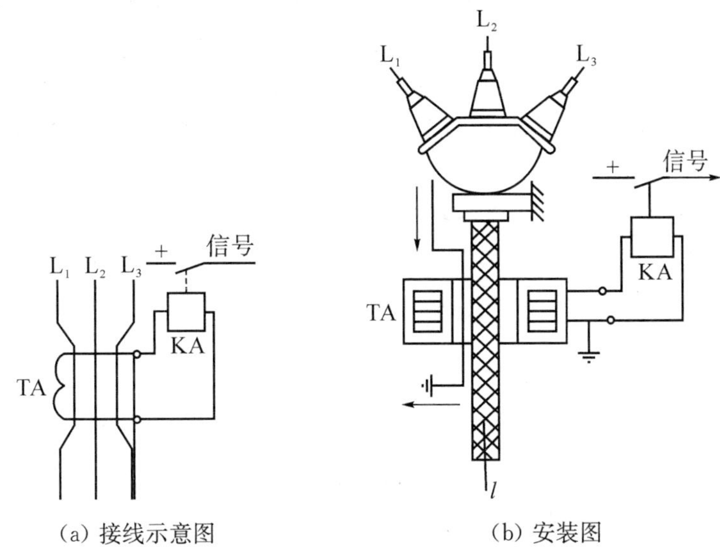

图 11－4　用零序电流互感器构成的电缆单相接地保护

第四节　电容器保护

一、电容器继电保护的配置和基本要求

电力用户装设的并联补偿电容器在运行中会发生各种故障。为保证电容器安全可靠地运行，防止击穿爆炸和引起火灾等严重事故，对补偿电容器必须装设保护。

1. 电容器的保护分为内部保护和外部保护两个方面

(1) 内部保护作为单台电容器内部故障击穿时的保护，在电容器内部串联元件未全部击穿时，将其从电源上断开，以防止电容器爆炸和火灾事故的发生。

（2）外部保护用以保护电容器回路中的故障，并作为内部保护的后备，目前对电容器的保护主要有熔丝保护和继电保护两种形式。

2. 3 kV 以上并联补偿电容器组一般应配置以下保护

（1）电容器组和断路器之间连接线的短路，可装设带有短时限的电流速断和过电流保护，动作于断路器跳闸。

（2）电容器内部故障及其引出线的短路，宜对每台电容器装设专用熔断器。

（3）电容器组中故障电容器切除到一定的数量，引起电容器端电压超过 110%额定电压时，可装设零序电压主保护、差压保护和中性点不平衡电流保护。保护动作时，应将整组电容器断开。

（4）电容器组过电压应装设过电压保护，定时限作用于信号或跳闸。

（5）母线失压应装设低电压保护，定时限动作于信号或跳闸。

二、并联补偿电容器组继电保护

1. 熔丝保护　高压电容器广泛采用单台熔丝保护方式。在每台电容器上都装有单独的熔断器，可以避免电容器内部故障击穿时油箱爆炸，并使邻近电容器不受波及和影响。而且单台熔丝熔断后，故障的电容器退出运行，可以避免总开关频繁跳闸，保持整组电容继续运行。

容量在 0.4 Mvar 以下的电容器组，也可以采用高压熔断器保护，在户内可采用户内高压负荷开关操作，并以户内高压熔断器作为负荷开关至电容器组之间馈线的短路保护。在户外可用户外型高压熔断器保护。

熔丝保护能够很容易发现故障电容器的位置。

对于单台电容器的熔丝保护

$$I_{FUN} \geqslant (1.5 \sim 2.5) I_{CN}$$

对于电容器组的熔丝保护

$$I_{FUN} \geqslant (1.3 \sim 1.8) I_{CN}$$

上两式中：I_{FUN}——熔丝或熔管的额定电流，A；

I_{CN}——电容器或电容器组的额定电流，A。

2. 电流速断和过电流保护　容量在 0.4 MVar 以上的高压电容器组，一般采用断路器操作。断路器至电容器组馈线的短路，采用电流速断和过电流保护，以迅速切除故障，并作为单台熔丝保护的后备。保护可以采用定时限保护，也可以采用反时限保护；可以采用直流操作，也可以采用交流操作。

用 DL 型电流继电器组成的电流速断保护原理接线，见图 11－5。图中 TV 为放电用电压互感器，当发生相间短路故障时，电流继电器 KA_1（或 KA_2）动作，接通时间继电器 KT 和信号继电器 KS，使断路器跳闸，并发出信号。

速断保护的电流定值按电容器顶部引线故障时有足够的灵敏系数整定，一般整定为 3～5 倍额定电流，速断保护动作时间一般整定为 0.1～0.2 s。

过电流保护一般采用三相式，其整定动作电流应躲过电容器组额定电流，一般整定为1.5～2 倍额定电流，过电流保护的动作时间一般整定为 0.3～1 s。

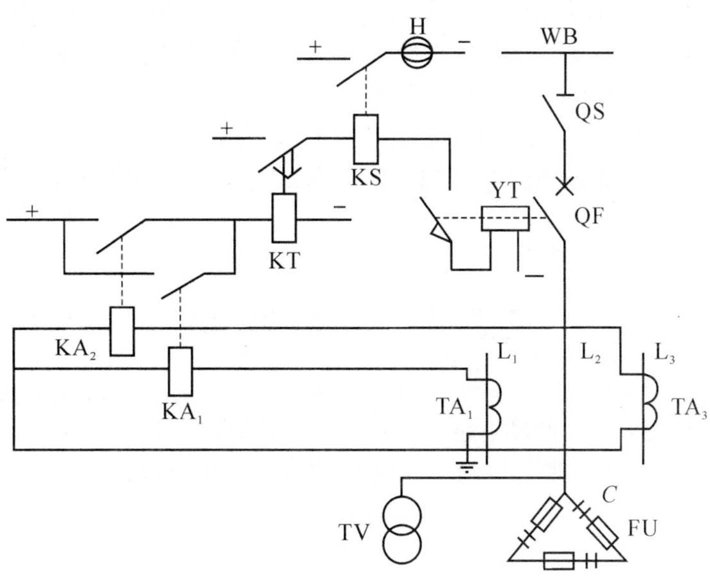

图 11－5　电容器电流速断保护原理接线

中小容量的高压电容器组普遍采用电流速断保护或延时电流速断保护，作为相间短路保护。如配置延时电流速断保护，动作电流可取高压电容器组额定电流的 2～2.5 倍，动作时间可取 0.2 s。

3. 零压保护　利用电压互感器一次绕组与电容器并联，二次绕组接成开口三角形，在开口处接入一只低整定值的电压继电器，其接线图见图 11－6。在正常运行时，电容器三相容量平衡，所以三相电压平衡，开口三角形处电压为很小的不平衡电压。当某相的电容器因故障被个别切除时，引起电容器三相容量不平衡，造成三相电压不平衡，在开口三角形处出现零序电压。当此电压达到继电器整定值时，继电器动作，断路器跳闸，将电容器整组切除。其整定值一般由电容器生产厂提供，动作时间一般整定为 0.1～0.2 s。

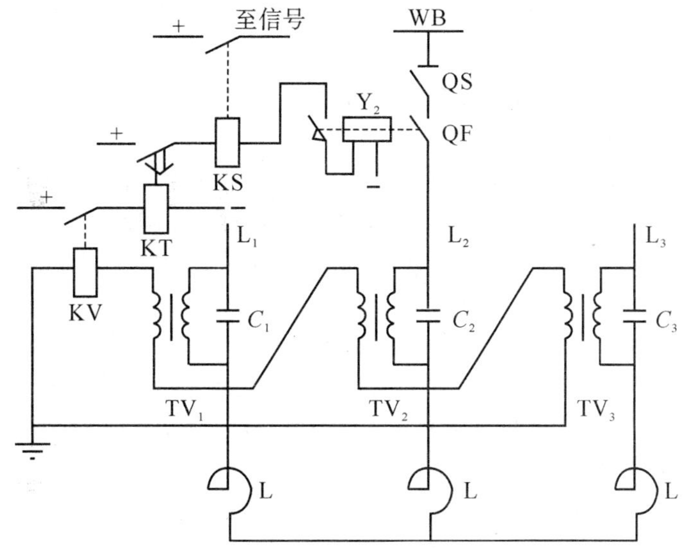

图 11－6　电容器零序电压保护原理接线

4. 过电压保护　过电压保护装置是防止电力系统运行电压过高危害电容器组安全运行的保护装置。当母线运行电压超过电容器组额定电压 1.1 倍时，过电压保护动作使断路器跳闸，将电容器组退出运行，其动作时间应在 1 min 以内。

5. 低电压保护　电容器不允许带残留电荷合闸，以防造成电容器损坏。母线失电后，必须先将电容器组断开。装设低电压保护，用于当运行母线电压降至额定值 60%左右时，低电压保护动作，使断路器跳闸。

第五节　二 次 回 路

电路可分为主电路(一次)和副电路(习惯称为二次回路)。二次回路是通常伴随一次回路而存在的。因此，二次回路是现代发电厂，工业、企业变电所电力设备不可缺少的一部分。

一、概述

1. 二次回路根据各单位变电所(站)运行方式不同，对一次设备的控制、监测、保护、信号的不同而有所选择。

例如，对于电力变压器来说，分 10 kV、35 kV、110 kV 等电压等级，所接入电网的中性点接地方式不同，变压器的容量大小不同，干式、油浸式的绝缘介质不同，其测控、保护、信号等二次回路也不同。

在日常运行时，二次回路要正确实现对一次设备所组成的一次回路进行控制、保护和监测，为设备的安全运行、操作提供依据和手段。当发生故障时，二次回路能迅速动作，将故障切除或发出信号，提醒值班人员根据各单位处理故障的预案，正确、迅速、安全地对故障进行及时处理，以保障一次设备安全、可靠地经济运行。

2. 二次回路一般包括控制回路、监测回路、信号回路、操作回路、操作电源等基本要素。二次回路接线依照电源及用途可分为以下几种回路：

(1) 电流回路：由电流互感器供电给测量仪表及继电器电流线圈，保护测控装置的电流元件的遥测量。

(2) 电压回路：由电压互感器供电给测量仪表及继电器电压线圈，保护测控装置的电压元件的遥测量以及信号电源等。

(3) 信号回路：包括光字牌回路、音响回路。信号回路是由信号继电器到信号屏或操作机构到信号屏构成。变电站微机综合自动化信号回路由测控装置、工业以太网及交换机传输到后台显示屏，转换成音响告警、画面闪烁、SOE 事件告警窗等十多种音响和包括文字说明、图形、符号等视频信号组成。

(4) 操作回路：由操作电源到断路器操动机构的分、合闸线圈以及断路器的保护脱扣自动重合闸装置、备用电源自投装置、远动遥控装置、弹簧储能回路、各种对应指示灯等。

(5) 二次回路按照电源性质和回路的用途来分，一般分为以下几个部分：

① 按回路的性质来分：

a. 交流电流回路：由电流互感器的二次侧提供电源的全部回路。

b. 交流电压回路：由电压互感器的二次侧提供电源的全部回路。

c. 直流回路：直流系统的全部回路。

② 按回路的用途来分：

a. 测量回路：对电气设备运行中的电气参数量及电能消耗量进行测量。

b. 继电保护回路：对电气设备发生故障或异常运行时进行保护。

c. 断路器和隔离开关的电气闭锁回路：根据倒闸操作的基本要求，防止误操作。

d. 控制回路：对断路器或电气设备的分、合闸或启动、停止控制的回路，可实行人工控制和自动、遥控控制。

二、二次回路图的识读(详见第二章第二节“识读电气图”)

读电路图时首先要分清主电路和副电路(习惯称为二次回路)，交流电路、直流电路。其次按照先看主电路再看副电路(习惯称为二次回路)的顺序读。

读主电路时通常先交流后直流，再信号从下往上看，即从电气设备开始，经控制元件顺次往电源看。

读副电路(习惯称为二次回路)时，则自上而下、从左向右看，即先看电源、再顺次看各条回路，分析各条回路元件的工作情况及其对主电路的控制关系。

归总式原理图各元件均以完整的图形符号表示，有交流和直流回路。

三、二次回路接线图

二次回路接线图按其用途可以分为原理接线图、展开接线图及安装接线图。

四、二次回路安装图

1. 屏面布置图　屏面布置图是加工制造屏柜和安装屏柜上设备的依据。上面每个元件的排列、布置，是根据运行操作的合理性，并考虑维护运行和施工方便来确定的，因此应按一定比例进行绘制，并标注尺寸。

2. 安装接线图　二次安装接线图是以屏面布置图为基础，以原理图为依据而绘制成的。它标明了屏柜上各个元件的代表符号、顺序号，以及每个元件引出端子之间的连接情况，它是一种指导屏柜上配线工作的图纸。为了配线方便，在安装接线图时各元件和端子都采用相对编号法进行编号，用以说明这些元件间的相互连接关系。

五、二次回路编号

按二次连接线的性质、用途和走向为每一根线按一定规律分配一个唯一的编号，就可以把二次线区分开来。按线的性质、用途进行编号叫回路编号法；按线的走向、按设备端子进行编号叫相对编号法。

1. 设备接线端子编号　每个设备在出厂时对其接线端子都有明确编号，在绘制安装接线图时就应将这些编号按其排列关系、相对位置表达出来，以达到图纸和实物的对应。

2. 控制电缆的编号　在一个变电所或发电厂里，二次回路的控制电缆也有相当数量，为方便识别，需要对每一根电缆进行唯一编号，并将编号悬挂于电缆根部。

3. 小母线编号　在保护屏顶，大都安装有一排小母线，为方便取用交流电压和直流电源，对这些小母线，我们也要用标号来识别。标号一般由英文字母表示，前面可加上表明母线性质的“＋”“－”“～”号，后面可以加上表征相别的英文字母。如＋KM_1 表示Ⅰ段直流控制母线正极，1YMa 表示Ⅰ段电压小母线 A 相，－XM 表示直流信号母线负极。

第六节　电力系统自动装置

对于保障电力系统安全经济运行、提高供电可靠性和保证电能质量，电力系统自动装置是必不可少的。电力系统自动装置可分为自动调节装置和自动操作装置。

自动调节装置一般是为了保证电能质量、消除系统异常运行状态等对某些电量实施自动调节，例如电力系统频率自动调节等。

自动操作装置的作用对象往往是某些断路器，自动操作的目的是提高电力系统的供电可靠性和保证安全运行，例如备用电源自动投入装置、线路自动重合闸装置、低频减载装置等。

一、备用电源自投装置

备用电源自投装置是工作电源因故断开或失电后，能自动迅速地将备用电源投入工作，使用户不至于停电的一种装置，简称 APD。它是提高供电可靠性的有效措施，且由于结构简单、造价低而得到了广泛应用。

备用电源自投装置在用户单位变、配电所中，变、配电所两段母线上可由彼此无联系的线路或变压器供电，正常情况下变、配电所两段母线分别由工作线路Ⅰ和工作线路Ⅱ供电，分段联络断路器断开。当工作线路Ⅰ发生故障，则由继电器保护动作工作线路Ⅰ断路器自动跳闸，紧接着 APD 装置动作将分段联络断路器，自动投入（合上）由工作线路Ⅱ重新得到供电。

二、备用电源自投装置基本要求

1. APD 装置必须具备有备用电源的工作母线因任何原因失去电压时动作。

2. APD 装置应该保证停电时间最短，使电动机自启动容易。

3. APD 装置只应动作一次，以免在母线或引出线上发生持续性的故障时，备用电源被多次投入到故障元件时去，造成更严重的后果。

4. APD 装置应在工作电源确已断开后，再将备用电源投入。

5. 当电压互感器的熔断器熔断时，APD 不应动作。

6. 当备用电源无电压时，APD 装置不应动作，因为动作是没有效果的。

7. 为了满足上述的要求，APD 装置必须有低电压启动与合闸机构。

8. 低电压启动机构，用来当母线上因任何原因失去电压时，断开工作的断路器。合闸机构用来在工作电源断开以后，立即将备用电源的断路器自动合上。

三、自动重合闸的作用

在电力系统中，输电线路，特别是架空线路是最易发生短路故障的电气设备。因此，设法提高输电线路的可靠性是非常重要的。而自动重合闸装置正是提高输电线路供电可靠性的有效方法。

1. 运行经验证明，架空线路的故障多数是暂时性的。当故障线路被迅速断开之后，故障点电弧自行熄灭，绝缘强度重新恢复。这时如果把断开的线路再重新投入，就能恢复正常供电，这类故障为暂时性故障。另外，还有一些故障，在故障线路被断开之后，故障点绝缘强度不能恢复，这时，即使再合上开关，也要再次被断开，这类故障为永久性故障。

2. 由于架空输电线路故障大多数为暂时性，因此线路断开后，再进行一次重合闸，就能大大提高供电可靠性。为了自动、迅速地将架空线路重新合闸，在电力系统中，广泛采用了自动重合闸装置，简称 ARD 装置。

自动重合装置不能判断已发生的故障是暂时性的故障还是永久性的故障，因此在重合闸以后就有可能成功，也可能不成功。

根据运行资料统计，架空线路一般暂时性故障居多，成功率可达 70%～90%。三相电力电缆线路现在一般采用固体塑料绝缘材料。一旦线路发生故障，绝缘强度很难恢复，通常为永久性故障，所以不宜采用自动重合闸装置。可采取其他技术措施。

3. 自动重合闸装置的类型

(1) 按其组成结构原理来分，有机械式和电气式。

(2) 按其应用于不同结构的线路来分，有单侧电源供电线路的 ARD 装置和双侧电源供电线路的 ARD 装置。

(3) 按其功能分为三相动作的 ARD 装置、单相动作的 ARD 装置及综合 ARD 装置。

① 三相重合闸：不论线路发生单相接地短路还是相间短路，都由继电器保护装置将断路器三相断开，然后由 ARD 装置动作将三相重新合闸。

② 综合重合闸：由系统综合考虑后，采取单相自动重合闸或三相重合闸。一般 110 kV 及以下线路采用三相重合闸，110 kV 以上线路采用综合重合闸。

(4) 按其与继电器保护的配合方式分为重合闸前加速保护和重合闸后加速保护等。

① 重合闸前加速保护是指当线路发生故障时，首先靠近电源侧的保护无选择性地快速动作于跳闸，而后自动重合闸。主要用于发电厂和变电所 35 kV 以下的直配线路上。

② 重合闸后加速保护是指当线路发生故障时，由继电器保护有选择性地动作于跳闸，而后自动重合闸。若故障未消除，则再由继电器保护快速动作于跳闸。主要广泛用于 35 kV 及以上的线路。

对于用户单位变电所(站)的进线线路来说，ARD 装置设置在上级国家电网变电所(站)的线路出线断路器的控制回路中。

四、自动重合闸的基本要求

1. 从线路上发生短路时起直到断路器自动重新退投入时止，由这一线路供电的用户将停电。为了减少停电造成的损失，要求 ARD 装置的动作尽量快些，以缩短停电的时间。但 ARD 装置的动作又必须考虑有一定的电压中断时间让短路点的介质恢复绝缘强度，同时必须有一定的时间使断路器及其传动机构来得及重新合闸。综合上述要求，一般 ARD 的动作时间整定为 0.5～1.5 s。

2. 线路正常运行时，ARD 装置应投入。当值班人员正常操作断路器手动跳闸或通过远方遥控跳闸时，ARD 装置不应该动作。

3. 当值班人员操作断路器手动合闸或遥控合闸到故障线路上，继而由继电器保护动作跳闸断开时，ARD 装置不应动作。

4. ARD 装置只应动作一次，不允许把断路器错误地多次重合到持续性故障上去。

5. ARD 装置动作后应能自动复归，准备下一次动作，但动作次数应符合预先的设定。

第七节　操 作 电 源

变、配电所(站)的二次回路中,给断路器控制回路、继电保护、微机综合自动化系统、自动装置和信号装置等供电的电源称为操作电源。

操作电源不仅要求在正常及事故情况下可靠供电,还要有足够的合闸、跳闸容量。操作电源可分为交流操作电源和直流操作电源。

一、交流操作电源

交流操作电源是直接取电压互感器,所用变压器或电流互感器的电源。交流操作的断路操动机构,如弹簧储能机构、手动机构所使用的电源有“电压源”和“电流源”两种。

1. 电压源

电压源主要来自所用变压器或单位内、单位外配电变压器二次侧 380 V/220 V 母线。在核算电压互感器容量满足控制信号等回路负荷需求后,也可以取自电压互感器二次绕组电压,并经 100 V/220 V 变压器升压后作为电压源。

为提高电压互感器对交流操作供电可靠性,电压互感器二次绕组中性点采用不直接接地而经击穿熔断器接地方式,当电压互感器二次绕组任何一相发生接地时,电压继电器监察并发出信号。

对实行交流操作的企、事业单位配电所,交流操作“电压源”最好有两个,可以从上述几种“电压源”中具体选择。对于规模比较简单不设所用变压器的配电所,也可以装设专用的电压互感器来取得“电压源”。

2. 电流源

电流源主要取自电流互感器的二次回路,当发生短路故障时,电流互感器二次侧输出较大的电流,可用于驱动断路器的电流脱扣器使断路器跳闸。对于接线方式较为简单的小容量变电所,操作电源常常采用交流操作电源。变流器供给操作电源适用于 35 kV 及以下,容量不大的变电所。

二、直流操作电源

35 kV 及以上的变电所均采用 DC110 V 或 DC220 V 直流操作电流。对于较为重要、容量较大的变电所,操作电源一般采用直流操作电源。

1. 铅酸蓄电池直流电源　铅酸蓄电池以稀硫酸为电解液,属于酸性储蓄池,它能把电能转变为化学能储存起来,使用时再把化学能转变为电能释放出来。变化的过程是可逆的。

当蓄电池由于放电而出现电压和容量不足时,可以用适当的反向电流通入蓄电池,使蓄电池重新充电,将电能转化为化学能储存起来。蓄电池的充电放电过程,可以重复循环,所以蓄电池又称为二次电池。

2. 镉镍蓄电池直流电源　镉镍蓄电池与铅酸蓄电池一样,能将电能以化学能的形式储存起来,属碱性电池的一种。镉镍蓄电池由塑料外壳、正负极板、隔膜、顶盖、气塞帽以及电解液等组成。与铅酸蓄电池比较,镉镍蓄电池放电电压平稳、体积小、寿命长、机械强度高,维护方便,占地面积小,但是价格昂贵,有其局限性。

3. 直流电源系统

(1) 直流电源系统概述:新上变电所均采用21世纪初广为使用的GZDW微机高频开关直流电源,是专为电力系统设计的一种较为理想的直流电源系统。其主要功能是为电力系统变电所的高压开关设备提供必要的操作电源,为继电保护或微机综合自动化系统提供工作电源,为后台计算机提供UPS不间断直流—交流逆变电源,以及作为变电所事故照明、应急电源和其他直流用电设备(如远动通信装置)的电源。

直流电源系统采用了新型高频开关电源模块和微机监控单元,电源的质量和系统的工作可靠性有显著提高,并可实现蓄电池的充、放电的智能化管理和在线监测直流电源系统数据的实时监控、报警及远程控制。

(2) 直流电源系统的组成:GZDW微机直流电源系统主要由高频开关电源模块、微机测控单元、蓄电池组、馈线分配及馈线线路等五个部分组成。采用微机自动化的变电所,其继电保护均采用微机保护。一般发生短路故障后约0.01 s时间出现最大的短路冲击电流,用微机自动化保护一般仅需要0.002 s就能发出跳闸指令,使导体和设备避免承受最大短路电流的冲击,从而达到限制短路电流的目的。

(3) RSD3000高频开关电源模块

① 本模块是专门为电力系统设计的一种高效率、高稳定性、高可靠性的电源设备。其采用高频谐振软开关功率变换技术,将工频交流电压380 V输入电源经整流、功率因数校正、滤波、高频逆变、隔离整流后变换成优质直流电源的装置,是直流电源系统核心部件。

② 电源模块采用单片机控制技术,具有完整的过电压、过电流、短路保护及故障的自动检测和自动报警功能。模块输入/输出数据,由液晶显示屏直接读出。其功能如下:

a. 为蓄电池组提供均充、浮充电电流。

b. 为电站所有直流用电设备提供正常负荷电流。

③ RSD3000高频开关电源原理方框图,见图11-7。

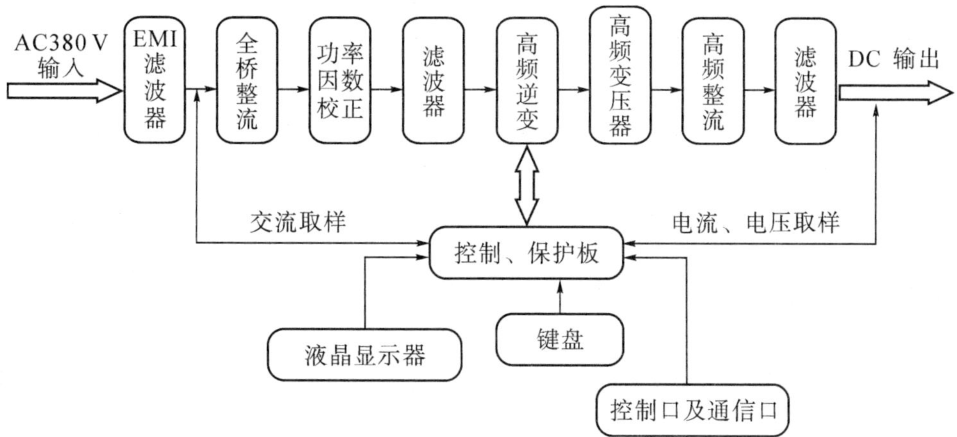

图11-7　RSD3000高频开关电源原理方框图

(4) MC6000 型微机监控单元。MC6000 微机监控装置原理示意图，见图 11－8。

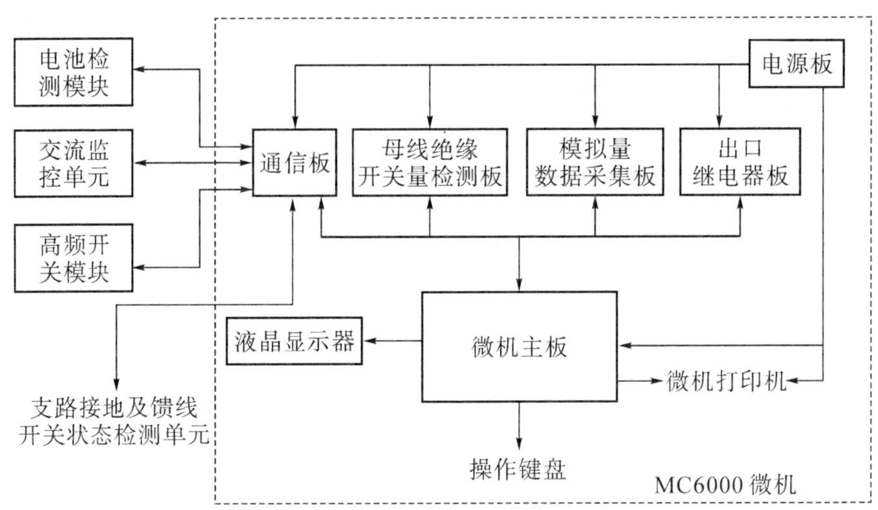

图 11－8 MC6000 微机监控装置原理

微机监控单元的内核采用 MCS51 系列单片机芯。150×120 点汉化液晶界面，其功能如下：

① 用于蓄电池均、浮充电的智能化管理及充、放电控制。

② 全面监视直流电源系统并在系统出现异常时发出警告信息。可监视的模拟量如：充电电压、蓄电池(单只)组电压、蓄电池组电流、控制母线电压/电流、母线对地绝缘电压/电阻等重要数据，及直流电源系统的正常/异常或事故等工作状态。

③ 和上位机通信联系，实现遥信、遥测上传。

(5) 蓄电池组

① 蓄电池组在本系统中作为电能储备装置，在交流电源中断或高频充电模块不能正常工作时，向负载提供直流电能，另外通过 UPS 不间断电源将直流电逆变成 220 V 交流电，向后台计算机提供工作电源，当变电所(站)突然发生停电事故的情况下，仍可保障综合自动化系统的正常工作。

② 正常情况下，处于受电工作状态，接受高频开关电源模块提供的均、浮充电电流。

③ 在事故或大功率冲击用电负载工作时，为用电设备提供电能。

(6) 馈线分配和馈线线路：将直流电源分配和输送到各用电负载，包括直流断路器和出线线路。

户内使用，环境温度为－40～55 ℃，湿度≤90％，海拔 4 500 m 以下。

直流电源系统采用了高频开关电源模块并采用"N＋1"模式运行。电压质量稳定，高可靠性。系统采用了微机监控，实现了系统和蓄电池的智能化管理和远程通信，可实现变电站(所)无人值守。

① 监测各单元节电池电压、内阻及充放电曲线和容量，随时可监测到运行中的每一节电池的好坏，从而及时处理，排除隐患。

② 每支路监测传感器都有单片机，检测快速准确，可在线检测各支路的绝缘电阻。采用电桥平衡法或不平衡差动检测法，检测正负母线同时接地，或一点、多点接地。

③ 检测电池开路，馈出线开关状态。

④ 高可靠的斩波稳压技术和硅链并联技术，使系统智能稳压，极大地提高了控制母线的性

能和可靠性。

⑤ 在线蓄电池自动活化，解决了电池每年一次核对放电充电的人工检测麻烦，提高了电池的充放电可靠性。

⑥ 专用的插拔机架、高频模块、自动调压硅链模块、监控微机等均可带电更换，互换性强，更有利于设备的维护。

三、直流电源的日常巡检及异常情况处理

1. 日常巡检内容

(1) 高频充电装置：三相交流输入电压是否平衡或缺相；运行噪声有无异常；输出电压/电流是否正常；散热器温度是否正常。

(2) 微机监控装置：液晶显示是否正常；键盘是否能灵活操作；光标是否能正常移动；被监测数据能否正确显示；监控装置和高频模块、电池数据模块、馈线支路检测绝缘单元及和上位机通信是否正常。

(3) 蓄电池：蓄电池单体电压值是否正常范围；整组蓄电池电压值是否正常范围；电池连接片有无松动、腐蚀；壳体有无渗漏、变形；极柱和安全阀周围是否有酸雾渗出；蓄电池温度是否过高。

(4) 系统

① 面板是否有报警指示灯亮，监控装置“事件信息”菜单是否曾经有过事件报文信息。

② 充电电压、电池组电压/电流、母线电压是否正常范围，面板仪表和微机监控是否正确指示或显示。

③ 母线绝缘是否正常，有无馈线支路绝缘下降报警。

④ 蓄电池开关、斩波器开关是否在“合”位。

⑤ 手动硅堆选择开关是否在最低档，自动硅堆选择开关是否在“自动”档位。

⑥ 监控装置的“高级设定”和“系统组态”菜单“PASSWORD”(密码闭锁)是否在“关”状态。

2. 异常情况的处理

(1) 直流屏系统在运行过程中出现异常，请按制造商的说明方法进行处理。如问题仍不能解决，应立即联系生产商。

(2) 高频开关电源模块输出电压显示接近零伏且输出电流为零安培。可能原因：模块内部保护。处理方法：将故障模块退出运行 1 min，再上电复位。

(3) 电脑“死机”。可能原因：按键失灵或正在运行其他程序。处理方法：拔去电脑电源插头 1 min 后再复位。

(4) 保持蓄电池及其周围环境的清洁。应使用绞干后的湿棉布清洁蓄电池，不得使用稀释剂、汽油、苯、酒精等化学试剂清洁蓄电池，不得使用易产生静电的干布，特别是化纤布擦拭蓄电池。

(5) 蓄电池漏液后的腐蚀处理时，必须断开蓄电池组与负载的连接。先用浸有碳酸氢钠溶液(浓度约为 25%)的湿布清洁腐蚀处，再使用绞干后湿布清洁，最后用干布擦干。

(6) 清洁处理时，请戴好绝缘手套，防止遭受电击。

(7) 日常巡视检查及维护工作，应按照各制造商的出厂技术文件要求执行。

第十二章　特殊防护、应急处置

第一节　电气防火防爆

一、电气火灾与爆炸的原因

1. 电气设备过热　电气设备在运行中，电流的热量、电火花和电弧等都是电气火灾的直接原因。电气设备过热主要是由电流产生的热量造成的。

导体的电阻虽然很小，但其电阻总是客观存在的。因此，电流通过导体时要消耗一定的电能。这部分电能转化为热能，使导体温度升高，并加热其周围的其他材料。

对于电动机和变压器等带有铁磁材料的电气设备，除电流通过导体产生的热量外，还有电流在铁磁材料中产生的热量，这部分热量是由于铁磁材料的涡流损耗和磁滞损耗造成的。因此，这类电气设备的铁芯也是一个热源。

当电气设备的绝缘质量降低时，通过绝缘材料的泄漏电流增加，可能导致绝缘材料温度升高。

由上可知，电气设备运行时总是要发热，但是，设计规范、施工正确以及运行正常的电气设备，其最高温度和其与周围环境温度之差（即最高温升）都不会超过某一允许范围。例如：裸导线和塑料绝缘线的最高温度一般不超过 70 ℃；橡胶绝缘线的最高温度一般不得超过 65 ℃；变压器的上层油温不得超过 85 ℃；电力电容器外壳温度不得超过 65 ℃；电动机定子绕组的最高温度，对应于所采用的 A 级、E 级和 B 级绝缘材料分别为 95 ℃、105 ℃和 110 ℃；定子铁芯分别是 100 ℃、115 ℃、120 ℃等。这就是说，电气设备正常的发热是允许的，但当电气设备的正常运行遭到破坏时，发热量增加，温度升高，在一定条件下，可能引起火灾。

引起火灾的条件有可燃物（具备一定数量的可燃物）、助燃物（有足够数量的氧化剂）、着火源（危险的温度）（具备一定数量的点火源）这三个条件要同时具备。

引起电气设备过热的不正常运行大体包括以下几种情况：

（1）短路

① 发生短路时，线路中的电流增加为正常时的几倍甚至几十倍，而产生的热量又和电流的平方成正比，使得温度急剧上升，大大超过允许范围，从而破坏设备的绝缘。如果温度达到可燃物的自燃点，即引起燃烧，从而导致火灾。电路处于短路状态时，电路中的电流会因为过大而造成损坏电源、烧毁导线，甚至造成火灾等严重事故。

② 当电气设备的绝缘老化变质，或受到高温、潮湿、腐蚀的作用而失去绝缘能力时，即可能引起短路。

③ 绝缘导线直接缠绕、钩挂在铁钉或铁丝上时，由于磨损和铁锈腐蚀，很容易使绝缘破坏而形成短路。

④ 由于设备安装不当或工作疏忽，可能使电气设备的绝缘受到机械损伤而形成短路。

⑤ 电力线路由于大风、大雪、履冰恶劣天气、雷击等过电压的作用，电气设备的绝缘可能遭到击穿而形成短路。

⑥ 在安装和检修工作中，由于接线和操作的错误，也可能造成短路事故。

(2) 过载：过载是指线路中的电流大于线路的计算电流或允许载流量。过载会引起电气设备发热，造成过载的原因大体上有以下两种情况：

① 设计时选用线路或设备不合理，以至在额定负载下产生过热。由于导线截面积和设备选择不合理，引起发热并长期超过设备允许的温度而过热，会引起火灾。

② 使用不合理，线路或设备的负载超过额定值。导线截面选择过小，当电流较大时也会因发热而引发火灾，或者连续使用时间过长，超过线路或设备的设计能力由此造成过热。

(3) 接触不良：接触部分是电路中的薄弱环节，是发生过热的一个重点部位。

① 不可拆卸的接头连接不牢、焊接不良或接头处混有杂质，都会增加接触电阻而导致接头过热。

② 可拆卸的接头连接不紧密或由于震动而松动，也会导致接头发热。

③ 活动触头，如闸刀开关的触头、接触器的触头、插式熔断器(插保险)的触头、插销的触头、灯泡与灯座的接触处等活动触头，如果没有足够的接触压力或接触表面粗糙不平，会导致触头过热。

④ 对于铜铝接头，由于铜和铝导电性能不同，接头处易因电解作用而腐蚀，从而导致接头过热。

(4) 铁芯发热：变压器、电动机等设备的铁芯，如果铁芯绝缘损坏或承受长时间过电压，涡流损耗和磁滞损耗将增加，而使设备过热。

(5) 散热不良：各种电气设备在设计和安装时都考虑有一定的散热或通风措施，如果这些措施受到限制和破坏，就会造成设备过热。

此外，电炉等直接利用电流的热量进行工作的电气设备，工作温度都比较高，如安置或使用不当，均可能引起火灾。

2. 电火花和电弧

(1) 电火花是电极间的击穿放电，电弧是大量的电火花汇集而成的。电弧电流的本质是离子导电。

一般电火花的温度都很高，特别是电弧，温度可高达 6 000 ℃，因此，电火花和电弧不仅能引起可燃物燃烧，还能使金属熔化、飞溅，构成危险的火源。在有爆炸危险的场所，电火花和电弧更是引起火灾和爆炸的一个十分危险的因素。

(2) 在生产和生活中，电火花是经常见到的。电火花大体包括工作火花和事故火花两类。

① 工作火花是指电气设备正常工作时或正常操作过程中产生的火花。如直流电机电刷与整流子滑动接触处、交流电机电刷与滑环滑动接触处电刷后方的微小火花、开关或接触器分合时的火花、插销拔出或插入时的火花等。

② 事故火花是线路或设备发生故障时出现的火花。如发生短路或接地时出现的火花、绝缘损坏时出现的闪光、导线连接松脱时的火花、保险丝熔断时的火花、过电压放电火花、静电火花、感应电火花以及修理工作中错误操作引起的火花等。

此外电动机转子和定子发生摩擦(扫膛)或风扇与其他部件相碰也都会产生火花,这是由碰撞引起的机械性的火花。

还应当指出,灯泡破碎时,炽热的灯丝有类似火花的危险作用。

(3) 电气设备本身,除多油断路器可能爆炸,电力变压器、电力电容器、充油套管等充油设备可能爆裂外,一般不会出现爆炸事故。但以下情况可能引起空间爆炸:

① 周围空间有爆炸性混合物(粉尘等),在危险温度或电火花作用下引起空间爆炸。

② 充油设备的绝缘油在电弧作用下分解和汽化,喷出大量油雾和可燃气体,引起空间爆炸。

③ 发电机氢冷装置漏气、酸性蓄电池排出氢气等,形成爆炸性混合物,引起空间爆炸。

二、电气防火和防爆措施

电气火灾与爆炸的原因很多。除设备缺陷、安装不当等设计和施工方面的原因外,电流产生的热量和火花或电弧是直接原因。电气防火、防爆措施是综合性的措施,对于防止电气火灾和爆炸也是有效的。

1. 消除或减少爆炸混合物　消除或减少爆炸性混合物包括采取封闭式作业,防止爆炸性混合物泄漏;清理现场积尘,防止爆炸性混合物积累;设计正压室,防止爆炸性混合物侵入有引燃源的区域;采取开放式作业或通风措施,稀释爆炸性混合物;在危险空间充填惰性气体或不活泼气体,防止形成爆炸性混合物;安装报警装置,当混合物中危险物品的浓度达到其爆炸下限的10%时,实施报警等措施。在易燃易爆的场所,电气设备应安装防爆型的电器。

2. 隔离和间距　危险性大的设备应分室安装,并在隔墙上采取封堵措施。电动机隔墙传动、照明灯隔玻璃窗照明等都属于隔离措施。10 kV 及 10 kV 以下的变、配电室不得设在爆炸危险环境的正上方或正下方。室内充油设备油量 60 kg 以下的允许安装在两侧有隔板的间隔内;油量 60～600 kg 的必须安装在单独的防爆隔墙的间隔内;油量 600 kg 以上的必须安装在单独的防爆间隔内。

变、配电室与爆炸危险环境或火灾危险环境毗连时,隔墙应用非燃性材料制成;孔洞、沟道应用阻燃性材料严密堵塞;门、窗应开向无爆炸或火灾危险的场所。

电气装置,特别是高压、充油的电气装置应与爆炸危险区域保持规定的安全距离。变、配电站不应设在容易沉积可燃粉尘或可燃纤维的地方。

3. 消除引燃源　消除引燃源主要包括以下措施:

(1) 按爆炸危险环境的特征和危险物的级别、组别选用电气设备和设计电气线路。

(2) 保持电气设备和电气线路安全运行。安全运行包括电流、电压、温升和温度不超过允许范围,绝缘良好、连接和接触良好、整体完好无损、清洁、标志清晰等。

爆炸危险环境电气设备的最高表面温度不得超过表 12－1 和表 12－2 所列数值。

表 12－1　气体、蒸气危险环境电气设备最高表面温度

组别	T1	T2	T3	T4	T5	T6
最高表面温度/℃	450	300	200	135	100	85

表 12－2　粉尘、纤维危险环境电气设备最高表面温度

组别	电气设备或零部件温度极限值			
	无过负荷可能的设备		有过负荷可能的设备	
	最高极限温度/℃	极限温度/℃	最高极限温度/℃	极限温度/℃
T11	215	175	190	150
T12	160	120	140	100
T13	110	70	100	60

在爆炸危险环境应尽量少用携带式设备和移动式设备；一般情况下不应进行电气测量工作。

在易燃、易爆、有静电发生的场所作业，工作人员不可以发放和使用化纤的防护用品。

4. 爆炸危险环境接地　爆炸危险环境接地应注意如下几点：

(1) 应将所有不带电金属物件做等电位连接。从防止电击考虑不需接地(接零)的，在爆炸危险环境仍应接地(接零)。例如，在非爆炸危险环境，干燥条件下交流 127 V 以下的电气设备允许不采取接地或接零措施，而在爆炸危险环境，这些设备仍应接地或接零。

(2) 如低压由接地系统配电，应采用 TN-S 系统，不得采用 TN-C 系统。即在爆炸危险环境应将保护零线与工作零线分开。保护导线的最小截面，铜导体截面积不得小于 4 mm^2，钢导体截面积不得小于 6 mm^2。

(3) 如低压由不接地系统配电，应采用 TT 系统，并装有一相接地时或严重漏电时能自动切断电源的保护装置或能发出声、光双重信号的报警装置。

5. 爆炸性粉尘环境采用非防暴型电气设备　在爆炸性粉尘环境采用非防爆型电气设备进行隔墙机械传动时，应符合下列要求：

(1) 安装电气设备的房间，应采用非燃烧体的实体墙与爆炸性粉尘环境隔开。

(2) 应采用通过隔墙由填料的动密封或同等效果密封措施的传动轴传动。

(3) 安装电气设备房间的出口，应通向非爆炸和无火灾危险的环境；当安装电气设备的房间必须与爆炸性粉尘环境相通时，应对爆炸性粉尘环境保持相对的正压。

(4) 爆炸性粉尘环境内，有可能过负荷的电气设备，应装设可靠的过负荷保护。

(5) 爆炸性粉尘环境内的事故排风用电动机，应在生产发生事故情况下便于操作的地方设置事故起动按钮等控制设备。

(6) 在爆炸性粉尘环境内，应少装插座和局部照明灯具。如必须采用时，插座宜布置在爆炸性粉尘不易积聚的地点，局部照明灯宜布置在事故时气流不易冲击的位置。

6. 爆炸性粉尘环境电气线路的设计和安装　爆炸性粉尘环境电气线路的设计和安装应符合下列要求：

(1) 电气线路应在爆炸危险性较小的环境敷设。

(2) 敷设电气线路的沟道、电缆或钢管，在穿过不同区域之间的墙或楼板处的孔洞，应采用阻燃性材料严密堵塞。

(3) 敷设电气线路时宜避开可能受到机械损伤、振动、腐蚀以及可能受热的地方，如不能避开时，应采取预防措施。

(4) 爆炸性粉尘环境 20 区内高压配线应采用铜芯电缆；爆炸性粉尘环境 21 区内高压配线除用电设备和线路有剧烈振动者外，可采用铝芯电缆。

爆炸性粉尘环境 20 区和 21 区内有剧烈振动、电压为 1 000 V 以下用电设备的线路，均应采用铜芯绝缘导线或电缆。

(5) 爆炸性粉尘环境 20 区内绝缘导线和电缆的选择应符合下列要求：

① 绝缘导线和电缆的导体允许载流量不应小于熔断器熔体额定电流的 1.25 倍，和自动开关长延时过电流脱扣器整定电流的 1.25 倍(下列②项情况除外)。

② 引向电压为 1 000 V 以下鼠笼型感应电动机支线的长期允许载流量，不应小于电动机额定电流的 1.25 倍。

③ 电压为 1 000 V 以下的导线和电缆，应按短路电流进行热稳定校验。

(6) 在爆炸性粉尘环境内，低压电力、照明线路用的绝缘导线和电缆的额定电压，必须不低于网络的额定电压，且不应低于 500 V。工作中性线绝缘的额定电压应与相线的额定电压相等，并应在同一护套或管子内敷设。

(7) 在爆炸性粉尘环境 20 区内，单相网络中的相线及中性线均应装设短路保护，并使用双极开关同时切断相线和中性线。

(8) 爆炸性粉尘环境 20 区、21 区内电缆线路不应有中间接头。

(9) 选用电缆时应考虑环境腐蚀、鼠类和白蚁危害以及周围环境温度及用电设备进线盒方式等因素。在架空桥架敷设时宜采用阻燃电缆。

(10) 对 3～10 kV 电缆线路应装设零序电流保护；保护装置在爆炸性粉尘环境 20 区内宜动作于跳闸，在爆炸性粉尘环境 21 区内宜作用于信号。

三、电气火灾的扑救

1. 触电危险和断电　在扑灭电气火灾的过程中，电气设备或电气线路发生火灾，如果没有及时切断电源，扑救人员身体或所持器械可能接触带电部分而造成触电事故。为防止触电，应设法切断电源，注意防止充油设备爆炸。因此，发现起火后，首先要设法切断电源(当然晚间切断电源不能影响人员的疏散)。

当电气装置或设备发生火灾引燃附近的可燃物时，最容易引发电气火灾，首先要切断电源。

切断电源应注意以下几点：

(1) 火灾发生后，由于受潮和烟熏，开关设备绝缘能力降低，因此，拉闸时最好用绝缘工具操作。

(2) 高压应先操作断路器而不应该先操作隔离开关切断电源。低压应先操作低压断路器而不应该先操作刀开关切断电源，以免产生电弧引起短路事故。

(3) 切断电源的地点要选择适当，防止切断电源后影响灭火工作。

(4) 剪断电线时，不同相的电线应在不同的部位剪断，以免造成短路。剪断空中的电线时，剪断位置应选择在电源方向的支持物附近，以防止电线剪后断落下来，造成接地短路和触电事故。

2. 带电灭火安全要求　有时为了争取灭火时间，防止火灾扩大，来不及断电；或因灭火、生产等需要，不能断电，则需要带电灭火。带电灭火须注意以下几点：

(1) 应按现场特点选择适当的灭火器。二氧化碳灭火器、干粉灭火器的灭火剂都是不导电的，可用于带电灭火。泡沫灭火器的灭火剂(水溶液)有一定的导电性，不宜用于带电灭火。

(2) 为了防止电击，水不能用于带电灭火。电气设备发生火灾时，严禁使用能导电的灭火剂进行带电灭火。只有在完全切断电源后才可用水灭火。对带电设备应使用不导电的灭火剂灭火。旋转电机发生火灾时，禁止使用干粉灭火器和干沙直接灭火。

(3) 用水枪灭火时宜采用喷雾水枪，这种水枪流过水柱的泄漏电流小，带电灭火比较安全。用普通直流水枪灭火时，为防止通过水柱的泄漏电流通过人体，可以将水枪喷嘴接地；也可以让灭火人员戴绝缘手套、穿绝缘靴或穿戴均压服操作。

(4) 人体与带电体之间保持必要的安全距离。用水灭火时，水枪喷嘴至带电体的距离：电压为 10 kV 及其以下的不应小于 3 m，电压为 220 kV 及其以上的不应小于 5 m。用二氧化碳等不导电灭火剂的灭火器灭火时，机体、喷嘴至带电体的最小距离：电压为 10 kV 的不应小于 0.4 m，电压为 35 kV 的不应小于 0.6 m 等。

(5) 对架空线路等空中设备进行灭火时，人体位置与带电体之间的仰角不应超过 45°。

(6) 在室外使用灭火器时人应站在上风侧。

3. 充油电气设备的灭火　充油电气设备的油，其闪点多在 130～140 ℃之间，有较大的危险性。如果只是设备外部起火，可用二氧化碳、干粉灭火器带电灭火。如火势较大，应切断电源，并可用水灭火。如油箱破坏，喷油燃烧，火势很大时，除切断电源外，有事故储油坑的应设法将油放进储油坑，坑内和地面上的油火可用泡沫扑灭。

发电机和电动机等旋转电机起火时，为防止轴和轴承变形，可令其慢慢转动，用喷雾水灭火，并使其均匀冷却；也可用二氧化碳或蒸气灭火，但不宜用干粉、沙子或泥土灭火，以免损伤电气设备的绝缘。

4. 现场正确选择和使用灭火器材　正确选择灭火器材，使用手提式灭火器(图 12－1)的一般方法：一提、二拔、三压、四对准，对准火源中心(或根部)。要离开火源不小于 3～5 m，要站在火源的上风向。

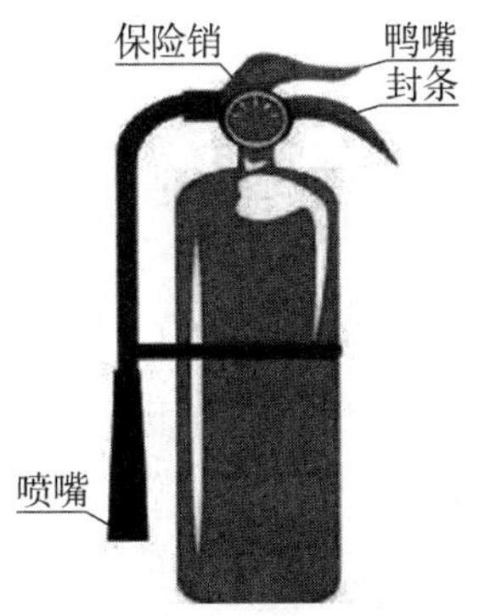

图 12－1　手提式灭火器

第二节　雷电的危害及防护

一、雷电

雷电是自然界中的一种放电现象。闪电和雷声的组合我们称为雷电。雷电的特点是：电压高、电流大、频率高、时间短。

二、雷电的种类

根据雷电产生和危害的特点不同，雷电大体可分为：

1. 直接雷击　雷电对地面或地面上凸起物的直接放电称为直接雷击，也叫雷击。见图12－2。

图12－2　直击雷

2. 球形雷　球形雷是一种显红色或白色亮光的球体，直径多在20 cm，最大直径可达数米，它以每秒数米的速度在空气中飘行或沿地面滚，持续时间3～5 s。能通过门、窗、烟囱进入室内。这种球雷有时会无声消失，有时碰到人、动物或其他物体会剧烈爆炸，造成雷击伤害。

3. 雷电侵入波　当雷电作用于架空线或金属管道上，产生的冲击电压沿线路或管道向两个方向迅速传播的称雷电侵入波。

4. 感应雷击　感应雷击是地面物体发生雷击时由于静电感应和电磁感应引起的雷击（图12－3）。

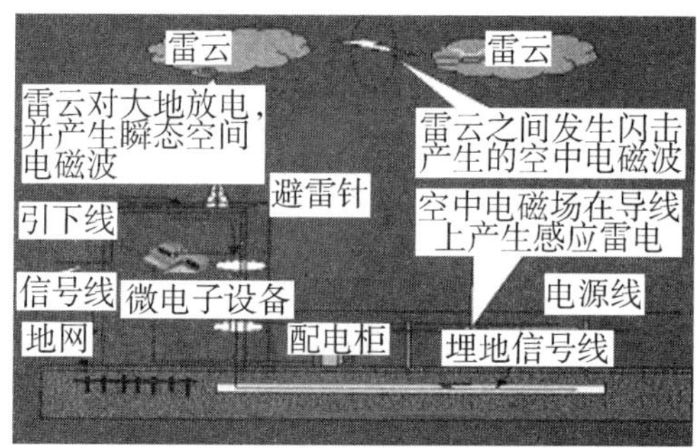

图12－3　感应雷击示意图

三、雷电危害

雷击是电力系统的主要自然灾害之一。雷电的危害是多方面的，雷电放电过程中，可能呈现出静电效应、电磁感应、热效应及机械效应。雷击可能造成电气设备损坏，电力系统停电，建筑物着火，同时也可能造成严重的人身事故。

1. 雷电的高电位危害　雷电电压高，电流大造成电力系统外部过电压危害。

2. 雷电的热效应危害　雷电直接击中建筑物或其他物体，对其放电，强大的雷电流通过这些物体入地，产生破坏性很大的电效应和热效应。

3. 雷电的机械效应危害　雷电的机械效应会造成电气设备、线路损坏，建筑物受损。

4. 雷电的反击危害　雷电的反击对设备和人身都构成危险。

5. 雷电造成电力系统外部过电压　电力系统外部过电压主要受恶劣天气的影响，如大风、大雪，履冰或遭雷击。特别是雷击过电压，又称大气过电压或外部过电压。

(1) 直击雷过电压：带电的雷云与大地上某一点之间发生迅猛的放电现象，称作直击雷。当雷云通过线路或电气设备放电时，放电瞬间线路或电气设备将流过数十万安的巨大雷电流，此电流以光速向线路两端涌去，大量电荷将使线路发生很高的过电压，势必将绝缘薄弱处击穿而将雷电流导入大地，这种过电压为直击雷过电压。

(2) 雷电的静电感应过电压：当线路或设备附近发生雷云放电时，虽然雷电流没有直接击中线路或设备，但在导线上会感应出大量的和雷云极性相反的束缚电荷，当雷云对大地上其他目标放电后，图 12－3 雷云中所带电荷迅速消失，导线上的感应电荷就会失去雷云电荷的束缚而成为自由电荷，并以光速向导线两端急速涌去，从而出现过电压，称为静电感应过电压。

(3) 雷电波的侵入：主要是指直击雷或感应雷从输电线路、通信光缆、天线等金属的引入线引入建筑物内，发生闪击和雷击事故。

由于直击雷在建筑物或建筑物附近入地，通过接地网入地时，接地网上会有数十千伏到数百千伏的高电位，这些高电位可以通过系统中的 N 线、保护接地线或通信系统的地线，以波的形式传入室内，沿着导线的传播方向扩大范围。

防止雷电波侵入的主要措施是在输电线路等能够引起雷电波侵入的设备，在进入建筑物前装设避雷器保护装置，它可以将雷电高电压限制在一定的范围内，保证用电设备不被高电压冲击击穿。

(4) 雷电的电磁效应危害：由于雷电流有极大的峰值和陡度，在它周围有强大的变化电磁场，处在此电磁场中的导体会感应出极大的电动势，使有气隙的导体之间放电，产生火花，引起火灾。

四、常用防雷设备及安装

完整的防雷装置(图 12－4)是由接闪器、引下线、接地装置三部分构成。

1. 接闪器　接闪器是用来直接受雷击的金属体，常见的接闪器有避雷针、避雷线、避雷网、避雷带等。所有的接闪器都要通过引下线与接地体连接，要可靠的接地(图 12－4)。

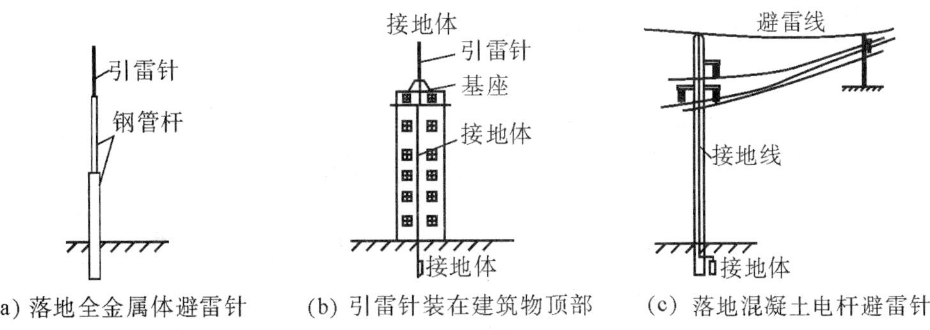

(a) 落地全金属体避雷针　(b) 引雷针装在建筑物顶部　(c) 落地混凝土电杆避雷针

图 12－4　防雷装置

(1) 避雷针

① 避雷针通常采用镀锌圆钢或镀锌钢管制成(大多数采用圆钢)。安装避雷针通常采用圆钢，所采用的圆钢或钢管应不小于下列规格：

a. 避雷针长度 1 m 以下圆钢 ϕ12 mm；钢管 ϕ16 mm。

b. 避雷针长度 1～2 m 圆钢 ϕ16 mm；钢管 ϕ25 mm。

c. 安装在烟囱顶上的避雷针圆钢直径不应小于 20 mm。

d. 避雷针较长，针体可以由针尖和不同管径钢管焊接而成。

② 避雷针作用：它是能对雷电产生一个附加电场（这个附加电场由雷云对避雷针产生的静电感应而引起）使雷云发生畸变，将雷云放电的通路由原来可能被保护物体通过的方向吸引到避雷针本身，使雷云对避雷针放电，然后由避雷针经过引下线和接地装置把雷电流释放到大地去，从而使被保护物体免遭直接雷击。

③ 单支避雷针的保护范围，见图 12－5。

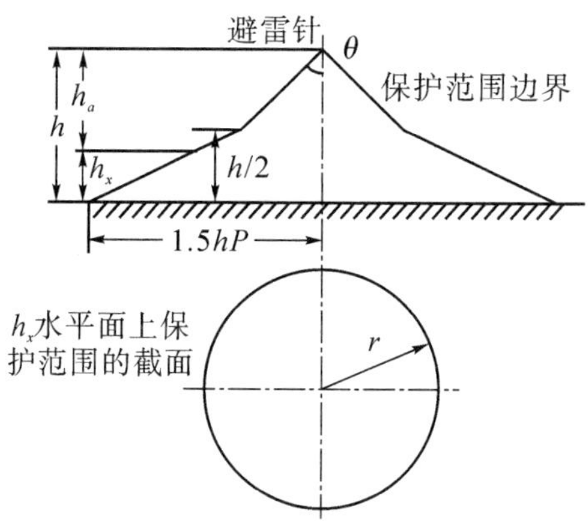

图 12－5　单支避雷针的保护范围（$h \leqslant 30$ m 时，$\theta = 45°$，$P=1$）

避雷针在地面上的保护半径是 1.5 倍避雷针总高度。避雷针及其引下线与其他导体在空气中的最小距离一般不宜小于 1.5 m。

避雷针在地面上的保护半径，应按下式计算：

$$r = 1.5hP$$

式中：r——保护半径，m；

h——避雷针的高度，m；

P——高度影响系数，$h \leqslant 30$ m，$P=1$；当 30 m$<h \leqslant 120$ m 时，$P=5.5\sqrt{h}$；当 $h>120$ m 时，按 120 m 计算。

屋顶上单支避雷针的保护范围可按保护角 60°确定。

（2）避雷线：架设避雷线可有效地减小雷直击导线的概率。

架空避雷线，安装时一般采用截面积不小于 35 mm^2 的镀锌钢绞线，架设在架空线路上，以保护架空电力线路免受直接雷击。由于避雷线是架空敷设，并且接地又称架空地线。避雷线的作用原理与避雷针相同，只是保护范围较小。

（3）避雷网：是屋面纵横交错敷设的避雷带组成的网络。敷设网格的大小按有关规程确定，对于防雷等级不同的建筑物，其要求不同。

（4）避雷带：是沿建筑物容易受雷击的部位（如屋脊、屋沿、屋等）装设的带状导体（图 12－6）。其优点是敷设简单、造价低，和高耸避雷针相比引雷的概率大为减小。它接闪后一般由多根引下线泄散电流，室内设备上的反击电压相对较低。

① 避雷带通常采用镀锌圆钢或镀锌扁钢，其所采用的圆钢或扁钢应不小于下列规格：

镀锌圆钢 $\phi 8$ mm；镀锌扁钢截面积 48 mm^2，厚度为 4 mm。

② 安装烟囱顶上的避雷环，采用镀锌圆钢或镀锌扁钢（一般采用镀锌圆钢）。其所采用的

圆钢或扁钢应不小于下列规格：

镀锌圆钢ϕ12 mm；镀锌扁钢截面积 100 mm^2，厚度为 4 mm。

③ 避雷网、避雷带，距屋面 100～150 mm，支撑物之间一般为 1～2 m。

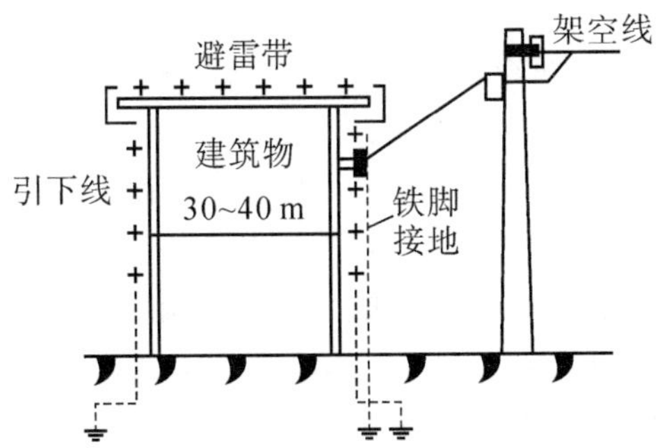

图 12－6　三类建筑物防雷措施示意图

2. 引下线　安装引下线是防雷装置极为重要的组成部分。

(1) 防雷装置引下线应满足机械强度、耐腐蚀和热稳定的要求，必须按规定安装好，并且要与接地装置连接牢靠。每座建筑物至少要有两根引下线接地。

(2) 安装防雷装置的引下线，一般采用镀锌圆钢或镀锌扁钢，其规格要与避雷带相同。如用钢绞线其截面积不小于 25 mm^2，用铜线其截面积不小于 16 mm^2。

(3) 引下线应沿建筑物外墙敷设、要求短而直。建筑物有特殊要求时可以暗敷，但截面积必须加大一级。

(4) 采用多根引下线时，为便于测量接地电阻和检查引下线和接地装置连接的情况，应在各引下线距地面 1.8 m 处设置断接卡。在容易机械损伤的地方，在距地面 1.7 m、地面下 0.3 m 的引下线应采取保护措施。采用金属钢管保护时，金属钢管必须可靠接地。

(5) 互相连接的避雷针、避雷线、避雷网、避雷带或金属屋面的引下线一般不得少于两根。

3. 接地装置　接地装置包括接地体和接地线。防雷装置的接地电阻一般要求不超过 10 Ω。

(1) 接地体：为了其他用途而装设的并与大地可靠接触的金属桩(柱)、钢筋混凝土基础和金属管道等，用来作为接地体，称为自然接地体；为了接地需要而专门装设的金属体，称为人工接地体。

(2) 人工接地线：为接地需要专门安装的金属导线，称为人工接地线。接地线又可分为接地干线、接地支线。接地线地上部分应用螺栓连接。接地线必须并联连接。

(3) 安装防雷接地装置：防雷接地装置应沿建筑物外墙敷设，一般经最短的途径明敷接地，如有特殊的要求可以暗敷。

独立避雷针(线)宜设独立的接地装置。在非高土壤电阻率地区，其接地电阻不宜超过 10 Ω。独立避雷针的接地装置在地下与其他接地装置的距离不宜小于 3 m。

防雷接地装置与一般电气设备的保护装置，在地下的水平距离不应小于 3 m。避雷针及其接地装置不能装设在人、畜经常通行的地方。为了降低跨步电压，防雷接地装置距建筑物入口和人行道不应小于 3 m。

(4) 避雷装置的接地电阻：独立的避雷针应小于 10 Ω。其他不同分类的建筑物及民用建筑物接地电阻应小于 30 Ω。防雷接地装置必须单独实施，不得与电气设备的接地装置共用。

五、避雷器

避雷器用来防护高压雷电波侵入变、配电所或其他建筑物内，损坏被保护设备。避雷器与被保护设备并联连接。避雷器可分为以下三种：

1. 金属氧化物避雷器　金属氧化物避雷器又称金属氧化锌避雷器，是 70 年代初期出现的新型避雷器，在中国电网中已广泛应用。它与普通阀型避雷器的主要区别在于阀片材料不同，普通阀型避雷器的阀片材料是碳化硅(金刚砂)，而金属氧化锌避雷器的阀片材料是由半导体氧化锌和其他金属氧化物(如氧化钴、氧化锰等)在高温(1 000 ℃以上)下烧结而成。氧化锌阀片又称压敏电阻，具有比碳化硅更优良、更理想的非线性电阻特性。在系统运行电压下，它的电阻很大，通过的电流很小，仅为 1 mA 左右，这样小的电流不会烧坏阀片。因此可以不用串联间隙来隔离工频运行电压；当电压升高时，它的电阻变得很小，可以通过大电流，残压也很低，使设备得到保护，过电压消失后，它又恢复原样。

氧化锌避雷器的突出优点：

(1) 由于氧化锌避雷器不需要串联间隙，因此结构简单、体积小、质量轻、寿命长。

(2) 氧化锌避雷器的阀片电阻具有非线性特性。在正常工作电压作用下，呈绝缘状态；在冲击电压作用下，其阻值很小，相当于短路状态。

(3) 性能稳定。由于氧化锌避雷器没有间隙，不存在间隙放电电压受外界因素影响的问题，也不存在间隙放电分散性和误动等问题。

(4) 保护性能好。金属氧化物避雷器的保护性能与间隙的放电电压无关，仅由阀片冲击残压决定。而氧化锌阀片残压又较低，所以保护性能好。

(5) 可以承受多重雷击。在雷电流通过金属氧化物避雷器之后，没有工频续流通过，所以通过避雷器的能量大为减少，因此它能承受多重雷击。

(6) 金属氧化锌避雷器特点有动作迅速、无续流、残压低、通流量大。金属氧化物避雷器通流能力比碳化硅避雷器强，当单片氧化锌阀片通流容量不能满足时，除可以将阀片直径加大外，还可以采用多支避雷器并联，以提高通流容量。

(7) 制造方便，适用于自动化批量生产。

(8) 便于制成直流避雷器。由于它没有间隙，不产生电弧，且具有良好的非线性电阻特性，使制造直流避雷器的困难迎刃而解。

不接地、消弧线圈接地和高电阻接地系统，根据系统中谐振过电压和间歇性电弧接地过电压等发生的可能性及其严重程度，可任选金属氧化物避雷器或碳化硅普通阀式避雷器。

氧化锌避雷器在电压等级较低时(如 110 kV 及以下)大部分是采用无间隙。

超高压避雷器或带大幅度降低压比时，采用并联或串联间隙的方法。

2. 阀型避雷器

(1) 阀型避雷器工作原理

① 阀型避雷器的基本元件为火花间隙和非线性电阻。间隙元件由多个统一规格的单个放电间隙串联而成。同样，非线性电阻元件也是由多个非线性阀片电阻盘串联而成。间隙与阀片电阻也相互串联(图 12－7)。阀片的电阻值与流过的电流有关，电流越大，电阻越小；反之，电流越小，电阻越大。这种电阻称为“阀片”电阻，因此这种避雷器被称为“阀型避雷器”。

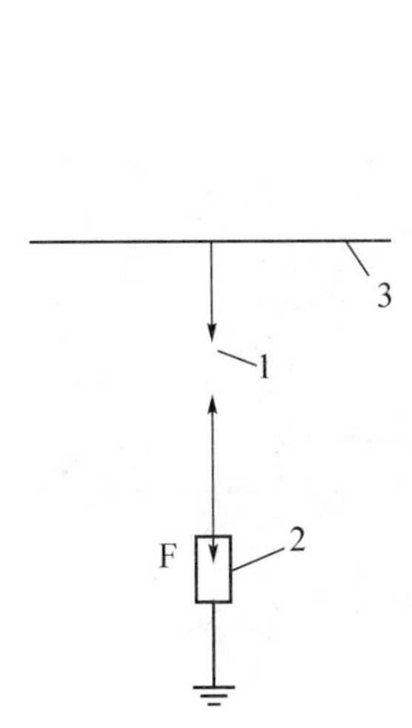

1—间隙；2—阀片电阻；3—工作母线

图 12－7　阀型避雷器工作原理

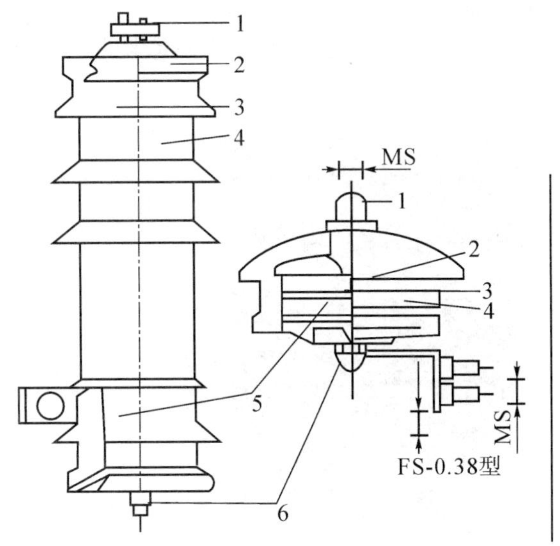

1—上接线端；2—火花间隙；3—云母垫圈；
4—瓷套管；5—阀片电阻；6—下接线端

图 12－8　高低压阀型避雷器

② 正常电压时，阀片的电阻很大，过电压时，阀片的电阻变得很小。因此，阀型避雷器在线路上出现雷电过电压时，其花火间隙击穿，阀片能使雷电流迅速对大地泄放。但雷电过电压一消失，线路上恢复工频电压时，阀片便呈现很大的电阻，使火花间隙绝缘迅速恢复而切断工频续流，从而保证线路恢复正常运行。

③ 普通阀型避雷器由于阀片热容量有限，所以不允许在内部过电压下动作。

高压阀型避雷器（图 12－8）或低压阀型避雷器都由火花间隙和阀片电阻组成，装在密封的瓷套管内。高压阀型避雷器中串联的火花间隙和阀片多。阀型避雷器的阀电阻片不具有线性特性，FZ 型避雷器比 FS 型避雷器残压低，适合作为发电厂和变、配电所的防雷保护。

④ 采用阀型避雷器进行雷电过电压保护时，除旋转电机外，对不同电压范围、不同系统接地方式的避雷器选型如下：有效接地系统，应该选用金属氧化物避雷器；气体绝缘全封闭组合电器（GIS）和低电阻接地系统应该选用金属氧化物避雷器。

3. 管型避雷器　管型避雷器由产气管、内部间隙和外部间隙三部分组成。

（1）在选择排气式避雷器时，开断续流的上限，考虑非周期分量，不得小于安装处短路电流的最大有效值；开断续流的下限，不考虑非周期分量，不得大于安装处短路电流的可能最小值。

（2）如按开断续流的范围选择排气式避雷器，最大短路电流应按雷季电力系统最大运行方式计算，并包括非周期分量的第一个半周短路电流有效值。如计算困难，对发电厂附近，可将周期分量第一个半周的有效值乘 1.5；距发电厂较远的地点，乘 1.3。最小短路电流应按雷季电力系统最小运行方式计算，且不包括非周期分量。

（3）管型避雷器的灭弧能力不能符合要求，可采用保护间隙，并应尽量与自动重合闸装置配合，以减少线路停电事故。管型避雷器保护效果不好，已淘汰。

4. 消雷器

(1) 消雷器是20世纪70年代发展起来的新型防雷装置。消雷器是由离子化装置、连接线及接地装置三部分组成(图12-9、图12-10)。

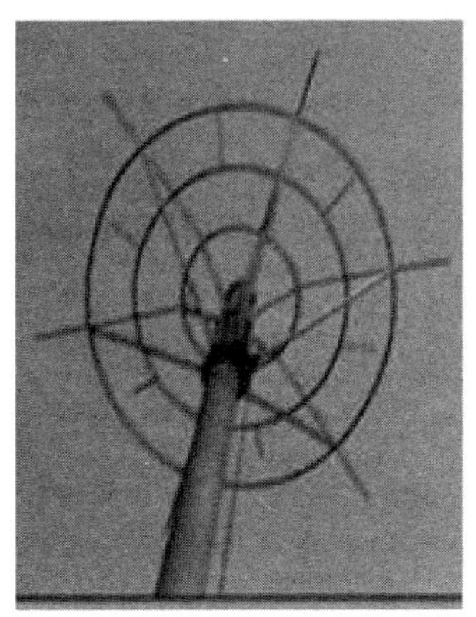

图12-9　消雷器

图12-10　美国LEC消雷系统

(2) 消雷器是利用金属针状电极的尖端放电原理设计的,这是一种防雷装置。由设置在被保护物上方、带有很多尖端电极的电离装置,设置在地表层内的地电流收集装置,以及接通这两种装置的连接线构成。电离装置在雷云强电场中大致保持着大地电位,它和附近空气的电位差会随雷云电场强度激增而促使场强区内针尖附近的空气电离,形成大量空间电荷。一般雷云下层为负电荷,地面感应产生正电荷。电离的负电荷为地电流收集装置所吸收,电离的正电荷为雷云负电荷所吸引和中和,从而发生消雷作用。

六、电力线路与变、配电所防雷保护

1. 架空线路的防雷措施

(1) 装设避雷线:避雷线用来防护高压雷电波侵入变、配电所或其他建筑物内,以免设备被破坏。单支避雷针的保护范围是一个近似锥形空间。为防止直接雷击架空线路,一般多采用避雷线,避雷线在防雷保护中所起的作用是防直接雷。

① 装设避雷线是一种很有效的防雷措施。由于造价高,35 kV及以下电力线路一般不沿全线装设避雷线。在35 kV及以下的架空线路上一般只在进出变电所的1～2 km段架设避雷线。只在110 kV及以上的架空线路上才沿全线装设避雷线。

杆塔上避雷线对边导线的保护角,一般采用20°～30°。220～330 kV双避雷线线路,保护角一般采用20°左右,500 kV避雷线对边导线的保护角一般不大于15°,山区宜采用较小的保护角。杆塔上两根避雷线间的距离不应超过导线与避雷线间垂直距离的5倍(图12-11)。

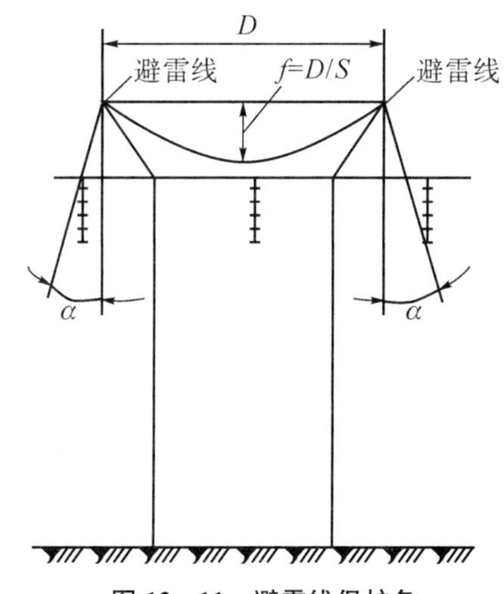

图12-11　避雷线保护角

② 装设避雷线提高线路本身的绝缘水平:在架空线路上,采用木横担、瓷横担或高一级的绝缘子,以提高线路的防雷性能。

(2) 用三角形顶线作保护线：由于 3～10 kV 线路通常是中性点不接地的，因此，如在三角形排列的顶线绝缘子上装设保护间隙，见图 12－12。在雷击时，顶线承受雷击，间隙被击穿，对地泄放雷电流，从而保护了下面的两根导线，一般也不会引起线路跳闸。

(3) 装设自动重合闸装置或自重合熔断器：线路上因雷击放电而产生的短路是由电弧引起的，线路断路器跳闸后，电弧就熄灭了。如果采用一次自动重合闸装置，使开关经 0.5 s 或更长一点时间自动合闸，电弧一般不会复燃，从而能恢复供电。

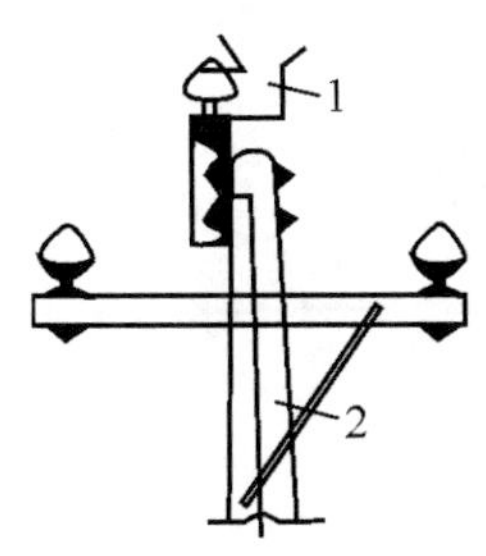

1—保护间隙；2—接地线

图 12－12　顶线绝缘子上装设保护间隙

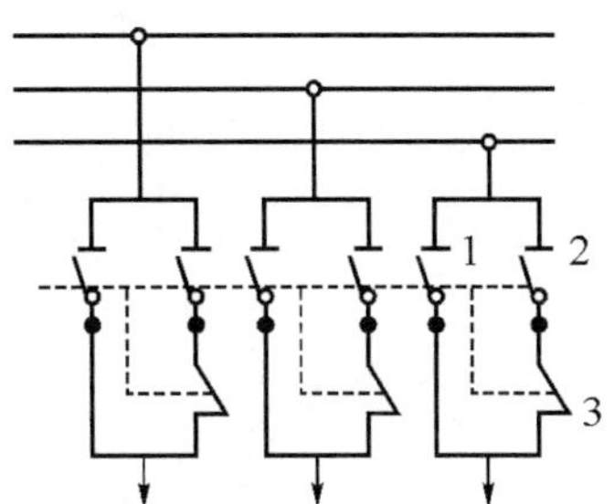

1—常用熔体；2—备用熔体；3—重合熔点

图 12－13　一次自动重合闸装置

也可在线路上装设自重合熔断器，见图 12－13。当雷击线路使常用熔体熔断而自动跌开时(其结构、原理与跌落式熔断器相同)，重合曲柄借助这一跌落的重力而转动，使重合触点闭合，备用熔体投入运行，恢复线路供电。供电中断时间大致只有 0.5 s，对一般用户影响不大。

(4) 装设避雷器和保护间隙：用来保护线路上个别绝缘最薄弱的部分，包括个别特别高的杆塔、带拉线的杆塔、木杆线路中的个别金属杆塔或个别铁横担电杆以及线路的交叉跨越处等。

(5) 装设在架空线路上的电容器宜装设阀式避雷器保护。

2. 变、配电所的防雷措施

(1) 装设避雷针：用来保护整个变、配电所建(构)筑物，使其免遭直接雷击。避雷针可单独立杆，也可利用户外配电装置的架构或投光灯的杆塔，但变压器的门型构架不能用来装设避雷针，以免雷击产生的过电压对变压器放电。避雷针与配电装置的空间距离不得小于 5 m。配电装置防止高电位侵入接线示意图 12－14。

(2) 变电所的进线段保护

① 架空线路进线保护：变电所应采取措施防止或减少近区雷击闪络。未沿全线架设避雷线的 35～110 kV 架空送电线路，应在变电所 1～2 km 的进线段架设避雷线(图 12－15)。进线保护段上的避雷线保护角宜不超过 20°，最大不应超过 30°。

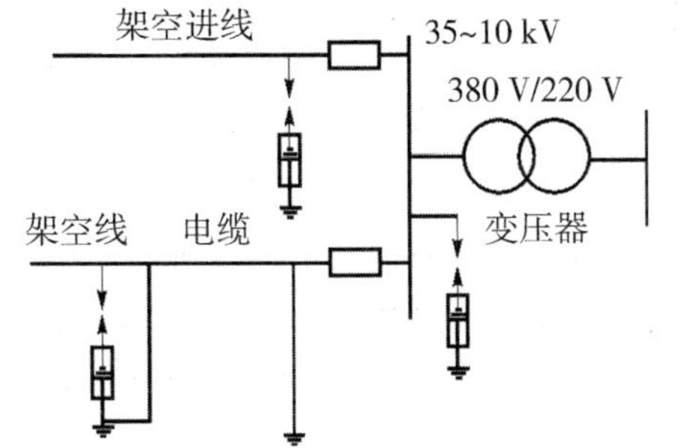

图 12－14　配电装置防止高电位侵入接线示意图

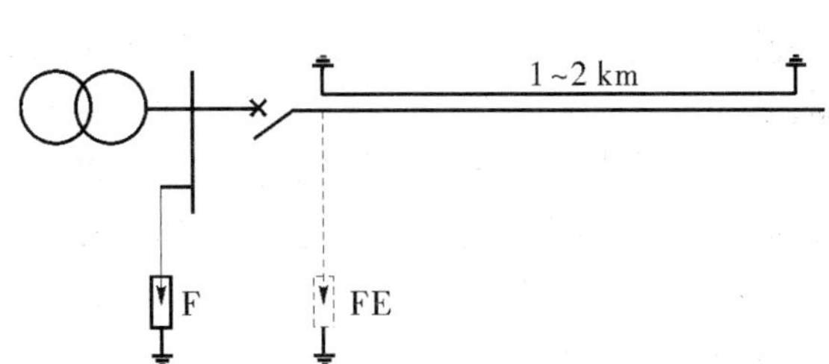

图 12－15　35～110 kV 变电所的进线保护接线

② 电缆进线保护：变电所的 35 kV 及以上电缆进线段，在电缆与架空线的连接处应装设阀型避雷器，其接地端应与电缆金属外皮连接。对三芯电缆，末端的金属外皮应直接接地，见图 12－16(a)；对单芯电缆，应经金属氧化物电缆护层保护器(FC)或保护间隙(FG)接地，见图 12－16(b)。

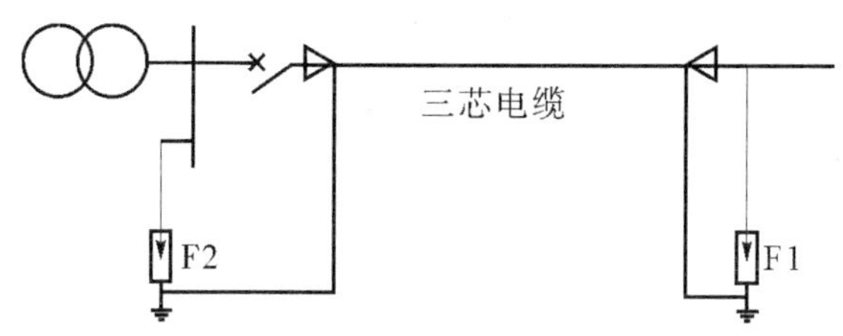

(a) 三芯电缆段的变电所进线保护接线

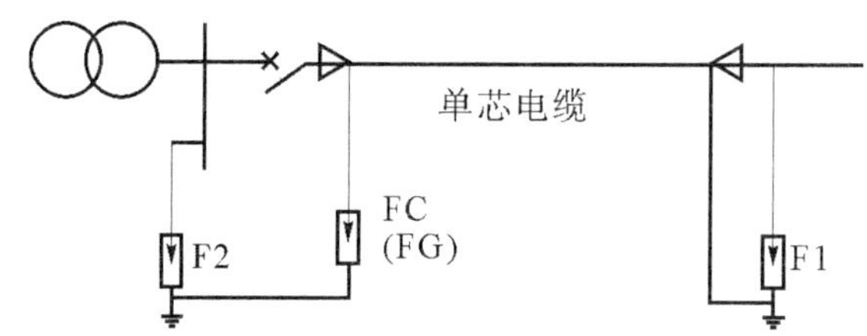

(b) 单芯电缆段的变电所进线保护接线

图 12－16　35 kV 及以上电缆段的变电所进线保护接线

③ 高压侧装设阀型避雷器或保护间隙：主要用来保护主变压器，以免高电位沿高压线路侵入变电所，损坏变电所这一最主要的设备，为此要求避雷器或保护间隙应尽量靠近变压器安装，其接地线应对变压器低压中性点及金属外壳连在一起接地。10～35 kV 配电装置对高电位侵入的防护，在每路进线终端和母线上，都应装有阀型避雷器。若进线是一段电缆的架空线路，则阀型避雷器应装在架空线路终端的电缆终端头。

(3) 低压侧装设阀型避雷器或保护间隙：主要在多雷区使用，以防止雷电波由低压侧侵入而击穿变压器的绝缘。当变压器低侧中性点不接地时，其中性点也应加装避雷器或保护间隙。保护间隙是最简单、最经济的防雷设备，它结构简单、维护方便。

3. 其他防雷措施

(1) 建筑物的防雷措施

① 建筑物的防雷分类：建筑物按其对防雷的要求，可分为三类。

a. 第一类建筑物：在建筑物中制造、使用或储存大量爆炸物资者；在正常情况下能形成爆炸性混合物，因电火花会发生爆炸，引起巨大破坏和人身伤亡者。

b. 第二类建筑物：在正常情况下能形成爆炸性混合物，因电火花会发生爆炸，但不致引起巨大破坏和人身伤亡者；只在发生生产事故时，才能形成爆炸性混合物，因电火花会发生爆炸，引起巨大破坏和人身伤亡。储存易燃气体和液体的大型密闭储罐也属于这一类。

c. 第三类建筑物：避雷针(或避雷带、网)的接地电阻≤30 Ω 如为钢筋混凝土屋面，可利用其钢筋作为防雷装置，钢筋直径不得小于 4 mm。每座建筑物至少有两根接地引下线。三类建筑物两根引下线间距离为 30～40 m，引下线距墙面为 15 mm，引下线支持卡之间距离 1.5～2 m。断接卡子距地面 1.5 m。

② 对直击雷的防护措施：建筑物的雷击部位与屋顶坡度部位有关。设计时应对建筑物屋

顶的实际情况加以分析，确定最易遭受雷击的部位，然后在这些部位装设避雷针或避雷带(网)，进行重点保护。

③ 对高电位侵入的防护措施：在进户线墙上安装保护间隙，或者将瓷瓶的铁角接地，接地电阻≤20 Ω。允许与防护直击雷的接地装置连接在一起。

(2) 人身防雷措施：雷暴时，雷云直接对人体放电，雷电流流入地下产生的对地电压以及二次放电都可能对人体造成电击。因此，在雷雨天，非工作需要，应尽量不在户外或野外逗留；必须在户外或野外逗留或工作时，最好穿塑料等不浸水的雨衣；如有条件，可进入宽大金属构架或有防雷设施的建筑物、汽车或船只内。

如依靠有建筑物或高大树木屏蔽的街道躲避，应离开墙壁和树干 8 m 以外，双脚并拢防止跨步电压触电。

应尽量离开小山、小丘或隆起的道路，离开海滨、湖滨、河边、池旁，离开铁丝网、金属晒衣绳以及旗杆、烟囱、宝塔、独树、没有防雷保护的小建筑物或其他设施。

雷暴时，在户内应注意防止雷电侵入波的危害，应离开照明线(包括动力线)、电话线、广播线、收音机和电视机电源线、引入室内的收音机和电视机天线及与其相连的各种导体，尽量不要拨打接听电话、手机，以防止这些线路或导体对人体第二次放电。调查资料表明，70%以上户内对人体二次放电的事故发生在距导体 1 m 内的范围内。

雷电时应禁止在屋外高空检修、试验和屋内验电等作业。雷电时严禁进行倒闸操作和更换熔丝工作。

目前有相当一部分太阳能热水器都没有接地，屋顶的太阳能热水器就成了一个接闪器，打雷时请尽量不要用太阳能热水器洗澡。

4. 防雷装置的巡视检查

(1) 避雷针的检查

① 检查接闪器避雷针有无断裂、锈蚀和倾斜现象。

② 检查接闪器避雷针接地引下线的保护套管是否符合要求。

③ 接地引下线连接是否牢固可靠，接触是否良好。

④ 埋入地下接地线有无烧伤、机械损伤、是否腐蚀等现象。

⑤ 独立的避雷针架构上的照明及其导线安装是否符合要求。

⑥ 雷雨天气，需要巡视室外高压设备时，应穿绝缘靴，并不得靠近避雷器和避雷针。

(2) 阀型避雷器的巡视检查

① 阀型避雷器在雷雨季节前是否进行检测试验。

② 瓷套是否完整，瓷套表面是否严重脏污。水泥结合缝及其上面的油漆是否完好。

③ 连接避雷器的导线及引下接地线是否烧伤或烧断。

④ 阀型避雷器上下端金属件与瓷套结合部位的密封是否良好。

⑤ 阀型避雷器内部有无异常声响。

⑥ 避雷动作记录器(放电记录器)的指示值是否改变。

(3) 防雷接地装置的巡视检查

① 接地引下线和接地装置是否正常。

② 焊接点有无脱焊、锈蚀等现象，接地螺母是否牢固可靠。

③ 防雷接地装置投入运行 5 年后，每隔 1～2 年应在每个接地引下线处粗测一下接地电阻。

④ 防雷接地装置每隔 5 年应挖开接地装置的地下部分进行一次检查。

第三节　静电危害及防护

与流电相比，静电是相对静止的电荷。静电现象是一种常见的带电现象，如雷电、电容器残留电荷、摩擦带电等。多年来人们对于静电现象、静电的利用以及静电的危害进行了较多的研究。

一、静电的产生

物质是由分子组成的，分子是由原子组成的，原子是由原子核和其外围电子组成的。两种物质紧密接触后再分离时，一种物质把电子传给另一种物质而带正电，另一种物质得到电子而带负电，这样就产生了静电。

以下生产工艺过程都比较容易产生静电。如液体、气体在管道内流动、粉碎、研磨、粉尘、摩擦、搅拌等都会产生了静电。

(1) 高电阻液体在管道中流动且流速超过 1 m/s 时，液体喷出管口时，液体注入容器发生冲击、冲刷或飞溅时。

(2) 液化气体、压缩气体在管道中流动或由管口喷出时，如从气瓶放出压缩气体、喷漆等。

(3) 固体物质大面积的摩擦。纸张与辊轴摩擦、传动皮带与皮带轮摩擦；橡胶或塑料碾炼固体物质粉碎、研磨过程悬浮的粉尘高速运动，如塑料压制、上光固体物质挤出等。

(4) 在混合器中搅拌各种高电阻物质如纺织品的涂胶过程等。

产生静电电荷的多少与生产物料的性质和料量、摩擦力大小和摩擦长度、液体和气体的分离或喷射强度、粉体粒度等因素有关。

二、静电的利用

静电在生产生活中有很多利用，如静电喷漆、静电除尘、静电植绒、静电复印等，但这些都是利用外来能源产生的高压静电场来进行工作的。

三、静电的危害

静电的危害方式有以下三种类型：

1. 爆炸和火灾　爆炸和火灾是静电的最大危害。静电电量虽然不大，但因其电压很高而容易发生放电，从而产生静电火花。

在具有可燃液体的作业场所（如油品装运场所等），可能由静电火花引起火灾；在具有爆炸粉尘或爆炸性气体、蒸汽的场所（如面粉、煤粉、铝粉、氢等），可能由静电火花引起爆炸。静电火花有一定的大小，如果火花能量超过周围介质的最小引爆能量，就会引起爆炸和火灾。爆炸性气体或蒸汽的最小引爆能量一般在 1 mJ 以下，只有很少在 2 mJ 以上。爆炸粉尘的最小引爆能量要大些，一般在 10 mJ 以上。

2. 电击　由于静电造成的电击可能发生在人体接近带静电物质的时候，也可能发生在带静电荷的人体（人体所带静电可高达上万伏）接近接地体的时候造成的电击。电击程度与储存的能量有关，能量越大电击越严重。带静电体的电容越大或电压越高，则电击程度越严重。

由于生产工艺过程中产生的静电能量很小，所以由此引起的电击不至于直接使人致命。但人体可能因电击坠落摔倒引起二次伤害事故。另外，电击还能引起工作人员精神紧张，影响工作。

3. 妨碍生产　在某些生产过程中，如不清除静电，将会妨碍生产或降低产品质量。例如：静电使粉体吸附于设备上，影响粉体的过滤和输送；在纺织行业，静电使纤维缠结、吸附尘土，降低纺织品质量；在印刷行业，静电使纸线不齐、不能分开，影响印刷速度和印刷质量；静电火花使胶片感光降低，影响胶片质量；静电还可能引起电子元件的误动作等。

四、消除(防)静电危害的措施

1. 接地法　接地是消除静电危害最简单的方法。接地主要用来消除导电体上的静电，不宜用来消除绝缘体上的静电，单纯为了消除导电体上的静电，接地电阻 100 Ω 即可；如果是绝缘体上带有静电将绝缘体直接接地反而容易发生火花放电，这时宜在绝缘体与大地之间保持 $10^6 \sim 10^9\ \Omega$ 的电阻。

在有火灾和爆炸危险的场所，为了避免静电火花造成事故，应采取下列接地措施：

(1) 凡用来加工、储存、运输各种易燃液体、气体和粉体的设备、贮存池、贮存缸以及产品输送设备、封闭的运输装置、排注设备、混合器、过滤器、干燥器、升华器、吸附器等都必须接地。如果袋形过滤器由纺织品类似物品制成，可以用金属丝穿缝并予以接地。

(2) 厂区及车间的氧气、乙炔等管道必须连接成一个连续的整体，并予以接地。其他所有能产生静电的管道和设备，如空气压缩机、通风装置和空气管道，特别是局部排风的空气管道，都必须连接成连续整体并予以接地。如管道由非导电材料制成，应在管外或管内绕以金属丝，并将金属丝接地。非导电管道上的金属接头也必须接地。可能产生静电的管道两端和每隔 200～300 m 处均应接地；平行管道相距 10 cm 以内时，每隔 20 m 应用连接线互相连接起来；管道与管道或管道与其他金属物件交叉或接近(间距小于 10 cm)时，也应互相连接起来。

(3) 注油漏斗、浮动缸顶、工作站台等辅助设备或工具均应接地。

(4) 汽车油槽车行驶时，由于汽车轮胎与路面有摩擦，汽车底盘上可能产生危险的静电电压。为了能导走静电电荷，油槽车应带金属链条，链条的上端和油槽车底盘相连，另一端与大地接触，见图 12－17。

图 12－17　拖地链条将静电荷传入大地

(5) 某些危险性较大的场所，为了使转轴可靠接地，可采用有导电性能的润滑油或采用滑杆、碳刷接地。

(6) 静电接地装置应当连接牢靠，并有足够的机械强度，可以同其他目的的接地用一套接地装置。

2. 泄漏法　采取增湿措施，采用抗静电添加剂和导电材料(或导电涂料)促使静电电荷从绝缘体上自行消散，这种方法称为泄漏法。

(1) 增湿就是提高空气的湿度:这种消除静电危害的方法应用比较普遍。增湿的主要作用在于降低带电绝缘体的绝缘性,或者说增强其导电性,这就减小了绝缘体通过本身泄放电荷的时间常数,提高了泄放速度,限制了静电电荷的积累。至于允许增湿与否以及提高湿度的允许范围,需根据生产的具体情况而定。产生静电的场所应保持地面潮湿,从消除静电危害的角度考虑,保持相对湿度在70%以上较为适宜。

(2) 加抗静电添加剂:抗静电添加剂是特制的辅助剂,有的添加剂加入产生静电的绝缘材料以后,以增加材料的吸湿性或离子性,从而把材料的电阻率降低,以加速静电电荷的泄放;有的添加剂本身具有较好的导电性,依其本身的导电性泄放生产过程中绝缘材料上产生的静电。

(3) 采用导电材料:采用金属工具代替绝缘工具;在绝缘材料制成的容器内层,衬以导电层或金属网络,并予接地;采用导电橡胶代替普通橡胶;采用导电涂料代替普通涂料或地面铺设导电性能较好的地板等,都会加速静电电荷的泄漏。

3. 静电中和法　静电中和法是消除静电危害的重要措施,静电中和法是在静电电荷密集的地方设法产生带电离子,将该处静电电荷中和掉,避免静电的积累。静电中和法可用来消除绝缘体上的静电。静电中和法依其产生相反电荷或带电离子的方式不同,主要有感应中和、外接电源中和、放射性中和、离子风中和。

(1) 感应中和器:这种中和器没有外加电源,一般由多组尾端接地的金属针及其支架组成。根据生产工艺过程的特点,中和器的金属针可以成刷形布置,可以沿径向成管形布置,也可以按其他方式布置(图12-18)。

感应中和器工作时,生产物料上的静电在金属针上感应出相反的电荷,在金属针尖端附近形成很强的电场,在这个强电场的作用下,和生产物料混杂在一起的气体或其他介质发生电离,产生正离子和负离子。在电场的作用下正、负离子分别向生产物料和针尖移动,从而把生产物料上的静电电荷中和和泄放掉。感应中和器不需外加电源,设备简易但作用范围小,消除静电不够彻底。

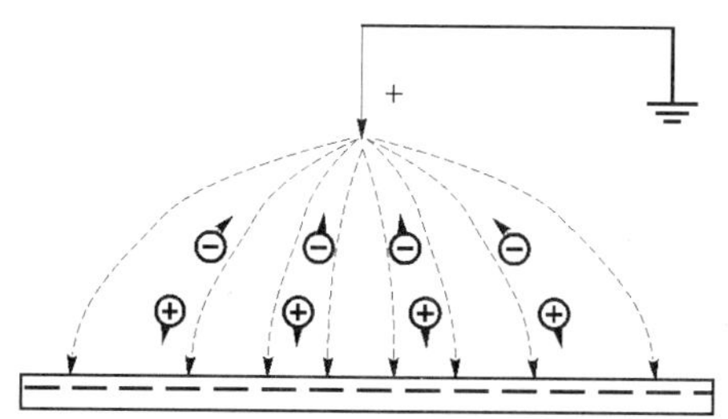

图12-18　感应式静电中和器原理示意图

(2) 外接电源中和器:这种中和器由外加电源产生电场,当带有静电的生产物料通过该电场区域时,其电荷发生定向移动而被中和和泄放;另外,外加电源产生的电场还可以阻止电荷的转移,减缓静电的产生;同时,外加高压电场对电介质也有电离作用,可加速静电荷的中和和泄放。

外接电源中和器需用专用设备,但中和效果较好。

(3) 放射线中和器:这种中和器是利用放射性同位素的射线使空气电离,进而中和和泄放生产物料上积累的静电电荷。α射线、β射线、γ射线都可以用来消除静电。采用这种方法时,要注意防止射线对人体的伤害。

(4) 离子风中和法：这种方法作用范围较大，是把经过电离的空气，即所谓离子风送到带有静电的物料中，以消除静电，但必须有离子风源设备。

4. 工艺控制法　工艺控制法从材料选择、工艺设计、设备结构等方面采取措施，控制静电的产生不超过危险程度。

前面说到的增湿就是一种从工艺上消除静电危险的措施。不过，增湿不是控制静电的产生，而是加速静电电荷的泄漏，避免静电电荷积累到危险程度。在工艺上，还可以采用适当措施，限制静电的产生，控制静电电荷的积累。例如：

(1) 用齿轮传动代替皮带传动，除去产生静电的根源。

(2) 降低液体、气体或粉体的流速，限制静电的产生。烃类油料在管道中的最大流速，可参考表 12－3 所列的数值。

表 12－3　管道中烃类油料的最大流速

管径/cm	1	2.5	5	10	20	40	60
最大流速/(m/s)	8	4.9	3.5	2.5	1.8	1.3	1.0

(3) 倾倒和注入液体时，防止飞溅和冲击，最好自容器底部注入，在注油管口，可以加装分流头，降低管口附近油流上的静电，且减小对油面的冲击。

(4) 设法使相互接触或摩擦的两种物质的电子逸出功大体相等，以限制电荷静电的产生。

另外，还有些不属于以上四项措施的其他措施，例如为了防止人体带静电造成危害，工作人员可以穿抗静电工作服和工作鞋，采取通风、除尘等措施也有利于防止静电的危害。

第四节　电气事故处理

电力系统中的事故，可分为电气设备事故和电网系统事故两大类。

电气设备事故，可发展为系统事故，影响到整个系统的稳定性；而电网系统事故又能使某些电气设备损坏。因此变、配电所运行人员的主要任务就是保证设备正常运行，尽量减少和避免事故的发生。而一旦事故发生，应以最快的速度处理，尽可能多地保留送电范围。

一、事故及异常

变、配电所的每台设备自投入正常运行，就开始了老化阶段，随着时间的延续，严重的老化会使该设备不能正常运行，这样可能导致异常或事故。运行人员的主要任务之一，实际上是延缓电气设备的老化速度，延长设备寿命，减少设备异常，从而保证设备的正常运行状态。

1. 电气设备的正常运行状态　电气设备在规定的外部环境：额定电压、额定温度、额定海拔高度、额定冷却条件、规定的介质状况等条件下，保证连续(或在规定的时间内)正常地到达额定工作能力的状态，称之为额定工作状态。

对于每台电气设备及设备间的连接部分来说，如导线、铜排、母线桥、母线槽、电缆等都有一个规定的长期工作的正常状态。

2. 电气设备的异常状态　电气设备的异常状态，即不能正常工作的状态，是相对于设备的正常工作状态而言的，是指设备在规定的外部条件下，部分或全部失去额定工作能力的状态。例如：

（1）设备出力达不到铭牌需求：变压器不能带额定负荷；断路器不能通过额定电流或不能切断规定的故障电流；母线不能通过额定电流等。

（2）设备不能承受额定工作电压：瓷件受损的电气设备在额定电压下形成击穿；变压器绕组绝缘损坏后，在额定电压下造成匝间或层间短路等。

（3）设备不能达到规定的运行时间：变压器带额定负荷不能连续运行；电流互感器长时间运行本身发热超过允许值等。

3. 事故

（1）事故本身也是一种异常状态。通常事故是指异常状态中比较严重的或已经造成设备部分损坏，引起系统异常运行，中止了正常的供电状态。

（2）综上所述，变、配电所内某台设备或部分设备发生异常运行状态时，运行人员必须尽早做出判断，尽快处理。在异常和事故处理中，时间是十分宝贵的，提早一分一秒，都会制止异常状态的进一步扩大，减少系统和企业的损失。

二、事故处理的一般要求

发生事故时，运行人员处理的要求是尽快做出正确的判断，如确定是某台设备故障，其故障范围、故障造成原因是设备本身故障还是人为造成或误操作引发等，尽快进行处理、尽量缩小事故范围。

1. 事故处理的基本原则

（1）迅速查清事故的发生原因，限制事故的发展，清除事故根源，解除对人身和设备的危险。

（2）用一切可能的方法保持无故障设备继续运行，确保正常供电。首先要设法保证变、配电所用电，并考虑对重要部门（如循环水站、空压站等二次能源部门）优先送电；迅速向车间、食堂、科室、消防系统等恢复送电。

（3）有调度协议的变、配电所立即报告当值调度员、分管用监员、本单位主管领导，听候处理。现场运行人员应严格执行调度员的一切指挥及用监员的安全技术指导。

2. 事故处理时，必须坚守岗位，集中注意力，正确地执行当值调度员的指令及分管用监员的现场正确指导。

3. 如果事故发生在交接班过程中，应中断交接班，交班人员负责处理事故，接班人员可协助处理，事故处理未结束，不得进行交接班。

4. 处理事故时，除当值人员和有关领导外，其他人员不得进入事故地点和控制室，事前进入的人员应主动退出，不得妨碍、干扰事故处理。

5. 当值调度员是事故处理的指挥员，正值班员应及时将事故征象和处理情况向其汇报，并迅速无争辩地执行调度令。当值班员如果认为当值调度令有错时，应予指出并作解释。当值调度员确认自己指令正确时，变、配电所当值负责人（正值）应立即执行。若当值调度指令直接威胁人身或设备安全，则可拒绝执行。此时，应立即将具体情况汇报有关领导。

6. 处理事故时，若、变配电所值班长、分管技术人员、用监员在场，应关注值班员处理过程，必要时帮助处理。但事先必须与当值调度员取得联系，并做好详细记录。

7. 在下列情况下，当值人员可不经过调度许可自行操作，结束后再汇报。

(1) 对威胁人身和设备安全的设备停电。

(2) 对已损坏的设备隔离。

(3) 恢复所用电。

(4) 在确认母线电压消失，拉开连接在母线上所有的开关。

8. 值班员处理事故应遵照下列顺序进行：

(1) 根据表计指示，继电保护信号继电器掉牌未复归、自动装置动作情况以及调看综合自动化保护测控装置事故报警“菜单”、后台 SOE 事件窗口记录，结合设备的外部征象来判断事故的全面情况。

(2) 如果对人身和设备安全有威胁时，应立即解除这种威胁，必要时停止设备运行；反之则应尽力保持或恢复设备的正常运行。应特别注意对未直接受损坏的设备隔离，保证它们的正常运行。

(3) 对所有未受到损害的设备，保持其运行。

(4) 迅速检查和正确判明事故性质、地点及其范围。为防止事故扩大，必须主动将事故发生的时间、现象、设备名称编号、跳闸开关、继电保护动作情况及自动装置动作情况、事故发生前后的运行方式，做好记录。一方面可作为事故抢修人员的抢修参考依据和事故分析的原始资料；另一方面也可作为迅速而正确向当值调度员及有关领导汇报的依据，以免在慌乱中说不清楚，表达不全面。

9. 处理事故时，必须迅速、正确、果敢，要“稳、准、快”不应“急、慌、乱”，必须严格执行接令、复诵、汇报、录音和记录制度，使用统一的调度术语，汇报内容简明扼要，但要完整。

10. 当复归继电保护及自动装置的吊牌、综合自动化保护测控装置及后台计算机屏面信号复位时，必须两人进行，即时做好记录。

三、变压器着火处理

变压器着火处理时，不论何种原因，应当先拉开各侧断路器，切断电源，停用冷却装置(风扇、风机)，并迅速采取有效措施进行灭火，同时汇报消防部门及上级主管部门协助处理。

变压器着火时，最好采用干粉灭火器、二氧化碳灭火器，必要时也可用沙子灭火。

四、高压断路器的故障处理

目前电力系统一般采用技术成熟、性能优良的真空断路器、SF_6 断路器、GIS 气体绝缘金属全封闭组合开关设备，而且均采用 CT 型弹簧储能操动机构。实践证明，断路器本体的故障率很低，主要是操动机构的电气和机械部分或继电保护装置偶然发生故障，影响断路器的正常操作和运行。

断路器最常见的是操动机构拒绝跳闸或合闸，应分别进行分析和处理。

1. 操动机构拒绝合闸故障的分析和处理　此时应对照断路器的信号和控制回路图，分别对电气回路和机械结构两方面进行分析。

电气回路的故障主要有以下几种情况：

(1) 操动机构储能回路故障，弹簧不能正常储能，储能回路的常开(动闭)辅助接点切断了合闸回路。断路器不能合闸，可能因为储能控制开关接点接触不好，或者是回路常闭(动开)辅助接点不到位，无法进行正常储能；还有就是储能电机损坏。可以试用手动储能方式，如手动储能正常，需对储能回路进行检修。

（2）从红绿灯的现象分析，此时首先应检查操作电源的电压值是否正常。如与规定值不符则应先调整，然后再进行合闸。其一般的故障分析如下：

① 当控制开关的手柄旋至合闸位置而指示灯不发生变化，应认为在合闸回路没有施加电压，可能是合闸回路断线。

② 指示“分闸”位置的绿灯已熄，而“合闸”后位置的红灯不亮，应检查红灯的灯泡是否完好。

③ 绿灯熄灭后又重新点亮，可能是电压不足，以致操动机构未能将断路器提升杆正常提起，或是操动机构机械部分有故障和调整得不正确。

④ 绿灯已熄，红灯亮后但即刻又熄灭，绿灯又亮，说明断路器合闸后即又断开，这可能因为机械上的故障，维持机构未能托住。应注意，在操作电源的电压过高时也会发生这种现象，即操动机构在合闸时发生强烈的冲击而不能挂住。

（3）合闸电磁铁未起动，一方面可能由于合闸线圈故障，另一方面可能由于控制开关接点接触不良，防跳继电器的常闭接点接触不良或断路器常闭辅助接点接触不良或未接通等。如遇此种情况可用验电笔或万用表进行测量，并通过分析、判断，找出故障点进行处理。

2. 主要机械故障

（1）由于调整不当，跳闸后机构传动装置的各轴不能恢复到原位。

（2）合闸铁芯钢套卡涩，铁芯顶杆太低，冲力不足；铁芯顶杆太长，合闸终期吸力不足等。

（3）开关提升机构有卡涩扭动现象。

（4）断路器辅助接点打开过早造成机构跳跃。若断路器合闸后立即又跳闸，除电气回路故障外，可能是跳闸铁芯卡住，使机构没有复位。跳闸铁芯卡住的原因是钢套变形，顶盖弯曲或缺少隔磁垫，也有可能是剩磁使铁芯不能复位。

3. 断路器拒绝跳闸故障分析和处理　当发生故障时，断路器拒绝跳闸会引起严重事故，可能会越级引起总电源的断路器跳闸，扩大了停电范围。断路器拒绝跳闸的主要原因是：

（1）操动机构机械故障。

（2）继电保护装置有故障。

（3）跳闸线圈无电压或跳闸线圈故障。跳闸回路有断线情况，断路器合闸后，串接在分闸回路中的辅助接点应闭合，而没有闭合好；控制开关分闸触点接触不良。

遇到以上情况不要惊慌，弹簧储能操动机构都有手动分、合闸按钮及手动储能功能。将断路器手动分闸后直接转为冷设备用，并立即汇报有关部门领导，组织抢修。

启用手动分闸装置，只能就地操作断路器。因此对于室内的 SF_6 断路器，正常情况下，应先打开排风扇 15 min 后才能进入 SF_6 断路器室。但在紧急情况下，应先打开排风扇，再确认没有 SF_6 气体泄漏的前提下，人员提前进入 SF_6 断路器室应该是安全的，但要有人监护，确保人员安全。

4. SF_6 断路器室均设有 SF_6 气体泄漏报警装置　SF_6 断路器内部各单元的气室都安装了单独的 SF_6 气体密度仪（压力表）。如果发生 SF_6 气体泄漏，压力下降到预先设定值时，通过密度仪的辅助接点会发出报警，气体压力下降到一定程度，通过密度仪的辅助接点闭锁 SF_6 断路器的分、合闸回路。如果此时手动分闸 SF_6 断路器必须在无载情况下运行，所以要求值班人员每日多次定时对 SF_6 断路器进行巡视检查，记录 SF_6 气体压力，一旦发现 SF_6 气体因泄漏而压力下降的情况，需及时汇报，请专业人员补充 SF_6 气体。对备用的 SF_6 断路器，应视为运用中设备一样维护，确保 SF_6 断路器的安全运行。

五、变、配电所全所突然断电的处理

变、配电所全所无电，系指各级母线电压为零。

1. 现象

(1) 所有交流照明灯全部熄灭(所用变失电)，应急照明灯自动打开。

(2) 各级母线电压、电流无指示，计量电能表失压报警灯亮(电能表内装有高能电池)。

(3) 直流屏控制仪显示 380 V/220 V 交流电源无电压，并发出报警信号，蓄池自动投入工作，供后台电脑用的 UPS 不间断电源自动投入。

(4) 运行中的变压器无声音，高压电容器组断路器跳闸。

2. 检查处理

(1) 值班员应立即打开直流事故照明灯，对全所的电气设备分开检查；一方面检查进线线路的带电显示器是否有电压指示，进线避雷器的动作监视仪是否有泄漏电流指示；另一方面检查综合自动化后台显示屏是否有内部设备故障显示。这样可初步判断是进线路失压还是变、配电所内部设备故障引起全所失电。

(2) 如果确认是进线线路失压引起全所失电，值班员应立即汇报供电公司地区调度所值班员或配电调度室值班员和用监员，汇报你单位变、配电所×××线路失电的详细情况，听后处理。同时值班员也应立即向本单位有关领导汇报事故情况。如果停电时间较长，单位值班员应根据各单位变、配电所《现场运行规程》，做好投入备用电源的准备，尽快恢复重要设备和重要部门的供电，尽量减少因停电造成的经济损失。

停电线路什么时候恢复供电，调度值班员或用监员会提前通知。

(3) 如果确认变、配电所因内部设备故障引起越级或直接使进线断路器保护动作跳闸全所失电，单位变、配电所值班员除向调度值班员、用监员、单位有关领导汇报外，根据本单位事故处理预案做好事故处理工作。在故障具体原因未查明、故障点未找到、故障未排除前，保护好现场。是否投入备用电源，应根据故障情况而定。供电公司调度员、用监员在接到情况报告后，很快会安排抢修人员到现场进行事故处理，单位变、配电所当值人员要积极做好抢修配合工作，服从抢修负责人的指挥。

3. 事故处理结束，由抢修负责人或用监员向当值调度员汇报，申请恢复变、配电所重新投入运行。单位变、配电所值班员在变、配电所恢复运行后，要详细做一份事故报告备案，可作为今后事故处理的借鉴。

附　　录

常用电气图形符号及文字符号

类别	名称	图形符号	文字符号	类别	名称	图形符号	文字符号
开关	单极控制开关	或	SA	位置开关	常开触头		SQ
	手动开关一般符号		SA		常闭触头		SQ
	三极控制开关		QS		复合触头		SQ
	三极隔离开关		QS	按钮	常开按钮		SB
	三极负荷开关		QS		常闭按钮		SB
	组合旋钮开关		QS		复合按钮		SB
	低压断路器		QF		急停按钮		SB
	控制器或操作开关	后　前 21012	SA		钥匙操作式按钮		SB

（续表）

类别	名称	图形符号	文字符号	类别	名称	图形符号	文字符号
电压继电器	常闭触头		KV	电动机	并励直流电动机	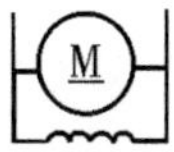 M	M
非电量控制的继电器	速度继电器常开触头	 n	KS	电动机	串励直流电动机	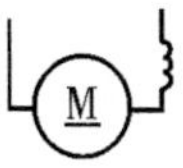 M	M
非电量控制的继电器	压力继电器常开触头	 p	KP	发电机	发电机	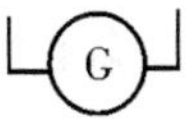 G	G
熔断器	熔断器		FU	发电机	直流测速发电机	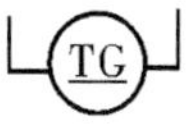 TG	TG
电磁操作器	电磁铁的一般符号	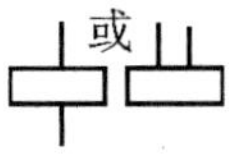 或	YA	变压器	单相变压器	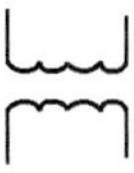	TC
电磁操作器	电磁吸盘	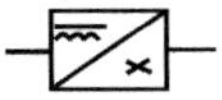	YH	变压器	三相变压器	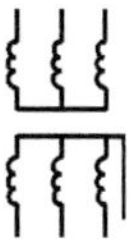	TM
电磁操作器	电磁离合器	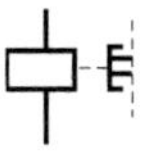	YC	灯	信号灯（指示灯）		HL
电磁操作器	电磁制动器	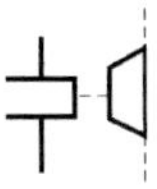	YB	灯	照明灯		EL
电磁操作器	电磁阀	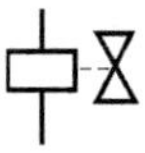	YV	接插器	插头和插座	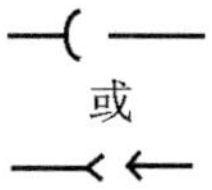 或	X 插头 XP 插座 XS
电动机	三相笼型异步电动机	 M 3~	M	互感器	电流互感器	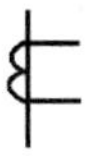	TA
电动机	三相绕线转子异步电动机	 M 3~	M	互感器	电压互感器	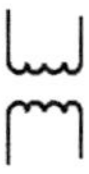	TV
电动机	他励直流电动机	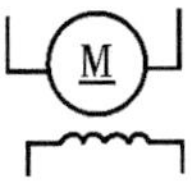 M	M	互感器	电抗器		L

（续表）

类别	名称	图形符号	文字符号
接触器	线圈操作器件		KM
	常开主触头		KM
	常开辅助触头		KM
	常闭辅助触头		KM
热继电器	热元件		FR
	辅助触头		FR
时间继电器	通电延时（缓吸）线圈		KT
	断电延时（缓放）线圈		KT
	瞬时闭合的常开触头		KT
	瞬时断开的常闭触头		KT
	延时闭合的常开触头	或	KT
	延时断开的常闭触头	或	KT

类别	名称	图形符号	文字符号
时间继电器	延时闭合的常闭触头	或	KT
	延时断开的常开触头	或	KT
中间继电器	线圈		KA
	常开触头		KA
	常闭触头		KA
电流继电器	过电流线圈	$I>$	KA
	欠电流线圈	$I<$	KA
	常开触头		KA
	常闭触头		KA
电压继电器	过电压线圈	$U>$	KV
	欠电压线圈	$U<$	KV
	常开触头		KV

收集整理国家应急管理部《高压电工作业》模拟考题

一、判断题：602题(正确的画"√",错误的画"×")

(　　)1. 作为一名电气工作人员,对发现任何人员有违反《电业安全工作规程》,应立即制止。

(　　)2. 根据国家规定的要求,从事电气作业的电工,必须接受国家规定的机构进行培训,经培训考试合格后方可持证上岗。

(　　)3. 在电气施工中,必须遵守国家规定的安全规章制度,安装电气线路时应根据实际情况以方便使用者的原则安装。

(　　)4. 合理的规章制度是保证安全生产的有效措施,工矿企业等单位有条件的应建立适合自己情况的安全生产规章制度。

(　　)5. 为了保证电气作业的安全性,新入厂的工作人员只有接受工厂、车间等部门的两级安全教育,才能从事电气作业。

(　　)6. 电工作业人员应根据实际情况,遵守有关安全法规、规程或制度。

(一) 电力系统

(　　)7. 以煤、石油、天然气等作为燃料,燃料燃烧时的化学能转换为热能,然后借助汽轮机等热力机械将热能变为机械能,并由汽轮机带动发电机将机械能变为电能,这种发电厂称为火力发电厂。

(　　)8. 从发电厂发电机开始一直到变电设备为止,这一整体称为电力系统。

(　　)9. 电力网按其在电力系统中的作用不同分为输电网和配电网。配电网是以高压甚至超高压将发电厂、变电所或变电所之间连接起来的送电网络,所以又称电力网中的主网架。

(　　)10. 电力系统中的各级电压线路及其联系的各级变、配电所,这一部分叫作电力网,或称电网。

(　　)11. 若火力发电厂既发电又供热,则称热电厂。

(　　)12. 利用江河所蕴藏的水力资源来发电,这种电厂称为水力发电厂。

(　　)13. 电源是将其他形式的能量转换为电能的装置。

(　　)14. 电能的生产、输送、分配以及转换成其他能量的过程是分时进行的。

(　　)15. 在并列运行的同一电力系统中不论装机容量的大小,任何一瞬间的频率在全系统都是一致的。

(　　)16. 电力网按其在电力系统中的作用不同,分为输电网和配电网。

(　　)17. 配电网按其额定电压,可分为一次配电网和二次配电网。

(　　)18. 配电网的电压根据用户负荷情况和供电要求而定,配电网中又分为高压配电网(一般指 35 kV、110 kV 及以上电压)、中压配电网(一般指 20 kV、10 kV、6 kV、3 kV 电压)及低压配电网(220 V、400 V)。

(　　)19. 供电的可靠性是衡量供电质量的重要指标之一。

(　　)20. 一般以全年的平均供电时间占全年时间的百分比来衡量供电的可靠性。

(　　)21. 高峰负荷是指电网中或某用户在一天时间发生的最高负荷值。

(　　)22. 供电系统中三相电压对称性不应超过额定电压的 5%。

(　　)23. 10 kV 及以下三相供电允许电压偏差为额定电压的±10%。

(　　)24. 低压照明用户供电允许电压偏差为额定电压的±10%。

(　　)25. 系统中的低压三相四线式 380 V 的配电网是二次配电网。

(　　)26. 变配电所不属于电力网的部分。

(　　)27. 按变电所在电力系统中的位置、作用及其特点划分,变电所的主要类型有枢纽变电所、区域变电所、地区变电所、配电变电所、用户变电所、地下变电所和无人值班变电所等。

(　　)28. 一般电力系统运行的在正常情况下不允许超过额定电压。

(　　)29. 形成大电力系统能充分发挥水力发电厂的作用。

(　　)30. 大型电力系统有强大的调频调压能力,有较大的抵御谐波的能力,可以提供高质量的电能。

(　　)31. 大型电力系统便于发展大型机组。

(　　)32. 运行值班人员的基本素质会影响供电可靠性。

(　　)33. 电力系统中危及电气设备绝缘的电压升高即为短路过电压。

(　　)34. 频率自动调节装置可以提高电力系统的供电可靠性。

(　　)35. 备用电源自动投入装置属于自动调节装置。

(　　)36. 电能质量包括电流、频率和波形的质量。

(　　)37. 在供电要求中根据设计规程的有关规定,对于一类负荷的供电,特别重要负荷,应采用两个独立电源供电外,还应安装发电机组作紧急备用。

(　　)38. 在供电要求中对于一类负荷中的特别重要负荷,除由两个独立电源供电外,还应增设 294 应急电源并可以将其他负荷接入应急供电系统。

(　　)39. 在一类用电负荷中,当中断供电将发生中毒、爆炸和火灾等情况的负荷,以及特别重要场所的不允许中断供电的负荷,称为特别重要的负荷。

(　　)40. 突然停电会造成人身伤亡的用电负荷就属于一类负荷

(　　)41. 若中断供电时可能造成人身伤亡情况,则称为二类负荷。

(　　)42. 对三类负荷供电要求一般不考虑特殊要求。

(　　)43. 为了保证电压质量合乎标准,往往需要装设必要的有功装置或采取一定的调压措施。

(　　)44. 电压调整率的定义为:在给定的功率因数下(一般取 0.8)二次空载电压 U_{2N} 和二次负载电压 U_2 之和与二次额定电压 U_{2N} 的比。

(　　)45. 自动操作装置的作用是提高电力系统供电的可靠性和安全运行。

(　　)46. 电力系统过电压分成两大类:外部过电压和内部过电压。

(　　)47. 不同原因引起的内部过电压,其过电压的大小、波形、频率、延续时间长短并不完全相同，因此避免对策也有区别。

(　　)48. 内部过电压与电网结构、各项参数、运行状态、停送电操作等多种因素有关。

(　　)49. 外部过电压是指外部原因造成的过电压，它与气象条件有关，因此又称大气过电压。

(　　)50. 电力系统正常运行时，各相之间是导通的。

(　　)51. 变配电所中，用来承担输送分配电能任务的电路，称一次电路或电气主接线。

(　　)52. 变配电所中，信号设备所用的电源称为操作电源。

(　　)53. 电能的质量下降到不能允许的程度，不属于电力系统事故。

(　　)54. 电力系统中，相与相之间、相与地之间(对中性点直接接地的系统而言)通过金属导体、电弧或其他较小阻抗连接而成的正常状态称短路。

(二) 电工基础

(　　)55. 大小不随时间变化的电流称为直流电流。

(　　)56. 大小方向都随时间变化的电流叫作直流电。

(　　)57. 电流分为交流电流和直流电流两大类。

(　　)58. 电路中任意两点之间电位的差值称电压。

(　　)59. 电压和电位差的单位都是欧姆，用字母 V 表示。

(　　)60. 电路中，导体对电流呈现的阻碍作用称为电阻，用字母 R 表示。

(　　)61. 部分电路欧姆定律用于分析通过电阻的电流与端电压的关系。

(　　)62. 全电路欧姆定律的内容是：在全电路中电流强度与电源的电动势成正比，与整个电路的内部的电阻和外部负载的电阻之和成反比。

(　　)63. 在电路中，将两个及以上的电阻的一端全部连接在一点上，而另一端全部连接在另一点上，这样的连接称为电阻的并联。

(　　)64. 在电路中，电阻的连接方式主要有串联、并联和混联。

(　　)65. 在串联电路中，电路的端电压 U 等于各串联电阻两端电压的总和。

(　　)66. 在电路中既有电阻的串联又有电阻并联，这样的电路成为混联电路，也称复联电路。

(　　)67. 电阻并联的电路中，电路的电流等于各分支电流之和。

(　　)68. 导体电阻的大小与导体的长度成反比，与横截面积成正比，并与材料的性质有关。

(　　)69. 导体电阻随温度的变化而变化。

(　　)70. 导线允许通过电流的大小与导线截面积的大小无关。

(　　)71. 当横截面积相同时，同种材料导体的长度越长，导体的电阻越大。

(　　)72. 在电路中负载消耗的电能 W，为负载功率 P 与通电的时间 t 的乘积，即 $W=Pt$。

(　　)73. 导体处于变化的磁场中时，导体内会产生感应电动势。

(　　)74. 在磁体的外部，磁力线的方向是由 N 极到 S 极。

(　　)75. 在磁体的内部，磁力线的方向是由 N 极到 S 极。

(　　)76. 磁力线上某点的切线方向就是该点磁场的方向。

(　　)77. 磁力线在某区域的密度与该区域的磁场强弱成反比。

(　　)78. 磁力线是描述磁场结构的曲线，磁力线的疏密程度是反映磁场中各点磁场强弱。

(　　)79. 通过与磁力线方向平行的某一面积上的磁力线，称为通过该面积的磁通。

(　　)80. 感应电动势的方向与磁力线方向、导体运动方向相关。

(　　)81. 磁感应强度 B 与垂直于磁场方向的面积 S 的乘积，称为通过该面积的磁通量 Φ，简称磁通，即 $\Phi=BS$。

(　　)82. 导体在磁场中做切割磁力线运动时，导体内就会产生感应电动势。

(　　)83. 导体处于变化的磁场中时，导体内会产生感应电动势。

(　　)84. 电磁力的大小与导体所处的磁感应强度、导体在磁场中长度和通过导体中的电流的乘积成正比。

(　　)85. 长直载流导线周围的磁力线是环绕导线的同心圆形状，离导线越近，磁力线分布越密，离导线越远，磁力线分布越疏。

(　　)86. 长直载流导线周围的磁场，离导线越近磁场越强，离导线越远磁场越弱。

(　　)87. 磁场中某点的磁感应强度 B 与磁导率 μ 的比值称为该点的磁场强度 H。

(　　)88. 线圈中通过的电流越大，在其周围产生的磁场就越强。

(　　)89. 通电线圈的圈数越多，在其周围产生的磁场就越强。

(　　)90. 当两个线圈放得很近，或两个线圈同绕在一个铁芯上时，如果其中一个线圈中电流变化，在另一个线圈中产生的感应电动势称为互感电动势。

(　　)91. 电源的电功率表示，电源在单位时间产生的电能。

(　　)92. 在电路中使用电能的设备或元器件称为负载也叫负荷。

(　　)93. 在电路中，电能的常用单位是 kW・h，并且，1 kW・h 的电能俗称为一度电。

(　　)94. 三相交流电有三个交变电动势，它们频率相同、相位相同。

(　　)95. 相线与中性线(或零线)间的电压称为相电压。

(　　)96. 相线与中性线(或零线)间的电压称为线电压。

(　　)97. 两根相线之间的电压称为线电压。

(　　)98. 在三相对称电路中，总的有功功率等于线电压、线电流和功率因数三者相乘积。(三者相乘积的$\sqrt{3}$倍)

(　　)99. 通过电磁感应现象可以知道线圈中磁通变化越快，感应电动势越小。

(　　)100. 感抗 X_L 与线圈的电感 L 和交流电频率 f 成反比。

(　　)101. 实验证明，在纯电容电路中交流电的频率越高，容抗就越大。

(　　)102. 若系统中过多的有功功率传送，则可能引起系统中电压损耗增加，电压下降。

(　　)103. 三相交流电路有三个交变电动势，它们频率相同，相位互差 120°。

(　　)104. 三相交流电路中的功率和单相交流电路中的功率一样，都有有功功率、无功功率和视在功率之分。

(　　)105. 交流电的有效值和最大值之间的关系为 $I=I_{\mathrm{m}}/\sqrt{2}$。

(　　)106. 频率是电能质量的重要指标之一，我国电力采用交流 60 Hz 频率，俗称“工频”。

(　　)107. 交流电的频率越高则电感元件的感抗值越小，而电容元件的容抗值就越大。

(　　)108. 无功功率中的“无功”的含义是“无用”。

(　　)109. 短路是一种正常的电路运行状态。

(　　)110. 安装接线图是以屏面布置图为基础，以原理图为依据而绘制成的接线图，是一种指导屏柜上配线工作的图纸。

(　　)111. 以电气回路为基础，将继电器和各元件的线圈、触点按保护动作顺序，自左而右、自上而下绘制的接线图，称为展开图。

(　　)112. 展开图中体现交流电压回路。

(三) 仪表

(　　)113. 三相电能表应按正相序接线，经电流互感器接线即使极性错误也不影响测量结果。

(　　)114. 某一段时间内负载所消耗的电能，可以用电能表来测量。

(　　)115. 绝缘电阻可以用接地电阻测量仪来测量。

(　　)116. 直流电压表的"＋"端接电路的高电位点，"－"端接电路的低电位点。

(　　)117. 在测量直流电流时要注意，应使电流从电流表的正端流入，负端流出。

(　　)118. 电流表的量程应等于被测电路中实际电流的数值。

(　　)119. 电路中电流的大小可以用电流表进行测量，测量时是将电流表并联在电路中。

(　　)120. 如果将电流表并联在电路中测量，那么电流表有可能因过载而烧毁。

(　　)121. 用数字式万用表测量直流电压时，极性接反会损坏数字式万用表。

(　　)122. 电流互感器可以将电力系统的一次大电流按一定的变比，变换成二次标准的小电流供给测量仪表或继电器。

(　　)123. 万用表测量电压时是通过改变并联附加电阻的阻值来改变测量不同电压的量程。

(　　)124. 钳表是用电流互感器的原理制造的，所以只能用来测量交流电流。

(　　)125. 钳表铁芯内的剩磁只影响大电流测量，而对小电流测量无影响。

(　　)126. 钳表在测量状态下转换量程开关，有可能会对测量者造成伤害。

(　　)127. 摇表多采用手摇交流发电机作为电源。

(　　)128. 摇表摇动后产生的电压，L 端为负极，E 端为正极。

(　　)129. 如果将电压表串联在电路中测量，串入电路将呈开路状态。

(　　)130. 电阻、电容、电感可以用万用表直接进行测量。

(　　)131. 不可在设备带电的情况下测量其绝缘电阻。

(　　)132. 摇表(兆欧表)将 L、E 两线短接，摇动手柄，指针应摆"0"位，说明摇表良好，否则摇表有故障，应检修后再用。

(　　)133. 接地电阻测量仪主要由手摇发电机、电流互感器、电位器以及检流计组成。

(　　)134. 如果被测的接地电阻小于 1 Ω，应使用四端钮的接地电阻表。

(四) 安全组织措施、技术安全措施

(　　)135. 凡在高压电气设备上进行检修、试验、清扫检查等工作时，需要全部停电或部分停电应填写第一种工作票。

(　　)136. 工作票是准许在电气设备上工作的书面命令，是执行保证安全技术措施的书面依据，一般有三种格式。

(　　)137. 一张工作票中，工作票签发人、工作负责人和工作许可人三者不得相互兼任。

(　　)138. 在二次接线回路上工作，无须将高压设备停电时应使用第一种工作票。

(　　)139. 配电所运行管理条例中规定两票制度必须严格执行，其所指的两票是倒闸操

作票和交接班当值票。

(　　)140. 操作票中,一项操作任务需要填写多页时,必须注明转接页号且页号相连。

(　　)141. 正常情况下第一种工作票应在工作的当天交给值班人员。

(　　)142. 在发生严重威胁设备及人身安全的紧急情况下可不填写工作票、操作票,值班人员立即断开有关电源。

(　　)143. 变、配电所运行中,如交接班时发生事故应由接班人员负责处理。

(　　)144. 高压检修工作的停电必须将工作范围的各方面进线电源断开,且各方面至少有一个明显的断开点。

(　　)145. 因工作间断,次日复工时,应得到运行值班员许可,取回工作票,工作负责人必须在工作前重新认真检查安全措施是否符合工作票的要求,然后才能继续工作。

(　　)146. 因工作间断,次日复工时,应得到运行值班员许可,取回工作票,才能继续工作。

(　　)147. 操作要按操作顺序填写,一张操作票只能填写一项操作任务。

(　　)148. 停电拉闸操作必须按照断路器(开关)→电源侧隔离开关(刀闸)→负荷侧隔离开关(刀闸)的顺序依次操作。

(　　)149. 线路验电应逐相进行。

(　　)150. 高压验电器验电时,应戴绝缘手套,并使用被测设备相应电压等级的验电器。

(　　)151. 验电器在验电前、验电后,应在有电的设备或线路上进行试验,以检验所使用的验电器是否良好。

(　　)152. 验电时应使用相应电压等级、合格的验电器,在装设接地线或接地刀闸(装置)处对各相分别验电。

(　　)153. 验电时,不能将一相无电作为三相无电的依据。

(　　)154. 接地线必须三相短路接地线,不得采用三相分别接地或单相接地。

(　　)155. 当验明设备确已无电压后,应立即将检修设备三相短路并接地。

(　　)156. 装设接地线应先接接地端,后接导体端,接地线应接触良好,连接应可靠。

(　　)157. 带电挂接地线等,会产生强烈的电弧,将人严重灼伤。

(　　)158. 接地线安装时,接地线直接缠绕在须接地的设备上即可。

(　　)159. 装、拆接地线人体不得碰触接地线或未接地的导线,以防止触电。

(　　)160. 临时接地线要有统一的编号,有固定的存放位置。存放位置亦应编号,接地线号码与存放位置号码应一致。

(　　)161. 临时接地线连接必须用专用的线夹固定,其接地端通常采用绑扎连接,各接地点必须连接牢固。

(　　)162. 临时接地线应装在可能来电的方向(电源侧),对于部分停电的检修设备,要装在被检修设备的两侧。

(　　)163. 接地线接地刀闸与检修设备之间不得连有断路器(开关)和熔断器。

(　　)164. 接地线的接地点与检修设备之间不得连有断路器(开关)和熔断器。

(　　)165. 检修人员未看到工作地点悬挂接地线,工作许可人(值班员)也未以手触试停电设备,检修人员应进行质问并有权拒绝工作。

(　　)166. 线路检修时,接地线一经拆除即认为线路已带电,任何人不得再登杆作业。

(　　)167. 雨天室外倒闸操作应按规定使用带有防雨罩的绝缘棒。

(　　)168. 倒闸操作中出现疑问时，根据设备实际状况可更改操作票，但不准随意解除闭锁装置。

(　　)169. 操作票填写时，被操作的开关设备要填写双重名称，即设备的名称及编号。

(　　)170. 操作票应进行编号，已操作过的应注明“已执行”保存期不宜少于 6 个月。

(　　)171. 用户变电站或配电室进行并路倒闸时，不应自行停用进线保护。

(　　)172. 倒闸操作每一项操作结束后，操作人应认真检查被操作的设备状态，被操作的设备状态应与操作项目的要求相符合，并处于良好状态。

(　　)173. 工作负责人(监护人)必须始终在工作现场对工作班组的人员的安全认真监护，及时纠正违反安全的动作。

(　　)174. 工作过程中，工作负责人和工作许可人任何一方不得擅自变更安全措施。

(　　)175. 单母线分段接线在母线故障或检修时，配电所将全所停电。

(　　)176. 操作中如出现疑问，可按正确的步骤进行操作，然后把操作票改正过来。

(　　)177. 倒闸操作时，不允许将设备的电气和机械闭锁装置拆除。

(　　)178. 电气工作开始前必须完成工作许可手续。

(　　)179. 完成工作许可手续后，工作负责人(监护人)应向工作班人员交代现场安全措施、带电部位和其他注意事项。

(　　)180. 在变、配电所内工作时，工作许可人应会同工作负责人到现场检查所做的安全措施是否完备、可靠，并检验、证明、检修设备确无电压。

(　　)181. 工作许可制度是指在电气设备上进行任何电气作业，都必须填写工作票，并根据工作票布置安全措施和办理开工，终结等手续。

(　　)182. 工作许可人(运行值班负责人)应负责审查工作票所列安全措施是否正确完善，是否符合现场条件，并负责落实施工现场的安全措施。

(　　)183. 检修设备停电，必须将各方面的电源完全断开。

(　　)184. 进行检修作业时，断路器和隔离开关分闸后，要及时断开其操作电源。

(　　)185. 部分停电工作，安全距离小于规定距离以内的未停电设备，应装设临时遮栏。

(　　)186. 在高压设备上作业时应由 2 人或 2 人以上进行。

(　　)187. 电气设备运行状态，是指设备的开关和刀闸均在合闸的位置已通电工作。

(　　)188. 电气设备的冷备用状态，是指设备的开关在打开的位置，刀闸在合闸位置，合上开关后才能投入运行。

(　　)189. 电气设备的热备用状态，是指设备的刀闸已合上开关未合，只要合上开关就能送电。

(　　)190. 热备用是备用电源自动投入的方式之一。

(　　)191. 在进行全站停电操作时应先将电容器组的开关断开，然后再停各分路的出线开关。

(　　)192. 只有在同一停电系统所有的工作结束后，工作票全部终结收回，拆除所有的接地线、临时遮栏和标示牌，恢复常设遮栏并得到运行值班调度人员许可命令，方可合闸送电。

(　　)193. 停电检修作业后送电前，原在变、配电室内悬挂的临时接地线，应由值班人员拆除。

(　　)194. 一切调度命令是以值班调度员发布命令时开始，至受令人执行完后报值班调度员后才算全部完成。

(　　)195. 所有的工作人员(包括工作负责人)不允许单独留在高压室内,以免发生意外的触电或电弧灼伤事故。

(五) 直接、间接电击防护、安全色及安全工具

(　　)196. 所谓绝缘防护是指用绝缘物将带电体封闭或隔离起来,隔离带电体或不同电位的导体,使电气设备和线路能正常工作,防止人身触电。

(　　)197. 低压电气设备停电检修时,为防止检修人员走错位置,误入带电间隔及过分接近带电部分,一般采用遮栏进行防护。

(　　)198. 220 V/380 V 配电线路一般称为低压配电线路。

(　　)199. 我国采用 N 线的颜色标志的含义,基本上与国际安全色标相同。

(　　)200. 中性点不接地的电力系统中,当发生单相完全接地时,非故障相对地电压升高为线电压,容易引起绝缘损坏,而引起二相或三相短路造成事故。

(　　)201. 中性点不接地的电力系统中,单相接地故障的运行时间不应超过 2 h。

(　　)202. 采取在电源中性点经消弧线圈接地方式,其目的是减小接地电流。

(　　)203. 过负荷、频率降低、单相断线均属于电气设备故障。

(　　)204. 配电装置的长度超过 6 m 时,屏后应有两个通向本室或其他房间的出口,其距离不宜大于 20 m。

(　　)205. 当人需要接触漏电设备时,为防止接触电压触电,应戴上绝缘手套,穿上绝缘鞋。

(　　)206. 人体直接碰到带电导体,造成的触电称为直接接触触电。

(　　)207. 装设剩余电流保护器(漏电保护器)是一种很有效的触电防护措施,但不能单独作为直接接触触电的防护手段。

(　　)208. 漏电保护器按检测电流分类,可分为泄漏电流型、过电流型、零序电流型等几类。

(　　)209. 剩余电流保护器(漏电保护器)只是在基本防护失效后而发挥补充防护作用。

(　　)210. 安装漏电保护器的设备和没有安装漏电保护器的设备,可以共用一套接地装置。

(　　)211. 低压侧接地保护,是站用变保护测控装置在保护方面的一项功能。

(　　)212. 高压侧接地保护,不是站用变保护测控装置在保护方面的一项功能。

(　　)213. 中性点直接接地的系统发生单相接地故障时,其他两相电压肯定会升高。

(　　)214. 有中性线或零线的三相制系统称为三相三线制系统。

(　　)215. 各电气设备的 N 线不允许串接,应直接与 N 线干线直接相连。

(　　)216. 将电气设备外露可导电部分(如金属外壳、金属构架和操作机构),通过接地装置与大地紧密地进行连接称保护接地。

(　　)217. 保护接零适用于电压 0.23 kV/0.4 kV 低压中性点直接接地的三相四线配电系统中。

(　　)218. 接地体是埋在地下与土壤直接接触的金属导体。

(　　)219. 接地系统的单相触电,比不接地系统单相触电危险大。

(　　)220. 在中性点不接地的电力系统中,当发生单相完全接地时,非故障相对地电位升高为线电压,容易引起绝缘损坏,从而引起单相或三相短路,造成事故。

(　　)221. 中性点非直接接地的电力系统中广泛采用两相不完全星形接线方式来实现相间短路保护。

(　　)222. 低电压保护是高压电动机的主要保护之一。

(　　)223. 接地线用绿/黄双色表示。

(　　)224. 我国 110 kV 及以上的电力系统都采用中性点非直接接地运行方式以降低线路的绝缘水平的要求。

(　　)225. 单线制的相线与零线截面积应相同。

(　　)226. 电力系统中，中性点接地属于保护接地，它是保证电力系统安全、可靠运行的重要条件。

(　　)227. 在高压带电设备上，辅助安全工具可作为基本安全用具使用。

(　　)228. 变、配电设备应有完善的屏护装置。安装在室外地上的变压器，以及安装在车间或公共场所的变、配电装置，均需装设遮栏作为屏护。

(　　)229. 接触电压触电是由于电气设备绝缘损坏发生漏电，造成设备金属外壳带电并与地之间出现对地电压引起的触电。

(　　)230. 人体与 10 kV 带电设备的安全距离，应该大于等于 0.7 m。

(　　)231. 重复接地，是指将变压器零线(三相四线制供电系统中的零干线)多点接地。

(　　)232. 重复接地的接地电阻要求小于 4 Ω。

(　　)233. 如果在线路上有人工作应在断路器(开关)和隔离开关(刀闸)操作把手上悬挂"禁止合闸，线路有人工作"的标示牌。

(　　)234. 在一经合闸即可送电到工作地点的断路器(开关)和隔离开关(刀闸)的操作把手上，应悬挂"禁止合闸，有人工作！"的标示牌。

(　　)235. 绝缘安全用具分为基本绝缘安全用具和辅助绝缘安全用具。

(　　)236. 基本安全用具，是指那些主要用来进一步加强基本安全用具绝缘强度的工具。

(　　)237. 绝缘棒每 6 个月要进行一次绝缘试验，保证绝缘棒完好。

(　　)238. 使用绝缘棒，可以不用戴绝缘手套、穿绝缘靴。

(　　)239. 绝缘棒应存放在特制的架子上或垂直悬挂在专用挂架上，以防止弯曲。

(　　)240. 绝缘手套应存放在通风、阴凉的专用柜子里。

(　　)241. 绝缘靴(鞋)要放在柜子内，并应与其他工具分开放置。

(　　)242. 电工刀可以用于带电作业。

(　　)243. 安全色的标志中"黑"色表示强制执行。

(　　)244. 登杆前要对登高板的板子应做冲击负荷试验，确认登高板安全性能安全后才能使用。

(　　)245. 当梯子高于 6 m 时，上、中、下三端要进行绑扎。

(　　)246. 验电器一般每一年进行一次绝缘试验。

(　　)247. 低压电笔的测量范围为 500 V 以下。

(　　)248. 我国规定的直流安全电压的上限为 72 V。

(　　)249. "在此工作！"标示牌挂在已停电的断路器和隔离开关上的操作把手上，防止运行人员误合断路器和隔离开关。

(　　)250. "禁止合闸，有人工作！"标示牌挂在已停电的断路器和隔离开关上的操作把手上，防止运行人员误合断路器和隔离开关。

(　　)251. 在邻近可能误登的其他铁构架上应悬挂“禁止攀登,高压危险”的标示牌。

(　　)252. 临时遮栏设置在可能发生人体接近带电体的巡视通道和检修设备的周围。

(　　)253. 为确保安全,户外配电装置的围墙高度一般不低于 3 m。

(六) 触电及救护

(　　)254. 人体触电的方式有直接接触触电、间接接触触电。

(　　)255. 人体与带电体直接接触触电,可分为跨步电压触电、接触电压触电。

(　　)256. 电流通过人体,对人体危害程度与通过人体的途径有密切的关系。

(　　)257. 使人体能够感觉,但不遭受伤害的电流称为摆脱电流。

(　　)258. 电流通过人体途径,左手至脚对人体伤害最大。

(　　)259. 电流持续时间越长,电流对人体的伤害越严重。

(　　)260. 当人体电阻一定时,作用于人体的电压越高,流过人体的电流就越大,这样就越危险。

(　　)261. 电流流过人体的路径,从左脚至右脚的电流路径危险性小,但人体可能因痉挛而摔倒,导致人体通过全身或发生二次事故而产生严重后果。

(　　)262. 电伤是电流的热效应、化学效应以及电刺激引起生物效应对人体外表造成的伤害。

(　　)263. 当人体过分接近带电体,其间距小于放电距离,会直接产生强烈的电弧,对人体放电造成人触电伤亡。

(　　)264. 如果人体直接碰触电气设备一相带电导体,这时电流将通过人体流入大地,这种触电称为单相触电。

(　　)265. 当人体同时接触带电设备或线路中的两相导体时,电流从一相导体经人流入另一相导体构成闭合回路的触电事故称为两相触电。

(　　)266. 发生两相触电危害比单相触电更严重。

(　　)267. 接触电压是指人站在带电外壳旁(水平方向 0.8 m 处)人触及带电外壳时,其手与脚之间承受的电位差。

(　　)268. 发现触电伤员呼吸、心跳都停止,应立即在现场用心肺复苏法就地抢救,以支持呼吸和血液循环。

(　　)269. 胸外按压法的节奏为每分钟 100 次左右。新标准按压频率≥100 次/分。

(　　)270. 胸外按压法是两手掌跟重叠,手指翘起,不得伤及伤员胸部,以髋关节为支撑点,垂直将正常人胸骨压深,成人胸骨下陷的深度至少 5 cm。

(　　)271. 当发现触电伤员牙关紧闭,无法进行口对口人工呼吸时,应口对鼻进行吹气。

(　　)272. 当人体距离高压电太近以及遭遇雷击电容器放电等情况下,都可以导致触电。

(　　)273. 绝缘鞋可作为防护跨步电压的基本安全用具。

(　　)274. 为防止跨步电压触电,进入故障点区域人员应穿绝缘鞋。

(　　)275. 跨步电压是人体遭受电击的一种,其规律是离故障接地点越近跨步电压就越高,危险性就越大。

(　　)276. 为防止跨步电压伤人,防直击雷接地装置距建筑物出入口和人行道边的距离不应小于 3 m,距电气设备装置要求在 5 m 以上。

(　　)277. 当带电体有接地故障时,离故障点越远,跨步电压触电的危险性就越大。

(　　)278. 在抢救触电者，脱离电源时，没有采取任何绝缘措施，救护人员不得直接接触触电者的皮肤或潮湿的衣服。

（七）配电装置（熔断器、开关、断路器）

(　　)279. 当电路发生短路或严重过负荷，熔断器能自动切断故障电路从而使电气设备得到保护。

(　　)280. 高压熔断器型号中，用 N 代表户外式熔断器。

(　　)281. 高压熔断器的熔体(熔丝)一般采用铜、银、康铜等合金材料制成。

(　　)282. 高压熔断器在电路通过过负荷电流或短路电流时熔断。

(　　)283. 高压熔断器在 110 kV 及以上供电网中被广泛应用。

(　　)284. 高分断能力高压熔断器具有开断短路电流能力强的优点。

(　　)285. 高压熔断器的熔丝一相或多相熔断后，在熔断器撞击器的作用下使负荷开关跳闸，可防止由于缺相运行而造成的电气设备损坏。

(　　)286. 装、卸高压熔断器时，应戴护目镜和绝缘手套，必要时使用绝缘夹钳，并站在绝缘垫或绝缘台上。

(　　)287. 保护电压互感器的高压熔断器额定电流一般小于等于 1 A。

(　　)288. 在冲击短路电流最大值到达之前熔断、切断电路的熔断器称为限流式熔断器。

(　　)289. 短路产生的冲击电流会产生很大的电动力，其大小可以用来校验电器设备在发生短路时的动态稳定性。

(　　)290. 在开关电器中，按照气体吹动电弧的方向不同，吹动电弧的方法可分为纵向吹动(纵吹)和横向吹动(横吹)两种。

(　　)291. 高压断路器在高压电路中起控制作用，是高压电路中的重要设备之一。

(　　)292. 变电所中，断路器控制所使用的电源称为操作电源。

(　　)293. 真空断路器是利用空气作绝缘介质和灭弧介质的断路器。

(　　)294. 真空灭弧室是保证真空断路器工作性能的关键部位。

(　　)295. 不论什么型号的真空断路器，额定电流相同，额定开断电流也相同。

(　　)296. 10 kV 真空断路器动静触头之间的断开距离一般为 5～10 mm。

(　　)297. 因真空断路器的触头设置在真空灭弧室内，所以对触头材料的含气量的高、低没有要求。

(　　)298. 真空断路器每次分、合闸时，波纹管都有一次伸缩变形，它的寿命通常决定了断路器的寿命。

(　　)299. 一般情况下断路器用真空灭弧室的灭弧能力比真空接触器用真空灭弧室的灭弧能力强。

(　　)300. 巡视检查时，真空断路器的真空灭弧室应无异常屏蔽筒有无氧化痕迹。

(　　)301. 触头间介质击穿电压的大小与电源电压无关。

(　　)302. 触头断开后，触头之间电弧已熄灭，则电路实际没有被切断。

(　　)303. 在断路器异常运行及处理中，值班人员发现当断路器分闸脱扣拒动作时应申请立即处理。

(　　)304. 断路器的绝缘水平与断路器额定电压无关。

(　　)305. 额定电压为 10 kV 断路器可用于 6 kV 的系统中。

(　　)306. 在断路器运行维护中,雷雨季节雷电活动后,应进行特殊巡视检查。

(　　)307. 在断路器运行维护中,新设备投入运行后应相对缩短巡视周期。

(　　)308. 对运行中的断路器一般要求,断路器金属外壳应有明显的接地标志。

(　　)309. 投入运行的断路器已有运行编号后,一般可不再标注断路器名称。

(　　)310. 断路器在合闸过程中,若继电保护装置不动作,自由脱扣机构也应可靠地动作。

(　　)311. 在断路器异常情况及处理中,值班人员发现设备有威胁电网安全运行并且不停电难以排除缺陷时,供电部门线路停电时及时配合处理。

(　　)312. RN_2型的高压熔断器,一般可以通过观察熔断器熔丝熔断指示器是否弹出,来判断熔丝是否熔断。

(　　)313. RN_1高压熔断器是有填料的限流型的高压熔断器。

(　　)314. 电力系统中危及电气设备绝缘电压升高即为过电压。

(　　)315. 交流高压真空接触器利用分闸弹簧的作用力分闸。

(　　)316. 六氟化硫(SF_6)断路器的优点之一是灭弧性能强。

(　　)317. 六氟化硫(SF_6)断路器低气压闭锁装置动作后仍可以进行分合闸操作。

(　　)318. 六氟化硫(SF_6)断路器用六氟化硫(SF_6)气体作绝缘介质和灭弧介质。

(　　)319. 在电弧熄灭后被电弧分解的低氟化物会急剧结合成六氟化硫(SF_6)气体,使六氟化硫(SF_6)气体在密封的断路器内循环使用。

(　　)320. 六氟化硫(SF_6)负荷开关一般不设置气吹灭弧装置,所以它的灭弧能力比六氟化硫(SF_6)断路器强。

(　　)321. 六氟化硫(SF_6)负荷开关一般可使用通用补气设备进行六氟化硫(SF_6)气体的补气工作。

(　　)322. 六氟化硫(SF_6)气体的化学性能稳定,所以与水或其他的杂质混合后在电弧的作用下也不会产生有腐蚀性的低氟化物。

(　　)323. 由于检修工作需要,可将六氟化硫(SF_6)断路器打开后,将六氟化硫(SF_6)气体排入大气中。

(　　)324. 如果电缆沟等低洼处积聚的六氟化硫(SF_6)气体多了会引起工作人员窒息事故。

(　　)325. 在巡视检查时要检查六氟化硫(SF_6)断路器的引线连接部位有无过热现象、引线弛度是否适中。

(　　)326. 高压开关柜防带负荷拉、合隔离开关的闭锁装置不属于“五防”的联锁功能。

(　　)327. 高压开关柜传感器损坏,常见的故障原因为内部高压电容击穿。

(　　)328. 负荷开关可以切断正常的负荷电流和过负荷电流。

(　　)329. 负荷开关具有灭弧装置,可以切断短路电流。

(　　)330. 带负荷拉、合隔离开关等,会产生强烈的电弧,将人严重烧伤。

(　　)331. 隔离开关分闸时,三相动触头应在同一平面。

(　　)332. 隔离开关电动操作机构,操作功率较大。

(　　)333. 弹簧储能操作机构的合闸弹簧可采用电动机或人力使合闸弹簧储能。

(　　)334. 弹簧储能操作机构的缺点之一是安装调试困难。

(　　)335. 弹簧储能操作机构的加热器,只在断路器检修时使用。

(　　)336. 当使用电磁操动机构时,日常维护工作同时应检查接触器工作熔断器熔丝和合闸线圈直流回路的熔丝。

(　　)337. 手车式开关柜的开关断路器,手车在接地开关合闸位置时可以自由移动。

(　　)338. 高压电动机供电网,一般是中心点非直接接地的系统。

(　　)339. 高压电动机发生单相接地故障后,必须将其切除。

(　　)340. 高压电动机不采用纵差动保护。

(　　)341. 一相绕组的匝间短路,属于高压电动机的故障。

(　　)342. 1 000 kW 以下的电动机,装置电流速断保护时,宜采用二相不完全星接并动作于跳闸。

(　　)343. 对于电动机而言,频率增高将使其转速下降,导致电动机功率降低,将影响所带动的机械设备的出力,并影响电动机的寿命。

(　　)344. 运行过程中容易发生过负荷和需要防止启动或自启动时间过长的电动机应装过负荷保护。

(　　)345. 交流高压真空接触器利用真空开关管熄灭电弧。

(　　)346. 当交流高压真空接触器采用机械自保持方式,接触器分闸时,分闸电磁铁得到分闸信号后动作,使合闸锁扣装置解扣。

(八) 继电保护

(　　)347. 低压继电器是反应电压下降到某一整定值及以下动、断触点由断开状态到闭合状态的继电器。

(　　)348. 继电器是一种在其输入物理量,(电气或非电气量)达到规定值时其电气输出电路被接通的自动装置。

(　　)349. 衡量继电器的好坏,最重要的是看其是否具有速动性。

(　　)350. 信号继电器必须自保持。

(　　)351. 中间继电器的作用之一是用于增加触点数量。

(　　)352. 继电保护装置的任务之一是当电力系统中某电气元件发生故障时,保护装置能自动、迅速、有选择地将故障元件从电力系统中切除。

(　　)353. 继电保护只需要可靠性,不需要灵敏性。

(　　)354. 继电保护的可靠性是指发生了属于它该动作的故障,它能可靠动作;而在不该动作时,它能可靠不动。

(　　)355. 电流继电器中的返回电流除以动作电流,叫作电流继电器返回系数。

(　　)356. 在靠近线路末端附近发生短路故障时,电流速断保护仍然能正确反应。

(　　)357. 能使继电器动断触点,由断开状态到闭合状态的最大电压称动作电压。

(　　)358. 过负荷保护功能不属于 110 kV 及以下线路,保护测控装置在保护方面的主要功能。

(　　)359. 零序保护能反映中性点直接接地的变压器,内部的各种接地故障。

(　　)360. 过电流保护是变压器的主保护。

(　　)361. 变压器过电流保护,其动作电流整定按躲过变压器负荷侧母线短路电流,一般应大于额定电流 3 倍。

(　　)362. 过流保护是变压器内部故障的后备保护。

(　　)363. 对差动保护来说,变压器两侧差动 CT(TA)均应接成星形。

(　　)364. 轻瓦斯动作后必须有自保持回路。

(　　)365. 重瓦斯保护动作后,跳开变压器高压侧断路器即可。

(　　)366. 瓦斯保护的主要元件为气体继电器,将它安装在变压器油箱和油枕之间的连接管道中,并要注意使气体继电器上的箭头指向变压器本体一侧。

(　　)367. 能使继电器动、断接点,由断开状态到闭合状态的最大电压称为动作电压。

(　　)368. 限时电流速断保护,可以保护线路的全长。

(　　)369. 反时限过流保护,其动作时间随电流的大小而变化,电流越大动作时间越短,电流越小动作时间越长。

(　　)370. 对备用电源自动投入装置,当工作母线电压消失时,备用电源应投入。

(　　)371. 高压真空交流接触器使用手力操动机构合闸。

(　　)372. 交流高压真空接触器的真空开关管(灭弧室)的动静触头一般采用圆盘形触头。

(　　)373. 自动操作系统的作用是提高系统的供电的可靠性和保证安全运行。

(　　)374. 对备用电源自动投入装置,当工作母线电压消失时,备用电源只应投入一次。

(　　)375. 远方对装置进行信号复归属于 110 kV 及以下线路保护测控装置在信息方面的主要功能。

(九) 互感器

(　　)376. 互感器是一种特殊的变压器。

(　　)377. 互感器分电压互感器和电流互感器两大类,它们是供电系统中测量、保护、操作用的重要设备。

(　　)378. 电压互感器是按电磁感应的原理工作的,其结构与普通变压器相似。

(　　)379. 电压互感器二次侧不能开路,否则绕组将被烧毁。

(　　)380. 电压互感器二次侧额定电压为 100 V。

(　　)381. 更换成组的电压互感器时,应对并列运行的电压互感器检查其连接组别并核对相位。

(　　)382. 电压互感器的高压绕组与被测电路串联,高压绕组与测量仪表电压线圈串联。

(　　)383. 电压互感器的容量是指二次绕组允许接入的负载功率(以 VA 表示),分额定容量和最大容量。

(　　)384. 当电压互感器二次断线时,备自投装置不应动作。

(　　)385. 一般电压互感器的一、二次绕组都应装设熔断器,二次绕组、铁芯和外壳都必须可靠接地。

(　　)386. 电压互感器二次绕组、铁芯、外壳都必须可靠的接地,在绕组绝缘损坏时二次绕组电压不会升高,以保证人身和设备的安全。

(　　)387. 电压互感器二次回路允许有多个接地点。

(　　)388. 运行中的电压互感器内部有放电声和其他噪声,线圈和外壳之间或外壳和引线之间有火花和放电现象应立即退出运行。

(　　)389. 运行中的电压互感器出现套管破裂、严重放电,可以继续运行。

(　　)390. 当两台同型号的电压互感器接成 V 形时,必须注意极性正确,否则会导致互感器线圈烧坏。

(　　)391. 运行中的电压互感器出现漏油严重,油标管中看不到油面,应立即退出运行。

(　　)392. 停用电压互感器,应将有关保护和自动装置停用,以免造成装置失压误动作,为防止电压互感器反充电,停用时应先拉开一次侧隔离开关,再将二次侧保险取下。

(　　)393. 电流互感器可以将电力系统的一次大电流按一定的变比,变换成二次标准的小电流供给测量仪表或继电器。

(　　)394. 电流互感器可以将电力系统的一次大电流按一定的变比,变换成二次标准的小电流(10 A 或 1 A)供给测量仪表、继电器保护、自动装置、计算机监控系统。

(　　)395. 电流互感器一次侧带电时,允许二次侧线圈开路,在二次侧回路中允许装熔断器和隔离开关。

(　　)396. 电流互感器二次侧额定电流一般规定为 5 A。

(　　)397. 电流互感器二次侧严禁开路。

(　　)398. 电流互感器分为单相式和三相式。

(　　)399. 充油电流互感器运行前应检查外观是否清洁,油量是否充足,有无渗漏油现象。

(　　)400. 对于充油型电流互感器,检查油位是否正常、有无渗漏油现象是电流互感器巡视检查项目之一。

(　　)401. 电流互感器运行前应检查外壳及二次侧接地正确、良好,接地线连接牢固可靠。

(　　)402. 个别电流互感器在运行中损坏需要更换,应选择电压等级与电网额定电压相同、变比相同、准确度相同、极性正确、伏安特性相同或相近的电流互感器,并试验合格。

(　　)403. 电流互感器不得与电压互感器二次侧互相连接,以免造成电流互感器二次侧近似开路,出现高电压的危险。

(　　)404. 二次线圈有无开路,接地线是否良好,有无松动和断裂现象,是电流互感器巡视检查项目之一。

(十) 变压器

(　　)405. 变压器是根据电磁感应的原理工作的。

(　　)406. 变压器利用电磁感应的原理,把交流电输入将电压升高或降低不同频率的交流输出电压。

(　　)407. 变压器是一种静止的电气设备,它利用电磁感应的原理将一种电压等级的交流电变成异频的另一种电压等级的交流电。

(　　)408. 变压器一、二次侧绕组因匝数不同,将导致一、二次侧绕组的电压高低不等,匝数多的一边电压低,匝数少的一边电压高,这就是变压器能改变电压的道理。

(　　)409. 在降压变、配电所内,变压器是将高电压改变为低电压的电气设备。

(　　)410. 为了便于监视运行中的变压器,规定上层油温为允许的温度。

(　　)411. 变压器正常运行时,上层油温不得超过 85 ℃。

(　　)412. 按照国家标准铭牌上除标出变压器名称、型号、标准代号、制造厂名、出厂序号、制造年月以外还应标出变压器的技术参数数据。

(　　)413. 变压器一、二次侧感应电动势之比等于一、二次侧绕组匝数之比。

(　　)414. 所谓额定容量是指在变压器铭牌所规定的额定状态下,变压器二次侧输出能力(kVA)。三相变压器额定容量是三相容量之和。

(　　)415. 变压器额定容量的大小与电压等级也是密切相关的，电压低的容量较大，电压高的容量较小。

(　　)416. 额定电压是指变压器线电压(有效值)，它应与所连接的输变电线路电压相符合。

(　　)417. 变压器一、二次电流之比与一、二次侧绕组匝数之比成正比。

(　　)418. 变压器的效率(η)为输出有功功率与输入有功功率之比的百分数。

(　　)419. 变压器内部高低压引线是经绝缘导管引到油箱外部的，它起到固定引线和绝缘的作用。

(　　)420. 油箱是油浸式变压器的外壳，变压器的器身置于油箱内，箱内灌满变压器油。

(　　)421. 变压器油是流动的液体，可以充满油箱各部件之间的气隙，排除空气，从而防止各部件受潮而引起绝缘强度降低。

(　　)422. 变压器的允许温度主要决定于绕组的绝缘材料。

(　　)423. 当变压器的温度达到稳定时的温升时称为稳定温升。

(　　)424. 当变压器散发的热量与产生的热量相等时，变压器各部件的温度达到稳定，不再升高。

(　　)425. 在变压器闭合的铁芯上，绕有两个互相绝缘的绕组，其中接入电源的一侧叫二次绕组，输出电能的一侧叫一次绕组。

(　　)426. 变压器连接组是指三相变压器一、二次绕组之间连接关系的一种代号，它表示变压器一、二次绕组对应电压之间的相位关系。

(　　)427. 一般情况下在变压器高压绕组上抽出适当的分接，进行调压。

(　　)428. 当变压器二次侧不带负载，一次侧又与电网断开的调压为无励磁调压，在二次侧带负载情况下的调压为有载调压。

(　　)429. 对调压要求高的情况，可选用有载调压变压器，使变压器的电压分接头在带负荷情况下实时调整，以保证电压稳定。

(　　)430. 变压器的分接开关往Ⅰ档方向调整时，可降低二次侧的电压。

(　　)431. 当启动变压器所带的大容量动力设备时，负载电流变大，会使变压器声音加大。

(　　)432. 变压器正常运行时，理想的状态是希望流入差动回路的差流为零。

(　　)433. 变压器异常运行状态主要包括:保护范围外部短路引起的过电流，电动机自起动等原因所引起的过负荷、油浸变压器油箱漏油造成油面降低、轻微匝间短路等。

(　　)434. 当变压器二次侧绕组开路，一次绕组施加额定频率的额定电压时，一次绕组中所流过的电流称空载电流 I_0，变压器空载合闸时有较大的冲击电流。

(　　)435. 装设两台变压器的用电区变电所或小型用户变电所，一般负荷比较重要或负载变化较大需要经常带负荷投切，所以变压器高、低压侧开关都采用断路器(低压侧装低压断路器即空气开关)。

(　　)436. 当铜损和铁损相等时，变压器处于最经济运行状态，一般在其带额定容量的50%～70%时。

(　　)437. 当变压器过负荷时，会发出很高且沉闷的嗡嗡声。

(　　)438. 变压器油本身绝缘强度比空气小，所以油箱充满油后可降低变压器的绝缘强度。

(　　)439. 变压器油箱漏油，造成油面降低，属于变压器的异常。

(　　)440. 变压器并列运行，一般允许阻抗电压有±10%的误差值，若差值大，可能阻抗电压大的变压器承受负荷偏高，阻抗电压小的变压器承受负荷偏低，从而影响变压器的经济运行。

(　　)441. 接线组别相同而并列的变压器，会在变压器相连的低压侧产生电压差形成环流，严重时导致烧毁变压器。

(　　)442. 由两台并列运行的变压器工厂，当负荷小的时候可改为一台变压器运行。

(　　)443. 对于现在全密封的变压器，一般不再设储油柜，只在油箱盖上装油位管以监视油位。

(　　)444. 干式变压器是指铁芯和绕组浸在绝缘液体中的变压器。

(　　)445. 干式变压器在结构上可分为以固体绝缘包封绕组和不包封绕组。

(　　)446. 三相变压器绕组为 Yy 连接时，绕组相电流就是线电流。

(　　)447. 变压器内部的高、低压引线是经过绝缘导管引到油箱外部，它起到固定引线和对地绝缘的作用。

(　　)448. 在变压器内部发生故障(如绝缘击穿、相间短路、匝间短路、铁芯事故等)产生气体时，接通信号或跳闸回路，进行报警或跳闸，以保护变压器。

(　　)449. 变压器送电时，尤其是大容量的变压器，应听到变压器空载运行的响声 3 mim 后才能进行下一步操作。

(　　)450. 在变压器巡视检查。应检查储油柜和充油绝缘套管内油面高度和封闭处有无渗漏油现象以及油标管的油色。

(　　)451. 变压器运行巡视检查应检查变压器上层油温，正常时一般在 95 ℃以下，对强迫油循环冷或风冷的变压器为 85 ℃。

(　　)452. 对于没有总降压变电所和高压配电所的用电区变电所或小型用户降压变电所，在变压器高压侧必须配置足够的高压开关设备以便对变压器控制和保护。

(　　)453. 在使用变压器时，要注意绕组的正确连接方式，否则变压器不仅不能正常工作，甚至会烧坏变压器。

(　　)454. S11-160/10 表示三相油浸自冷式，双绕组无励磁调压，额定容量 160 kVA，低压侧绕组额定电压为 10 kV 电力变压器。

(　　)455. S11-M-100/10 表示三相油浸自冷式，双绕组无励磁调压，卷绕式铁芯(圆截面)，密封式，额定容量 100 kVA，低压侧绕组额定电压为 1 kV 电力变压器。

(　　)456. 采用环形网供电所使用的高压开关柜一般习惯上称为环网柜。

(　　)457. 环网柜的高压母线截面积，应根据本变电所负荷电流和穿越电流之和进行选择。

(　　)458. 箱式变、配电站所使用的变压器一般采用 S_{11} 型及以上的节能变压器。

(　　)459. 组合式(美式)箱变因变压器与箱变外壳为一个整体，所以调整变压器容量(增容或减容)比较困难。

（十一）电力电容器

(　　)460. 电力系统无功补偿可起到降低线损、节约电能、提高设备的利用效率。

(　　)461. 若系统中过多的有功功率转送，则引起系统中电压损耗增加，电压下降。

(　　)462. 中小容量的高压电容器组普遍采用电流速断保护或延时电流速断保护作为相间短路保护。

(　　)463. 单台三相高压电容器，电容器元件组在外壳内一般接成三角形。

(　　)464. 额定电压和标定容量均相同的单相高压电容器，接入同一电网时，电容器组接线方式接成三角形和接成星形的补偿效果相同。

(　　)465. 新装电容器组投运前，应检查电容器的额定电压是否与电网电压相符。

(　　)466. 新装电容器组投运前，应对电容器连接的元器件进行试验并合格。

(　　)467. 新装电容器组投运前，应检查放电电阻的阻值和容量是否符合规程要求。

(　　)468. 如果高压电容器刚断电即又合闸，有可能使熔断器熔断或断路器跳闸。

(　　)469. 正常的情况下，当系统的电压偏低时，也可以投入高压电容器组。

(　　)470. 正常的情况下，高压电容器组的投入或退出运行与系统的功率因数无关。

(　　)471. 对电力系统进行无功补偿，可提高功率因数。

(　　)472. 高压电容器的瓷套管发生严重放电、闪络时只要加强监视，不需要将电容立即退出运行。

(　　)473. 电容器组失压，不属于高压电力电容器常见的故障及异常状态。

(　　)474. 造成高压电容器外壳有膨胀的原因之一，是内部发生局部放电。

(　　)475. 高压电容器外壳有异形膨胀时，一般不需要将电容器立即退出运行。

(　　)476. 为适应各种电压等级的要求，在电容器内部电容元件可接成串联或并联。

(　　)477. 高压电容器的保护熔断器熔丝熔断后，应立即更换熔断器，使电容器尽快恢复运行。

(　　)478. 对运行中的高压电容器巡视检查时，一般不检查高压电容器组的工作电流。

(　　)479. 电容器的外壳应有明显的接地标志。

(　　)480. 电容器过负荷属于高压电力电容器常见的故障及异常运行状态。

(　　)481. 中小容量的高压电容器组如配置延时电流速断保护，动作电流可取高压电容器组额定电流的 2～2.5 倍，动作时间可取 0.2 s。

(　　)482. 电容器正常运行时，可在 1.3 倍的额定电压下长期运行。

(　　)483. 电容器正常运行时，可在 1.3 倍的额定电流下长期运行。

(　　)484. 当电容器内部没有放电电阻，电容器组可不设放电电阻。

(　　)485. 在进行全站停电操作时，应首先将电容器组开关断开，然后再断开各分路的出线开关。

(　　)486. 低电压保护属于 110 kV 及以下并联电容器组保护测控装置在保护方面的主要功能。

(　　)487. 当消弧线圈的电感电流大于接地电容电流时，接地处具有多余的电感性电流称为欠补偿。

（十二）特殊防护

(　　)488. 引发电气火灾要具备的两个条件为:有可燃物质和引燃条件。

(　　)489. 电弧电流的本质是离子导电。

(　　)490. 短路的常见原因之一,是设备长期运行、绝缘自然老化。

(　　)491. 电路短路通过导体时,会使导体大量发热温度急剧升高,从而破坏设备的绝缘。

(　　)492. 对运行中可能产生电火花、电弧和高温危险的电气设备和装置,不应放置在易燃的危险场所。

(　　)493. 电火花、电弧的温度很高,不仅能引起燃烧,还能使金属熔化飞溅构成危险的火源。

(　　)494. 由于导线截面积和设备选择不合理,引起发热并长期超过设备允许的温度而过热,会引起火灾。

(　　)495. 当电气装置或设备发生火灾、引燃附近的可燃物时,首先要切断电源。

(　　)496. 电气火灾断电操作是,应戴绝缘手套,穿绝缘鞋,并使用相应的电压等级的绝缘工具。

(　　)497. 断电灭火紧急切断低压导线时,应三相同时剪断。

(　　)498. 断电灭火紧急切断低压导线时,剪断位置应选择在电源方向的支撑物附近。

(　　)499. 扑灭火灾时,灭火人员应站在下风侧进行灭火。

(　　)500. 在室外使用灭火器时人应站在上风侧。

(　　)501. 电气设备发生火灾时,严禁使用能导电的灭火剂进行带电灭火。

(　　)502. 只有在完全切断电源后才可用水灭火。

(　　)503. 对带电设备应使用不导电的灭火剂灭火。

(　　)504. 为了防止电击,水不能用于带电灭火。

(　　)505. 旋转电机发生火灾时,禁止使用干粉灭火器和干沙直接灭火。

(　　)506. 室内电气装置或设备发生火灾应尽快拉开开关切断电源,并及时正确选择灭火器材进行灭火。

(　　)507. 带电灭火时,如选择干粉灭火器灭火机体,喷嘴距带电体 10 kV 线路不得小于 0.4 m。

(　　)508. 在防雷装置中用以接收雷云的金属导体称为消雷器。

(　　)509. 为了防止直接雷击电气设备,一般多采用避雷针、避雷线。

(　　)510. 在过电压作用过去后,阀型避雷器中流过雷电流。

(　　)511. 在正常的情况下,阀型避雷器中流过工作电流。

(　　)512. 避雷器与被保护设备并联连接。

(　　)513. 避雷器与被保护设备串联连接。

(　　)514. 避雷器用来防护高压雷电波侵入变、配电所或其他建筑物内,损坏被保护设备。

(　　)515. 避雷针通常采用镀锌圆钢或镀锌钢管制成,采用镀锌圆钢上部分制成针尖形状。

(　　)516. 避雷针一般安装在支柱(电杆)或其他构架上建筑物上,必须经引下线与接地体可靠连接。

(　　)517. 避雷针在地面上的保护半径是 1.5 倍避雷针总高度。

(　　)518. 屋顶上单支避雷针的保护范围可按 45°保护角确定。

(　　)519. 避雷针及其接地装置不能装设在人、畜经常通行的地方。

(　　)520. 避雷带是沿建筑物容易受雷击的部位(如屋脊、屋沿、屋等)装设的带状导体。

(　　)521. 避雷线的作用原理与避雷针相同,只是保护范围较大。

(　　)522. 雷雨天气,需要巡视室外高压设备时,应穿绝缘靴,并不得靠近避雷器和避雷针。

(　　)523. 氧化锌避雷器的阀片电阻具有非线性特性,在正常工作电压作用下,呈绝缘状态;在冲击电压作用下,其阻值很小,相当于短路状态。

(　　)524. 消雷器是利用金属针状电极的电磁感应原理,使雷云电荷被中和,从而不致发生雷击现象。

(　　)525. 管型避雷器由产气管、内部间隙和外部间隙三部分组成。

(　　)526. 普通阀型避雷器由于阀片热容量有限,所以不允许在内部过电压下动作。

(　　)527. 高压阀型避雷器中串联的火花间隙和阀片少。

(　　)528. 阀型避雷器的阀电阻片具有线性特性。

(　　)529. 高压阀型避雷器或低压阀型避雷器都由火花间隙和电阻阀片组成,装在密封的瓷套管内。

(　　)530. 35 kV 及以下电力线路一般不沿全线装设避雷线。

(　　)531. 35～110 kV 架空线路如果未全线架设避雷线,那么应在变、配电所 1～2 km 进线段架设避雷线。

(　　)532. 金属氧化锌避雷器特点有动作迅速、无续流、残压低、通流量大。

(　　)533. FZ 避雷器比 FS 避雷器残压低,适合作为发电厂和变、配电所的防雷保护。

(　　)534. 保护间隙是最简单、最经济的防雷设备,它结构简单、维护方便。

(十三) 线路

(　　)535. 电压为 220 V 的线路一般称为低压配电线路,电压为 380 V 的线路一般称为中压配电线路。

(　　)536. 电力线路过流保护的动作电流按躲过线路末端最大的短路电流整定。

(　　)537. 电力线路速断保护的动作电流按躲过线路末端最大的短路电流整定。

(　　)538. 电力线路一般可分为输电线路和配电线路。

(　　)539. 电力线路按架设方式可分架空电力线路和电缆电力线路。

(　　)540. 低压配电线路的电压为 10 kV 及以下。

(　　)541. 高压配电线路的电压为 10 kV、20 kV。

(　　)542. 单线制的零线截面积,应与相线截面积相同。

(　　)543. 单线制的零线截面积,不小于相线截面积的 50%。

(　　)544. 杆塔的基础是将杆塔固定地下,以保证杆塔不发生倾斜或倒塌。

(　　)545. 架空线路杆塔的横担上下倾斜、左右偏歪不应大于横担长度的 2%。

(　　)546. 确定导线截面积应按允许电压损失和发热条件校验。

(　　)547. 导线允许的载流量,取决于其允许的工作温度。

(　　)548. 架空导线型号 LGJ-35/6 表示的是钢芯铝绞线，铝的截面积为 35 mm^2，钢芯的截面积为 6 mm^2。

(　　)549. 跨越道路的水平拉线，对道路中心的垂直距离不应小于 4 m。

(　　)550. 金具在架空线路中主要起支撑、固定、连接、接续、调节及保护作用。

(　　)551. 金具必须有足够的机械强度，并能满足耐腐蚀的要求。

(　　)552. 线路金具是指连接和组合线路上各类装置，以传递机械、电气负荷以及起到某种防护作用的金属附件。

(　　)553. 横担定位在电杆的上部，用来支撑绝缘子和导线等，并使导线间满足规定的距离。

(　　)554. 一般情况下，分支终端杆的单横担应装在受电侧。

(　　)555. 绝缘子是用来固定导线，并使导线与杆塔之间保持绝缘状态。

(　　)556. 针式绝缘子主要用于直线杆塔或角度较小的转角杆塔上，也有耐张杆塔上。用于固定导线、跳线。

(　　)557. 悬式绝缘子具有良好的电气性能和较高的机械强度，按防污性能分为普通型和防污型两种。

(　　)558. 棒式绝缘子一般只能用在一些受力比较小的承受力杆，不宜用于跨越公路、铁路、航道或市中心区域等重要地区的线路。

(　　)559. 为降低线路跳闸率，可在大跨越地带杆塔增加绝缘子串数目。

(　　)560. 对于高压线路限时电流速断保护的动作时间一般取 1 s。

(　　)561. 架空导线多采用钢芯铝绞线，其钢芯的主要作用是提高机械强度。

(　　)562. 架空导线多采用钢芯铝绞线，其钢芯的主要作用是提高导电能力。

(　　)563. 钢绞线常用作架空地线、接地引下线及杆塔的拉线。

(　　)564. 空气是架空电力线路导线之间及导线对地的自然绝缘介质。

(　　)565. 杆塔按使用材料可分为钢筋混凝土杆塔和金属杆塔。

(　　)566. 钢筋混凝土杆又分普通预应力杆和等径预应力杆两种。

(　　)567. 钢筋混凝土杆使用最多的是锥形杆，其锥度一般为 1/75。

(　　)568. 位于线路首端第一基杆塔属于首端杆，最末端一基杆塔属于终端杆。

(　　)569. 架空线路中的耐张杆塔用于限制线路发生断线、倒杆事故时波及的范围。

(　　)570. 架空线路上发生断线、倒杆时，耐张杆可以将事故控制在一个耐张段内。

(　　)571. 杆塔拉线与地面的夹角一般为 45°，受环境限制可适当增减，一般不超出 30°。

(　　)572. 跨越道路的水平拉线，对道路中心的垂直距离不应小于 4 m。

(　　)573. 转角杆塔两侧导线拉力不在一条直线上，因此必须用拉线来平衡转角处的不平衡拉力。

(　　)574. 新线路投入运行 3～5 年后，混凝土电杆各部坚固螺栓需紧一次。

(　　)575. 各种类型的绝缘导线，其容许工作温度为 65 ℃。

(　　)576. 由于受到线路空间走廊限制，有时在同一基杆塔上架设多回线路。

(　　)577. 铝及钢芯铝绞线在正常情况下运行的最高温度不得超过 70 ℃。

(　　)578. 高压架空电力线路，一般采用多股绝缘导线。

(　　)579. 瓷导管是否清洁、有无缺损、有无裂纹和放电现象，声音是否正常是电流互感器巡视检查项目之一。

(　　)580. 合金绞线(LHJ)常用于 110 kV 及以上的输电线路上。

(　　)581. 线路维护的目的是保证线路安全运行到下一个检修周期。

(　　)582. 线路维护是一种较小规模的检修项目，一般是处理和解决一些直接影响线路安全运行的设备缺陷。

(　　)583. 线路装设自动重合装置后，对提高供电可靠性起很大作用。

(　　)584. 三相一次或二次重合闸属于 110 kV 及以下线路保护测控装置在测控方面的主要功能。

(　　)585. 远方对装置进行信号复归属于 110 kV 及以下线路保护测控装置在信息方面的主要功能。

(　　)586. 电力电缆的基本结构由线芯(导体)、绝缘层、屏蔽层和接地层四部分组成。

(　　)587. 电力电缆的铠装和护套是用来保护电缆，防止外力损坏。

(　　)588. 电力电缆保护层的作用是保护电缆避免受外界杂质和水分的浸入，防止外力直接损坏电缆。

(　　)589. 电力电缆导体屏蔽层的作用是保护电缆避免受外界杂质和水分的浸入，防止外力直接损坏电缆。

(　　)590. 在电缆牌和安装接线图上，只要注明电缆编号即可。

(　　)591. 电缆及电容器在接地前应逐相放电。

(　　)592. 电力电缆中绝缘层，是将线芯与大地以及不同的相线芯间在电气上彼此隔离。

(　　)593. 新装电缆线路，须经过验收检查合格，并办理验收手续方可投入运行。

(　　)594. 短路电流通过线路，要产生很大的电流降，使系统的电流水平骤降，引起电动机转速突然下降，甚至停转，严重影响电气设备的正常运行。

(　　)595. 电力线路流过最大的保护电流。

(　　)596. 在靠近线路末端附近发生短路故障时，过电流保护能正确反映。

(　　)597. 新电缆敷设前不用做交接试验，但安装竣工后和投入运行前要做交接试验。

(十四) 移动设备

(　　)598. 在特殊环境如湿热、雨雪、爆炸性及腐蚀性气体场所，使用移动式电气设备必须符合相应防护等级的安全技术要求。

(　　)599. 移动式设备与现场使用条件无关。

(　　)600. 移动电气设备的电源线单相用三芯电缆，三相用四芯电缆。

(　　)601. 使用Ⅲ类工具必须装设额定漏电动作电流不大于 30 mA，动作时间不大于 0.1 s的漏电保护器。

(　　)602. 在实际的三孔插座中，如将电源 N 线与 PE 线串接，会使设备金属外壳带电。

二、单项选择题：465 题(选择一个正确的答案，将相应的字母填入题内的括号中)

1. 作为电气工作者，员工必须熟知本工种的(　　)和施工现场的安全生产制度，不违章作业。

   A. 生产安排　　B. 安全操作规程　　C. 工作时间

2. 电气安全管理人员应具备必要的(　　)知识,并根据实际情况制订安全措施,有计划地组织安全生产管理。

A. 组织管理　　B. 电气安全　　C. 电气基础

3. 电工作业人员,应认真贯彻执行(　　)的方针,掌握电气安全技术,熟悉电气安全的各项措施,预防事故的发生。

A. 安全第一、预防为主、综合治理　　B. 安全重于泰山

C. 科学技术是第一生产力

4. 安全生产管理人员安全资格培训时间不得少于(　　)学时,每年再培训的时间不得少于(　　)学时。

A. 100　40　　B. 24　8　　C. 48　16

5. 防止人身电击,最根本的是对电气工作人员或用电人员进行(　　),严格执行有关安全用电和安全工作规程,防患于未然。

A. 安全教育和管理　　B. 技术考核　　C. 学历考核

(一) 电力系统

6. 由各级电压的电力线路,将各种发电厂、变电所和电力用户联系起来的一个(　　)和用电的整体,叫作电力系统。

A. 发电、输电、变配电　　B. 发电、输电、变电　　C. 变电、输电、配电

7. 电力生产的特点是(　　)、集中性、适用性、先行性。

A. 同时性　　B. 广泛性　　C. 统一性

8. 从区域变电所到用户变电所或城乡电力变压器之间的线路,用于分配电能的,称为(　　)。

A. 配电线路　　B. 所用电线路　　C. 输电线路

9. 为了提高供电可靠性、经济性,合理利用动力资源,充分发挥水力发电厂作用,以及减少总装机容量和备用容量,现在都是将各种类型的发电厂、变电所通过(　　)连接成一个系统。

A. 用电线路　　B. 输配电线路　　C. 发电线路

10. 高压配电网一般指 35 kV、(　　)及以上电压等级的配电网。

A. 10 kV　　B. 20 kV　　C. 110 kV

11. 我国 10 kV 电网,为提高供电的可靠性,一般采用(　　)的运行方式。

A. 中性点不接地　　B. 中性点直接接地

C. 中性点经消弧线圈接地

12. 一般地,电力系统的运行电压在正常情况下不会超过(　　)。

A. 额定线电压　　B. 最高工作电压　　C. 绝缘水平

13. 在电力系统内部能量的传递或转化过程中引起的过电压称为(　　)。

A. 大气过电压　　B. 内部过电压　　C. 感应过电压

14. 按变电所在电力系统中的位置、作用及其特点划分,变电所的主要类型有枢纽变电所、区域变电所、地区变电所(　　)、用户变电所、地下变电所和无人值班变电所等。

A. 配电变电所　　B. 110 kV 变电所　　C. 10 kV 变电所

15. 电力网的电力线路按用途一般可分为(　　)。
A. 输电线路和配电线路　　B. 输电线路和用电线路
C. 高压线路和配电线路
16. 电源进线电压为 10 kV 的用户,一般总降压变电所将 10 kV 电压降到(　　)后,经低压配电线路供电到各用电场所,供给低压用电设备用电。
A. 500 V/400 V　　B. 380 V/220 V　　C. 380 V260 V
17. 变、配电所一次主接线中所用的电气设备,称为(　　)。
A. 一次设备　　B. 二次设备　　C. 运动设备
18. 频率是电能质量的重要指标之一,我国电力采用交流(　　)Hz 频率,俗称“工频”。
A. 49　　B. 50　　C. 51
19. 供电电压允许偏差通常是以电压实际值和电压额定值之差与电压(　　)之比的百分数来表示。
A. 额定值　　B. 实际值　　C. 瞬时值
20. 供电质量指(　　)与供电可靠性。
A. 电能质量　　B. 电压质量　　C. 电流质量
21. 电压质量包含(　　)、电压允许波动与闪变、三相电压允许不平衡度等内容。
A. 电流允许偏差　　B. 电压允许偏差　　C. 电阻允许偏差
22. 供电电压允许偏差规定,35 kV 及以上电压供电的,电压正、负偏差绝对值之和不超过额定电压(　　)。
A. 6%　　B. 8%　　C. 10%
23. 下列(　　)不属于电力系统中的事故。
A. 对用户少送电　　B. 过负荷
C. 电能质量降低到不能允许的程度
24. 发电厂与用电负荷中心相距较远,为了减少网络的损耗,所以必须建设(　　),高压超高压输电线路,将电能从发电厂远距离输送到负荷中心。
A. 升压变电所　　B. 降压变电所　　C. 中压变电所
25. 在某一个时段内,电压急剧变化而偏离(　　)的现象,称为电压波动。
A. 最大值　　B. 最小值　　C. 额定值
26. 当电力系统或用户变配电站发生事故时,为保证重要设备连续供电,允许变压器(　　)过负载的能力称为事故过负载能力。
A. 短时　　B. 长时　　C. 随时
27. 某一时段内,电压急剧变化而偏离额定电压值的现象称为(　　)。
A. 电压波动　　B. 电压闪避　　C. 电压偏离
28. 电力系统中危及电气设备绝缘的电压升高即为(　　)。
A. 额定线电压　　B. 系统最高电压　　C. 过电压
29. 用电负荷是用户在某一时刻对电力系统所需求的(　　)。
A. 电压　　B. 电流　　C. 功率
30. 在 110 kV 及以上的电力系统,一般采用中性点直接接地的运行方式,以(　　)的要求。
A. 降低设备的绝缘水平　　B. 保障人身安全
C. 保障人身设备安全

31. 中断供电时将造成人身伤亡，属于(　　)负荷。
A. 一类　　B. 二类　　C. 三类
32. 在一类负荷的供电要求中，允许中断供电时间在(　　) h 以上的供电系统，可选用快速自启动的发电机组。
A. 12　　B. 13　　C. 14

(二) 电工基础

33. 电流的方向规定为导体中(　　)运动的方向。
A. 负电荷　　B. 正电荷　　C. 电子
34. 云中的水滴受强烈气流的摩擦产生电荷，而且小水滴带(　　)。
A. 正电　　B. 负电　　C. 静电
35. 单位导线截面所通过的电流值称为(　　)。
A. 额定电流　　B. 负荷电流　　C. 电流密度
36. 电流经过的路径称为(　　)。
A. 电桥　　B. 支路　　C. 电路
37. 电导的单位符号是(　　)。
A. Ω　　B. S　　C. P
38. 流过导体单位截面积的电流叫电流密度，其单位是(　　)。
A. cm^2　　B. C/cm^2　　C. A/mm^2
39. 电路中负荷为(　　)时，触头间恢复电压等于电源电压，有利于电弧熄灭。
A. 电感性负载　　B. 电容性负载　　C. 电阻性负载
40. 全电路欧姆定律表明在闭合电路中电流的大小与电源电动势(　　)，与整个电路的电阻成反比。
A. 成正比　　B. 成反比　　C. 正弦规律
41. 部分电路欧姆定律的数学表达式是(　　)。
A. $I=UR$　　B. $I=\frac{R}{U}$　　C. $I=\frac{U}{R}$
42. 关于某一类导体材料的电阻，(　　)，导体电阻越大。
A. 导体长度越长，截面积越小　　B. 导体长度越长，截面积越大
C. 导体长度越短，截面积越小
43. 已知在四个电阻串联的电路中，通过其中一个电阻的电流为 10 A，那么该电路中的电流为(　　)A。
A. 2.5　　B. 10　　C. 20
44. 在电阻并联的电路中，电路的电流等于(　　)。
A. 各并联支路电流的平均值　　B. 各并联支路的电流
C. 各并联支路的电流之和
45. 在三个电阻并联的电路中，已知三条并联支路的电流分别为 4 A、8 A 和 15 A，那么电路的电流等于(　　) A。
A. 9　　B. 15　　C. 27

46. 在纯电感交流电路中，电路的(　　)。
A. 有功功率大于零
B. 有功功率等于零
C. 有功功率小于零
47. 在纯电容交流电路中，电路的无功功率(　　)。
A. 小于电路电压与电流的有效值的乘积
B. 等于电路电压与电流的有效值的乘积
C. 大于电路电压与电流的有效值的乘积
48. 在纯电阻的交流电路中，电路的有功功率(　　)电路电流的有效值乘电压的有效值。
A. 大于　　B. 小于　　C. 等于
49. 在纯电阻电路中，电流和电压(　　)。
A. 同相位　　B. 反相位　　C. 相位差为$\frac{\pi}{2}$
50. 用右手螺旋定则判定长直载流导线的磁场时，右手握住导线，伸直拇指，大拇指指向电流的方向，则四指环绕的方向为(　　)。
A. 电磁力的方向　　B. 磁场的方向　　C. 电场的方向
51. 通电直导体在磁场中所受力的大小，与其通过的电流(　　)。
A. 成反比　　B. 成正比　　C. 无关系
52. 线圈自身电流变化在线圈中产生的感应电动势称为(　　)。
A. 自感电动势　　B. 互感电动势　　C. 交变电动势
53. 由于导体本身的(　　)发生变化而产生的电磁感应现象叫自感现象。
A. 磁场　　B. 电流　　C. 电阻
54. 导体在磁场中做切割磁力线运动时，导体内就会产生(　　)。
A. 感应电动势　　B. 电流　　C. 磁场
55. 铁磁性物质的相对磁导率(　　)。
A. 远大于1　　B. 略大于1　　C. 等于1
56. 反磁物质的相对磁导率(　　)。
A. 小于1　　B. 大于1　　C. 等于1
57. 镍是一种(　　)磁性物质。
A. 反　　B. 顺　　C. 铁
58. 表征磁介质导磁性能的物理量，叫作(　　)。
A. 磁导率　　B. 磁通　　C. 磁感应强度
59. 变压器、电动机、发电机等的铁芯，以及电磁铁等都采用(　　)磁性物质。
A. 反　　B. 顺　　C. 铁
60. 同性磁极相互(　　)。
A. 吸引　　B. 排斥　　C. 无作用力
61. 磁场中磁力线在某区域的密度与该区域的磁场强弱成(　　)。
A. 成正比　　B. 成反比　　C. 成正弦规律
62. 电路中任意两点间电位(　　)称为电压(或称电位差)。
A. 之和　　B. 之差　　C. 之积

63. 在正弦交流电路中，电压、电流、电动势都是随时间(　　)。
A. 非周期性变化的　　B. 恒定不变的
C. 按正弦规律变化的

64. 在三相交流电路中负载消耗的总有功功率等于(　　)。
A. 各相有功功率之差　　B. 各相有功功率之和
C. 各相视在功率之差

65. 当电路断开时，电源端电压在数值上(　　)电源电动势。
A. 大于　　B. 等于　　C. 小于

66. 对于正弦交流电，最大值等于有效值的(　　)倍。
A. 1　　B. $\sqrt{2}$　　C. $\sqrt{3}$

67. 负载接成星形时，相电压等于线电压的(　　)倍。
A. $\sqrt{2}$　　B. $\frac{1}{\sqrt{3}}$　　C. 1

68. 在实际应用中，常用(　　)定为设备的额定容量，并标在铭牌上。
A. 有功功率 P　　B. 无功功率 Q　　C. 视在功率 S

69. 已知一段电路两端的电压为 15 V，通过该段电路的电流为 8 A，那么该段电路的电功率等于(　　)瓦。
A. 60　　B. 100　　C. 120

70. 已知一部分电路端电压为 10 V、电阻 5 Ω，那么电路的电流为(　　)A。
A. 1　　B. 2　　C. 3

71. 交流电气设备铭牌上所注明的额定电压和额定电流，都是指电压和电流的(　　)。
A. 瞬时值　　B. 最大值　　C. 有效值

72. 电路处于断路状态时，电路中没有(　　)流过。
A. 电压　　B. 电流　　C. 电阻

73. 电路闭合时，电源的端电压(　　)电源电动势减去电源的内阻压降。
A. 大于　　B. 小于　　C. 等于

74. 发生短路时，电路中的电流值比正常时的电流值(　　)。
A. 大很多倍　　B. 小　　C. 一样大

75. 星形连接的三相电源的公共点叫三相电源的(　　)。
A. 接地点　　B. 参考点　　C. 中性点

76. (　　)的特点是能使读图者对整个二次回路的构成以及动作过程，有一个整体概念。
A. 安装接线图　　B. 平面布置图　　C. 归总式原理图

77. 以电气回路为基础将继电器和各元件的线圈和触点按保护动作的顺序由上而下，从左到右绘制的接线图称为(　　)。
A. 原理图　　B. 展开图　　C. 安装图

78. 在(　　)中各继电器的线圈和触点分开，分别画在它们所属的回路中，并且属于同一继电器或元件的所有部件都注明同样的符号。
A. 原理图　　B. 展开图　　C. 安装图

79. 阅读(　　)的顺序是：先交流后直流再信号，从上而下，从左到右，层次分明。
A. 原理图　　B. 展开图　　C. 安装图

80. 相对编号的常用格式是(　　)。

A. 设备编号-端子排号

B. 设备名称-接线端子号

C. 设备编号-接线端子号

81. 继电保护回路编号用(　　)位及以下的数字组成。

A. 2　　B. 3　　C. 4

82. 安装单位号 11D 的 1 号端子 $11n^3$ 属于(　　)。

A. 设备文字符号　　B. 回路编号　　C. 相对编号

83. 在直接编设备文字符号中,属于 12n 装置的端子排编为(　　)。

A. 12K　　B. 12LP　　C. 12D

84. 设备编号中,罗马数字表示(　　)。

A. 设备顺序号　　B. 设备数量　　C. 安装单位编号

85. 设备编号中,阿拉伯数字表示(　　)。

A. 设备顺序号　　B. 设备数量　　C. 安装单位编号

86. 把设备编号和接线端子编号加在一起,每一个接线端子就有了唯一的(　　)。

A. 设备文字符号　　B. 回路编号　　C. 相对编号

87. 对于二次回路的标号,按接线的性质、用途进行编号叫(　　)。

A. 绝对编号法　　B. 相对编号法　　C. 回路编号法

88. 相对编号常用于(　　)。

A. 安装接线图　　B. 平面布置图　　C. 归总式原理图

89. 下列(　　)表示Ⅰ段电压小母线 A 相。

A. 1YMa　　B. 1Ya　　C. 1YN

90. 小母线编号中,Ⅰ段直流控制母线正极用(　　)表示。

A. $+KM_2$　　B. $-KM_2$　　C. $+KM_1$

(三) 仪表

91. 电能表竖直安装,安装时表箱底部对地的竖直距离一般为(　　) m。

A. 1.4　　B. 1.6　　C. 1.8

92. 电能表属于(　　)仪表。

A. 电磁式　　B. 电动式　　C. 感应式

93. 如果电流表不慎并联在线路中,不可能出现的是(　　)。

A. 损坏仪表　　B. 指针无反应　　C. 指针满偏

94. 用万用表测量电阻时,则需要将(　　)作为测量电源。

A. 外接电源　　B. 表内电池　　C. 电阻电压

95. 万用表测量电阻时,如果被测电阻未接入,那么指针指示(　　)。

A. 0 位　　B. ∞位　　C. 中间位

96. 用数字万用表的直流电压挡测量直流电压时极性接反,则(　　)。

A. 有可能损坏万用表

B. 可以直接测量出电压值

C. 测出的电压值需取反才是真正电压值

97. 交流耐压试验电压为 1 000 V，当回路绝缘电阻值在 10 MΩ 以下时，可采用(　　)兆欧表代替，试验持续时间为 1 mim。

A. 1 000 V　　B. 2 500 V　　C. 5 000 V

98. 二次回路交流耐压试验电压为 1 000 V，当回路绝缘电阻值在 10 MΩ 以上时，可采用(　　)V 摇表代替，试验持续时间为 1 min。

A. 1 000　　B. 2 500　　C. 5 000

99. 摇表进行开路试验时，指针应指在(　　)位置为良好。

A. ∞　　B. 0　　C. 中间位置

100. 用摇表测量电气设备绝缘时，"线路"(L)接线柱应接在(　　)。

A. 电机绕组或导体　　B. 电缆的绝缘层

C. 电气设备外壳或地线上

101. 测量高压线路绝缘电阻应选择(　　)的摇表。

A. 500 V　　B. 1 500 V　　C. 2 500 V

102. 摇表测量绝缘电阻时，摇动手柄的转速应保持在(　　)r/min，直至表针稳定时读出数据。

A. 100　　B. 120　　C. 150

103. 测量电容器绝缘电阻读数完毕后，正确做法是(　　)。

A. 停止摇动摇把→取下测试线

B. 取下测试线→继续摇动摇把

C. 取下测试线→停止摇动摇把

104. 可以不断开线路测量电流的仪表是(　　)。

A. 电流表　　B. 钳表　　C. 万用表

105. 通常用电工仪表中的(　　)测量正在运行的电气线路的电流大小。

A. 电流表　　B. 钳形电流表　　C. 万用表

106. 当不知道被测电流的大致数值时，应该先使用(　　)量程的电流表试测。

A. 较小　　B. 中间　　C. 较大

107. 接地电阻测量仪用 120 r/min 的速度摇动摇把时，表内能发出(　　)Hz、100 V 左右的交流电压。

A. 50　　B. 110　　C. 120

108. 对于接地电阻测量仪探针位置说法正确的是(　　)。

A. 将电位探针插在离接地体 20 m 的地下，电流探针插在离接地体 40 m 的地下

B. 将电流探针插在离接地体 20 m 的地下，电位探针插在离接地体 40 m 的地下

C. 将电位探针插在离接地体 20 m 的地下，电流探针插在离电位探针 40 m 地下

109. 下列仪表属于比较式仪表的是(　　)。

A. 万用表　　B. 接地电阻测量仪　　C. 兆欧表

(四) 安全组织措施、技术措施

110. 在变、配电站停电检修或安装时，(　　)负责完成安全技术措施与安全组织措施。

A. 监护人　　B. 值班员　　C. 检修人员

111. 在全部停电和部分停电的电气设备上工作时，必须完成的技术措施包括：(　　)、验电、挂接地线、装设遮栏和悬挂标示牌。
A. 放电　　B. 设置安全措施　　C. 停电
112. 在全部停电和部分停电的电气设备上工作时，必须完成的技术措施有停电、(　　)、挂接地线、装设遮栏和悬挂标示牌。
A. 放电　　B. 验电　　C. 巡视安全检查
113. 电气设备由一种工作状态转换到另一种工作状态，或改变电气一次系统运行方式所进行的操作称为(　　)。
A. 调度操作　　B. 转换操作　　C. 倒闸操作
114. 在高压室内的二次接线和照明回路工作，需将高压设备停电或做安全措施时应使用(　　)。
A. 第一种工作票　　B. 口头指令　　C. 第二种工作票
115. 紧急事故处理时可不需填写(　　)，但应事后将有关事项记入值班日志，并及时汇报。
A. 第一种工作票　　B. 第二种工作票　　C. 倒闸操作票
116. 变配电所运行管理实行(　　)制度。
A. 两票两制度　　B. 三票两制度　　C. 两票三制度
117. 填写工作票时要字体规范，字迹清楚，不得涂改和不得用(　　)笔填写。
A. 钢笔　　B. 圆珠笔　　C. 铅笔
118. 工作票是准许在(　　)上工作的书面命令。
A. 电气设备或线路　　B. 电气设备或停电线路　　C. 停电设备或线路
119. 工作监护人一般由(　　)担任。
A. 工作负责人　　B. 工作票签发人　　C. 工作许可人
120. 工作期间，工作负责人或专责监护人若因故离开工作地点时，应指定(　　)临时代替，使监护工作不间断。
A. 工作许可人　　B. 能胜任的人员　　C. 运行值班员
121. 电气设备检修时，工作票的有效期以(　　)为限。
A. 当天　　B. 一般不超过两天　　C. 批准的检修期限
122. 操作票填写中，合上或拉开的隔离开关，刀开关统称为(　　)。
A. 开关　　B. 负荷开关　　C. 刀闸
123. 用高压验电器验电时应戴绝缘手套，并使用与被测设备(　　)的验电器。
A. 相应电压等级　　B. 高一电压等级　　C. 低一电压等级
124. 线路验电应逐相进行。同杆架设的多层电力线路验电时，先验低压后验高压、(　　)。
A. 验下层
B. 先验上层后验下层
C. 先验下层后验上层
125. 线路验电应逐相进行。同杆架设的多层电力线路验电时，先(　　)，先验下层后验上层。
A. 验低压　　B. 验高压或低压　　C. 验低压后验高压

126. 在全部停电和部分停电的电气设备上工作，必须完成的技术措施有（　　）。
A. 停电；验电；挂接地线；装设遮栏和悬挂标示牌
B. 停电；放电；挂接地线；装设遮栏和悬挂标示牌
C. 停电；验电；放电；装设遮栏和悬挂标示牌
127. 在办理停电、送电手续时，严禁（　　）停电、送电。
A. 规定时间　　B. 约定时间　　C. 延长时间
128. 使用验电器验电前，除检查其外观、电压等级、试验合格期外，还应（　　）。
A. 自测发光
B. 自测音响
C. 在带电的设备上测试其好坏
129. 装、拆接地线必须由（　　）完成。
A. 一人　　B. 两人　　C. 三人
130. 在转移工作地点时，（　　）应向工作人员交代停电范围、安全措施和注意事项。
A. 工作许可人　　B. 工作票签发人　　C. 工作负责人
131. 运行值班人员巡视时，发现高压带电设备接地，在室内值班人员不得接近故障点（　　）以内。
A. 1 m　　B. 2 m　　C. 4 m
132. 运行值班人员在室外进行巡回检查，如高压设备发生接地时，不得接近故障点（　　）以内。
A. 1 m　　B. 2 m　　C. 8 m
133. 在已停电的断路器和隔离开关上的操作把手挂（　　）标示牌，防止运行人员误合断路器和隔离开关。
A. 禁止合闸，有人工作　　B. 在此工作　　C. 止步，高压危险
134. 检修工作时，凡一经合闸就可送电到工作地点的断路器和隔离开关的操作手把上，应悬挂（　　）。
A. 止步，高压危险
B. 禁止合闸，有人工作
C. 禁止攀登，高压危险
135. 如果线路上有人工作时应在线路的断路器和隔离开的操作手把悬挂（　　）。
A. 禁止合闸，有人工作
B. 止步，高压危险
C. 禁止攀登，高压危险
136. 倒闸操作前，应先在（　　）进行模拟操作。
A. 实际设备上　　B. 模拟图板上　　C. 操作票上
137. 倒闸操作应由二人进行，一人唱票与监护，另一人（　　）。
A. 复诵　　B. 操作　　C. 复诵与操作
138. 携带型接地线将欲检修的设备或线路作临时性的（　　）一种安全用具，所以，也称为临时接地线。
A. 接零保护　　B. 短路保护　　C. 接地保护

139. 在检修变压器,要装设接地线时,应(　　)。
A. 先装中相
B. 先装接地端,再装导线端
C. 先装导线端,再装接地端
140. 装设临时接地线的顺序是(　　)。
A. 先接接地端,后接设备导体部分
B. 先接设备导体部分,后接接地端
C. 同时接接地端和设备导体部分
141. 拆除临时接地线的顺序是(　　)。
A. 先拆除接地端,后拆除设备导体部分
B. 先拆除设备导体部分,后拆除接地端
C. 同时拆除接地端和设备导体部分
142. 因故需暂时中断作业时,所装设的临时接地线(　　)。
A. 全部拆除　　B. 保留不动　　C. 待后更换
143. 值班人员发现任何异常现象应及时消除,不能及时消除时,除及时报告上级领导外,还应记入运行记录簿和(　　)。
A. 检修记录簿　　B. 缺陷记录簿　　C. 事故记录簿
144. 如果在交接班过程中,有异常情况要处理,仍由(　　)负责处理,必要时可请接班人员协助工作。
A. 交班人员　　B. 接班人员　　C. 调度员
145. 电气设备有三种工作状态,即运行、备用、(　　)。
A. 冷备用　　B. 热备用　　C. 检修状态
146. (　　)指正常情况下有明显断开的备用电源或备用设备或备用线路。
A. 明备用　　B. 冷备用　　C. 暗备用
147. 设备的断路器,隔离开关都在合闸位置,说明设备处在(　　)状态。
A. 运行　　B. 检修　　C. 备用
148. 手车式开关柜,小车已推入,开关合入,称为(　　)。
A. 运行状态　　B. 备用状态　　C. 检修状态
149. 手车式开关柜,小车已推入,开关断开,称之为(　　)。
A. 运行状态　　B. 备用状态　　C. 检修状态
150. 检修状态指设备的(　　),而且接地线等安全措施均已做好,这时设备就处在检修状态。
A. 开关已拉开　　B. 操作电源已断开
C. 开关和刀闸均已拉开
151. 下列(　　)不属于电力系统中的事故。
A. 对用户少送电　　B. 过负荷
C. 电能质量降低到不能允许的程度
152. 下列(　　)属于电气设备不正常运行状态。
A. 单相短路　　B. 单相断线　　C. 系统振荡

(五) 直接、间接电击防护、安全色及安全工具

153. 绝缘物在强电场等因素作用下,完全失去绝缘性能的现象称为(　　)。
A. 绝缘老化　　B. 绝缘破坏　　C. 绝缘击穿

154. (　　)的绝缘强度不能承受电气设备或线路的工作电压,只能起加强基本安全用具的保护作用。
A. 绝缘安全用具　　B. 一般防护安全用具　　C. 辅助安全用具

155. IT 系统是指电源中性点不接地或经足够大阻抗(约 1 000 Ω)接地,电气设备的外露可导电部分(如电气设备的金属外壳)经各自的保护线 PE 分别与(　　)直接接地的三相三线制低压配电系统。
A. 保护线 PE　　B. 中性线 N　　C. PN 线

156. 在中性点经消弧线圈接地系统中,如果消弧线圈选择确当,可使接地点的电流小于(　　)而不会产生断续的电流和过电压的现象。
A. 电弧电流　　B. 补偿电流　　C. 生弧电流

157. 采取在中性点经消弧线圈接地方式,其目的减小(　　)。
A. 接地电流　　B. 接地电压　　C. 接地有功

158. 中性点不接地的电力系统中,用电设备的绝缘水平应按(　　)考虑。
A. 相电压　　B. 线电压　　C. 2 倍相电压

159. 在中性点不接地的电力系统中,当发生单相接地故障时,流入大地的电流若过大,就会在接地故障点出现断续电弧而引起(　　)。
A. 过电压　　B. 过电流　　C. 过负荷

160. 中性点不接地的电力系统中,发生单相接地故障时,可继续运行(　　) h。
A. 20　　B. 2　　C. 12

161. TT 系统是指电源中性点直接接地,而设备的外露可导电部分经各自的(　　)分别直接接地的三相四线制低压供电系统。
A. 相线 L　　B. 中性线 N　　C. 保护线 PE

162. 工作接地的接地电阻一般不应超过(　　)Ω。
A. 3　　B. 4　　C. 5

163. TN 系统电源系统有一点(通常是中性点)接地,而设备的外露可导电部分(如金属外壳)通过(　　)连接到此接地点的低压配电系统。
A. 相线　　B. 中性线 N　　C. 保护线 PE

164. 低压电网中的 TN-C-S 系统,整个系统内(　　)。
A. 中性线 N(零线)和保护线(PE)是完全合分开的
B. 中性线 N(零线)和保护线(PE)是完全合用的
C. 中性线 N(零线)和保护线 P 是部分合用的

165. 将电气设备的金属外壳、配电装置的金属构架等外露可接近的导体与接地装置相连称为(　　)。
A. 保护接地　　B. 工作接地　　C. 防雷接地

166. 中性点直接接地电力系统中,以(　　)故障最多,约占全部故障的 90%。
A. 单相接地短路　　B. 两相短路　　C. 三相短路

167. 下列(　　)的连接方式称为保护接地。

A. 将电气设备金属外壳与中性线相连

B. 将电气设备金属外壳与接地装置相连

C. 将电气设备金属外壳与一条相线相连

168. 配电装置中,电气设备的网状遮栏高度不低于(　　)m,底部离地不应超过 0.1 m。

A. 1.3　　B. 1.5　　C. 1.7

169. 对用电设备的电气部分,按电器设备的具体情况,常备有配电箱、控制柜,或装于设备壁龛内为作(　　)。

A. 防护装置　　B. 接地保护　　C. 屏护装置

170. 遮栏主要用来防护工作人员意外碰触或过分接近带电部分而造成人身事故的一种(　　)。

A. 绝缘安全用具　　B. 一般防护安全用具　　C. 基本安全用具

171. 遮栏应采用(　　)制成。

A. 绝缘材料　　B. 铜材　　C. 铝材

172. 安全标志的要求标准统一或(　　)便于管理。

A. 符合标准　　B. 符合习惯　　C. 符合行规

173. 电工专用的安全牌通常称为(　　)。

A. 警告牌　　B. 标示牌　　C. 安全牌

174. (　　)的作用是警告工作人员不得接近设备的带电部分,提醒工作人员在工作地点采取安全措施,以及禁止向某设备合闸送电等。

A. 绝缘台　　B. 绝缘垫　　C. 标示牌

175. 安全标志是提示人们识别、警惕(　　)因素,对防止人们偶然触及或过分接近带电体而触电具有重要作用。

A. 危险　　B. 安全　　C. 危害

176. 变、配电所 L_2(B)相应用颜色(　　)色表示。

A. 黄　　B. 绿　　C. 红

177. 电气设备相位漆标识的黄、绿、红颜色分别代表(　　)相位。

A. B、C、A　　B. A、B、C　　C. C、A、B

178. (　　)是指那些绝缘强度能长期承受设备的工作电压,并且在该电压等级产生内部过电压时能保证工作人员安全的用具。

A. 绝缘安全用具　　B. 一般防护安全用具　　C. 基本安全用具

179. (　　)的绝缘强度不能承受电气设备或线路的工作电压,只能起加强基本安全用具的保护作用。

A. 绝缘安全用具　　B. 一般防护安全用具　　C. 辅助安全用具

180. (　　)是用来防止工作人员直接接触触电的安全用具。

A. 绝缘安全用具　　B. 一般防护安全用具　　C. 基本安全用具

181. 下列(　　)安全用具是在电气操作中使用的基本安全用具。

A. 绝缘手套、验电器　　B. 绝缘鞋、绝缘站台　　C. 验电器、绝缘夹钳

182. 绝缘手套属于(　　)。

A. 绝缘安全用具　　B. 一般防护安全用具　　C. 辅助安全用具

183. 下列(　　)属于辅助安全用具。
A. 绝缘手套、绝缘靴　　B. 绝缘棒、绝缘夹钳
C. 携带型接地线、临时遮栏
184. 高压验电器一般每(　　)试验一次。
A. 1个月　　B. 3个月　　C. 12个月
185. 绝缘手套要定期试验,试验周期一般为(　　)个月。
A. 1　　B. 3　　C. 6
186. 绝缘靴要定期试验,试验周期一般为(　　)个月。
A. 1　　B. 3　　C. 6
187. 绝缘棒一般每(　　)进行一次绝缘试验。
A. 1个月　　B. 6个月　　C. 12个月
188. 绝缘杆工作部分不宜过长,一般长度为(　　),以免操作时造成相间或接地短路。
A. 2～5 cm　　B. 5～8 cm　　C. 8～10 cm
189. 绝缘挡板一般每(　　)进行一次绝缘试验。
A. 12个月　　B. 6个月　　C. 3个月
190. 用于直接接触触电事故防护时,应选择用一般剩余电流保护器,其额定剩余动作电流不超过(　　)。
A. 10 mA　　B. 20 mA　　C. 30 mA
191. 在三相四线式380 V电源供电的电气设备,或者单相设备与三相设备共用的电路,应选择(　　)漏电保护装置。
A. 三相三极式　　B. 三相四极式
C. 三相三极和单相二极两种
192. 装设剩余电流保护器(漏电保护器RCD),虽然是一种很有效的防触电的防护措施,但不能作为单独的(　　)触电防护手段,它必须和基本的防护措施一起做好。
A. 跨步电压　　B. 基本防护　　C. 直接接触
193. 在中性点直接接地电网中的剩余电流保护器后面的电网零线不准再(　　),以免引起保护器误动作。
A. 重复接地　　B. 直接接地　　C. 保护接零
194. 发生短路时,冲击电流会产生很大的电动力,其大小可用来校验电气设备在发生短路时的(　　)。
A. 动稳定性　　B. 动平衡性　　C. 热稳定性
195. 三相系统中发生短路有4种基本类型,三相短路、(　　)、单相接地短路和两相接地短路。
A. 相相短路　　B. 两相短路　　C. 相地短路
196. 梯子分为人字梯和(　　)。
A. 靠梯　　B. 挂梯　　C. 拉伸梯
197. (　　)是登高作业时必备的保护用具。
A. 登高板　　B. 脚扣　　C. 安全带
198. 脚扣使用时,将脚掌穿入脚扣皮带和脚扣的踏板之间,再在皮带扣的扣压两侧接上一段适当长度的橡胶带,将橡胶带扣在(　　)的位置上。

A. 脚后跟　　B. 脚掌　　C. 小腿

199. 我国规定的安全电压额定值等级为(　　)。

A. 48 V,36 V,24 V,12 V,6 V

B. 50 V,42 V,36 V,24 V,12 V

C. 42 V,36 V,24 V,12 V,6 V

200. 行灯的电压不应超过(　　)。

A. 42 V　　B. 36 V　　C. 24 V

201. 在特别潮湿场所或工作地点狭窄、行动不方便场所(如金属容器内)应采用(　　)安全电。

A. 42 V　　B. 36 V　　C. 12 V

(六) 触电

202. 根据对触电事故发生统计分析,触电事故随季节有明显的变化,每年(　　)季度较为易发、集中。

A. 一～二　　B. 二～三　　C. 三～四

203. (　　)是指不会使人发生触电危险的电压。

A. 短路电压　　B. 安全电压　　C. 跨步电压

204. 人体触电时,根据触电的体位不同,电流通过人体最危险途径是(　　)。

A. 左手至双脚　　B. 右手至双脚　　C. 右手至左手

205. 当带电体发生接地故障时,离故障点越近,跨步电压触电的危险性越(　　)。

A. 大　　B. 小　　C. 相等

206. 当人体电阻一定时作用于人体电压越高流过人体的电流(　　)。

A. 越大　　B. 越小　　C. 不确定

207. 使人体能够感觉到的最小电流称为(　　)。

A. 感知电流　　B. 持续电流　　C. 致命电流

208. 人电击后危及生命的电流称为(　　)。

A. 感知电流　　B. 持续电流　　C. 致命电流

209. 人体触电电击后,危及生命的电流称为(　　)。

A. 感知电流　　B. 持续电流　　C. 致命电流

210. 电流对人体的伤害可以分为(　　)两种类型。

A. 电击、电伤　　B. 触电、电击　　C. 电伤、电烙印

211. 当带电体有接地故障时,离故障点越近,跨步电压触电的危险性越(　　)。

A. 大　　B. 小　　C. 相等

212. 人体触电可分为直接接触触电和(　　)两大类。

A. 跨步电压触电　　B. 接触电压触电　　C. 间接接触触电

213. 当带电体有接地故障时,有故障电流流入大地,人在接地点周围两脚之间出现的电压称为(　　)。

A. 短路电压　　B. 接触电压　　C. 跨步电压

214. 作用于人体的电压升高,人体电阻还会(　　),致使电流更大,对人体的伤害更严重。

A. 下降　　B. 增加　　C. 不变

215. 人体与带电体直接接触电击，以下(　　)对人体的危险性最大。
A. 中性点直接接地系统的单相电击
B. 两相电击
C. 中性点不直接接地系统的单相电击

216. 当人体同时接触带电设备或线路中两相导体时，电流从一相导体流入另一相导体，构成闭合回路的电击事故称为(　　)。
A. 两相电击　　B. 直接接触电击　　C. 间接接触电击

217. 人体发生单相触电时，作用于人体的电压是(　　)。
A. 线电压　　B. 相电压　　C. 接触电压

218. 人工急救胸外按压法应以每分钟约(　　)次的频率有节奏均匀的挤压，按压与放松的时间相当。
A. 100　　B. 80　　C. 60

219. 当伤者牙关紧闭，无法进行口对口人工呼吸时，应(　　)。
A. 用工具把嘴撬开　　B. 加大压力口对口吹气　　C. 口对鼻吹气

220. 发现触电伤员呼吸、心跳停止时，应立即在现场用(　　)就地抢救，以支持呼吸和循环。
A. 紧急救护法　　B. 人工呼吸法　　C. 心肺复苏法

（七）配电装置(熔断器、开关、断路器等)

221. 变、配电所一次主接线中所用的电气设备称为(　　)。
A. 一次设备　　B. 二次设备　　C. 运动设备

222. 高压熔断器以动作特性可分为(　　)和固定式。
A. 自动跌落式　　B. 插入式　　C. 非限流式

223. 高压熔断器熔丝熔断后，撞击器使负荷开关(高压交流接触器)跳闸，可防止由于(　　)而造成电气设备损坏。
A. 缺相运行　　B. 过电压运行　　C. 欠电压运行

224. 有填料高压熔断器利用(　　)原理灭弧。
A. 利用电弧与固体介质接触加速灭弧　　B. 窄缝灭弧
C. 将电弧分割成多个短电弧

225. 高压熔断器熔体中间焊有(　　)的小锡(铅)球。
A. 降低熔点　　B. 升高熔点　　C. 保持熔体材料熔点

226. 高分断能力高压熔断器的特点之一是分断(　　)的能力强。
A. 负荷电流　　B. 短路电流　　C. 过负荷电流

227. 高压熔断器中间焊有小锡(铅)球，利用(　　)降低熔丝熔点。
A. 热聚集效应　　B. 热扩散效应　　C. 冶金效应

228. RN_2 型高压熔断器可适用做(　　)的保护。
A. 变压器　　B. 电力线路　　C. 电压互感器

229. 小容量配电所高压侧通常采用隔离开关串联熔断器或跌落式熔断器、(　　)等主接线形式。
A. 隔离开关　　B. 负荷开关-熔断器　　C. 熔断器

230. 额定电压是指高压断路器正常工作时所能承受的电压等级，它决定了断路器的(　　)。

A. 耐热程度　　B. 绝缘水平　　C. 通断能力

231. 断路器的额定电流是指在规定环境温度下，断路器长期允许通过的(　　)。

A. 最小工作电流　　B. 短路电流　　C. 最大工作电流

232. 断路器的关合电流是指保证断路器可靠关合，而又不会发生触头熔焊或其他损伤时，断路器允许通过的(　　)。

A. 最大工作电流　　B. 最大过负荷电流　　C. 最大短路电流

233. 为了适应断路器在不同安装地点的耐压需要，国家相关标准中规定了断路器可承受的(　　)。

A. 最高工作电压　　B. 最低工作电压　　C. 最小过电压幅值

234. 断路器应有标出(　　)等内容的制造厂铭牌。

A. 设备说明　　B. 基本参数　　C. 安全提示

235. 在开关电器中，气体吹动电弧的方法为纵吹时；气体吹动方向与电弧轴线相(　　)。

A. 平行　　B. 垂直　　C. 倾斜 30° 角度

236. 断路器的工作状态(断开、闭合)是由(　　)控制的。

A. 工作电压　　B. 负荷电流　　C. 操动机构

237. 运行中的断路器日常维护工作包括对(　　)的定期清扫。

A. 二次控制回路　　B. 绝缘部分　　C. 不带电部分

238. 对断路器的日常维护工作中，应检查(　　)是否正常，核对容量是否相符。

A. 分闸线圈　　B. 合闸电源熔丝

C. 继电保护二次回路

239. 断路器分、合闸指示器应(　　)。

A. 用金属物封闭　　B. 可以随意调整　　C. 易于观察

240. 断路器的额定开断电流表明了断路器的(　　)。

A. 绝缘水平　　B. 灭弧能力

C. 长期允许最大工作电流

241. 触头间的介质击穿电压是指触头间(　　)。

A. 电源电压

B. 电气试验时加在触头间的电压

C. 触头间产生电弧的最小电压

242. 当断路器运行中环境温度超过 40 ℃时，断路器的长期允许工作电流(　　)额定电流值。

A. 大于　　B. 小于　　C. 等于

243. (　　)是指当主保护或断路器拒动时，由相邻电力设备或线路的保护来实现。

A. 主保护　　B. 远后备保护　　C. 辅助保护

244. 巡视检查断路器时，应检查引线的连接部位(　　)。

A. 接线正确　　B. 无过电压

C. 接触良好，无过热现象

245. (　　)指正常情况下没有断开的备用电源或备用设备，而是工作在分段母线状态，靠分段断路器取得相互备用。

A. 明备用　　B. 冷备用　　C. 暗备用

246. 弹簧储能操作机构在合闸时，(　　)释放已储存的能量将断路器合闸。

A. 合闸线圈　　B. 合闸电源　　C. 合闸弹簧

247. 弹簧储能操作机构在断路器处于运行状态合闸时，储能电动机的电源隔离开关应在(　　)。

A. 断开位置　　B. 闭合位置　　C. 断开或闭合位置

248. 电磁操动机构的缺点之一是需配备(　　)。

A. 大容量交流合闸电源

B. 大功率储能弹簧

C. 大容量直流合闸电源

249. 一般隔离开关没有灭弧装置不允许它(　　)分、合闸操作。

A. 空载时运行　　B. 母线切换　　C. 带负荷进行

250. 隔离开关的主要作用之一是(　　)。

A. 倒闸操作　　B. 隔离电流　　C. 拉合负荷电流

251. 隔离开关按安装地点分类可分为(　　)和户外式。

A. 户内式　　B. 山地式　　C. 平原式

252. 隔离开关按刀闸运动的方式可分为(　　)、垂直旋转式和插入式。

A. 360°旋转式　　B. 捆绑式　　C. 水平旋转式

253. 隔离开关可拉、合 35 kV 容量为(　　)及以下的空载变压器。

A. 800 kVA　　B. 1 000 kVA　　C. 3 150 kVA

254. 真空断路器的动、静触头安装在(　　)内。

A. 密封空气容器　　B. 密封金属容器　　C. 真空灭弧室

255. 与真空断路器连接的引线导线弛度应该(　　)。

A. 尽量拉紧　　B. 松弛　　C. 适中

256. 真空断路器要求波纹管既能保证动触头能做(　　)，同时又不能破坏灭弧室的真空度。

A. 直线运动　　B. 弧线运动　　C. 分合运动

257. 真空灭弧室的绝缘外壳采用玻璃制作时主要缺点是(　　)。

A. 加工困难　　B. 不易与金属封接

C. 承受冲击的机械强度差

258. 真空灭弧室的金属屏蔽筒的作用之一是(　　)。

A. 导电作用　　B. 吸附电弧产生的金属蒸气　　C. 绝缘作用

259. 通常要求真空断路器的触头材料，具有的性能之一是(　　)。

A. 耐弧性强　　B. 导热性差　　C. 绝缘性能强

260. 小电流真空灭弧室一般采用(　　)触头。

A. 圆盘形　　B. 横向磁场　　C. 纵向磁场

261. 10 kV 真空断路器动静触头的断开距离一般为(　　)。

A. 5～10 mm　　B. 10～15 mm　　C. 20～30 mm

262. FW5-10 负荷开关的含义是(　　)。
A. 额定电压 10 kV 户外型负荷开关
B. 额定电压 5 kV 户外型负荷开关
C. 额定电压 10 kV 户内型负荷开关
263. 负荷开关常与熔断器配合使用时,由熔断器起(　　)作用。
A. 切断正常负荷电流　B. 短路保护　C. 倒闸操作
264. SF_6 断路器的特点之一是(　　)。
A. 开断电流大　B. 断口耐压低　C. 开断电流小
265. SF_6 负荷开关装设的(　　)可随时监测开关本体内充入的 SF_6 气体压力。
A. 气体密度计　B. 温度计　C. 气体流量计
266. SF_6 负荷开关内的气体压力为零表压时,仍可进行(　　)操作。
A. 短路电流合闸　B. 短路电流分闸　C. 负荷电流分、合闸
267. SF_6 负荷开关的灭弧能力较 SF_6 断路器(　　)。
A. 强　B. 弱　C. 相同
268. SF_6 负荷开关一般不设置(　　)。
A. 气体吹弧装置　B. 灭弧装置　C. 磁吹灭弧装置
269. 目前我国在(　　)电压等级中广泛使用 SF_6 断路器。
A. 3 kV　B. 10 kV　C. 35 kV 及以上
270. 目前使用的某些 SF_6 断路器的检修年限可达(　　)以上。
A. 5 年　B. 10 年　C. 20 年
271. 额定电压是指高压断路器正常工作时承受的电压等级,它决定了断路器(　　)。
A. 耐热程度　B. 绝缘水平　C. 通断能力
272. 交流高压真空接触器采用机械自保持方式时,自保持过程中(　　)实现自保持。
A. 需要控制电源　B. 不需要控制电源
C. 需要永磁体的磁力
273. 交流高压真空接触器由(　　)实现分闸。
A. 弹簧储能操动机构　B. 分闸弹簧　C. 手动操动机构
274. 交流高压真空接触器广泛应用于(　　)等领域电气设备的控制。
A. 海运　B. 配电网的配电线路　C. 防雷设备
275. 交流高压真空接触器适用于交流系统中(　　)的场合。
A. 需要频繁操作　B. 不需要频繁操作　C. 操作概率很低
276. 高压开关柜巡视检查项目包括开关柜的(　　)所在位置正确。
A. 断路器　B. 观察孔　C. 闭锁装置
277. 对于接线方式较为简单的小容量变电所,操作电源常常采用(　　)。
A. 直流操作电源　B. 交流操作电源　C. 逆变操作电源
278. 高压成套装置五防联锁功能之一是(　　)。
A. 防误入带电间隔
B. 防带接地线(或接地刀闸)打开柜门
C. 防接地线接触不良

279. KYN28-10 型高压开关柜小车室内的主回路触头盒遮挡帘板具有(　　)的作用。
A. 保护设备安全　　B. 保护断路器小车出、入安全
C. 保护小车室内工作人员安全

(八) 继电保护

280. 继电保护装置按被保护的对象分类,有电力线路保护、发电机保护、变压器保护、电动机保护、(　　)等。
A. 差动保护　　B. 母线保护　　C. 后备保护
281. 继电保护的(　　)是指发生了它该动作的故障,它能可靠的动作,而在不该动作时,它能可靠的不动作。
A. 可靠性　　B. 选择性　　C. 速动性
282. 继电保护的(　　)是指保护快速切除故障的能力。
A. 可靠性　　B. 速动性　　C. 选择性
283. 为保证继电保护动作的选择性,一般上下级保护的时限差取(　　)。
A. 0.1～0.3 s　　B. 0.3～0.7 s　　C. 1 s
284. 下列(　　)表示电流继电器。
A. K　　B. KS　　C. KT
285. 对于较为重要、容量较大的变电所,操作电源一般采用(　　)。
A. 直流操作电源　　B. 交流操作电源　　C. 逆变操作电源
286. 主保护属于按(　　)分类。
A. 被保护的对象　　B. 保护原理　　C. 保护所起作用
287. 差动保护属于按(　　)分类。
A. 被保护的对象　　B. 保护原理　　C. 保护所起作用
288. 下列(　　)表示 110 kV 母线电流差动保护 A 相电流公共回路。
A. 310　　B. 320　　C. 330
289. (　　)是指当主保护或断路器拒动时,由相邻电力设备或线路的保护来实现。
A. 主保护　　B. 远后备保护　　C. 辅助保护
290. 重瓦斯动作后跳开变压器(　　)断路器。
A. 高压侧　　B. 两侧　　C. 低压侧
291. 轻瓦斯动作后,(　　)。
A. 跳开变压器高压侧断路器
B. 跳开变压器低压侧断路器
C. 只发信号,不跳开关
292. 在电力系统内部能量的传递或转化过程中引起的过电压称为(　　)。
A. 大气过电压　　B. 内部过电压　　C. 感应过电压
293. 变流器供给操作电源适用于(　　)及以下,容量不大的变电所。
A. 10 kV　　B. 35 kV　　C. 110 kV
294. 采用微机自动化的变电所,其继电保护均采用(　　)保护。
A. 微机　　B. 过流过压混合　　C. 备用电源

295. 辅助保护是为补充主保护和后备保护的性能,或当主保护和后备保护退出运行而增设的(　　)。
A. 电压保护　　B. 电流保护　　C. 简单保护

296. 消弧线圈实际是铁芯线圈,其(　　)很小电抗很大。
A. 电阻　　B. 电容　　C. 电压

297. 一般发生短路故障后约 0.01 s 时间出现最大的短路冲击电流,用微机自动化保护一般仅需要(　　)s 就能发出跳闸指令,使导体和设备避免承受最大短路电流的冲击,从而达到限制短路电流的目的。
A. 0.002　　B. 0.003　　C. 0.005

298. 下列表示时间继电器的是(　　)。
A. K　　B. KS　　C. KT

299. 时间继电器的(　　)接点是指继电器通足够大的电时经所需要的时间(整定时间)闭合的接点。
A. 瞬时动合　　B. 延时动合　　C. 瞬时动断

300. (　　)所发信号不应随电气量的消失而消失,要有机械或电气自保持。
A. 时间继电器　　B. 中间继电器　　C. 信号继电器

301. (　　)是反应电压下降到某一整定值及以下动断接点由断开状态到闭合状态的继电器。
A. 过电压继电器　　B. 低电压继电器　　C. 时间继电器

302. 2 000 kW 及以上大容量的高压电机,普遍采用(　　)代替电流速断保护。
A. 过负荷保护　　B. 低电压保护　　C. 纵差动保护

303. 2 000 kW 以下的电动机应采用(　　)保护。
A. 过负荷　　B. 电流速断　　C. 纵联差动

304. 高压电动机发生单相接地故障时,只要接地电流大于(　　)A,将造成电动机定子铁芯烧损。
A. 5　　B. 10　　C. 15

305. 交流真空接触器与熔断器组合电器(　　)的使用空间。
A. 限制了接触器　　B. 拓展了接触器　　C. 限制了断路器

306. 发生短路时,冲击电流会产生很大的电动力,其大小可用来校验电气设备在发生短路时的(　　)。
A. 动稳定性　　B. 动平衡性　　C. 热稳定性

307. 运行过程中易发生过负荷和需要防止起动或自起动时间过长的电动机应装设(　　)。
A. 过负荷保护　　B. 低电压保护　　C. 失步保护

308. 电路中负荷为(　　)时,触头间恢复电压等于电源电压,有利于电弧熄灭。
A. 电感性负载　　B. 电容性负载　　C. 电阻性负载

309. 电压保护属于按(　　)分类。
A. 被保护的对象　　B. 保护原理　　C. 保护所起作用

310. 电力线路保护属于按(　　)分类。
A. 被保护的对象　　B. 保护原理　　C. 保护所起作用

311. 电力系统过电压分成两大类(　　)。
A. 外部过电压和内部过电压　　B. 外部过电压和大气过电压
C. 操作过电压和短路过电压

312. 以下过电压中(　　)属于内部过电压。
A. 大气过电压　　B. 感应过电压　　C. 操作过电压

313. 下列(　　)属于电气设备故障。
A. 过负荷　　B. 频率降低　　C. 单相短路

314. 外部过电压通常指(　　)过电压。
A. 操作　　B. 感应　　C. 雷电

315. 外部过电压,与气象条件有关,又称为(　　)。
A. 气象过电压　　B. 大气过电压　　C. 污秽过电压

316. 大型的(　　)和大型电弧炉,产生的谐波电流最为突出,是造成电网谐波的主要因素。
A. 荧光灯　　B. 晶闸管变流设备　　C. 高压汞灯

(九) 互感器

317. 仪用互感器分(　　)两种。
A. 电力变压器和电流互感器　　B. 电流互感器和电压互感器
C. 特种互感器和电流互感器

318. (　　)可以将电力系统的一次电流按一定的变比变换成二次较小电流,供给测量表计和继电器。
A. 电流互感器　　B. 电压互感器　　C. 继电器

319. 电流互感器的一次绕组匝数很少,(　　)在线路里,其电流大小取决于线路的负载电流。
A. 串联　　B. 并联　　C. 混联

320. 电流互感器的变流比为一次绕组的(　　)与二次绕组额定电流之比。
A. 最大电流　　B. 最小电流　　C. 额定电流

321. 被测量交流电流如大于(　　)A 时,一般需要配合电流互感器进行测量。
A. 1　　B. 5　　C. 10

322. 电流互感器的回路编号,一般以十位数字为一组,(　　)的回路标号可以用 411～419。
A. 1T　　B. 4T　　C. 11T

323. LQJ-10 表示额定电压为(　　)的绕组式树脂浇注绝缘的电流互感器。
A. 10 kV　　B. 20 kV　　C. 35 kV

324. 电流互感器型号中,常用(　　)表示瓷绝缘。
A. C　　B. D　　C. E

325. 电流互感器一次绕组匝数(　　)二次绕组的匝数。
A. 小于　　B. 大于　　C. 等于

326. 电压互感器二次回路允许有(　　)接地点。
A. 一个　　B. 两个　　C. 三个

327. 电压互感器的高压绕组与被测电路(　　)，低压绕组与测量仪表电压线圈并联。
A. 并联　　B. 串联　　C. 混联
328. 电压互感器的准确度等级是指在规定的一次电压和二次负荷变化范围内，负荷功率因数为额定值时，误差的(　　)。
A. 最大限值　　B. 最小限值　　C. 数值

(十) 变压器

329. 变压器是一种(　　)的电气设备，它利用电磁感应原理将一种电压等级的交流电转变成同频率的另一种电压等级的交流电。
A. 滚动　　B. 运动　　C. 静止
330. 变压器额定电流是通过绕组线端的电流，即为(　　)有效值。
A. 线电流　　B. 相电流　　C. 最小电流
331. 变压器的铁芯是变压器(　　)部分。
A. 磁路　　B. 电路　　C. 开路
332. 三相变压器绕组为 D 连接时，(　　)。
A. 线电流为$\sqrt{3}$倍的绕组电流　　B. 线电流为绕组电流
C. 线电流为 2 倍的绕组电流
333. 变压器二次侧额定电压指的是分接开关放在额定电压位置，一次侧加(　　)时，二次侧开路的电压值。
A. 额定电压　　B. 额定电流　　C. 最大电压
334. 在闭合的变压器铁芯上，绕有两个互相绝缘的绕组，其中，接入电源的一侧叫一次侧绕组，输出电能的一侧为(　　)。
A. 高压侧绕组　　B. 低压侧绕组　　C. 二次侧绕组
335. (　　)是指变压器线圈中的电阻损耗，与电流大小的平方成正比，它是一个变量。
A. 线损　　B. 铜损　　C. 磁损
336. 如果忽略变压器的内损耗，可认为变压器二次输出功率(　　)变压器一次输入功率。
A. 大于　　B. 等于　　C. 小于
337. 线圈中感应电动势的大小，与线圈的匝数(　　)。
A. 成反比　　B. 成正比　　C. 无关
338. 根据变压器的工作原理，常采用改变变压器(　　)的办法即可达到调压的目的。
A. 匝数比　　B. 绝缘比　　C. 电流比
339. 连接与线路终端的变压器称为降压变压器，其一次侧额定电压与输变电线路的电压等级(　　)。
A. 相差 10%　　B. 相差 20%　　C. 相差 30%
340. 变压器一、二次电压一般允许有(　　)差值，超过可能在两台变压器绕组中产生环流，影响出力甚至可能烧毁变压器。
A. ±0.5%　　B. ±1%　　C. ±1.5%
341. 当变压器二次绕组开路，一次绕组施加额定频率的额定电压时，一次绕组中所流过的电流称(　　)。
A. 励磁电流　　B. 整定电流　　C. 空载电流

342. 变压器按用途一般分为电力变压器、特种变压器及(　　)三种。

A. 电力断路器　　B. 电力仪表

C. 继电器

343. 额定容量是指变压器在铭牌规定的额定状态下,变压器二次侧输出能力(　　)。

A. kV　　B. kA　　C. kVA

344. 电流速断保护是防止(　　)的保护。

A. 相间短路　　B. 单相接地短路　　C. 电路过载

345. (　　)能说明变压器二次电压变化的程度大小,是衡量变压器供电质量好坏的数据。

A. 电压波形　　B. 电压相位　　C. 电压幅值

346. 当变压器负载一定(即损耗不变),而周围环境温度不同时,变压器的实际温度就(　　)。

A. 恒定　　B. 不同　　C. 上升

347. 变压器理想的并列运行条件之一是(　　)。

A. 变压器一、二次电压相等

B. 变压器一、二次电压误差±1%

C. 变压器一、二次电压误差±2%

348. 变压器的额定电流等于绕组的额定容量除以该绕组的额定电压及相应的相系数(　　)。

A. 三相为1,单相为$\sqrt{3}$　　B. 单相和三相均为1

C. 单相为1,三相为$\sqrt{3}$

349. 当变压器容量由冷却方式而变更时,则额定容量是指(　　)。

A. 最大的容量　　B. 最小的容量　　C. 中间的容量

350. 变压器内部主要绝缘材料有变压器油、(　　)、电缆纸、皱纹纸等。

A. 套管　　B. 冷却器　　C. 绝缘纸板

351. 变压器油的作用是(　　)。

A. 导电和冷却　　B. 绝缘和升温　　C. 绝缘和冷却

352. 变压器上层油温正常时一般应在85 ℃以下,对强迫油循环水冷或风冷的变压器为(　　)。

A. 60 ℃　　B. 65 ℃　　C. 75 ℃

353. SH11-M-50/10表示三相油浸自冷式,双绕组无励磁调压,非晶态合金铁芯,密封式,额定容量50 kVA,高压侧绕组额定电压为(　　)kV的电力变压器。

A. 10　　B. 20　　C. 35

354. 在不损害变压器(　　)和降低变压器使用寿命的前提下,变压器在较短时间内所能输出的最大容量为变压器的过负载能力。

A. 绝缘　　B. 线圈　　C. 套管

355. 变压器运行时,其绕组和铁芯产生的损耗转变成(　　),一部分被变压器各部件吸收使之温度升高,另一部分则散发到周围介质中。

A. 热量　　B. 有功　　C. 无功

356. 当变压器负载一定(损耗不变),而周围环境温度不同时,变压器的实际温度就(　　)。

A. 恒定　　B. 上升　　C. 不同

357. 为了供给稳定的电压，控制电力潮流或调节负载电流均需对变压器进行（　　）调整。
A. 电压　B. 电流　C. 有功

358. 变压器的温升对于空气冷却变压器是指测量部位的温度与（　　）温度之差。
A. 冷却空气　B. 变压器油　C. 绕组

359. 变压器正常运行时发出（　　）。
A. 间断的嗡嗡声　B. 均匀的嗡嗡声　C. 均匀的沸腾声

360. 变压器过载能力，一般用变压器所输出最大容量与额定容量之（　　）来表示。
A. 比　B. 和　C. 差

361. 变压器在运行时，各部件的温度是不同的，（　　）温度最高。
A. 铁芯　B. 变压器油　C. 绕组

362. 当电力系统或用户变电站发生事故时，为保证对重要设备的连续供电，允许变压器（　　）过负载的能力称为事故过负载能力。
A. 短时　B. 长时　C. 随时

363. 在变压器内部发生故障（如绝缘击穿、相间短路、匝间短路、铁芯事故等）产生（　　）时，接通信号或跳闸回路，进行报警或跳闸，以保护变压器。
A. 气体　B. 液体　C. 固体

364. 电力变压器按冷却介质可分为（　　）和干式两种。
A. 油浸式　B. 风冷式　C. 自冷

365. 并列运行时，如果其中一台变压器发生故障从电网中切除时，其余变压器（　　）。
A. 必须停止运行　B. 仍能继续供电　C. 肯定也发生故障

366. 变压器接在电网上运行时，变压器（　　）将由于种种原因发生变化，影响用电设备的正常运行，因此变压器应具备一定的调压能力。
A. 二次侧电压　B. 一次侧电压　C. 最高电压

367. 变压器容量在（　　）kVA 以下的变压器，当过电流保护动作时间大于 0.5 s 时，用户 3～10 kV 配电变压器的继电保护，应装设电流速断保护。
A. 6 300　B. 8 000　C. 10 000

368. 变压器保护属于按（　　）分类。
A. 被保护的对象　B. 保护原理　C. 保护所起作用

369. 三相变压器 Dyn11 绕组的接线方式，表示一次绕组接成（　　）。
A. 星形　B. 三角形　C. 方形

370. 关于电力变压器能否转变直流电的电压，（　　）是正确的。
A. 变压器可以转变直流电的电压
B. 变压器不能转变直流电的电压
C. 变压器可以转变直流电的电压，但转变效果不如交流电好

371. 用环氧树脂浇注或缠绕作包封的干式变压器即称为（　　）。
A. 气体绝缘干式变压器　B. 环氧树脂干式变压器
C. H 级绝缘干式变压器

372. （　　）的特点是线路故障或检修，不影响变压器运行，而变压器故障或检修要影响相应线路，线路要短时停电。
A. 外桥接线　B. 内桥接线　C. 单母线接线

373. 下列关于保护变压器的角型间隙安装位置描述正确的是(　　)。
A. 远离变压器一侧　B. 高压熔断器的外侧
C. 高压熔断器的内侧

374. 对于中、小容量变压器,可以装设单独的(　　),作为变压器防止相间短路故障的主保护。
A. 电流速断保护　B. 过电流保护　C. 差动保护

(十一) 电力电容器

375. 为提高功率因数,运行中可在工厂变、配电所的母线上,或用电设备附近装设(　　),用其来补偿电感性负载过大的感性电流,减小无功损耗,提高末端用电电压。
A. 并联电容器　B. 并联电感器　C. 串联电容器

376. 电力系统进行无功补偿起到的作用之一是(　　)。
A. 提高设备的安全性　B. 提高设备的可靠性
C. 提高设备的利用效率

377. 新装电容器投运前应按(　　)试验合格。
A. 预防性试验项目　B. 交接试验项目
C. 企业自行制订的试验项目

378. 电力系统中一般使用(　　)进行无功补偿。
A. 磁力补偿起动器　B. 移相(并联)电容器　C. 脉冲电容器

379. 正常情况下,一般在系统功率因数高于(　　)且仍有上升趋势时,应退出高压电容器组。
A. 0.85　B. 0.90　C. 0.95

380. 当消弧线圈的电感电流大于接地电容电流时,接地处具有多余的电感性电流,这种补偿方式称为(　　)。
A. 欠补偿　B. 过补偿　C. 全补偿

381. 高压单台三相电容器的电容元件组在外壳内部一般接成(　　)。
A. 星形　B. 三角形　C. 开口三角形

382. 当高压电容器内部设有放电电阻时,电容器组仍应设置(　　)。
A. 合格的放电装置　B. 残压监视装置
C. 电容器组内部放电电阻测量装置

383. 高压电容器组断电后,若需再次合闸,应在其断电(　　)后进行。
A. 3 min　B. 5 min　C. 10 min

384. 事故情况下,在全站无电后,必须将(　　)支路断路器先断开。
A. 各出线　B. 电压互感器　C. 电容器

385. 有些高压电容器内部设有放电电阻,能够通过放电电阻放电,当电容器与电网断开后,放电电阻在(　　) min 后使电容器残压降至 75 V 以下。
A. 1　B. 10　C. 20

386. 有些电容器设有放电电阻,当电容器与电网断开后能够通过放电电阻,一般情况下 10 min 后,电容器残压可降至(　　)以下。
A. 50 V　B. 75 V　C. 100 V

387. 造成运行中的高压电容器发热的原因之一是(　　)。
A. 内部发生局部放电
B. 频繁投切使电容器反复受浪涌电流影响
C. 外壳机械损伤

388. 造成运行中的高压电容器外壳渗漏油的原因之一是(　　)。
A. 电容器内部过电压　　B. 内部产生局部放电
C. 运行中温度剧烈变化

(十二) 特殊防护

389. 电气设备在运行中,电流的热量、电火花和(　　)等都是电气火灾的直接原因。
A. 电弧　　B. 电压高低　　C. 环境温度

390. 在运行中,(　　)和电火花或电弧等都是电气火灾的直接原因。
A. 电流的热量　　B. 电压高低　　C. 环境温度

391. 引发电气火灾要具备的两个条件为:现场有(　　)和现场有引燃条件。
A. 可燃物质　　B. 湿度　　C. 温度

392. 燃烧与(　　)爆炸原理相同。
A. 物理　　B. 化学　　C. 核

393. 电路处于(　　)状态时,电路中的电流会因为过大而造成损坏电源、烧毁导线,甚至造成火灾等严重事故。
A. 通路　　B. 断路　　C. 短路

394. 当电气装置或设备发生火灾引燃附近的可燃物时,最容易引发电气火灾,首先要(　　)。
A. 切断电源　　B. 拉开开关　　C. 迅速灭火

395. 当电气装置或设备发生火灾或引燃附近可燃物时,首先要(　　)。
A. 切断电源　　B. 拉开开关　　C. 迅速灭火

396. 扑灭火灾时,灭火人员应站在(　　)进行灭火。
A. 上风侧　　B. 下风侧　　C. 侧面

397. 在防雷装置中用以接收雷云放电的金属导体称为(　　)。
A. 接闪器　　B. 接地引下线　　C. 接地体

398. 避雷针通常采用(　　)制成。
A. 铝制材料　　B. 镀锌角钢　　C. 镀锌圆钢

399. 雷电直接击中建筑物或其他物体,对其放电,强大的雷电流通过这些物体入地,产生破坏性很大的(　　)。
A. 热效应和电效应　　B. 电效应和机械效应
C. 热效应和机械效应

400. 电气设备附近遭受雷击,在设备的导体上感应出与雷云极性相反的束缚电荷,形成过电压,称为(　　)。
A. 直接雷击过电压　　B. 感应雷过电压　　C. 雷电反击过电压

401. (　　)用来防护高压雷电波侵入变、配电所或其他建筑物内,损坏被保护设备。
A. 避雷针　　B. 避雷线　　C. 避雷器

402. 单支避雷针的保护范围是一个(　　)。
A. 带状空间　　B. 圆粒空间　　C. 近似锥形空间

403. 屋顶上单支避雷针的保护范围可按保护角(　　)确定。
A. 30°　　B. 45°　　C. 60°

404. 安装在烟囱顶上的避雷针(用圆钢)直径不应小于(　　)。
A. 10 mm　　B. 20 mm　　C. 25 mm

405. 为防止直接雷击架空线路,一般多采用(　　)。
A. 避雷针　　B. 避雷线　　C. 避雷器

406. 避雷线在防雷保护中所起的作用是(　　)。
A. 防感应雷　　B. 防高压雷电波　　C. 防直接雷

407. 避雷器与被保护设备(　　)连接。
A. 串联　　B. 串联或并联　　C. 并联

408. 其他接地体与独立避雷针的接地体之间中心距不应(　　)3 m。
A. 大于　　B. 小于　　C. 等于

409. 避雷线的作用和原理与避雷针相同,保护范围(　　)。
A. 较小　　B. 较大　　C. 相同

410. 下列关于高压阀型避雷器特点描述正确的是(　　)。
A. 串联的火花间隙和阀片多,而且随电压升高数量增多
B. 并联的火花间隙和阀片少,而且随电压升高数量增多
C. 串联的火花间隙和阀片少,而且随电压升高数量减少

411. 金属氧化锌避雷器特点有动作迅速、残压低、(　　)、通流量大。
A. 无续流　　B. 能耗低　　C. 续流小

412. 金属氧化锌避雷器安装时,接地引下线应尽量(　　)。
A. 短　　B. 长　　C. 短而直

413. 金属氧化锌避雷器的阀片电阻具有非线性特性在(　　)其阻值很小相当于“导通”状态。
A. 正常工作电压作用下　　B. 电压超过起动值时
C. 冲击电压作用过去后

414. 10 kV 变、配电所应在(　　)装阀型避雷器。
A. 单组母线和每回路架空线路
B. 每组母线和单回路架空线路
C. 每组母线和每回路架空线路

415. 金属氧化物避雷器应(　　)保管。
A. 靠墙放置　　B. 水平放置　　C. 垂直放置

(十三) 线路

416. 架空线路装设自动重合闸装置后,可以(　　)。
A. 提高耐雷水平
B. 提高供电可靠性
C. 降低杆塔接地电阻

417. 35 kV 架空铜导线的最小允许截面积应选（　　）mm^2。
A. 35　　B. 25　　C. 16
418. 杆塔按使用的材料可分为（　　）。
A. 钢筋混凝土杆和金属杆塔　　B. 铁塔、钢管杆、型钢杆
C. 锥形杆、等径杆
419. 钢筋混凝土俗称（　　）。
A. 直线杆　　B. 水泥杆　　C. 金属杆
420. 目前生产的水泥电杆主要有（　　）。
A. 直线杆　　B. 耐张杆　　C. 锥形杆、等径杆
421. 电杆底盘基础的作用是（　　）。
A. 以防电杆倒塌　　B. 以防电杆上拔　　C. 以防电杆下沉
422. 杆塔基础的拉盘作用是（　　）。
A. 锚固拉线　　B. 以防电杆塌陷　　C. 以防电杆下沉
423. 10 m 电杆埋设深度宜（　　）。
A. 1.5 m　　B. 1.7 m　　C. 1.9 m
424. 12 m 电杆埋设深度宜（　　）。
A. 1.5 m　　B. 1.7 m　　C. 1.9 m
425. 线路运行中，预应力钢筋混凝土杆（　　）。
A. 横向裂纹不宜超过 1/3 周长
B. 裂纹宽度不宜大于 0.5 mm
C. 不允许有裂纹
426. 降低杆塔接地电阻，线路的跳闸率（　　）。
A. 降低　　B. 增大　　C. 不变化
427. 110 kV 及以下线路保护测控装置不具备（　　）功能。
A. 三相一次或二次重合闸　　B. 过电流保护　　C. 断路器保护
428. 110 kV 及以下线路保护测控装置，当开关在跳位而（　　），延时 10 s 报 TWJ 异常。
A. 线路有压　　B. 线路无压　　C. 线路有流
429. 电力线路的导线是用来（　　）。
A. 输送电能、分配电能
B. 传导电流、输送电能
C. 输送电能、消耗电能
430. 电力线路过电流保护动作时间的整定采取阶梯原则，时限阶段差 Δt 一般设置为（　　）。
A. 0.3 s　　B. 0.5 s　　C. 0.8 s
431. 对高压电力线路，限时电流速断保护的动作时间一般取（　　）。
A. 0.2 s　　B. 0.5 s　　C. 0.7 s
432. 分支终端杆的单横担应装在（　　）。
A. 受电侧　　B. 拉线侧　　C. 供电侧
433. 一般情况下，直线杆横担和杆顶支架装在（　　）。
A. 受电侧　　B. 拉线侧　　C. 供电侧

434. 杆塔与拉线之间的夹角不应小(　　)度。
A. 20　　B. 30　　C. 45

435. 高压架空电力线路不应跨越(　　)。
A. 建筑物　　B. 耐火屋顶的建筑物
C. 屋顶为燃烧材料做成的建筑物

436. 当架空配电线路中间需设置分支线时,一般用(　　)。
A. 直线杆塔　　B. 耐张杆塔　　C. 分支杆塔

437. 架空电力线路的导线一般都采用(　　)。
A. 钢绞线　　B. 绝缘钢绞线　　C. 多股裸导线

438. (　　)的作用是将悬式绝缘子组装成串,并将一串或数串绝缘子连接起来悬挂在横担上。
A. 支持金具　　B. 连接金具　　C. 接续金具

439. (　　)的作用是用于导线和避雷线的接续和修补等。
A. 支持金具　　B. 连接金具　　C. 接续金具

440. 线路转角即为(　　)。
A. 线路转向内角　　B. 线路转向内角的补角　　C. 线路转向的补角

441. 架空导线型号 LGJ-35/6 表示的含义为(　　)。
A. 钢芯铝绞线,电压等级为 35 kV,额定电流 6 kA
B. 铝芯钢绞线,电压等级为 35 kV,额定电流 6 kA
C. 钢芯铝绞线,铝线部分标称截面积为 35 mm^2,钢芯标称截面积为 6 mm^2

442. 架空线路导线通过的(　　)不应超过其允许电流。
A. 额定电流　　B. 短路电流　　C. 最大负荷电流

443. 电力线路保护属于按(　　)分类。
A. 被保护的对象　　B. 保护原理　　C. 保护所起作用

444. 在高杆塔增加绝缘子串长度,线路跳闸率(　　)。
A. 降低　　B. 增大　　C. 不变化

445. 正常情况直线杆塔一般不承受(　　)。
A. 导线顺线路方向的张力　　B. 导线、绝缘子的质量　　C. 导线覆冰的质量

446. 转角杆一般位于线路的(　　)。
A. 终端处　　B. 跨越处　　C. 转角处

447. 刚好使导线的稳定温度达到电缆最高允许温度时的载流量,称为(　　)。
A. 额定载流量　　B. 最大载流量　　C. 允许载流量

448. 新敷设的带有中间接头的电缆线路,在投入运行(　　)个月后,应进行预防性试验。
A. 1　　B. 3　　C. 5

449. 含有锡焊中间接头的电缆,短路最高允许的温度为(　　)℃。
A. 120　　B. 160　　C. 250

450. 电力电缆中线芯(导体)是用来(　　),是电缆的主要部分。
A. 输送电能　　B. 使导线与外面绝缘　　C. 输送电压

451. KYN28-10 型高压开关柜采用电缆出线时,如果需要装零序电流互感器,零序电流互感器一般装在(　　)。
A. 主母线室　　B. 吊在电缆室内
C. 吊在电缆室柜底板外部

452. 下列(　　)表示Ⅰ段,电压小母线的 A(L1)相。
A. 1YMa　　B. 1Ya　　C. 1YNa

453. 下列电缆编号属于 110 kVⅡ段电压互感器间隔的是(　　)。
A. 2UYH　　B. 1UYH　　C. 2YYH

454. 我国电缆产品由几个(　　)和阿拉伯字母组成。
A. 大写汉语拼音字母　　B. 小写汉语拼音字母　　C. 大写英文字母

455. 下列电缆编号属于 35 kV Ⅰ段电压互感器间隔的是(　　)。
A. 2UYH　　B. 1UYH　　C. 2YYH

456. 下列电缆的编号属于 35 kV 线路间隔的是(　　)。
A. 1Y123　　B. 1U123　　C. 1E 123

457. 控制电缆的编号"2UYH"表示该电缆归属于(　　)。
A. 220 kV Ⅱ段电压互感器间隔　　B. 35 kV Ⅱ段母线间隔
C. 35 kV Ⅱ段电压互感器间隔

458. 控制电缆的编号中,打头字母表征电缆的归属,如"Y"就表示该电缆归属于(　　)。
A. 110 kV 线路间隔单元　　B. 220 kV 线路间隔单元
C. 330 kV 线路间隔单元

459. 发生短路时电力系统从正常的稳定过渡到短路的稳定一般需要(　　)。
A. 1～2 秒　　B. 2～3 秒　　C. 4～5 秒

(十四) 移动设备

460. Ⅱ类移动式电气设备和Ⅲ类移动式电气设备修理后(　　)原设计确定的安全技术标准。
A. 可以降低　　B. 不得降低　　C. 可以稍微降低

461. (　　)移动式电气设备在外壳上没有接地端子,但在内部有接地端子,自设备内引出带有保护插头的电源线。
A. Ⅰ类　　B. Ⅱ类　　C. Ⅲ类

462. 移动式电气设备的电源线应采用(　　)类型软电缆。
A. 塑胶绝缘　　B. 带有屏蔽层　　C. 橡皮绝缘

463. Ⅱ类移动式电气设备防触电保护是采用(　　)措施,这种设备不采用保护接地的措施,也不依赖安装条件。
A. 安全电压　　B. 双重绝缘　　C. 变压器油绝缘

464. 移动式电气设备,电源线应采用(　　)多股铜芯软电缆、单相用三芯电缆、三相用四芯电缆,电缆不得有破损或龟裂,中间不得有接头。
A. 塑料绝缘　　B. 橡皮绝缘　　C. 带有屏蔽层

465. 由于手持式电工工具在使用时是移动的,其电源线易受到拖拉、磨损而碰壳或脱落导致设备金属外壳带电,导致(　　)。
A. 触电事故　　B. 断电事故　　C. 短路事故

收集整理国家应急管理部《高压电工作业》模拟考题答案

一、判断题：602题（将判断结果填入括号中。正确的画“√”，错误的画“×”）

1. √　2. √　3. ×　4. ×　5. ×　6. ×　7. √　8. ×　9. ×　10. √　11. √
12. √　13. √　14. ×　15. √　16. √　17. √　18. √　19. √　20. √　21. √
22. √　23. ×　24. ×　25. √　26. ×　27. √　28. ×　29. √　30. √　31. √
32. √　33. ×　34. ×　35. ×　36. ×　37. √　38. ×　39. √　40. √　41. ×
42. √　43. ×　44. ×　45. √　46. √　47. √　48. √　49. √　50. ×　51. √
52. √　53. ×　54. ×　55. ×　56. ×　57. √　58. √　59. ×　60. √　61. √
62. √　63. √　64. √　65. √　66. √　67. √　68. ×　69. √　70. ×　71. √
72. √　73. √　74. √　75. ×　76. √　77. ×　78. √　79. ×　80. √　81. √
82. √　83. √　84. √　85. √　86. √　87. √　88. √　89. √　90. √　91. √
92. √　93. √　94. ×　95. √　96. ×　97. √　98. ×　99. ×　100. ×　101. ×
102. ×　103. √　104. √　105. √　106. ×　107. ×　108. ×　109. ×　110. √
111. √　112. √　113. ×　114. √　115. ×　116. √　117. √　118. ×　119. ×
120. √　121. ×　122. √　123. ×　124. ×　125. ×　126. √　127. ×　128. √
129. √　130. √　131. √　132. √　133. √　134. √　135. √　136. ×　137. √
138. ×　139. ×　140. √　141. ×　142. √　143. ×　144. √　145. √　146. ×
147. √　148. ×　149. √　150. √　151. √　152. √　153. √　154. √　155. √
156. √　157. √　158. ×　159. √　160. √　161. ×　162. √　163. √　164. √
165. √　166. √　167. √　168. ×　169. √　170. √　171. ×　172. ×　173. √
174. √　175. ×　176. ×　177. √　178. √　179. √　180. √　181. √　182. √
183. √　184. √　185. √　186. √　187. √　188. ×　189. √　190. √　191. √
192. √　193. √　194. √　195. √　196. √　197. √　198. √　199. √　200. √
201. √　202. √　203. ×　204. ×　205. √　206. √　207. √　208. ×　209. √
210. ×　211. √　212. ×　213. ×　214. ×　215. √　216. √　217. √　218. √
219. √　220. √　221. √　222. √　223. √　224. ×　225. √　226. ×　227. ×
228. √　229. √　230. √　231. √　232. ×　233. √　234. √　235. √　236. ×
237. ×　238. ×　239. √　240. √　241. √　242. ×　243. ×　244. √　245. √
246. √　247. ×　248. √　249. ×　250. √　251. √　252. ×　253. ×　254. √
255. ×　256. √　257. ×　258. √　259. √　260. √　261. √　262. √　263. √
264. √　265. √　266. √　267. √　268. √　269. √　270. √　271. √　272. √
273. √　274. √　275. √　276. √　277. ×　278. √　279. √　280. ×　281. √
282. ×　283. ×　284. √　285. √　286. √　287. √　288. √　289. √　290. √
291. √　292. √　293. ×　294. √　295. ×　296. ×　297. ×　298. √　299. √
300. √　301. √　302. ×　303. √　304. ×　305. √　306. √　307. √　308. √
309. ×　310. ×　311. ×　312. ×　313. √　314. √　315. √　316. √　317. ×
318. √　319. √　320. ×　321. ×　322. ×　323. ×　324. √　325. √　326. ×

327. √ 328. √ 329. × 330. √ 331. √ 332. √ 333. √ 334. √ 335. ×
336. √ 337. × 338. √ 339. × 340. × 341. √ 342. × 343. × 344. √
345. √ 346. √ 347. √ 348. × 349. × 350. √ 351. √ 352. √ 353. ×
354. √ 355. √ 356. × 357. √ 358. × 359. √ 360. × 361. × 362. √
363. × 364. × 365. × 366. × 367. √ 368. √ 369. √ 370. √ 371. ×
372. √ 373. √ 374. √ 375. √ 376. √ 377. × 378. √ 379. × 380. √
381. √ 382. × 383. √ 384. √ 385. √ 386. √ 387. × 388. √ 389. ×
390. √ 391. √ 392. × 393. √ 394. × 395. × 396. √ 397. √ 398. ×
399. √ 400. √ 401. √ 402. √ 403. √ 404. √ 405. √ 406. × 407. ×
408. × 409. √ 410. √ 411. √ 412. √ 413. √ 414. √ 415. × 416. √
417. × 418. √ 419. √ 420. √ 421. √ 422. √ 423. √ 424. √ 425. ×
426. × 427. √ 428. √ 429. √ 430. √ 431. √ 432. √ 433. × 434. √
435. √ 436. √ 437. √ 438. × 439. √ 440. × 441. × 442. √ 443. √
444. × 445. √ 446. √ 447. √ 448. √ 449. √ 450. √ 451. × 452. √
453. √ 454. × 455. × 456. √ 457. √ 458. √ 459. √ 460. √ 461. ×
462. √ 463. √ 464. × 465. √ 466. √ 467. √ 468. √ 469. √ 470. ×
471. √ 472. × 473. × 474. √ 475. × 476. √ 477. × 478. × 479. √
480. √ 481. √ 482. × 483. √ 484. × 485. √ 486. √ 487. × 488. √
489. √ 490. √ 491. √ 492. √ 493. √ 494. √ 495. √ 496. √ 497. ×
498. √ 499. × 500. √ 501. √ 502. √ 503. √ 504. √ 505. √ 506. √
507. √ 508. × 509. √ 510. × 511. × 512. √ 513. × 514. √ 515. √
516. √ 517. √ 518. × 519. √ 520. √ 521. × 522. √ 523. √ 524. ×
525. √ 526. √ 527. × 528. × 529. √ 530. √ 531. √ 532. √ 533. √
534. √ 535. × 536. × 537. √ 538. √ 539. √ 540. × 541. × 542. √
543. × 544. √ 545. √ 546. √ 547. × 548. √ 549. × 550. √ 551. √
552. √ 553. √ 554. × 555. √ 556. √ 557. √ 558. √ 559. × 560. ×
561. √ 562. × 563. √ 564. √ 565. √ 566. × 567. √ 568. × 569. √
570. √ 571. × 572. × 573. √ 574. × 575. √ 576. √ 577. √ 578. ×
579. √ 580. √ 581. √ 582. √ 583. √ 584. × 585. √ 586. × 587. √
588. √ 589. × 590. × 591. √ 592. √ 593. √ 594. × 595. √ 596. √
597. × 598. √ 599. × 600. √ 601. × 602. √

二、单项选择题:465 题(选择一个正确的答案,将相应的字母填入题内的括号中)

1. B 2. B 3. A 4. C 5. A 6. A 7. A 8. A 9. B 10. C 11. A 12. B
13. B 14. A 15. A 16. B 17. A 18. B 19. A 20. A 21. B 22. C 23. B
24. A 25. C 26. A 27. A 28. C 29. C 30. A 31. A 32. C 33. B 34. B
35. C 36. C 37. B 38. C 39. C 40. A 41. C 42. A 43. B 44. C 45. C
46. B 47. B 48. C 49. A 50. B 51. B 52. A 53. B 54. A 55. A 56. A
57. C 58. A 59. C 60. B 61. A 62. B 63. C 64. B 65. B 66. B 67. B
68. C 69. C 70. B 71. C 72. B 73. C 74. A 75. C 76. C 77. B 78. B
79. B 80. B 81. B 82. C 83. C 84. C 85. A 86. C 87. C 88. A 89. A

90. C　91. C　92. C　93. B　94. B　95. B　96. C　97. A　98. B　99. A　100. A
101. C　102. B　103. C　104. B　105. B　106. C　107. B　108. A　109. B
110. A　111. C　112. B　113. C　114. A　115. C　116. C　117. C　118. A
119. A　120. B　121. C　122. C　123. A　124. C　125. C　126. A　127. B
128. C　129. B　130. C　131. C　132. C　133. A　134. B　135. A　136. B
137. C　138. C　139. B　140. A　141. B　142. B　143. B　144. A　145. C
146. A　147. A　148. A　149. B　150. C　151. B　152. C　153. C　154. C
155. A　156. C　157. A　158. B　159. A　160. B　161. C　162. B　163. C
164. C　165. A　166. A　167. B　168. C　169. C　170. B　171. A　172. B
173. B　174. C　175. A　176. B　177. B　178. C　179. C　180. A　181. C
182. C　183. A　184. C　185. C　186. C　187. C　188. B　189. A　190. C
191. B　192. C　193. A　194. A　195. B　196. A　197. C　198. A　199. C
200. B　201. C　202. B　203. B　204. A　205. A　206. A　207. A　208. C
209. C　210. A　211. A　212. C　213. C　214. A　215. B　216. A　217. B
218. A　219. C　220. C　221. A　222. A　223. A　224. A　225. A　226. B
227. C　228. C　229. B　230. B　231. C　232. C　233. A　234. B　235. A
236. C　237. C　238. B　239. C　240. B　241. C　242. B　243. B　244. C
245. C　246. C　247. B　248. C　249. C　250. A　251. A　252. C　253. B
254. C　255. C　256. A　257. C　258. B　259. A　260. A　261. B　262. A
263. B　264. A　265. A　266. C　267. B　268. A　269. C　270. C　271. B
272. B　273. B　274. A　275. A　276. C　277. B　278. A　279. C　280. B
281. A　282. B　283. B　284. A　285. A　286. C　287. B　288. A　289. B
290. B　291. C　292. B　293. A　294. A　295. C　296. A　297. C　298. C
299. B　300. C　301. B　302. C　303. B　304. B　305. B　306. A　307. A
308. C　309. B　310. A　311. A　312. C　313. C　314. C　315. B　316. B
317. B　318. A　319. A　320. C　321. B　322. A　323. A　324. A　325. A
326. A　327. A　328. A　329. C　330. A　331. A　332. A　333. A　334. C
335. B　336. B　337. B　338. A　339. C　340. A　341. C　342. C　343. C
344. A　345. C　346. B　347. A　348. C　349. A　350. C　351. C　352. C
353. A　354. A　355. A　356. C　357. A　358. A　359. B　360. A　361. C
362. A　363. A　364. A　365. B　366. A　367. C　368. A　369. B　370. B
371. B　372. B　373. C　374. A　375. A　376. C　377. B　378. B　379. C
380. B　381. B　382. A　383. A　384. C　385. B　386. B　387. B　388. C
389. A　390. A　391. A　392. B　393. C　394. A　395. A　396. A　397. A
398. C　399. C　400. B　401. C　402. C　403. C　404. B　405. B　406. C
407. C　408. B　409. A　410. A　411. A　412. C　413. B　414. C　415. C
416. B　417. A　418. A　419. B　420. C　421. C　422. A　423. B　424. C
425. C　426. A　427. C　428. C　429. B　430. B　431. B　432. B　433. A
434. B　435. C　436. C　437. C　438. B　439. C　440. B　441. C　442. C
443. A　444. A　445. A　446. C　447. C　448. B　449. B　450. A　451. C
452. A　453. C　454. A　455. B　456. B　457. C　458. A　459. C　460. B
461. A　462. C　463. B　464. B　465. A

参考文献

[1] 特种作业人员安全技术培训大纲和考核标准　国家安全生产监督管理总局 2018 年.

[2] 国家电网公司. 国家电网公司电力安全工作规程(线路部分)[M]. 北京:中国电力出版社,2009.

[3] 国家电网公司. 国家电网公司电力安全工作规程(变电部分)[M]. 北京:中国电力出版社,2009.

[4]《电气工程师手册》第二版编辑委员会. 电气工程师手册[M]. 2 版. 北京:机械工业出版社,2002.

[5] 王建,刘伟,李伟. 维修电工(高级)职业资格培训教材[M]. 北京:机械工业出版社,2011.

[6] 劳动和社会保障部中国就业培训技术指导中心组织. 维修电工(基础知识)[M]. 北京:中国劳动社会保障出版社,2013.

[7] 华东六省一市电机工程(电力)学会联合编委会. 电工进网作业考核培训教材[M]. 北京:中国电力出版社,2004.

[8] 黄梅. 电工进网作业考试问答[M]. 北京:中国电力出版社,2007.

[9] 国家电力监管委员会电力业务资质管理中心编写组. 电工进网作业许可考试参考教材[M]. 北京:中国财政经济出版社,2012.

[10] 全国安全安全生产教育培训教材编审委员会. 高压电工作业[M]. 徐州:中国矿业大学出版社,2018.

[11] 刘为民. 低压电工作业[M]. 南京:东南大学出版社,2016.

[12] 杨有启. 高压电工作业[M]. 北京:中国劳动和社会保障部出版社,2014.

[13] 朗东旭,高压电工实用技术问答[M]. 北京:中国电力出版社,2010.